高等学校规划教材·力学

U0192935

新编高等动力学

张劲夫　秦卫阳　谷旭东　编著

西北工业大学出版社

西　安

【内容简介】 高等动力学内容是理论力学课程内容的深化和扩展。本书分别介绍了分析动力学的基本理论和方法、刚体的空间运动学和动力学、多刚体系统动力学、运动稳定性的基本理论、动力学方程的数值求解方法、陀螺动力学基础和航天器动力学基础内容。这些内容既相互联系又相对独立，教师可根据不同教学要求选择相应的教学内容。

本书可作为高等学校工程力学专业、理论与应用力学专业的本科生教材，也可作为机械、力学、航空、航天类专业的研究生教材，亦可供高等学校的力学教师和其他相关的工程技术人员参考。

图书在版编目(CIP)数据

新编高等动力学/张劲夫，秦卫阳，谷旭东编著
.—西安：西北工业大学出版社，2020.1
高等学校规划教材．力学
ISBN 978-7-5612-6815-5

Ⅰ.①新… Ⅱ.①张… ②秦… ③谷… Ⅲ.①动力学-高等学校-教材 Ⅳ.①O313

中国版本图书馆CIP数据核字(2019)第282897号

XINBIAN GAODENG DONGLIXUE
新编高等动力学

责任编辑：何格夫　　策划编辑：何格夫
责任校对：马文静　　装帧设计：李　飞
出版发行：西北工业大学出版社
通信地址：西安市友谊西路127号　　邮编：710072
电　　话：(029)88491757，88493844
网　　址：www.nwpup.com
印 刷 者：陕西金德佳印务有限公司
开　　本：787 mm×1 092 mm　　1/16
印　　张：14.25
字　　数：374千字
版　　次：2020年1月第1版　　2020年1月第1次印刷
定　　价：50.00元

前　言

现代社会的快速发展要求人们能够设计出功能越来越好的机械系统，以便更好地完成各种操作任务，为了使这些机械系统能够正常地工作，人们都希望它们能够按照某种预定的规律准确运动。这就要求在研制这些系统时必须对它们进行相关的动力学分析、计算和优化。显然，要完成这一工作，研制者必须具备广博的动力学理论知识。因此，学习动力学理论知识具有重要的实际意义。动力学中的一些概念、理论和方法已在理论力学课程中有所涉及，但是鉴于学时所限，目前针对各专业所开设的理论力学课程也只能讲授动力学中的一些最基本、最简单的内容。高等动力学作为理论力学课程内容的补充、深化和扩展，其主要内容包括分析动力学、刚体的空间运动学和动力学、多刚体系统动力学、运动稳定性、动力学方程的数值求解以及动力学的应用专题——陀螺动力学和航天器动力学六大部分内容。

本书的主要内容曾在西北工业大学工程力学专业的高年级本科生和相关专业的研究生中讲授过多遍。这次编写中，在保留和修缮传统教学内容的基础上，新增了碰撞问题的动力学建模方法、具有多余坐标的不含待定乘子的理想约束系统的动力学方程、哈密顿原理及正则方程、陀螺动力学专题和航天器动力学专题等内容。本书的各章内容安排如下：第 1 章介绍分析动力学的基本概念、动力学普遍方程、第一类和第二类拉格朗日方程、碰撞问题的动力学建模方法、罗斯方程、不含待定乘子的理想约束系统的动力学方程、凯恩方程、哈密顿原理和哈密顿正则方程；第 2 章介绍刚体的定点运动学和刚体的空间一般运动学内容，其间还穿插介绍了牵连运动为定点运动和空间一般运动时点的加速度合成定理，作为数学补充知识，在本章开头还介绍了矢量运算的矩阵形式；第 3 章在介绍刚体的惯量矩阵和惯量主轴等概念的基础上，重点讲述刚体的定点运动微分方程和刚体的空间一般运动微分方程；第 4 章介绍多刚体系统动力学的基本概念和多刚体系统动力学建模的三种常用方法——凯恩方法、罗伯森-维滕堡方法和希林方法；第 5 章介绍运动稳定性的基本概念和研究各种系统（诸如定常线性系统、具有周期系数的线性系统、定常非线性系统、具有周期的非定常非线性系统）运动稳定性的基本理论和方法；第 6 章介绍用于求解动力学方程数值解的一些常用算法；作为动力学理论的应用专题，最后两章（第 7 章和第 8 章）分别介绍陀螺动力学专题和航天器动力学专题内容。

在编写本书的过程中，参考了国内外相关的一些文献，并将其列在书末的参考文献中，以便读者进一步学习时参考。参加本书编写的人员有张劲夫（第 1～4 章，第 5 章部分内容，第 7 和第 8 章）、秦卫阳（第 6 章）和谷旭东（第 5 章部分内容），全书由张劲夫统稿。

本书可作为高等学校工程力学专业和理论与应用力学专业的高年级本科生教材，也可作为对力学专业知识有较高要求的机械、航空、航天类专业的研究生教材，亦可供高等学校的力学教师和其他相关的工程技术人员参考。

限于编者的水平，不当之处在所难免，敬请读者不吝指正。

张劲夫

2019 年 9 月于西安

目　　录

第1章　分析动力学基础

研究动力学问题的方法大体上可分为两种：一是以牛顿定律为基础的矢量力学方法，二是以变分原理为基础的分析动力学方法。前一种方法已在理论力学教材中重点介绍过，本章将介绍后一种方法。

概括地来讲，分析动力学方法就是以功和能这样的标量作为基本概念，通过引入广义坐标描述系统的位形，运用数学分析的手段来建立系统的运动微分方程。

本章不介绍分析动力学的全部内容，而只叙述它的基础部分，即重点讲述拉格朗日方程、碰撞问题的动力学建模方法、罗斯方程、具有多余坐标的不含待定乘子的理想约束系统的动力学方程、凯恩方程、哈密顿原理及正则方程。

1.1　约束的概念及其分类

考虑一个由 n 个质点组成的系统，这 n 个质点所占据的空间位置的集合称为该**系统的位形**。显然，系统的位形描述了系统内各质点空间位置的几何分布情况。如果一个系统是运动着的，那么这个系统的位形会随时间而发生变化。有时除了了解一个系统的位形之外，还需要知道一个系统中各质点的速度分布状况，为此进一步提出系统状态的概念 —— 系统的位形和系统内各质点的速度分布总称为**系统的状态**。因此，一个系统的状态描述了组成这个系统的各个质点的位置及其速度的分布情况。根据系统的状态是否受制约，可以将系统分为两类 —— **自由系统**和**非自由系统**。所谓自由系统是指系统的状态不受任何预先规定的条件所制约而能任意变化的系统。如飞行器、飞鸟和沙尘暴等都可以看作自由系统。非自由系统是指系统的状态受到预先规定的一些条件所制约而不能任意变化的系统。如四连杆机构、机械手和沿轨道运行的列车都属于非自由系统。工程技术中所遇到的绝大多数受控系统都属于非自由系统，因此研究非自由系统的动力学问题具有重要的理论及实际意义。

预先给定的制约非自由系统状态(位形或速度)的条件称为**约束**。约束的制约条件可用数学方程 —— 约束方程来表示：

$$f_i(x_1,y_1,z_1,\cdots,x_n,y_n,z_n,\dot{x}_1,\dot{y}_1,\dot{z}_1,\cdots,\dot{x}_n,\dot{y}_n,\dot{z}_n,t)=0 \quad (i=1,2,\cdots,m) \tag{1.1.1}$$

式中 x_j,y_j,z_j 为系统中的第 j 个质点的坐标；$\dot{x}_j,\dot{y}_j,\dot{z}_j$ 分别为 x_j,y_j,z_j 对时间的导数(其物理意义是第 j 个质点的速度在轴 x,y,z 上的投影)；t 为时间。

约束可按下面的几种情况分类。

1. 定常约束和非定常约束

根据约束方程中是否显含时间，可将约束分为**定常约束**和**非定常约束**。定常约束是指约束方程中不显含时间的约束。这类约束的方程形如

$$f_i(x_1,y_1,z_1,\cdots,x_n,y_n,z_n,\dot{x}_1,\dot{y}_1,\dot{z}_1,\cdots,\dot{x}_n,\dot{y}_n,\dot{z}_n)=0 \quad (i=1,2,\cdots,m) \tag{1.1.2}$$

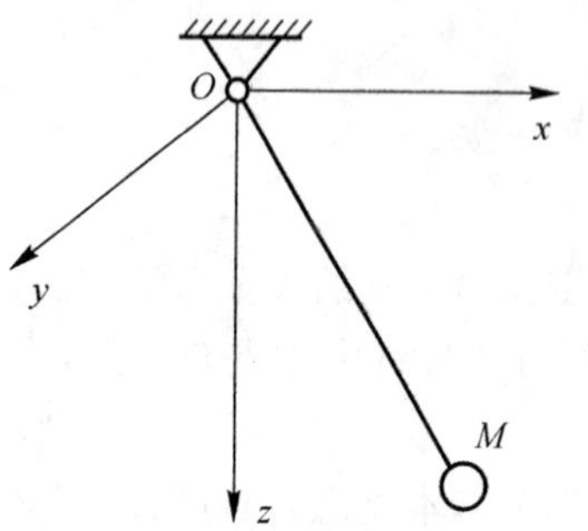

图 1-1 球面摆

非定常约束是指约束方程中显含时间的约束。这类约束的方程形如式(1.1.1)。

例如图 1-1 中，小球 M 与长度为 l 的刚性杆固连，刚性杆的另一端铰接(球铰接)于支坐 O。若支坐 O 是固定的，则小球 M 被限制在以 O 为球心 l 长为半径的球面上运动，于是小球 M 的约束方程可表示为

$$x^2+y^2+z^2-l^2=0 \tag{1.1.3}$$

式中 x,y,z 为小球的坐标。由于方程式(1.1.3) 中不显含时间 t，所以小球所受的约束是定常约束；若支坐 O 按某种规律运动，则小球 M 的约束方程变为

$$[x-x_O(t)]^2+[y-y_O(t)]^2+[z-z_O(t)]^2-l^2=0 \tag{1.1.4}$$

式中 $x_O(t)$，$y_O(t)$ 和 $z_O(t)$ 为球铰中心 O 的坐标。因为方程式(1.1.4) 中显含时间 t，所以这种情况下小球所受的约束是非定常约束。

只受定常约束的系统称为**定常系统**，否则称为**非定常系统**。

2. 完整约束和非完整约束

根据约束制约的是系统的位形还是速度，可以将约束分为**完整约束**和**非完整约束**。完整约束是指只限制系统位形的约束，其约束方程可表示为

$$f_i(x_1,y_1,z_1,\cdots,x_n,y_n,z_n,t)=0 \quad (i=1,2,\cdots,m) \tag{1.1.5}$$

如果约束表现为对系统速度的限制，这样的约束称为非完整约束。非完整约束的方程形如式(1.1.1)。与完整约束相比，非完整约束方程的特点表现为微分方程的形式，但这并不是说凡是以微分方程形式所出现的约束方程就代表非完整约束。如果约束方程是以微分方程的形式出现的，但它又可积分成有限的形式(此时约束实际上只限制系统的位形)，在这种情况下，约束方程所代表的约束仍然是完整约束；如果约束方程是以微分方程的形式出现的，但它不能积分成有限的形式，此时约束表现为对系统速度的限制，在这种情况下，约束方程所代表的约束就属于非完整约束。

例如图 1-2 中，半径为 r 的圆盘在水平地面上沿直线纯滚动时，其位形可用盘心 C 的坐标 x_C，y_C 及圆盘的转角 φ 来描述，圆盘所受的约束可表示为

$$y_C-r=0 \tag{1.1.6}$$

$$\dot{x}_C-r\dot{\varphi}=0 \tag{1.1.7}$$

约束方程式(1.1.6) 代表盘心到地面的距离保持不变(即圆盘边缘始终同地面相接触)，而约束方程式(1.1.7) 代表圆盘在滚动中不发生打滑现象(即圆盘上同地面相接触的点为圆盘的速度瞬心)，从形式上来看，方程式(1.1.7) 表现为微分方程的形式，但此方程可积分成有限形式为

$$x_C - r\varphi = 0 \tag{1.1.8}$$

因此，方程式(1.1.7)所表示的约束实则为完整约束。

再例如图 1-3 中的雪橇在水平面上滑动，其位形可用雪橇中心 C 的坐标 x_C，y_C 及雪橇中轴线 AB 的转角 φ 来描述。为了保证雪橇不至于侧滑，要求其中心点 C 的速度方向始终沿其中轴线 AB，这样的约束可用方程表示为

$$\dot{x}_C \tan\varphi - \dot{y}_C = 0 \tag{1.1.9}$$

约束方程式(1.1.9)表现为微分方程的形式，且不能积分成有限形式，所以雪橇所受的这种约束为非完整约束。

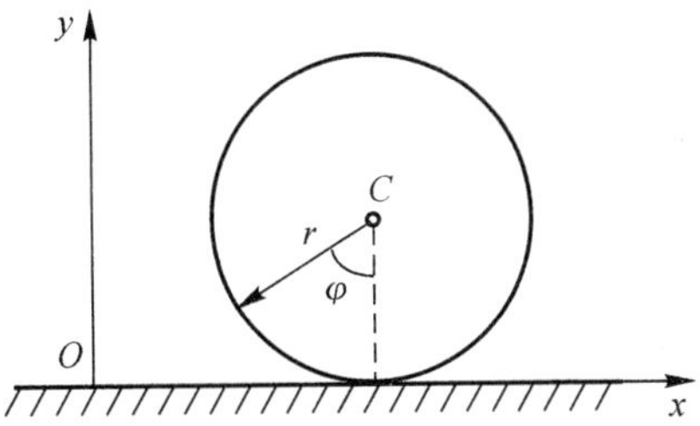

图 1-2　滚动圆盘

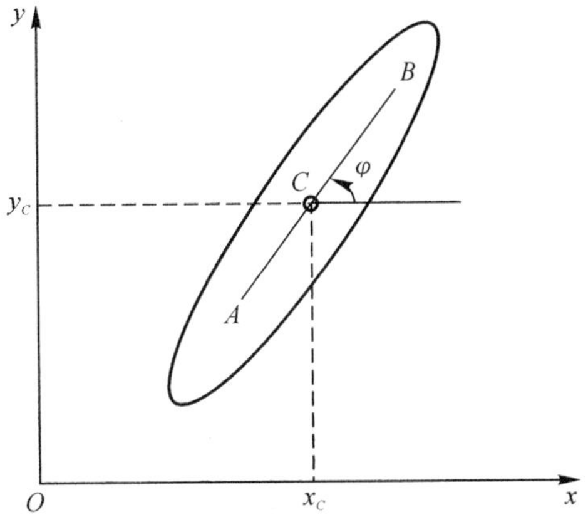

图 1-3　雪橇

只受完整约束的系统称为**完整系统**，否则称为**非完整系统**。以上二例中的圆盘和雪橇分别属于完整系统和非完整系统。

3. 单面约束和双面约束

由不等式表示的约束称为**单面约束**，由等式表示的约束称为**双面约束**。例如图 1-4 中，设球摆的摆线为软绳（绳长为 l），则摆锤 A 被限制在以 O 为球心、l 为半径的球面上或球面内运动。摆锤所受的这种约束可用不等式表示为

$$x^2 + y^2 + z^2 \leqslant l^2 \tag{1.1.10}$$

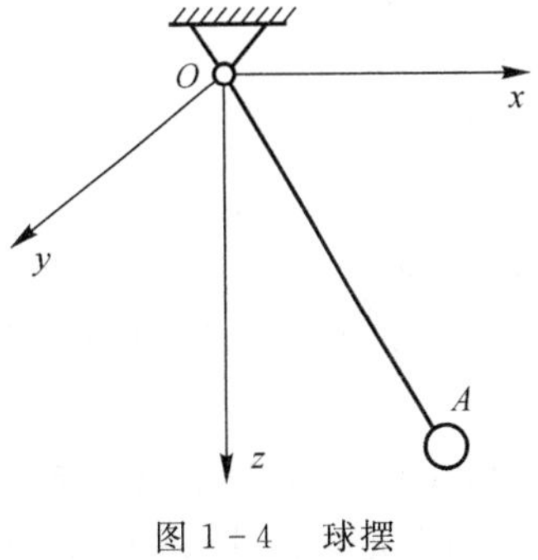

图 1-4　球摆

所以摆锤所受的约束为单面约束。如果将图 1-4 中的摆线改为刚性细直杆（O 端为球铰），则摆锤 A 仅能在以 O 为球心、l 为半径的球面上运动，这时摆锤所受的约束可用等式表示为式(1.1.3)，因此，在这种情况下摆锤所受的约束为双面约束。

1.2　虚位移、自由度及广义坐标

现在来考察由 n 个质点所组成的系统，设该系统受有 m 个完整约束

$$f_i(x_1, y_1, z_1, \cdots, x_n, y_n, z_n, t) = 0 \quad (i = 1, 2, \cdots, m) \tag{1.2.1}$$

和 p 个非完整约束

$$\sum_{j=1}^{n}(a_{kj}\dot{x}_j + b_{kj}\dot{y}_j + c_{kj}\dot{z}_j) + e_k = 0 \quad (k=1,2,\cdots,p) \tag{1.2.2}$$

将方程式(1.2.1) 的两边取微分并将方程式(1.2.2) 的两边同乘以 $\mathrm{d}t$，得到

$$\left.\begin{aligned}\sum_{j=1}^{n}\left(\frac{\partial f_i}{\partial x_j}\mathrm{d}x_j + \frac{\partial f_i}{\partial y_j}\mathrm{d}y_j + \frac{\partial f_i}{\partial z_j}\mathrm{d}z_j\right) + \frac{\partial f_i}{\partial t}\mathrm{d}t = 0 \quad (i=1,2,\cdots,m)\\ \sum_{j=1}^{n}(a_{kj}\mathrm{d}x_j + b_{kj}\mathrm{d}y_j + c_{kj}\mathrm{d}z_j) + e_k\mathrm{d}t = 0 \quad (k=1,2,\cdots,p)\end{aligned}\right\} \tag{1.2.3}$$

这样系统的约束方程变为形如式(1.2.3) 的这种微分形式，由此可以看出系统中各质点的无限小位移 $\mathrm{d}\boldsymbol{r}_j(\mathrm{d}x_j,\mathrm{d}y_j,\mathrm{d}z_j)(j=1,2,\cdots,n)$ 必须满足约束方程式(1.2.3)。把满足系统所有约束方程的各质点无限小位移称为该系统的**可能位移**。因此系统的可能位移实则为约束所容许的无限小位移。

取系统在同一时刻、同一位形上的两组可能位移 $\mathrm{d}\boldsymbol{r}_j(\mathrm{d}x_j,\mathrm{d}y_j,\mathrm{d}z_j)$ 和 $\mathrm{d}\boldsymbol{r}'_j(\mathrm{d}x'_j,\mathrm{d}y'_j,\mathrm{d}z'_j)(j=1,2,\cdots,n)$，以 $\delta\boldsymbol{r}_j(\delta x_j,\delta y_j,\delta z_j)$ 表示两者之差，即

$$\delta\boldsymbol{r}_j = \mathrm{d}\boldsymbol{r}_j - \mathrm{d}\boldsymbol{r}'_j \quad (j=1,2,\cdots,n) \tag{1.2.4}$$

因 $\mathrm{d}\boldsymbol{r}_j$ 和 $\mathrm{d}\boldsymbol{r}'_j$ 都满足约束方程式(1.2.3)，故 $\delta\boldsymbol{r}_j$ 都满足齐次方程组

$$\left.\begin{aligned}\sum_{j=1}^{n}\left(\frac{\partial f_i}{\partial x_j}\delta x_j + \frac{\partial f_i}{\partial y_j}\delta y_j + \frac{\partial f_i}{\partial z_j}\delta z_j\right) = 0 \quad (i=1,2,\cdots,m)\\ \sum_{j=1}^{n}(a_{kj}\delta x_j + b_{kj}\delta y_j + c_{kj}\delta z_j) = 0 \quad (k=1,2,\cdots,p)\end{aligned}\right\} \tag{1.2.5}$$

$\delta\boldsymbol{r}_j(\delta x_j,\delta y_j,\delta z_j)$ 称为系统的**虚位移**。满足方程式(1.2.5) 的任意一组矢量 $\delta\boldsymbol{r}_j(j=1,2,\cdots,n)$ 都是系统的一组虚位移。将可能位移所满足的方程式(1.2.3) 同虚位移所满足的方程式(1.2.5) 相比较，可以看出，它们之间的差别仅仅在于后者没有 $\frac{\partial f_i}{\partial t}\mathrm{d}t$ 和 $e_k\mathrm{d}t$ 项。亦即，虚位移的发生并不伴随时间 t 的无限小增量 $\mathrm{d}t$。因此可以说，**虚位移是设想时间突然停滞，从而约束被"凝固"时系统可能发生的无限小位移**。因此，从数学上来说虚位移实质上是一种等时变分(equal - time variation)，意即在时间不变的情况下，对系统中各质点的矢径 $\boldsymbol{r}_j$ 的变分，用 $\delta\boldsymbol{r}_j$ 表示，以便同可能位移 $\mathrm{d}\boldsymbol{r}_j$ 相区别。

式(1.2.5) 中共有 $m+p$ 个方程，这样 $3n$ 个坐标的变分 $\delta x_j,\delta y_j,\delta z_j(j=1,2,\cdots,n)$ 中只有

$$l = 3n - m - p \tag{1.2.6}$$

个是独立的。称 l 为系统的**自由度**。即系统的自由度为系统的独立坐标变分的个数。

除用直角坐标外，还可以采用其他不同的坐标来描述一个给定系统位形。如对一个质点的简单情况而言，除直角坐标外，还可用球坐标和柱坐标来描述它的位置。需要指出，自由度是系统本身的特征，它只取决于系统的结构特征和内外约束条件，并不依赖于描述系统位形所采用的一组特定的坐标。考虑到各种各样的坐标变换，任何一组能够用来描述系统位形的参量在更一般的意义上都能作为一种描述系统位形的坐标。因此，称任何一组能够用来描述系统位形的参量为该系统的**广义坐标**。

对于含有 n 个质点的自由系统来说，描述其位形需要 $3n$ 个独立的广义坐标；而对于含有 n 个质点的只承受 m 个完整约束的系统(完整系统) 来说，描述其位形所需的独立的广义坐标的个数就减少到 $3n-m$，这时系统的独立的广义坐标变分个数也为 $3n-m$，即系统的自由度为

$3n-m$。可见，**对于完整系统而言，描述其位形所需的独立广义坐标的个数总是等于系统的自由度**；对于含有 n 个质点的承受 m 个完整约束和 p 个非完整约束的系统（非完整系统）来说，系统的独立的广义坐标变分个数减少到 $3n-m-p$，即系统的自由度为 $3n-m-p$。但由于这 p 个非完整约束方程不能积分成坐标间的有限关系式，因而对于该系统来说，描述其位形仍需 $3n-m$ 个独立的广义坐标。可见，**对于非完整系统而言，描述其位形所需的独立广义坐标的个数总是大于系统的自由度。**

例如图 1-5 所示的双连杆机械臂属于完整系统，该系统的自由度为 2，描述其位形需 2 个独立的广义坐标，可选取图中的关节角 θ_1 和 θ_2 作为一组独立的广义坐标描述双连杆机械臂的位形。

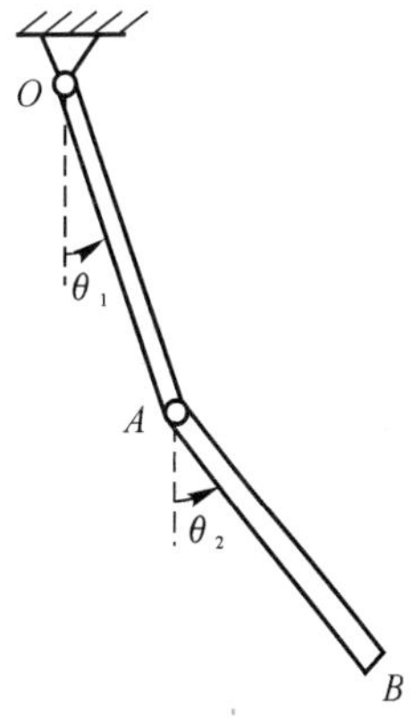

图 1-5　双连杆机械臂

前面所述的在水平面上滑动的雪橇（见图 1-3）为非完整系统，描述其位形需 3 个独立的广义坐标，可选取图中的参数 x_C，y_C 和 φ 作为一组独立的广义坐标。但雪橇受有非完整约束，其约束方程可写成变分形式为

$$\delta x_C \tan\varphi - \delta y_C = 0 \tag{1.2.7}$$

这样在 3 个广义坐标的变分 δx_C，δy_C 和 $\delta\varphi$ 中，只有 2 个是独立的，故雪橇的自由度为 2。

1.3　理想约束与动力学普遍方程

1. 理想约束

分析力学的主要目的之一是建立不涉及未知约束反力的非自由系统的运动方程式。这个目的只有在建立了理想约束的概念后才能达到。如果某种约束的约束力在系统的任何虚位移中的元功之和等于零，那么称具有这种特性的约束为**理想约束**。理想约束是实际约束在一定条件下的近似。工程中常见的理想约束包括：①通过不可伸长的柔绳连接所构成的约束。②由光滑的刚性接触面所构成的约束，如光滑的刚性铰链连接、光滑的刚性辊轴支座和光滑的刚性滑道等。③由滚动摩阻不计的纯滚动接触所构成的约束。

设某系统由 n 个质点组成，其中第 i 个质点所受的约束力为 $\boldsymbol{R}_i$，该质点的虚位移为 $\delta\boldsymbol{r}_i$，则系统的理想约束的条件可表示为

$$\sum_{i=1}^{n}\boldsymbol{R}_i \cdot \delta\boldsymbol{r}_i = 0 \tag{1.3.1}$$

理想约束是分析力学中的一条基本假设，这条假设贯穿于分析力学体系的全过程。

2. 动力学普遍方程

研究一受有理想约束的非自由系统，设该系统由 n 个质点组成，其中第 i 个质点 M_i 的质量为 m_i，它所受到的主动力和约束力分别为 $\boldsymbol{F}_i$ 和 $\boldsymbol{R}_i$，该质点相对某一惯性参考系 $Oxyz$ 的加速度为 $\boldsymbol{a}_i$（见图 1-6）。根据牛顿第二定律可知

$$m_i\boldsymbol{a}_i = \boldsymbol{F}_i + \boldsymbol{R}_i \quad (i=1,2,\cdots,n) \tag{1.3.2}$$

即

$$\boldsymbol{R}_i = -(\boldsymbol{F}_i - m_i\boldsymbol{a}_i) \quad (i=1,2,\cdots,n) \tag{1.3.3}$$

因系统受理想约束，故有

$$\sum_{i=1}^{n} \boldsymbol{R}_i \cdot \delta \boldsymbol{r}_i = 0 \tag{1.3.4}$$

将式(1.3.3)代入式(1.3.4)，得

$$\sum_{i=1}^{n} (\boldsymbol{F}_i - m_i\boldsymbol{a}_i) \cdot \delta \boldsymbol{r}_i = 0 \tag{1.3.5}$$

方程式(1.3.5)称为**动力学普遍方程**。它可表述为：**在任一时刻作用在受理想约束系统上的所有的主动力与惯性力的虚功之和等于零**。这个结论也称为**拉格朗日形式的达朗伯原理**。

如果用(x_i, y_i, z_i)表示质点系中第i个质点M_i的坐标，F_{ix}，F_{iy}和F_{iz}分别表示力$\boldsymbol{F}_i$在轴x，y和z上的投影，那么动力学普遍方程式(1.3.5)还可写为

$$\sum_{i=1}^{n} [(F_{ix} - m_i\ddot{x}_i)\delta x_i + (F_{iy} - m_i\ddot{y}_i)\delta y_i + (F_{iz} - m_i\ddot{z}_i)\delta z_i] = 0 \tag{1.3.6}$$

关于动力学普遍方程，作以下两点说明：① 此方程只限于约束是理想的情形，至于约束的其他性质并未加以限制。② 此方程是分析力学的基本原理，分析力学中的其他形式的动力学方程(如拉格朗日方程和凯恩方程等)都可以由此方程推出。

例 1.1 瓦特离心调速器以匀角速度ω绕铅直轴z转动(见图1-7)，飞球A、B的质量均为m，套筒C的质量为M，可沿轴z上下移动；各杆长为l，质量可略去不计。试求稳态运动时杆的张角α(套筒和各铰链处的摩擦均不计)。

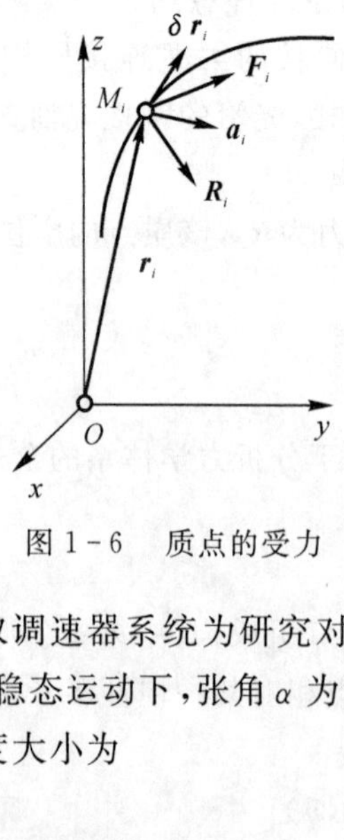

图1-6 质点的受力

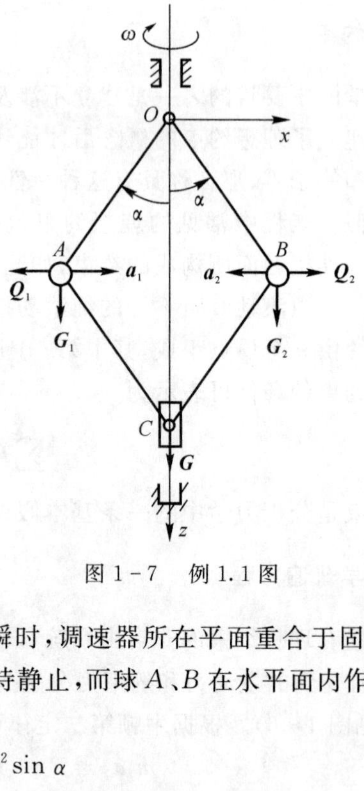

图1-7 例1.1图

解 取调速器系统为研究对象。设在研究瞬时，调速器所在平面重合于固定坐标平面Oxz。因在稳态运动下，张角α为常量，故点C保持静止，而球A、B在水平面内作匀速圆周运动，其加速度大小为

$$a_1 = a_2 = l\omega^2 \sin\alpha \tag{1}$$

这样球A、B的惯性力大小为

$$Q_1 = Q_2 = ml\omega^2 \sin\alpha \tag{2}$$

根据动力学普遍方程，有

$$G_{1z}\delta z_1 + Q_{1x}\delta x_1 + G_{2z}\delta z_2 + Q_{2x}\delta x_2 + G_{3z}\delta z_3 = 0 \tag{3}$$

式中

$$G_{1z} = G_1 = mg \tag{4}$$

$$G_{2z} = G_2 = mg \tag{5}$$

$$G_{3z} = G_3 = Mg \tag{6}$$

$$Q_{1x} = -Q_1 = -ml\omega^2 \sin\alpha \tag{7}$$

$$Q_{2x} = Q_2 = ml\omega^2 \sin\alpha \tag{8}$$

$$x_1 = -l\sin\alpha \tag{9}$$

$$z_1 = l\cos\alpha \tag{10}$$

$$x_2 = l\sin\alpha \tag{11}$$

$$z_2 = l\cos\alpha \tag{12}$$

$$z_3 = 2l\cos\alpha \tag{13}$$

将式(9) ～ 式(13) 取变分，得

$$\delta x_1 = -l\cos\alpha\,\delta\alpha \tag{14}$$

$$\delta z_1 = -l\sin\alpha\,\delta\alpha \tag{15}$$

$$\delta x_2 = l\cos\alpha\,\delta\alpha \tag{16}$$

$$\delta z_2 = -l\sin\alpha\,\delta\alpha \tag{17}$$

$$\delta z_3 = -2l\sin\alpha\,\delta\alpha \tag{18}$$

将式(4) ～ 式(8)、式(14) ～ 式(18) 代入方程式(3)，整理后，得到

$$2l(ml\omega^2\cos\alpha - mg - Mg)\sin\alpha\,\delta\alpha = 0 \tag{19}$$

考虑到 $\delta\alpha$ 的任意性，由方程式(19) 可得到

$$2l(ml\omega^2\cos\alpha - mg - Mg)\sin\alpha = 0 \tag{20}$$

从而解出

$$\alpha = 0 \quad \text{或} \quad \alpha = \arccos\frac{(m+M)g}{ml\omega^2}$$

第一个解是不稳定的，因为只要稍加扰动，调速器就会张开，最后平衡在第二个解给出的位置上。第二个解建立了稳态运动时调速器的张角 α 与转速 ω 之间的关系，它是设计时选择调速器参数的依据。

1.4　第二类拉格朗日方程

系统的位形除了可以用直角坐标描述外，还可以用广义坐标来描述。所以人们很自然地想到如能给出以广义坐标所表示的系统动力学方程，那将对分析系统的运动规律和研究系统的动力学特性都将是非常有利的。18 世纪法国著名数学和力学大师拉格朗日(Lagrange)首次通过数学分析的方法建立了以广义坐标表示的受理想约束的完整系统的动力学方程——第二类拉格朗日方程。该方程可以通过多种不同的途径得到。本书将应用动力学普遍方程推导第二类拉格朗日方程。

设某一受理想约束的系统由 n 个质点组成，$q_1,q_2,\cdots,q_k$ 为描述该系统位形的独立广义坐标。系统中任一质点 M_i 相对惯性参考系 $Oxyz$ 的矢径 $\boldsymbol{r}_i$ 可表示为

$$\boldsymbol{r}_i=\boldsymbol{r}_i(q_1,q_2,\cdots,q_k,t)\quad(i=1,2,\cdots,n)\tag{1.4.1}$$

此函数中显含时间 t 是为了考虑约束为非定常的情况，如只有定常约束，则函数中不显含时间 t。

在推导第二类拉格朗日方程时将用到如下两个重要关系式 —— 拉格朗日变换式。

$$\frac{\partial\dot{\boldsymbol{r}}_i}{\partial\dot{q}_j}=\frac{\partial\boldsymbol{r}_i}{\partial q_j}\quad(i=1,2,\cdots,n)\quad(j=1,2,\cdots,k)\tag{1.4.2}$$

$$\frac{\partial\dot{\boldsymbol{r}}_i}{\partial q_j}=\frac{\mathrm{d}}{\mathrm{d}t}\left(\frac{\partial\boldsymbol{r}_i}{\partial q_j}\right)\quad(i=1,2,\cdots,n)\quad(j=1,2,\cdots,k)\tag{1.4.3}$$

下面给出以上二式的证明。

将式(1.4.1) 对时间求导数，得

$$\dot{\boldsymbol{r}}_i=\sum_{l=1}^{k}\frac{\partial\boldsymbol{r}_i}{\partial q_l}\dot{q}_l+\frac{\partial\boldsymbol{r}_i}{\partial t}\quad(i=1,2,\cdots,n)\tag{1.4.4}$$

再将此式对 $\dot{q}_j$ 求偏导数，便可得到式(1.4.2)。

下面再来证明式(1.4.3)。

将式(1.4.4) 对 q_j 求偏导数，得

$$\frac{\partial\dot{\boldsymbol{r}}_i}{\partial q_j}=\sum_{l=1}^{k}\frac{\partial^2\boldsymbol{r}_i}{\partial q_l\partial q_j}\dot{q}_l+\frac{\partial^2\boldsymbol{r}_i}{\partial t\partial q_j}\quad(i=1,2,\cdots,n)\quad(j=1,2,\cdots,k)\tag{1.4.5}$$

考虑到 $\boldsymbol{r}_i=\boldsymbol{r}_i(q_1,q_2,\cdots,q_k,t)$，故$\dfrac{\partial\boldsymbol{r}_i}{\partial q_j}$ 是 $q_1,q_2,\cdots,q_k$ 和 t 的函数，记为

$$\frac{\partial\boldsymbol{r}_i}{\partial q_j}=\boldsymbol{f}_i(q_1,q_2,\cdots,q_k,t)$$

将此式对时间求导数，得

$$\frac{\mathrm{d}}{\mathrm{d}t}\left(\frac{\partial\boldsymbol{r}_i}{\partial q_j}\right)=\sum_{l=1}^{k}\frac{\partial\boldsymbol{f}_i}{\partial q_l}\dot{q}_l+\frac{\partial\boldsymbol{f}_i}{\partial t}$$

即

$$\frac{\mathrm{d}}{\mathrm{d}t}\left(\frac{\partial\boldsymbol{r}_i}{\partial q_j}\right)=\sum_{l=1}^{k}\frac{\partial^2\boldsymbol{r}_i}{\partial q_j\partial q_l}\dot{q}_l+\frac{\partial^2\boldsymbol{r}_i}{\partial q_j\partial t}\quad(i=1,2,\cdots,n)\quad(j=1,2,\cdots,k)\tag{1.4.6}$$

设函数式(1.4.1) 具有连续的二阶偏导数，这样就有

$$\frac{\partial^2\boldsymbol{r}_i}{\partial q_l\partial q_j}=\frac{\partial^2\boldsymbol{r}_i}{\partial q_j\partial q_l}\quad(i=1,2,\cdots,n)\quad(j=1,2,\cdots,k)\quad(l=1,2,\cdots,k)\tag{1.4.7}$$

$$\frac{\partial^2\boldsymbol{r}_i}{\partial t\partial q_j}=\frac{\partial^2\boldsymbol{r}_i}{\partial q_j\partial t}\quad(i=1,2,\cdots,n)\quad(j=1,2,\cdots,k)\tag{1.4.8}$$

考虑到式(1.4.7) 和式(1.4.8) 后，将式(1.4.5) 和式(1.4.6) 进行比较，便可得到式(1.4.3)。证毕。

下面接着来推导第二类拉格朗日方程。将式(1.4.1) 取变分，得

$$\delta\boldsymbol{r}_i=\sum_{j=1}^{k}\frac{\partial\boldsymbol{r}_i}{\partial q_j}\delta q_j\quad(i=1,2,\cdots,n)\tag{1.4.9}$$

根据动力学普遍方程[见方程式(1.3.5)]，有

$$\sum_{i=1}^{n}\boldsymbol{F}_i\cdot\delta\boldsymbol{r}_i-\sum_{i=1}^{n}m_i\ddot{\boldsymbol{r}}_i\cdot\delta\boldsymbol{r}_i=0 \tag{1.4.10}$$

此式左端的第一项 $\sum_{i=1}^{n}\boldsymbol{F}_i\cdot\delta\boldsymbol{r}_i$ 表示作用于系统上的所有主动力的虚功之和。考虑到式(1.4.9) 后，有

$$\sum_{i=1}^{n}\boldsymbol{F}_i\cdot\delta\boldsymbol{r}_i=\sum_{i=1}^{n}\left(\boldsymbol{F}_i\cdot\sum_{j=1}^{k}\frac{\partial\boldsymbol{r}_i}{\partial q_j}\delta q_j\right)=\sum_{j=1}^{k}\left(\sum_{i=1}^{n}\boldsymbol{F}_i\cdot\frac{\partial\boldsymbol{r}_i}{\partial q_j}\right)\delta q_j \tag{1.4.11}$$

定义

$$Q_j=\sum_{i=1}^{n}\boldsymbol{F}_i\cdot\frac{\partial\boldsymbol{r}_i}{\partial q_j}\quad(j=1,2,\cdots,k) \tag{1.4.12}$$

为对应于广义坐标 q_j 的**广义力**。这样式(1.4.11) 可以写为

$$\sum_{i=1}^{n}\boldsymbol{F}_i\cdot\delta\boldsymbol{r}_i=\sum_{j=1}^{k}Q_j\delta q_j \tag{1.4.13}$$

即作用于系统上的所有主动力的虚功之和可表达为

$$\delta W=\sum_{j=1}^{k}Q_j\delta q_j \tag{1.4.14}$$

式(1.4.10) 左端的第二项 $-\sum_{i=1}^{n}m_i\ddot{\boldsymbol{r}}_i\cdot\delta\boldsymbol{r}_i$ 表示系统的所有惯性力的虚功之和。考虑到式(1.4.9) 后，有

$$-\sum_{i=1}^{n}m_i\ddot{\boldsymbol{r}}_i\cdot\delta\boldsymbol{r}_i=-\sum_{i=1}^{n}\left(m_i\ddot{\boldsymbol{r}}_i\cdot\sum_{j=1}^{k}\frac{\partial\boldsymbol{r}_i}{\partial q_j}\delta q_j\right)=\sum_{j=1}^{k}\left(-\sum_{i=1}^{n}m_i\ddot{\boldsymbol{r}}_i\cdot\frac{\partial\boldsymbol{r}_i}{\partial q_j}\right)\delta q_j \tag{1.4.15}$$

定义

$$Q'_j=-\sum_{i=1}^{n}m_i\ddot{\boldsymbol{r}}_i\cdot\frac{\partial\boldsymbol{r}_i}{\partial q_j}\quad(j=1,2,\cdots,k) \tag{1.4.16}$$

为对应于广义坐标 q_j 的**广义惯性力**。这样式(1.4.15) 可以写为

$$-\sum_{i=1}^{n}m_i\ddot{\boldsymbol{r}}_i\cdot\delta\boldsymbol{r}_i=\sum_{j=1}^{k}Q'_j\delta q_j \tag{1.4.17}$$

将式(1.4.13) 和式(1.4.17) 代入方程式(1.4.10) 后，得到

$$\sum_{j=1}^{k}(Q_j+Q'_j)\delta q_j=0 \tag{1.4.18}$$

根据求导运算规则，式(1.4.16) 可以写为

$$Q'_j=-\sum_{i=1}^{n}m_i\frac{\mathrm{d}}{\mathrm{d}t}\left(\dot{\boldsymbol{r}}_i\cdot\frac{\partial\boldsymbol{r}_i}{\partial q_j}\right)+\sum_{i=1}^{n}m_i\dot{\boldsymbol{r}}_i\cdot\frac{\mathrm{d}}{\mathrm{d}t}\left(\frac{\partial\boldsymbol{r}_i}{\partial q_j}\right)\quad(j=1,2,\cdots,k) \tag{1.4.19}$$

考虑到拉格朗日变换式(1.4.2) 和式(1.4.3) 后，式(1.4.19) 又可以写为

$$\begin{aligned}Q'_j=&-\sum_{i=1}^{n}m_i\frac{\mathrm{d}}{\mathrm{d}t}\left(\dot{\boldsymbol{r}}_i\cdot\frac{\partial\dot{\boldsymbol{r}}_i}{\partial\dot{q}_j}\right)+\sum_{i=1}^{n}m_i\dot{\boldsymbol{r}}_i\cdot\frac{\partial\dot{\boldsymbol{r}}_i}{\partial q_j}=\\&-\sum_{i=1}^{n}\frac{\mathrm{d}}{\mathrm{d}t}\left[\frac{\partial}{\partial\dot{q}_j}\left(\frac{1}{2}m_i\dot{\boldsymbol{r}}_i\cdot\dot{\boldsymbol{r}}_i\right)\right]+\sum_{i=1}^{n}\frac{\partial}{\partial q_j}\left(\frac{1}{2}m_i\dot{\boldsymbol{r}}_i\cdot\dot{\boldsymbol{r}}_i\right)=\\&-\frac{\mathrm{d}}{\mathrm{d}t}\left[\frac{\partial}{\partial\dot{q}_j}\left(\sum_{i=1}^{n}\frac{1}{2}m_i\dot{\boldsymbol{r}}_i\cdot\dot{\boldsymbol{r}}_i\right)\right]+\frac{\partial}{\partial q_j}\left(\sum_{i=1}^{n}\frac{1}{2}m_i\dot{\boldsymbol{r}}_i\cdot\dot{\boldsymbol{r}}_i\right)=\end{aligned}$$

$$-\frac{\mathrm{d}}{\mathrm{d}t}\left(\frac{\partial T}{\partial \dot{q}_j}\right)+\frac{\partial T}{\partial q_j}\quad (j=1,2,\cdots,k) \tag{1.4.20}$$

这里

$$T=\sum_{i=1}^{n}\frac{1}{2}m_i\dot{\boldsymbol{r}}_i\cdot\dot{\boldsymbol{r}}_i \tag{1.4.21}$$

为系统的动能。将式(1.4.20) 代入方程式(1.4.18) 后，得到

$$\sum_{j=1}^{k}\left[Q_j-\frac{\mathrm{d}}{\mathrm{d}t}\left(\frac{\partial T}{\partial \dot{q}_j}\right)+\frac{\partial T}{\partial q_j}\right]\delta q_j=0 \tag{1.4.22}$$

方程式(1.4.22) 称为**广义坐标形式的动力学普遍方程**。需要说明的是，在推导该方程的过程中只限定了所研究的系统是受理想约束的系统，并没有限定系统是完整系统还是非完整系统，因此，广义坐标形式的动力学普遍方程式(1.4.22) 的应用条件是受理想约束的系统。

如果所研究的系统还是一受理想约束的完整系统，则方程式(1.4.22) 中的 k 个广义坐标的变分 $\delta q_j(j=1,2,\cdots,k)$ 是互相独立的，这时方程式(1.4.22) 成立的充分必要条件是每个广义坐标的变分 δq_j 前的系数都为零，即有

$$\frac{\mathrm{d}}{\mathrm{d}t}\left(\frac{\partial T}{\partial \dot{q}_j}\right)-\frac{\partial T}{\partial q_j}=Q_j\quad (j=1,2,\cdots,k) \tag{1.4.23}$$

这就是著名的**第二类拉格朗日方程**，它适用于受理想约束的完整系统。对于含有非理想约束的完整系统来说，如果解除其中的所有非理想约束，并把相应的非理想约束力看成是主动力，这时仍然可应用第二类拉格朗日方程来建立系统的动力学方程。

第二类拉格朗日方程有以下特点(或优点)：① 在第二类拉格朗日方程中是以独立的广义坐标描述系统位形的；② 方程中不含未知的理想约束反力，因此便于求解；③ 方程的个数等于广义坐标数或自由度数，使得方程在维数上得到了最大限度的缩减。由于第二类拉格朗日方程具有上述优点，因此，第二类拉格朗日方程的建立在力学史上具有里程碑的意义。

应用第二类拉格朗日方程所建立的系统运动微分方程一般是一组关于 k 个广义坐标 q_j $(j=1,2,\cdots,k)$ 的二阶非线性常微分方程，在给定运动初始条件 $q_j(0)$、$\dot{q}_j(0)(j=1,2,\cdots,k)$ 的情况下，可利用适当的数值方法(如 Rung - Kutta 算法和 Gear 算法等)求出这组方程的数值解，这些数值解代表了系统的运动规律。

如果所研究的受理想约束的完整系统所受的主动力均为有势力时，则每个主动力 $\boldsymbol{F}_i$ 在惯性参考系 $Oxyz$ 的各坐标轴上的投影可表达为

$$F_{ix}=-\frac{\partial V}{\partial x_i},\quad F_{iy}=-\frac{\partial V}{\partial y_i},\quad F_{iz}=-\frac{\partial V}{\partial z_i}\quad (i=1,2,\cdots,n) \tag{1.4.24}$$

式中 V 为系统的势能。将式(1.4.24) 代入式(1.4.12)，得到

$$Q_j=-\sum_{i=1}^{n}\left(\frac{\partial V}{\partial x_i}\frac{\partial x_i}{\partial q_j}+\frac{\partial V}{\partial y_i}\frac{\partial y_i}{\partial q_j}+\frac{\partial V}{\partial z_i}\frac{\partial z_i}{\partial q_j}\right)\quad (j=1,2,\cdots,k) \tag{1.4.25}$$

因系统的势能 V 可看作系统内各质点的直角坐标 x_i、y_i、$z_i(i=1,2,\cdots,n)$ 的函数，而 x_i、y_i、$z_i(i=1,2,\cdots,n)$ 又可看作系统广义坐标 $q_j(j=1,2,\cdots,k)$ 及时间 t 的函数，于是系统的势能 V 对广义坐标 q_j 的偏导数可表达为

$$\frac{\partial V}{\partial q_j}=\sum_{i=1}^{n}\left(\frac{\partial V}{\partial x_i}\frac{\partial x_i}{\partial q_j}+\frac{\partial V}{\partial y_i}\frac{\partial y_i}{\partial q_j}+\frac{\partial V}{\partial z_i}\frac{\partial z_i}{\partial q_j}\right)\quad (j=1,2,\cdots,k) \tag{1.4.26}$$

比较式(1.4.25)和式(1.4.26)后，得到

$$Q_j=-\frac{\partial V}{\partial q_j}\quad(j=1,2,\cdots,k)\tag{1.4.27}$$

将此式代入方程式(1.4.23)后，得到

$$\frac{\mathrm{d}}{\mathrm{d}t}\left(\frac{\partial T}{\partial \dot{q}_j}\right)-\frac{\partial T}{\partial q_j}=-\frac{\partial V}{\partial q_j}\quad(j=1,2,\cdots,k)\tag{1.4.28}$$

考虑到系统的势能 V 与广义速度 $\dot{q}_j(j=1,2,\cdots,k)$ 无关，故有

$$\frac{\partial V}{\partial \dot{q}_j}\equiv 0\quad(j=1,2,\cdots,k)\tag{1.4.29}$$

从而方程式(1.4.28)可以改写为

$$\frac{\mathrm{d}}{\mathrm{d}t}\left[\frac{\partial (T-V)}{\partial \dot{q}_j}\right]-\frac{\partial (T-V)}{\partial q_j}=0\quad(j=1,2,\cdots,k)\tag{1.4.30}$$

按下式定义一个新函数 $L(\boldsymbol{q},\dot{\boldsymbol{q}},t)$：

$$L=T-V\tag{1.4.31}$$

并把这个函数叫作系统的**拉格朗日函数**。引入该函数后，方程式(1.4.30)可以写为

$$\frac{\mathrm{d}}{\mathrm{d}t}\left(\frac{\partial L}{\partial \dot{q}_j}\right)-\frac{\partial L}{\partial q_j}=0\quad(j=1,2,\cdots,k)\tag{1.4.32}$$

这就是主动力均为有势力情况下的受理想约束的完整系统的第二类拉格朗日方程，也叫作保守系统的拉格朗日方程。

应用第二类拉格朗日方程建立受理想约束的完整系统的运动微分方程时，可按如下的一个程式化步骤进行推导：

(1) 确定出系统的自由度数 k，并恰当地选择 k 个独立的广义坐标。

(2) 将系统的动能表示成关于广义坐标、广义速度和时间的函数。

(3) 求广义力。广义力可按如下方法来求：将作用在系统上的所有主动力的虚功之和写为

$$\sum \delta W=\sum_{j=1}^{k}Q_j\delta q_j\tag{1.4.33}$$

的形式，则其中 Q_j 即为对应于广义坐标 q_j 的广义力。或者也可以按下式求广义力：

$$Q_j=\frac{\left[\sum \delta W\right]_j}{\delta q_j}\quad(j=1,2,\cdots,k)\tag{1.4.34}$$

式中 $\left[\sum \delta W\right]_j$ 表示在 $\delta q_j\neq 0$ 而 $\delta q_l=0(l=1,2,\cdots,k$ 且 $l\neq j)$ 的情况下，作用在系统上的所有主动力的虚功之和。如果主动力均为有势力，则只须写出系统的势能或拉格朗日函数，无须专门求广义力。

(4) 将 Q_j、T(或 L) 的表达式代入第二类拉格朗日方程，再经相应的符号运算后，即可得到系统的运动微分方程式。

下面通过两个例子，说明如何应用第二类拉格朗日方程建立系统的运动微分方程式。

例 1.2　如图 1-8 所示，质量为 m_1 和 m_2 的两个小球，用不可伸长、不计质量的细索悬住，在小球 m_2 上作用有水平方向的已知力 $\boldsymbol{F}(t)$，试建立系统的运动微分方程。(假定系统在铅直

面内运动,且细索始终保持张紧状态。)

解　这是一个二自由度的受理想约束的完整系统,因此可应用第二类拉格朗日方程来建立该系统的运动微分方程。

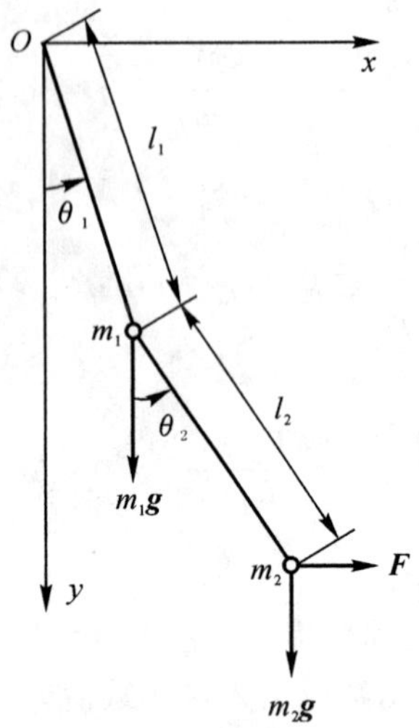

图 1-8　例 1.2 图

选取 θ_1 和 θ_2 作为描述系统位形的广义坐标(见图 1-8),应用第二类拉格朗日方程,有

$$\left.\begin{aligned}\frac{\mathrm{d}}{\mathrm{d}t}\left(\frac{\partial T}{\partial\dot\theta_1}\right)-\frac{\partial T}{\partial\theta_1}=Q_1\\ \frac{\mathrm{d}}{\mathrm{d}t}\left(\frac{\partial T}{\partial\dot\theta_2}\right)-\frac{\partial T}{\partial\theta_2}=Q_2\end{aligned}\right\}\tag{1}$$

系统的动能为

$$T=\frac{1}{2}m_1v_1^2+\frac{1}{2}m_2v_2^2=\frac{1}{2}m_1\,(l_1\dot\theta_1)^2+\frac{1}{2}m_2(\dot x_2^2+\dot y_2^2)\tag{2}$$

其中质点 m_2 的直角坐标为

$$x_2=l_1\sin\theta_1+l_2\sin\theta_2\tag{3}$$

$$y_2=l_1\cos\theta_1+l_2\cos\theta_2\tag{4}$$

将式(3) 和式(4) 代入式(2),整理后得到

$$T=\frac{1}{2}(m_1+m_2)l_1^2\dot\theta_1^2+m_2l_1l_2\dot\theta_1\dot\theta_2\cos(\theta_1-\theta_2)+\frac{1}{2}m_2l_2^2\dot\theta_2^2\tag{5}$$

作用在系统上的所有主动力的虚功之和为

$$\begin{aligned}\sum\delta W=&m_1g\delta y_1+m_2g\delta y_2+F\delta x_2=\\&m_1g\delta(l_1\cos\theta_1)+m_2g\delta(l_1\cos\theta_1+l_2\cos\theta_2)+F\delta(l_1\sin\theta_1+l_2\sin\theta_2)=\\&l_1(F\cos\theta_1-m_1g\sin\theta_1-m_2g\sin\theta_1)\delta\theta_1+l_2(F\cos\theta_2-m_2g\sin\theta_2)\delta\theta_2\end{aligned}\tag{6}$$

由此可以得到对应于广义坐标 θ_1 和 θ_2 的广义力分别为

$$Q_1=l_1(F\cos\theta_1-m_1g\sin\theta_1-m_2g\sin\theta_1)\tag{7}$$

$$Q_2=l_2(F\cos\theta_2-m_2g\sin\theta_2)\tag{8}$$

将式(5)、式(7) 和式(8) 代入方程式(1),经符号运算后,得到

$$\left.\begin{aligned}(m_1+m_2)l_1\ddot{\theta}_1+m_2l_2\ddot{\theta}_2\cos(\theta_1-\theta_2)+m_2l_2\dot{\theta}_2^2\sin(\theta_1-\theta_2)+(m_1+m_2)g\sin\theta_1=F\cos\theta_1\\ m_2l_1\ddot{\theta}_1\cos(\theta_1-\theta_2)+m_2l_2\ddot{\theta}_2-m_2l_1\dot{\theta}_1^2\sin(\theta_1-\theta_2)+m_2g\sin\theta_2=F\cos\theta_2\end{aligned}\right\}\tag{9}$$

方程式(9) 即为系统的运动微分方程，它们是一组二阶非线性常微分方程，要求解析解当然是十分困难的。

例 1.3　如图 1-9 所示的系统由滑块 A 和均质细杆 AB 构成。滑块 A 的质量为 m_1，可沿光滑水平面自由滑动。细杆 AB 通过光滑圆柱铰链铰接于滑块 A 上，细杆 AB 的质量为 m_2，长为 $2l$。试列出此系统的运动微分方程。

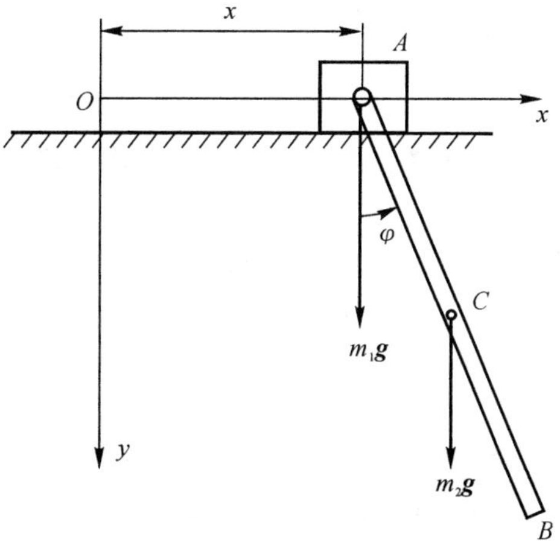

图 1-9　例 1.3 图

解　这是一个两自由度的受理想约束的完整系统，且作用在该系统上的主动力均为重力(即有势力)，因此，可应用保守系统的拉格朗日方程来建立该系统的运动微分方程。

选取滑块的坐标 x 和杆的转角 φ 作为描述系统位形的广义坐标，应用保守系统的拉格朗日方程，有

$$\left.\begin{aligned}\frac{\mathrm{d}}{\mathrm{d}t}\left(\frac{\partial L}{\partial \dot{x}}\right)-\frac{\partial L}{\partial x}=0\\ \frac{\mathrm{d}}{\mathrm{d}t}\left(\frac{\partial L}{\partial \dot{\varphi}}\right)-\frac{\partial L}{\partial \varphi}=0\end{aligned}\right\}\tag{1}$$

系统的动能为

$$T=T_A+T_{AB}=\frac{1}{2}m_1v_A^2+\frac{1}{2}m_2v_C^2+\frac{1}{2}I_C\omega^2=$$

$$\frac{1}{2}m_1\dot{x}^2+\frac{1}{2}m_2(\dot{x}_C^2+\dot{y}_C^2)+\frac{1}{2}\times\frac{1}{12}m_2(2l)^2\dot{\varphi}^2\tag{2}$$

其中杆 AB 的质心坐标为

$$x_C=x+l\sin\varphi\tag{3}$$

$$y_C=l\cos\varphi\tag{4}$$

将式(3)、式(4) 代入式(2)，整理后得到

$$T=\frac{1}{2}(m_1+m_2)\dot{x}^2+\frac{2}{3}m_2l^2\dot{\varphi}^2+m_2l\dot{x}\dot{\varphi}\cos\varphi\tag{5}$$

规定轴 x 所在的水平面为零重力势能面，则系统的势能可表达为

$$V=-m_2gl\cos\varphi \tag{6}$$

于是系统的拉格朗日函数为

$$L=T-V=\frac{1}{2}(m_1+m_2)\dot{x}^2+\frac{2}{3}m_2l^2\dot{\varphi}^2+m_2l\dot{x}\dot{\varphi}\cos\varphi+m_2gl\cos\varphi \tag{7}$$

将式(7) 代入方程式(1)，经符号运算后，得到

$$\left.\begin{aligned}(m_1+m_2)\ddot{x}+m_2l\ddot{\varphi}\cos\varphi-m_2l\dot{\varphi}^2\sin\varphi=0\\ 4l\ddot{\varphi}+3\ddot{x}\cos\varphi+3g\sin\varphi=0\end{aligned}\right\} \tag{8}$$

方程式(8) 即为系统的运动微分方程。

1.5 用于碰撞分析的拉格朗日方程

碰撞是一种常见的力学现象。当物体受到急剧的冲击时就发生了所谓的碰撞。与一般的动力学问题相比，碰撞问题的基本特征是碰撞力巨大且碰撞时间极短。所以在研究碰撞问题时，可作两点简化：一是碰撞过程中忽略非碰撞力的影响，二是碰撞过程忽略系统位置的变化。在理论力学中通常应用冲量定理和冲量矩定理来研究碰撞前后系统的动量和动量矩的变化，但是这样做会在方程中出现未知的约束力的冲量。由于拉格朗日方程中不含未知的理想约束力，因此，将拉格朗日方程应用于碰撞问题的分析时，只要对方程稍作改造，就可以避免出现未知的理想约束力的冲量。

设一受理想约束的完整系统发生碰撞，将第二类拉格朗日方程式(1.4.23) 应用于该系统，并将其方程的两端在碰撞阶段 $[t_1, t_1+\Delta\tau]$ 内积分，得到

$$\int_{t_1}^{t_1+\Delta\tau}\frac{\mathrm{d}}{\mathrm{d}t}\left(\frac{\partial T}{\partial\dot{q}_j}\right)\mathrm{d}t-\int_{t_1}^{t_1+\Delta\tau}\frac{\partial T}{\partial q_j}\mathrm{d}t=\int_{t_1}^{t_1+\Delta\tau}Q_j\,\mathrm{d}t \quad (j=1,2,\cdots,k) \tag{1.5.1}$$

式(1.5.1) 左端的第一项可表达为

$$\int_{t_1}^{t_1+\Delta\tau}\frac{\mathrm{d}}{\mathrm{d}t}\left(\frac{\partial T}{\partial\dot{q}_j}\right)\mathrm{d}t=\frac{\partial T}{\partial\dot{q}_j}\Bigg|_{t_1}^{t_1+\Delta\tau}=p_j\Bigg|_{t_1}^{t_1+\Delta\tau}=\Delta p_j \quad (j=1,2,\cdots,k) \tag{1.5.2}$$

式中

$$p_j=\frac{\partial T}{\partial\dot{q}_j} \quad (j=1,2,\cdots,k) \tag{1.5.3}$$

为对应于广义坐标 q_j 的**广义动量**，Δp_j 表示广义动量 p_j 在碰撞阶段的变化量。

考虑到式(1.5.1) 左端的第二项中的被积函数 $\dfrac{\partial T}{\partial q_j}$ 为有限量，而积分区间 $\Delta\tau$ 又极短(即碰撞的时间间隔极短)，故有

$$\int_{t_1}^{t_1+\Delta\tau}\frac{\partial T}{\partial q_j}\mathrm{d}t\approx 0 \quad (j=1,2,\cdots,k) \tag{1.5.4}$$

考虑到式(1.5.1) 右端的广义力 Q_j 实则为碰撞力的广义力(在研究碰撞问题时，非碰撞力不计)，这样在在碰撞阶段，Q_j 非常大，因此尽管积分区间 $\Delta\tau$ 极短，但是积分

$$\int_{t_1}^{t_1+\Delta\tau}Q_j\,\mathrm{d}t=\hat{Q}_j \quad (j=1,2,\cdots,k) \tag{1.5.5}$$

却为有限量，称 $\hat{Q}_j$ 为碰撞阶段对应于广义坐标 q_j 的广义冲量。将式(1.5.2)、式(1.5.4)和式(1.5.5)代入式(1.5.1)后，得到

$$\Delta p_j = \hat{Q}_j \quad (j=1,2,\cdots,k) \tag{1.5.6}$$

这就是**用于碰撞分析的拉格朗日方程**。该方程表明：**对于受理想约束的完整系统来说，碰撞阶段系统的广义动量的变化量等于在此阶段作用于系统上的广义冲量。**注意：这一方程中不包含理想约束力的冲量。

下面来看碰撞阶段的广义冲量 $\hat{Q}_j$ 该如何计算。

将广义力的定义式(1.4.12)代入式(1.5.5)中，得到

$$\hat{Q}_j = \sum_{i=1}^{n}\int_{t_1}^{t_1+\Delta\tau} \boldsymbol{F}_i \cdot \frac{\partial \boldsymbol{r}_i}{\partial q_j}\mathrm{d}t \quad (j=1,2,\cdots,k) \tag{1.5.7}$$

考虑到碰撞阶段系统的位置不变，所以在碰撞阶段 $\dfrac{\partial \boldsymbol{r}_i}{\partial q_j}$ 为一常量，于是式(1.5.7)可变为

$$\hat{Q}_j = \sum_{i=1}^{n}\left(\int_{t_1}^{t_1+\Delta\tau} \boldsymbol{F}_i\mathrm{d}t\right) \cdot \frac{\partial \boldsymbol{r}_i}{\partial q_j} = \sum_{i=1}^{n}\boldsymbol{S}_i \cdot \frac{\partial \boldsymbol{r}_i}{\partial q_j} \quad (j=1,2,\cdots,k) \tag{1.5.8}$$

式中

$$\boldsymbol{S}_i = \int_{t_1}^{t_1+\Delta\tau} \boldsymbol{F}_i\mathrm{d}t \quad (i=1,2,\cdots,n) \tag{1.5.9}$$

为碰撞力 $\boldsymbol{F}_i$ 的冲量。对比式(1.4.12)和式(1.5.8)，可看出广义冲量可以按广义力的计算办法进行类比计算，即将碰撞力 $\boldsymbol{F}_i$ 用相应的冲量 $\boldsymbol{S}_i$ 代替即可。特别是广义冲量，亦可通过如下的“虚功”表达式得到：

$$\sum_{i=1}^{n}\boldsymbol{S}_i \cdot \delta\boldsymbol{r}_i = \sum_{j=1}^{k}\hat{Q}_j\delta q_j \tag{1.5.10}$$

例 1.4　如图 1-10 所示，两均质细长杆 AB 与 BC 各长 l，质量皆为 m，静止地悬挂在铅垂位置。现在 BC 杆中点 D 处受一碰撞，其冲量为 $\boldsymbol{S}$，求碰撞结束时杆 AB 和杆 BC 的角速度。

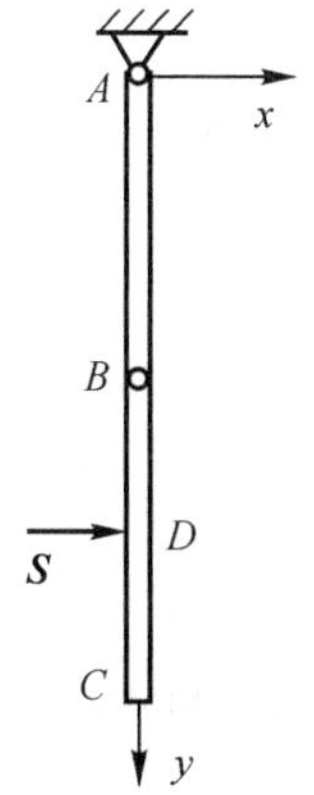

图 1-10　例 1.4 图

解　以杆 AB 和 BC 所组成的系统为研究对象，该系统是一受理想约束的完整系统，有两个自由度。以点 A 为坐标原点建立如图 1-10 所示的固定坐标系 Axy，取杆 AB 和 BC 相对轴 y 的夹角 θ_1 和 θ_2 作为描述系统位形的广义坐标。应用碰撞阶段的拉格朗日方程，有

$$\Delta p_1 = \hat{Q}_1 \tag{1}$$

$$\Delta p_2 = \hat{Q}_2 \tag{2}$$

对应于 θ_1 和 θ_2 的广义动量分别为

$$p_1 = \frac{\partial T}{\partial \dot{\theta}_1} \tag{3}$$

$$p_2 = \frac{\partial T}{\partial \dot{\theta}_2} \tag{4}$$

在碰撞阶段系统的动能可表达为

$$T = T_{AB} + T_{BD} = \frac{1}{2}I_A\dot{\theta}_1^2 + \frac{1}{2}mv_D^2 + \frac{1}{2}I_D\dot{\theta}_2^2 =$$

$$\frac{1}{2}\times\frac{1}{3}ml^2\dot{\theta}_1^2+\frac{1}{2}m\left(l\dot{\theta}_1+\frac{1}{2}l\dot{\theta}_2\right)^2+\frac{1}{2}\times\frac{1}{12}ml^2\dot{\theta}_2^2=$$

$$\frac{1}{6}ml^2(4\dot{\theta}_1^2+3\dot{\theta}_1\dot{\theta}_2+\dot{\theta}_2^2) \tag{5}$$

将式(5) 分别代入式(3) 和式(4),得到

$$p_1=\frac{1}{6}ml^2(8\dot{\theta}_1+3\dot{\theta}_2) \tag{6}$$

$$p_2=\frac{1}{6}ml^2(3\dot{\theta}_1+2\dot{\theta}_2) \tag{7}$$

考虑到在碰撞初($t=t_1$)时,$\dot{\theta}_1=\dot{\theta}_2=0$,这样由式(6) 和式(7) 可知在碰撞初时,对应于θ_1和θ_2的广义动量分别为

$$p_1\big|_{t=t_1}=0 \tag{8}$$

$$p_2\big|_{t=t_1}=0 \tag{9}$$

设在碰撞末($t=t_1+\Delta\tau$)时,$\dot{\theta}_1=\omega_1$,$\dot{\theta}_2=\omega_2$,于是根据式(6) 和式(7) 可知在碰撞末时,对应于θ_1和θ_2的广义动量分别为

$$p_1\big|_{t=t_1+\Delta\tau}=\frac{1}{6}ml^2(8\omega_1+3\omega_2) \tag{10}$$

$$p_2\big|_{t=t_1+\Delta\tau}=\frac{1}{6}ml^2(3\omega_1+2\omega_2) \tag{11}$$

这样在碰撞前后对应于θ_1和θ_2的广义动量的变化量分别为

$$\Delta p_1=p_1\big|_{t=t_1+\Delta\tau}-p_1\big|_{t=t_1}=\frac{1}{6}ml^2(8\omega_1+3\omega_2) \tag{12}$$

$$\Delta p_2=p_2\big|_{t=t_1+\Delta\tau}-p_2\big|_{t=t_1}=\frac{1}{6}ml^2(3\omega_1+2\omega_2) \tag{13}$$

碰撞阶段的广义冲量可根据式(1.5.10) 来计算,即有

$$S\delta r_D=S\left(l\delta\theta_1+\frac{1}{2}l\delta\theta_2\right)=Sl\delta\theta_1+\frac{1}{2}Sl\delta\theta_2 \tag{14}$$

由此可得到碰撞阶段的广义冲量为

$$\hat{Q}_1=Sl \tag{15}$$

$$\hat{Q}_2=\frac{1}{2}Sl \tag{16}$$

将式(12) 和式(15) 代入方程式(1),得

$$\frac{1}{6}ml^2(8\omega_1+3\omega_2)=Sl \tag{17}$$

将式(13) 和式(16) 代入方程式(2),得

$$\frac{1}{6}ml^2(3\omega_1+2\omega_2)=\frac{1}{2}Sl \tag{18}$$

联立方程式(17) 和式(18),解得碰撞结束时杆 AB 和杆 BC 的角速度分别为

$$\omega_1=\frac{3S}{7ml},\quad \omega_2=\frac{6S}{7ml}$$

ω_1和ω_2的转向均为逆时针方向。

1.6　碰撞问题的动力学建模

如图 1-11 所示为一承受定常、理想约束的完整系统，图中 B_0 代表机座，B_1，B_2，… 代表系统的其他各构件，H_1，H_2，… 表示各构件之间的约束（运动副），$\boldsymbol{S}$ 表示作用在系统上的一外碰撞冲量（它可以作用在系统的任意一个构件上），下面建立研究该系统碰撞问题的动力学模型（动力学方程）。为此，任取 k 个互相独立的系统定位参数 q_j（$j=1,2,\cdots,k$）作为描述系统位形的广义坐标，根据第二类拉格朗日方程，有

$$\frac{\mathrm{d}}{\mathrm{d}t}\left(\frac{\partial T}{\partial \dot{\boldsymbol{q}}}\right)-\frac{\partial T}{\partial \boldsymbol{q}}=\boldsymbol{Q} \tag{1.6.1}$$

式中 T 表示系统的动能，$\boldsymbol{q}=[q_1\quad q_2\quad \cdots\quad q_k]^{\mathrm{T}}$ 表示系统的广义坐标列阵，$\boldsymbol{Q}=[Q_1\quad Q_2\quad \cdots\quad Q_k]^{\mathrm{T}}$ 表示广义力列阵，其元素（广义力）的表达式为

$$Q_j=\sum_{i=1}^{n}\boldsymbol{F}_i\cdot\frac{\partial \boldsymbol{r}_i}{\partial q_j}\quad (j=1,2,\cdots,k) \tag{1.6.2}$$

式中 $\boldsymbol{F}_i$ 和 $\boldsymbol{r}_i$ 分别表示作用在系统上的第 i 个主动力和该力作用点的矢径。注意上述主动力中包含有主动碰撞力和其他主动非碰撞力，但并不包含未知的约束碰撞力。方程中不包含未知的约束碰撞力正是应用第二类拉格朗日方程分析碰撞问题的优势之一。基于这样的原因，下面将从第二类拉格朗日方程出发，通过理论分析和数学推导的手段，建立用于分析系统碰撞问题的动力学模型（动力学方程）。

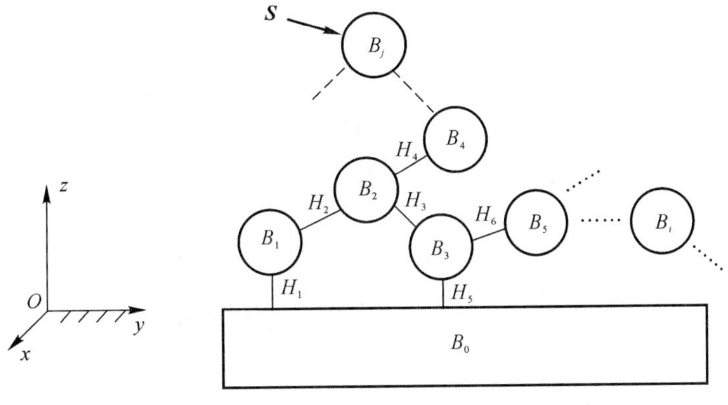

图 1-11　受理想约束的完整系统

由于所研究的系统为定常系统，所以可以将系统的动能表达为如下形式的关于广义速度的二次型函数：

$$T=\frac{1}{2}\dot{\boldsymbol{q}}^{\mathrm{T}}\boldsymbol{M}(\boldsymbol{q})\dot{\boldsymbol{q}} \tag{1.6.3}$$

式中 $\boldsymbol{M}(\boldsymbol{q})$ 为系统的质量矩阵（它是一个 $k\times k$ 阶的正定实对称矩阵）。下面来分析方程式（1.6.1）中的 $\frac{\mathrm{d}}{\mathrm{d}t}\left(\frac{\partial T}{\partial \dot{\boldsymbol{q}}}\right)$。将式（1.6.3）对广义速度列阵 $\dot{\boldsymbol{q}}$ 求偏导数，得到

$$\frac{\partial T}{\partial \dot{\boldsymbol{q}}}=\boldsymbol{M}(\boldsymbol{q})\dot{\boldsymbol{q}} \tag{1.6.4}$$

再将此式对时间 t 求导数，得到

$$\frac{\mathrm{d}}{\mathrm{d}t}\left(\frac{\partial T}{\partial \dot{\boldsymbol{q}}}\right)=\boldsymbol{M}(\boldsymbol{q})\ddot{\boldsymbol{q}}+\frac{\mathrm{d}\boldsymbol{M}(\boldsymbol{q})}{\mathrm{d}t}\dot{\boldsymbol{q}} \tag{1.6.5}$$

下面接着来分析方程式(1.6.1)中的$\frac{\partial T}{\partial \boldsymbol{q}}$，为此，将式(1.6.3)对 $\boldsymbol{q}$ 求偏导数，得到

$$\frac{\partial T}{\partial \boldsymbol{q}}=\frac{1}{2}\begin{bmatrix}\dot{\boldsymbol{q}}^{\mathrm{T}}\dfrac{\partial \boldsymbol{M}(\boldsymbol{q})}{\partial q_1}\dot{\boldsymbol{q}}\\ \dot{\boldsymbol{q}}^{\mathrm{T}}\dfrac{\partial \boldsymbol{M}(\boldsymbol{q})}{\partial q_2}\dot{\boldsymbol{q}}\\ \vdots \\ \dot{\boldsymbol{q}}^{\mathrm{T}}\dfrac{\partial \boldsymbol{M}(\boldsymbol{q})}{\partial q_k}\dot{\boldsymbol{q}}\end{bmatrix} \tag{1.6.6}$$

引入记号

$$\boldsymbol{h}(\boldsymbol{q},\dot{\boldsymbol{q}})=\begin{bmatrix}\dot{\boldsymbol{q}}^{\mathrm{T}}\dfrac{\partial \boldsymbol{M}(\boldsymbol{q})}{\partial q_1}\dot{\boldsymbol{q}}\\ \dot{\boldsymbol{q}}^{\mathrm{T}}\dfrac{\partial \boldsymbol{M}(\boldsymbol{q})}{\partial q_2}\dot{\boldsymbol{q}}\\ \vdots \\ \dot{\boldsymbol{q}}^{\mathrm{T}}\dfrac{\partial \boldsymbol{M}(\boldsymbol{q})}{\partial q_k}\dot{\boldsymbol{q}}\end{bmatrix} \tag{1.6.7}$$

则式(1.6.6)可简写为

$$\frac{\partial T}{\partial \boldsymbol{q}}=\frac{1}{2}\boldsymbol{h}(\boldsymbol{q},\dot{\boldsymbol{q}}) \tag{1.6.8}$$

将式(1.6.5)和式(1.6.8)代入方程式(1)后，得到

$$\boldsymbol{M}(\boldsymbol{q})\ddot{\boldsymbol{q}}+\frac{\mathrm{d}\boldsymbol{M}(\boldsymbol{q})}{\mathrm{d}t}\dot{\boldsymbol{q}}+\frac{1}{2}\boldsymbol{h}(\boldsymbol{q},\dot{\boldsymbol{q}})=\boldsymbol{Q} \tag{1.6.9}$$

将方程式(1.6.9)的两端在碰撞阶段$[t_0,t_1]$内积分，得到

$$\int_{t_0}^{t_1}\boldsymbol{M}(\boldsymbol{q})\ddot{\boldsymbol{q}}\,\mathrm{d}t+\int_{t_0}^{t_1}\frac{\mathrm{d}\boldsymbol{M}(\boldsymbol{q})}{\mathrm{d}t}\dot{\boldsymbol{q}}\,\mathrm{d}t+\frac{1}{2}\int_{t_0}^{t_1}\boldsymbol{h}(\boldsymbol{q},\dot{\boldsymbol{q}})\,\mathrm{d}t=\int_{t_0}^{t_1}\boldsymbol{Q}\,\mathrm{d}t \tag{1.6.10}$$

即

$$\int_{t_0}^{t_1}\boldsymbol{M}(\boldsymbol{q})\,\mathrm{d}\dot{\boldsymbol{q}}+\int_{t_0}^{t_1}\dot{\boldsymbol{q}}\,\mathrm{d}\boldsymbol{M}(\boldsymbol{q})+\frac{1}{2}\int_{t_0}^{t_1}\boldsymbol{h}(\boldsymbol{q},\dot{\boldsymbol{q}})\,\mathrm{d}t=\int_{t_0}^{t_1}\boldsymbol{Q}\,\mathrm{d}t \tag{1.6.11}$$

应用分步积分法，可将此式左边第二个定积分$\int_{t_0}^{t_1}\dot{\boldsymbol{q}}\,\mathrm{d}\boldsymbol{M}(\boldsymbol{q})$写为

$$\int_{t_0}^{t_1}\dot{\boldsymbol{q}}\,\mathrm{d}\boldsymbol{M}(\boldsymbol{q})=[\boldsymbol{M}(\boldsymbol{q})\dot{\boldsymbol{q}}]\Big|_{t_0}^{t_1}-\int_{t_0}^{t_1}\boldsymbol{M}(\boldsymbol{q})\,\mathrm{d}\dot{\boldsymbol{q}}=\boldsymbol{M}(\boldsymbol{q}(t_1))\dot{\boldsymbol{q}}(t_1)-\boldsymbol{M}(\boldsymbol{q}(t_0))\dot{\boldsymbol{q}}(t_0)-\int_{t_0}^{t_1}\boldsymbol{M}(\boldsymbol{q})\,\mathrm{d}\dot{\boldsymbol{q}} \tag{1.6.12}$$

将式(1.6.12)代入方程式(1.6.11)后，得到

$$\boldsymbol{M}(\boldsymbol{q}(t_1))\dot{\boldsymbol{q}}(t_1)-\boldsymbol{M}(\boldsymbol{q}(t_0))\dot{\boldsymbol{q}}(t_0)+\frac{1}{2}\int_{t_0}^{t_1}\boldsymbol{h}(\boldsymbol{q},\dot{\boldsymbol{q}})\,\mathrm{d}t=\int_{t_0}^{t_1}\boldsymbol{Q}\,\mathrm{d}t \tag{1.6.13}$$

在碰撞阶段，可以近视地认为系统的位置保持不变(研究碰撞问题的一个基本简化措施)，

即可以近似地认为系统的广义坐标保持不变。因此，有

$$\boldsymbol{q}(t) \approx \boldsymbol{q}(t_0) \quad (t_0 \leqslant t \leqslant t_1) \tag{1.6.14}$$

令式(1.6.14)中的 $t = t_1$，有

$$\boldsymbol{q}(t_1) \approx \boldsymbol{q}(t_0) \tag{1.6.15}$$

将式(1.6.15)代入方程式(1.6.13)后，得到

$$\boldsymbol{M}(\boldsymbol{q}(t_0))[\dot{\boldsymbol{q}}(t_1) - \dot{\boldsymbol{q}}(t_0)] + \frac{1}{2}\int_{t_0}^{t_1} \boldsymbol{h}(\boldsymbol{q},\dot{\boldsymbol{q}})\mathrm{d}t = \int_{t_0}^{t_1} \boldsymbol{Q}\mathrm{d}t \tag{1.6.16}$$

下面接着分析式(1.6.16)中的积分项 $\int_{t_0}^{t_1} \boldsymbol{h}(\boldsymbol{q},\dot{\boldsymbol{q}})\mathrm{d}t$。考虑到被积函数 $\boldsymbol{h}(\boldsymbol{q},\dot{\boldsymbol{q}})$ 为一 k 维列阵[见表达式(1.6.7)]，故积分 $\int_{t_0}^{t_1} \boldsymbol{h}(\boldsymbol{q},\dot{\boldsymbol{q}})\mathrm{d}t$ 也是一 k 维列阵，因此，可设

$$\int_{t_0}^{t_1} \boldsymbol{h}(\boldsymbol{q},\dot{\boldsymbol{q}})\mathrm{d}t = \begin{bmatrix} a_1 \\ a_2 \\ \vdots \\ a_k \end{bmatrix} \tag{1.6.17}$$

式中 $a_s(s=1,2,\cdots,k)$ 表示该列阵的第 s 个元素。将式(1.6.7)代入式(1.6.17)后，得到

$$a_s = \int_{t_0}^{t_1} \dot{\boldsymbol{q}}^{\mathrm{T}} \frac{\partial \boldsymbol{M}(\boldsymbol{q})}{\partial q_s} \dot{\boldsymbol{q}} \mathrm{d}t \quad (s=1,2,\cdots,k) \tag{1.6.18}$$

考虑到系统的质量矩阵 $\boldsymbol{M}(\boldsymbol{q})$ 为一 $k \times k$ 阶的矩阵，故可设

$$\boldsymbol{M}(\boldsymbol{q}) = \begin{bmatrix} m_{11}(\boldsymbol{q}) & m_{12}(\boldsymbol{q}) & \cdots & m_{1k}(\boldsymbol{q}) \\ m_{21}(\boldsymbol{q}) & m_{22}(\boldsymbol{q}) & \cdots & m_{2k}(\boldsymbol{q}) \\ \vdots & \vdots & & \vdots \\ m_{k1}(\boldsymbol{q}) & m_{k2}(\boldsymbol{q}) & \cdots & m_{kk}(\boldsymbol{q}) \end{bmatrix} \tag{1.6.19}$$

式中 $m_{ij}(\boldsymbol{q})(i,j=1,2,\cdots,k)$ 表示该矩阵的第 i 行、第 j 列的元素。将式(1.6.19)对 q_s 求偏导数，得到

$$\frac{\partial \boldsymbol{M}(\boldsymbol{q})}{\partial q_s} = \begin{bmatrix} \frac{\partial m_{11}(\boldsymbol{q})}{\partial q_s} & \frac{\partial m_{12}(\boldsymbol{q})}{\partial q_s} & \cdots & \frac{\partial m_{1k}(\boldsymbol{q})}{\partial q_s} \\ \frac{\partial m_{21}(\boldsymbol{q})}{\partial q_s} & \frac{\partial m_{22}(\boldsymbol{q})}{\partial q_s}) & \cdots & \frac{\partial m_{2k}(\boldsymbol{q})}{\partial q_s} \\ \vdots & \vdots & & \vdots \\ \frac{\partial m_{k1}(\boldsymbol{q})}{\partial q_s} & \frac{\partial m_{k2}(\boldsymbol{q})}{\partial q_s} & \cdots & \frac{\partial m_{kk}(\boldsymbol{q})}{\partial q_s} \end{bmatrix} \quad (s=1,2,\cdots,k) \tag{1.6.20}$$

将式(1.6.20)和广义速度列阵 $\dot{\boldsymbol{q}} = [\dot{q}_1 \quad \dot{q}_2 \quad \cdots \quad \dot{q}_k]^{\mathrm{T}}$ 一同代入式(1.6.18)，得到

$$a_s = \sum_{i=1}^{k} \sum_{j=1}^{k} \int_{t_0}^{t_1} \frac{\partial m_{ij}(\boldsymbol{q})}{\partial q_s} \dot{q}_i \dot{q}_j \mathrm{d}t \quad (s=1,2,\cdots,k) \tag{1.6.21}$$

引入记号

$$f_{ijs}(\boldsymbol{q}) = \frac{\partial m_{ij}(\boldsymbol{q})}{\partial q_s} \tag{1.6.22}$$

则式(1.6.21)可简写为

$$a_s=\sum_{i=1}^{k}\sum_{j=1}^{k}\int_{t_0}^{t_1}f_{ijs}(\boldsymbol{q})\dot{q}_i\dot{q}_j\,\mathrm{d}t \quad (s=1,2,\cdots,k) \tag{1.6.23}$$

将式(1.6.14) 代入式(1.6.23) 后，得到

$$a_s=\sum_{i=1}^{k}\sum_{j=1}^{k}\int_{t_0}^{t_1}f_{ijs}(\boldsymbol{q}(t_0))\dot{q}_i\dot{q}_j\,\mathrm{d}t=\sum_{i=1}^{k}\sum_{j=1}^{k}f_{ijs}(\boldsymbol{q}(t_0))\int_{t_0}^{t_1}\dot{q}_i\,\mathrm{d}q_j \quad (s=1,2,\cdots,k) \tag{1.6.24}$$

应用分步积分法，可将此式右端的积分项$\int_{t_0}^{t_1}\dot{q}_i\,\mathrm{d}q_j$ 写为

$$\int_{t_0}^{t_1}\dot{q}_i\,\mathrm{d}q_j=(q_j\dot{q}_i)\mid_{t_0}^{t_1}-\int_{t_0}^{t_1}q_j\,\mathrm{d}\dot{q}_i=q_j(t_1)\dot{q}_i(t_1)-q_j(t_0)\dot{q}_i(t_0)-\int_{t_0}^{t_1}q_j\,\mathrm{d}\dot{q}_i \tag{1.6.25}$$

分别考虑列阵表达式(1.6.14) 和式(1.6.15) 的第 j 个元素，则有

$$q_j(t)\approx q_j(t_0) \quad (t_0\leqslant t\leqslant t_1) \tag{1.6.26}$$

$$q_j(t_1)\approx q_j(t_0) \tag{1.6.27}$$

将式(1.6.26) 和式(1.6.27) 代入式(1.6.25) 后，得到

$$\begin{aligned}\int_{t_0}^{t_1}\dot{q}_i\,\mathrm{d}q_j&=q_j(t_0)[\dot{q}_i(t_1)-\dot{q}_i(t_0)]-\int_{t_0}^{t_1}q_j(t_0)\,\mathrm{d}\dot{q}_i=\\&q_j(t_0)[\dot{q}_i(t_1)-\dot{q}_i(t_0)]-q_j(t_0)\int_{t_0}^{t_1}\mathrm{d}\dot{q}_i=\\&q_j(t_0)[\dot{q}_i(t_1)-\dot{q}_i(t_0)]-q_j(t_0)[\dot{q}_i(t_1)-\dot{q}_i(t_0)]=0\end{aligned} \tag{1.6.28}$$

将式(1.6.28) 的结果代入式(1.6.24) 后，得到

$$a_s=0 \quad (s=1,2,\cdots,k) \tag{1.6.29}$$

将式(1.6.29) 代入式(1.6.17) 后，得到

$$\int_{t_0}^{t_1}\boldsymbol{h}(\boldsymbol{q},\dot{\boldsymbol{q}})\,\mathrm{d}t=\boldsymbol{0} \tag{1.6.30}$$

再将此式代入方程式(1.6.16) 后，得到

$$\boldsymbol{M}(\boldsymbol{q}(t_0))[\dot{\boldsymbol{q}}(t_1)-\dot{\boldsymbol{q}}(t_0)]=\int_{t_0}^{t_1}\boldsymbol{Q}\,\mathrm{d}t \tag{1.6.31}$$

下面接着来分析式(1.6.31) 右端的积分项$\int_{t_0}^{t_1}Q\mathrm{d}t$，为此重写广义力列阵 $\boldsymbol{Q}$ 及其元素的表达式为

$$\boldsymbol{Q}=[Q_1\quad Q_2\quad\cdots\quad Q_k]^{\mathrm{T}} \tag{1.6.32}$$

$$Q_j=\sum_{i=1}^{n}\boldsymbol{F}_i\cdot\frac{\partial\boldsymbol{r}_i}{\partial q_j} \quad (j=1,2,\cdots,k) \tag{1.6.33}$$

如前所述，在该式的主动力 $\boldsymbol{F}_i(i=1,2,\cdots,n)$ 中包含有主动碰撞力和其他主动非碰撞力，考虑到在碰撞问题的研究中可以忽略掉所有非碰撞力的影响(研究碰撞问题的另一个基本简化措施)，于是，可以将式(1.6.33) 改写为

$$Q_j=\boldsymbol{F}\cdot\frac{\partial\boldsymbol{r}}{\partial q_j} \quad (j=1,2,\cdots,k) \tag{1.6.34}$$

式中 $\boldsymbol{F}$ 和 $\boldsymbol{r}$ 分别表示作用在系统上的主动碰撞力和该力作用点的矢径。将式(1.6.32) 代入方程式(1.6.31) 右端的积分项$\int_{t_0}^{t_1}\boldsymbol{Q}\,\mathrm{d}t$ 中，得到

$$\int_{t_0}^{t_1} \boldsymbol{Q}\mathrm{d}t = \begin{bmatrix} \int_{t_0}^{t_1} Q_1 \mathrm{d}t \\ \int_{t_0}^{t_1} Q_2 \mathrm{d}t \\ \vdots \\ \int_{t_0}^{t_1} Q_k \mathrm{d}t \end{bmatrix} \tag{1.6.35}$$

下面考虑该列阵的第 j 个元素$\int_{t_0}^{t_1} Q_j \mathrm{d}t$，为此，将式(1.6.34) 代入积分$\int_{t_0}^{t_1} Q_j \mathrm{d}t$ 中，得到

$$\int_{t_0}^{t_1} Q_j \mathrm{d}t = \int_{t_0}^{t_1} \boldsymbol{F} \cdot \frac{\partial \boldsymbol{r}}{\partial q_j} \mathrm{d}t \quad (j = 1,2,\cdots,k) \tag{1.6.36}$$

将矢量函数$\dfrac{\partial \boldsymbol{r}(\boldsymbol{q})}{\partial q_j}$ 记为

$$\frac{\partial \boldsymbol{r}(\boldsymbol{q})}{\partial q_j} = \boldsymbol{r}'_j(\boldsymbol{q}) \tag{1.6.37}$$

于是式(1.6.36) 可以写为

$$\int_{t_0}^{t_1} Q_j \mathrm{d}t = \int_{t_0}^{t_1} \boldsymbol{F} \cdot \boldsymbol{r}'_j(\boldsymbol{q}) \mathrm{d}t \quad (j = 1,2,\cdots,k) \tag{1.6.38}$$

将式(1.6.14) 代入式(1.6.38) 后，得到

$$\int_{t_0}^{t_1} Q_j \mathrm{d}t = \int_{t_0}^{t_1} \boldsymbol{F} \cdot \boldsymbol{r}'_j(\boldsymbol{q}(t_0)) \mathrm{d}t \quad (j = 1,2,\cdots,k) \tag{1.6.39}$$

因 $\boldsymbol{r}'_j(\boldsymbol{q}(t_0))$ 为一常矢量(即不随时间发生变化)，故式(1.6.39) 可改写为

$$\int_{t_0}^{t_1} Q_j \mathrm{d}t = \left(\int_{t_0}^{t_1} \boldsymbol{F} \mathrm{d}t\right) \cdot \boldsymbol{r}'_j(\boldsymbol{q}(t_0)) = \boldsymbol{S} \cdot \boldsymbol{r}'_j(\boldsymbol{q}(t_0)) \quad (j = 1,2,\cdots,k) \tag{1.6.40}$$

式中

$$\boldsymbol{S} = \int_{t_0}^{t_1} \boldsymbol{F} \mathrm{d}t \tag{1.6.41}$$

为主动碰撞冲量(即主动碰撞力 $\boldsymbol{F}$ 的冲量)。

用 S_x、S_y 和 S_z 表示主动碰撞冲量 $\boldsymbol{S}$ 在固定坐标系 $Oxyz$ 中的三个投影，$\boldsymbol{e}_1$、$\boldsymbol{e}_2$ 和 $\boldsymbol{e}_3$ 表示该坐标系的坐标轴单位矢，(x,y,z) 表示主动碰撞力 $\boldsymbol{F}$ 的作用点在该坐标系中的直角坐标，则有

$$\boldsymbol{S} = S_x \boldsymbol{e}_1 + S_y \boldsymbol{e}_2 + S_z \boldsymbol{e}_3 \tag{1.6.42}$$

$$\boldsymbol{r} = x\boldsymbol{e}_1 + y\boldsymbol{e}_2 + z\boldsymbol{e}_3 \tag{1.6.43}$$

将式(1.6.43) 代入式(1.6.37) 后，得到

$$\boldsymbol{r}'_j(\boldsymbol{q}) = \frac{\partial x}{\partial q_j}\boldsymbol{e}_1 + \frac{\partial y}{\partial q_j}\boldsymbol{e}_2 + \frac{\partial z}{\partial q_j}\boldsymbol{e}_3 \tag{1.6.44}$$

引入记号

$$x'_j(\boldsymbol{q}) = \frac{\partial x(\boldsymbol{q})}{\partial q_j} \tag{1.6.45}$$

$$y'_j(\boldsymbol{q}) = \frac{\partial y(\boldsymbol{q})}{\partial q_j} \tag{1.6.46}$$

$$z'_j(\boldsymbol{q}) = \frac{\partial z(\boldsymbol{q})}{\partial q_j} \tag{1.6.47}$$

则式(1.6.44)可以写为

$$\boldsymbol{r}'_j(\boldsymbol{q})=x'_j(\boldsymbol{q})\boldsymbol{e}_1+y'_j(\boldsymbol{q})\boldsymbol{e}_2+z'_j(\boldsymbol{q})\boldsymbol{e}_3 \tag{1.6.48}$$

将式(1.6.14)代入式(1.6.48)后,得到

$$\boldsymbol{r}'_j(\boldsymbol{q}(t_0))=x'_j(\boldsymbol{q}(t_0))\boldsymbol{e}_1+y'_j(\boldsymbol{q}(t_0))\boldsymbol{e}_2+z'_j(\boldsymbol{q}(t_0))\boldsymbol{e}_3 \tag{1.6.49}$$

将式(1.6.49)和式(1.6.42)代入式(1.6.40)后,得到

$$\int_{t_0}^{t_1}Q_j\,\mathrm{d}t=x'_j(\boldsymbol{q}(t_0))S_x+y'_j(\boldsymbol{q}(t_0))S_y+z'_j(\boldsymbol{q}(t_0))S_z\quad(j=1,2,\cdots,k) \tag{1.6.50}$$

再将式(1.6.50)代入式(1.6.35)后,得到

$$\int_{t_0}^{t_1}\boldsymbol{Q}\,\mathrm{d}t=\begin{bmatrix}x'_1(\boldsymbol{q}(t_0))S_x+y'_1(\boldsymbol{q}(t_0))S_y+z'_1(\boldsymbol{q}(t_0))S_z\\x'_2(\boldsymbol{q}(t_0))S_x+y'_2(\boldsymbol{q}(t_0))S_y+z'_2(\boldsymbol{q}(t_0))S_z\\\vdots\\x'_k(\boldsymbol{q}(t_0))S_x+y'_k(\boldsymbol{q}(t_0))S_y+z'_k(\boldsymbol{q}(t_0))S_z\end{bmatrix} \tag{1.6.51}$$

引入记号

$$\boldsymbol{R}(\boldsymbol{q}(t_0))=\begin{bmatrix}x'_1(\boldsymbol{q}(t_0)) & y'_1(\boldsymbol{q}(t_0)) & z'_1(\boldsymbol{q}(t_0))\\x'_2(\boldsymbol{q}(t_0)) & y'_2(\boldsymbol{q}(t_0)) & z'_2(\boldsymbol{q}(t_0))\\\vdots & \vdots & \vdots\\x'_k(\boldsymbol{q}(t_0)) & y'_k(\boldsymbol{q}(t_0)) & z'_k(\boldsymbol{q}(t_0))\end{bmatrix} \tag{1.6.52}$$

和

$$\underline{\boldsymbol{S}}=\begin{bmatrix}S_x\\S_y\\S_z\end{bmatrix} \tag{1.6.53}$$

则式(1.6.51)可以简写为

$$\int_{t_0}^{t_1}\boldsymbol{Q}\,\mathrm{d}t=\boldsymbol{R}(\boldsymbol{q}(t_0))\underline{\boldsymbol{S}} \tag{1.6.54}$$

将式(1.6.54)代入方程式(1.6.31)后,得到

$$\boldsymbol{M}(\boldsymbol{q}(t_0))[\dot{\boldsymbol{q}}(t_1)-\dot{\boldsymbol{q}}(t_0)]=\boldsymbol{R}(\boldsymbol{q}(t_0))\underline{\boldsymbol{S}} \tag{1.6.55}$$

由此解出碰撞结束时系统的广义速度列阵为

$$\dot{\boldsymbol{q}}(t_1)=\dot{\boldsymbol{q}}(t_0)+[\boldsymbol{M}(\boldsymbol{q}(t_0))]^{-1}\boldsymbol{R}(\boldsymbol{q}(t_0))\underline{\boldsymbol{S}} \tag{1.6.56}$$

矩阵式(1.6.56)就是针对定常、理想约束的完整系统的碰撞问题所建立的动力学模型。应用这种模型可以很方便地分析和计算碰撞结束时系统所获得的广义速度。

例 1.5 如图 1-12 所示的机构系统,其几何尺寸为:$OA=BG=l$,$AB=OG=L$,$BD=2BC=l$,构件 OA 和 BG 对其各自转轴的转动惯量均为 I_1,构件 AB、BD 和滑块的质量分别为 m_1、m_2 和 m_3,构件 BD 对其质心 C 的转动惯量为 I_2,作用于滑块的碰撞冲量为 S,设在碰撞初始时系统处于静态且 $\angle AOG=\frac{\pi}{6}\,\mathrm{rad}$,试确定碰撞结束时 OA 杆的角速度。

解 取整个机构系统为研究对象,该系统属于定常、理想约束的完整系统,故可应用式(1.6.56)计算碰撞结束时 OA 杆的角速度。为此,需按以下步骤来实施:

步骤 1:建立一套如图 1-12 所示的固定参考坐标系 Oxy。

步骤2:确定出该机构系统的自由度为1,选取构件OA的转角q作为描述系统位形的广义坐标。

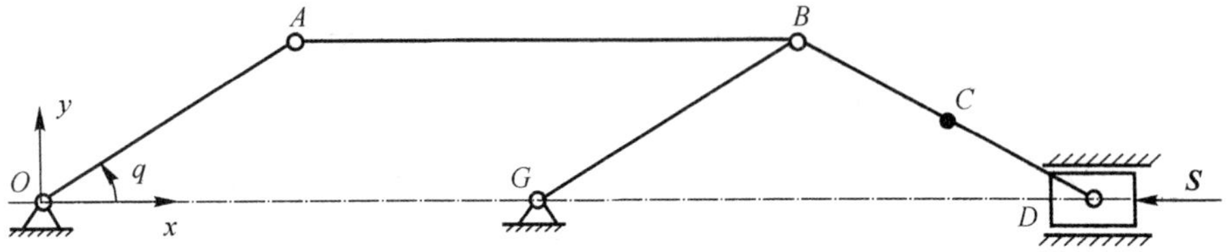

图1-12　例1.5图

步骤3:将系统的动能表达为关于广义速度的二次型函数:

$$T=\frac{1}{2}\dot{q}^2\{2I_1+I_2+\frac{1}{4}l^2[4m_1+m_2+8(m_2+2m_3)\sin^2 q]\}=\frac{1}{2}\dot{q}^2M(q) \tag{1}$$

式中

$$M(q)=2I_1+I_2+\frac{1}{4}l^2[4m_1+m_2+8(m_2+2m_3)\sin^2 q] \tag{2}$$

为系统的广义质量。

步骤4:将主动碰撞冲量$\boldsymbol{S}$的作用点的直角坐标(x,y)表达成为关于广义坐标的函数$x=2l\cos q+L+a/2$(式中a表示滑块的长度),$y=0$。

步骤5:应用式(1.6.45)和式(1.6.46)求得函数

$$x'_1(q)=-2l\sin q \tag{3}$$

$$y'_1(q)=0 \tag{4}$$

步骤6:根据碰撞初始时系统所在的具体位置定出碰撞初始时系统的广义坐标值为$q(t_0)=\frac{\pi}{6}\text{rad}$。

步骤7:将$q=q(t_0)=\frac{\pi}{6}$代入广义质量矩阵函数$M(q)$中[也就是代入式(2)中],得到碰撞初始时系统的广义质量为

$$M(q(t_0))=2I_1+I_2+\frac{1}{4}l^2(4m_1+3m_2+4m_3) \tag{5}$$

步骤8:将$q=q(t_0)=\frac{\pi}{6}$代入函数$x'_1(q)$、$y'_1(q)$中[即分别代入式(3)和式(4)中],得到

$$x'_1(q(t_0))=-l \tag{6}$$

$$y'_1(q(t_0))=0 \tag{7}$$

在此基础上,由式(1.6.52)组装成矩阵

$$\boldsymbol{R}(q(t_0))=[x'_1(q(t_0))\quad y'_1(q(t_0))]=[-l\quad 0] \tag{8}$$

步骤9:确定出主动碰撞冲量在固定坐标系Oxy中的投影为$S_x=-S$,$S_y=0$,再由式(1.6.53)组装成列阵

$$\underline{\boldsymbol{S}}=\begin{bmatrix}-S\\0\end{bmatrix} \tag{9}$$

步骤 10：最后将前面所得到的 $M(q(t_0))$、$\boldsymbol{R}(q(t_0))$ 和 $\underline{\boldsymbol{S}}$ 的表达式［即式(5)、式(8) 和式(9)］代入式(1.6.56) 中，得到碰撞结束时系统所具有的广义速度的解析表达式为

$$\dot{q}(t_1)=\frac{4Sl}{8I_1+4I_2+l^2(4m_1+3m_2+4m_3)} \tag{10}$$

这就是碰撞结束时构件 OA 所获得的角速度。

由式(10) 可以看出：碰撞结束时构件 OA 所获得的角速度与作用于滑块上的碰撞冲量 S 成正比，另外还与系统的惯性参数 m_1、m_2、m_3、I_1、I_2 和部分结构参数 l 有关。

1.7　罗斯方程

在 1.4 节中介绍了第二类拉格朗日方程，该方程适合于受理想约束的完整系统的动力学建模。本节将进一步讨论适合于受理想约束的非完整系统的动力学建模问题。

设有一受理想约束的非完整系统，其广义坐标为 $q_1,q_2,\cdots,q_k$，系统承受有 m 个非完整约束

$$\sum_{j=1}^{k}a_{rj}(\boldsymbol{q},t)\dot{q}_j+a_r(\boldsymbol{q},t)=0 \quad (r=1,2,\cdots,m) \tag{1.7.1}$$

因而各广义坐标的变分由如下方程联系：

$$\sum_{j=1}^{k}a_{rj}\delta q_j=0 \quad (r=1,2,\cdots,m) \tag{1.7.2}$$

现在来考察广义坐标形式的动力学普遍方程［即如前所述的方程式(1.4.22)］

$$\sum_{j=1}^{k}\left[Q_j-\frac{\mathrm{d}}{\mathrm{d}t}\left(\frac{\partial T}{\partial\dot{q}_j}\right)+\frac{\partial T}{\partial q_j}\right]\delta q_j=0 \tag{1.7.3}$$

对于非完整系统而言，由于式(1.7.2) 存在，使得各广义坐标的变分是不再是完全独立的，因此在这种情况下，将无法从方程式(1.7.3) 得到第二类拉格朗日方程。为解决此问题，可采用待定乘子法，即将式(1.7.2) 乘以待定乘子 $\lambda_r(r=1,2,\cdots,m)$，然后相加，得到

$$\sum_{r=1}^{m}\lambda_r\left(\sum_{j=1}^{k}a_{rj}\delta q_j\right)=0 \quad (r=1,2,\cdots,m) \tag{1.7.4}$$

交换求和次序，得

$$\sum_{j=1}^{k}\left(\sum_{r=1}^{m}\lambda_r a_{rj}\right)\delta q_j=0 \tag{1.7.5}$$

将式(1.7.3) 和式(1.7.5) 相加，得

$$\sum_{j=1}^{k}\left[Q_j-\frac{\mathrm{d}}{\mathrm{d}t}\left(\frac{\partial T}{\partial\dot{q}_j}\right)+\frac{\partial T}{\partial q_j}+\sum_{r=1}^{m}\lambda_r a_{rj}\right]\delta q_j=0 \tag{1.7.6}$$

注意：式(1.7.6) 中含有全部 k 个广义坐标的变分，而其中只有 $k-m$ 个是彼此独立的。另外，该式中还含有 m 个待定乘子 $\lambda_r(r=1,2,\cdots,m)$。我们约定这样来选取各个待定乘子，使得上式中前 m 个非独立广义坐标变分($\delta q_1,\cdots,\delta q_m$) 前的系数为零，即

$$\frac{\mathrm{d}}{\mathrm{d}t}\left(\frac{\partial T}{\partial\dot{q}_j}\right)-\frac{\partial T}{\partial q_j}=Q_j+\sum_{r=1}^{m}\lambda_r a_{rj} \quad (j=1,2,\cdots,m) \tag{1.7.7}$$

这样式(1.7.6) 就变为

$$\sum_{j=m+1}^{k}\left[Q_j-\frac{\mathrm{d}}{\mathrm{d}t}\left(\frac{\partial T}{\partial \dot{q}_j}\right)+\frac{\partial T}{\partial q_j}+\sum_{r=1}^{m}\lambda_r a_{rj}\right]\delta q_j=0 \tag{1.7.8}$$

而余下的这 $k-m$ 个广义坐标的变分 $\delta q_{m+1},\cdots,\delta q_k$ 是互相独立的，这样由式(1.7.8)即可得到

$$\frac{\mathrm{d}}{\mathrm{d}t}\left(\frac{\partial T}{\partial \dot{q}_j}\right)-\frac{\partial T}{\partial q_j}=Q_j+\sum_{r=1}^{m}\lambda_r a_{rj}\quad (j=m+1,m+2,\cdots,k) \tag{1.7.9}$$

将方程式(1.7.7)和式(1.7.9)合写在一起，就是

$$\frac{\mathrm{d}}{\mathrm{d}t}\left(\frac{\partial T}{\partial \dot{q}_j}\right)-\frac{\partial T}{\partial q_j}=Q_j+\sum_{r=1}^{m}\lambda_r a_{rj}\quad (j=1,2,\cdots,k) \tag{1.7.10}$$

这 k 个方程称为**罗斯方程**，它适合于受理想约束的非完整系统的动力学建模。注意：这 k 个方程中含有 $k+m$ 个未知函数 $q_j(j=1,2,\cdots,k)$ 和 $\lambda_r(r=1,2,\cdots,m)$，因此，要求解这 $k+m$ 个未知函数，就必须将罗斯方程式(1.7.10)和约束方程式(1.7.1)联立起来进行求解。

罗斯方程式(1.7.10)中采用了广义坐标和待定乘子，由于是拉格朗日首先将广义坐标的概念和待定乘子法应用到动力学中来的，因此方程式(1.7.10)也称为含待定乘子的拉格朗日方程。但拉格朗日只将广义坐标应用于了完整系统，由此得到的是第二类拉格朗日方程。他将待定乘子法应用于非完整系统时，采用的是笛卡尔坐标，由此得到是下节将要介绍的第一类拉格朗日方程。费勒斯于 1873 年、罗斯于 1884 年将广义坐标和待定乘子结合起来应用于受理想约束的非完整系统，得到了方程式(1.7.10)，所以方程式(1.7.10)又叫作费勒斯方程，但习惯上称为罗斯方程。

下面举例说明罗斯方程的应用。

例 1.6　如图 1-13 所示，质量为 m 的雪橇对其质心轴(通过质心且垂直于水平面的轴)的转动惯量为 J_C，雪橇质心 C 的速度始终轴线 AB，雪橇在水平面 Oxy 内运动，雪橇上作用有沿 AB 方向的力 $\boldsymbol{F}$ 和水平面内的力偶 M。设 $\boldsymbol{F}$ 和 M 均为时间 t 的已知函数，试确定雪橇的运动。

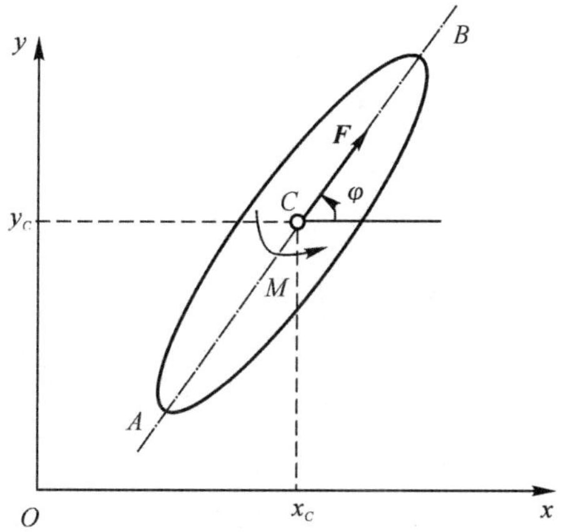

图 1-13　例 1.6 图

解　选雪橇质心 C 的直角坐标 x_C、y_C 和轴线 AB 相对坐标轴 x 的角 φ 作为描述雪橇位形的广义坐标。考虑到雪橇质心 C 的速度始终轴线 AB，故有如下约束方程：

$$\dot{x}_C\tan\varphi-\dot{y}_C=0 \tag{1}$$

因方程式(1)不能积分成有限形式，故雪橇所受的这种约束为非完整约束。雪橇的自由度 $k=$

2。根据罗斯方程，有

$$\left.\begin{aligned}\frac{\mathrm{d}}{\mathrm{d}t}\left(\frac{\partial T}{\partial \dot{x}_C}\right)-\frac{\partial T}{\partial x_C}=Q_1+\lambda_1 a_{11}\\ \frac{\mathrm{d}}{\mathrm{d}t}\left(\frac{\partial T}{\partial \dot{y}_C}\right)-\frac{\partial T}{\partial y_C}=Q_2+\lambda_1 a_{12}\\ \frac{\mathrm{d}}{\mathrm{d}t}\left(\frac{\partial T}{\partial \dot{\varphi}}\right)-\frac{\partial T}{\partial \varphi}=Q_3+\lambda_1 a_{13}\end{aligned}\right\}\tag{2}$$

由式(1) 可知

$$a_{11}=\tan\varphi\tag{3}$$

$$a_{12}=-1\tag{4}$$

$$a_{13}=0\tag{5}$$

雪橇的动能为

$$T=\frac{1}{2}m(\dot{x}_C^2+\dot{y}_C^2)+\frac{1}{2}J_C\dot{\varphi}^2\tag{6}$$

给雪橇以虚位移 δx_C、δy_C、$\delta\varphi$，则作用在雪橇上的所有主动力的虚功之和为

$$\sum\delta W=F_x\delta x_C+F_y\delta y_C+M\delta\varphi=F\cos\varphi\,\delta x_C+F\sin\varphi\,\delta y_C+M\delta\varphi\tag{7}$$

由此得到广义力

$$Q_1=F\cos\varphi\tag{8}$$

$$Q_2=F\sin\varphi\tag{9}$$

$$Q_3=M\tag{10}$$

将式(3) ～ 式(6)、式(8) ～ 式(10) 一同代入方程组(2)，整理后得到

$$\left.\begin{aligned}m\ddot{x}_C=F\cos\varphi+\lambda_1\tan\varphi\\ m\ddot{y}_C=F\sin\varphi-\lambda_1\\ J_C\ddot{\varphi}=M\end{aligned}\right\}\tag{11}$$

将方程式(11) 和方程式(1) 联立，得到如下方程组：

$$\left.\begin{aligned}m\ddot{x}_C=F\cos\varphi+\lambda_1\tan\varphi\\ m\ddot{y}_C=F\sin\varphi-\lambda_1\\ J_C\ddot{\varphi}=M\\ \dot{x}_C\tan\varphi-\dot{y}_C=0\end{aligned}\right\}\tag{12}$$

该方程组就是描述雪橇运动的数学模型。将此数学模型作如下的变换：

将方程组(12) 中的第一个方程乘以 $\tan\varphi$，然后减去第二个方程，得到

$$\lambda_1\sec^2\varphi=m(\ddot{x}_C\tan\varphi-\ddot{y}_C)\tag{13}$$

将方程组(12) 中的第四个方程对时间求导数，得到

$$\ddot{x}_C\tan\varphi-\ddot{y}_C=-\dot{x}_C\dot{\varphi}\sec^2\varphi\tag{14}$$

将式(14) 代入式(13)，得到

$$\lambda_1=-m\dot{x}_C\dot{\varphi}\tag{15}$$

因 M 是 t 的已知函数，故由方程组(12) 中的第三个方程可解出

$$\varphi=\varphi(t) \tag{16}$$

将式(15) 代入方程组(12) 中的第一个方程，得到关于 x_C 的二阶线性常微分方程为

$$\ddot{x}_C+\dot{x}_C\dot{\varphi}\tan\varphi=\frac{F}{m}\cos\varphi \tag{17}$$

令 $\dot{x}_C=u=pq$，则 $\ddot{x}_C=\dot{u}=\dot{p}q+p\dot{q}$，代入式(17)，得到

$$(\dot{p}+p\dot{\varphi}\tan\varphi)q+p\dot{q}=\frac{F}{m}\cos\varphi \tag{18}$$

取 $p=\cos\varphi$，则 $\dot{p}+p\dot{\varphi}\tan\varphi=0$，代入式(18)，得到

$$\dot{q}=\frac{F}{m} \tag{19}$$

积分式(19)，得到

$$q=\int\frac{F(t)}{m}\mathrm{d}t=\psi(t)+c \tag{20}$$

若给定初始条件为

$$x_C(0)=0,\quad y_C(0)=0,\quad \varphi(0)=0,\quad \dot{x}_C(0)=u_0,\quad \dot{y}_C(0)=0,\quad \dot{\varphi}(0)=\omega_0 \tag{21}$$

可以得到

$$\dot{x}_C=pq=[\psi(t)+u_0]\cos\varphi \tag{22}$$

$$\dot{y}_C=\dot{x}_C\tan\varphi=[\psi(t)+u_0]\sin\varphi \tag{23}$$

积分式(22) 和式(23)，并代入初始条件，最后得到

$$x_C=\int_0^t[\psi(t)+u_0]\cos\varphi\,\mathrm{d}t \tag{24}$$

$$y_C=\int_0^t[\psi(t)+u_0]\sin\varphi\,\mathrm{d}t \tag{25}$$

式(16)、式(24) 和式(25) 一起描述了雪橇的运动规律。

1.8　第一类拉格朗日方程

设一受有理想约束的非自由系统，该系统由 n 个质点所组成，各质点在惯性参考系 $Oxyz$ 中的直角坐标为 $x_i,y_i,z_i(i=1,2,\cdots,n)$，系统受到 m 个非完整约束

$$\sum_{i=1}^{n}(a_{ri}\dot{x}_i+b_{ri}\dot{y}_i+c_{ri}\dot{z}_i)+e_r=0\quad(r=1,2,\cdots,m) \tag{1.8.1}$$

和 l 个完整约束

$$f_s(x_1,y_1,z_1,\cdots,x_n,y_n,z_n,t)=0\quad(s=1,2,\cdots,l) \tag{1.8.2}$$

将式(1.8.2) 对时间求导数，得

$$\sum_{i=1}^{n}\left(\frac{\partial f_s}{\partial x_i}\dot{x}_i+\frac{\partial f_s}{\partial y_i}\dot{y}_i+\frac{\partial f_s}{\partial z_i}\dot{z}_i\right)+\frac{\partial f_s}{\partial t}=0\quad(s=1,2,\cdots,l) \tag{1.8.3}$$

由方程式(1.8.1) 和式(1.8.3) 可知虚位移($\delta x_i,\delta y_i,\delta z_i$) 所应满足的限制条件为

$$\sum_{i=1}^{n}(a_{ri}\delta x_i+b_{ri}\delta y_i+c_{ri}\delta z_i)=0\quad(r=1,2,\cdots,m) \tag{1.8.4}$$

和

$$\sum_{i=1}^{n}\left(\frac{\partial f_s}{\partial x_i}\delta x_i+\frac{\partial f_s}{\partial y_i}\delta y_i+\frac{\partial f_s}{\partial z_i}\delta z_i\right)=0 \quad (s=1,2,\cdots,l) \tag{1.8.5}$$

将这些条件和动力学普遍方程式(1.3.6)结合起来考虑,并引入待定乘子,作类似于罗斯方程的推导(见1.7节),可以得到

$$\left.\begin{aligned} m_i\ddot{x}_i &= F_{ix}+\sum_{r=1}^{m}\lambda_r a_{ri}+\sum_{s=1}^{l}\mu_s\frac{\partial f_s}{\partial x_i} \\ m_i\ddot{y}_i &= F_{iy}+\sum_{r=1}^{m}\lambda_r b_{ri}+\sum_{s=1}^{l}\mu_s\frac{\partial f_s}{\partial y_i} \\ m_i\ddot{z}_i &= F_{iz}+\sum_{r=1}^{m}\lambda_r c_{ri}+\sum_{s=1}^{l}\mu_s\frac{\partial f_s}{\partial z_i} \end{aligned}\right\} \quad (i=1,2,\cdots,n) \tag{1.8.6}$$

方程式(1.8.6)就是**第一类拉格朗日方程**。该方程既适合于受理想约束的完整系统,又适合于受理想约束的非完整系统。将方程式(1.8.6)同约束方程式(1.8.1)和式(1.8.2)联立起来,形成一个含有$3n$个未知函数$x_i(t)$、$y_i(t)$、$z_i(t)$($i=1,2,\cdots,n$)和$m+l$个待定乘子λ_r、μ_s($r=1,2,\cdots,m$; $s=1,2,\cdots,l$)的方程组。结合系统运动的初始条件,求解这组方程即可得到这$3n+m+l$个未知量随时间的变化规律。

将第一类拉格朗日方程同理论力学中的质点运动微分方程相比较,可以看出:第一类拉格朗日方程右端带有乘子的两项实际上分别是由非完整约束和完整约束作用在第i个质点上的约束反力在相应坐标轴上的投影。

需要指出,对于含多个质点的系统来说,由于其第一类拉格朗日方程的维数很高,因此应用该方程进行动力学分析和计算往往并不方便。

下面举例说明第一类拉格朗日方程的应用。

例1.7 如图1-14所示,两个质量均为m的质点M_1和M_2,由一长度为l的刚性杆相连,杆的质量可忽略不计,若此系统只能在铅垂面内运动,且杆中点的速度必须沿杆向。试建立该系统运动的数学模型。

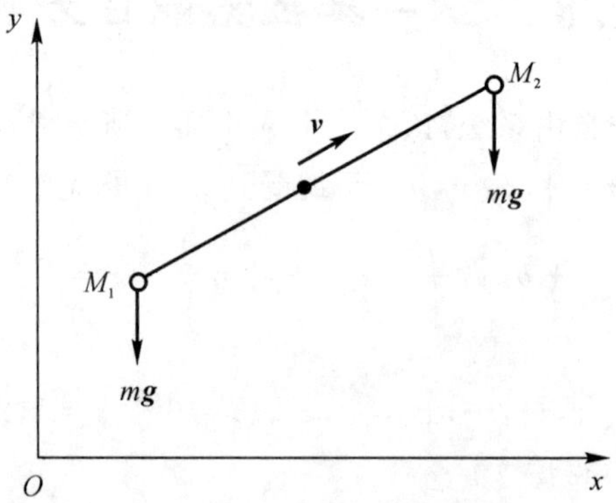

图1-14 例1.7图

解 选坐标平面Oxy为系统运动的平面,且轴y铅直向上。设质点M_1和M_2的坐标分别为(x_1,y_1)和(x_2,y_2)。考虑到质点M_1和M_2被一长度为l的刚性杆相连,故系统满足如下的完整约束

$$(x_2-x_1)^2+(y_2-y_1)^2-l^2=0 \tag{1}$$

又考虑到杆 M_1M_2 的中点的速度沿杆向，所以系统还满足如下的非完整约束：

$$(x_2 - x_1)(\dot{y}_2 + \dot{y}_1) - (\dot{x}_2 + \dot{x}_1)(y_2 - y_1) = 0 \tag{2}$$

由此可见所研究的系统为一具有两自由度的非完整系统。约束方程式(1) 和式(2) 可分别写成如下的变分形式：

$$(x_2 - x_1)\delta x_1 + (y_2 - y_1)\delta y_1 + (x_1 - x_2)\delta x_2 + (y_1 - y_2)\delta y_2 = 0 \tag{3}$$

$$(y_1 - y_2)\delta x_1 + (x_2 - x_1)\delta y_1 + (y_1 - y_2)\delta x_2 + (x_2 - x_1)\delta y_2 = 0 \tag{4}$$

根据第一类拉格朗日方程，有

$$m\ddot{x}_1 = \lambda_1(y_1 - y_2) + \mu_1(x_2 - x_1) \tag{5}$$

$$m\ddot{y}_1 = -mg + \lambda_1(x_2 - x_1) + \mu_1(y_2 - y_1) \tag{6}$$

$$m\ddot{x}_2 = \lambda_1(y_1 - y_2) + \mu_1(x_1 - x_2) \tag{7}$$

$$m\ddot{y}_2 = -mg + \lambda_1(x_2 - x_1) + \mu_1(y_1 - y_2) \tag{8}$$

将方程式(1)、式(2) 和方程式(5) ～ 式(8) 联立形成如下的一个方程组：

$$\left.\begin{aligned}
(x_2 - x_1)^2 + (y_2 - y_1)^2 - l^2 = 0 \\
(x_2 - x_1)(\dot{y}_2 + \dot{y}_1) - (\dot{x}_2 + \dot{x}_1)(y_2 - y_1) = 0 \\
m\ddot{x}_1 = \lambda_1(y_1 - y_2) + \mu_1(x_2 - x_1) \\
m\ddot{y}_1 = -mg + \lambda_1(x_2 - x_1) + \mu_1(y_2 - y_1) \\
m\ddot{x}_2 = \lambda_1(y_1 - y_2) + \mu_1(x_1 - x_2) \\
m\ddot{y}_2 = -mg + \lambda_1(x_2 - x_1) + \mu_1(y_1 - y_2)
\end{aligned}\right\}$$

该方程组即为描述系统运动的数学模型，它是一个微分代数混合方程组。结合系统运动的初始条件，利用适当的数值方法求解该方程组，即可得到系统的运动规律。

1.9　一种不含待定乘子的理想约束系统的动力学方程

考虑某一受理想约束的系统，$q_j(j = 1,2,\cdots,k)$ 为描述该系统位形的 k 个广义坐标，设此系统承受 l 个完整约束

$$f_i(\boldsymbol{q},t) = \boldsymbol{0} \quad (i = 1,2,\cdots,l) \tag{1.9.1}$$

和 m 个非完整约束

$$\sum_{j=1}^{k} a_{ij}(\boldsymbol{q},t)\dot{q}_j + a_{i0}(\boldsymbol{q},t) = 0 \quad (i = 1,2,\cdots,m) \tag{1.9.2}$$

式中 $\boldsymbol{q} = [q_1 \quad q_2 \quad \cdots \quad q_k]^{\mathrm{T}}$ 为广义坐标向量，t 为时间。容易判断该系统的自由度为 $k - l - m$。由于广义坐标 $q_j(j = 1,2,\cdots,k)$ 之间满足约束方程组式(1.9.1)，因此，各广义坐标之间不是互相独立的，即广义坐标 $q_j(j = 1,2,\cdots,k)$ 之中含有不独立的多余坐标。下面从广义坐标形式的动力学普遍方程

$$\sum_{j=1}^{k}\left[Q_j - \frac{\mathrm{d}}{\mathrm{d}t}\left(\frac{\partial T}{\partial \dot{q}_j}\right) + \frac{\partial T}{\partial q_j}\right]\delta q_j = 0 \tag{1.9.3}$$

出发，建立具有多余坐标的不含待定乘子的系统的运动方程式。为此，首先将约束方程式(1.9.1) 和式(1.9.2) 分别写成变分的形式，即为

$$\sum_{j=1}^{k}\frac{\partial f_i}{\partial q_j}\delta q_j=0\quad(i=1,2,\cdots,l)\tag{1.9.4}$$

和

$$\sum_{j=1}^{k}a_{ij}\delta q_j=0\quad(i=1,2,\cdots,m)\tag{1.9.5}$$

为方便起见，再将变分形式的约束方程式(1.9.4)和式(1.9.5)统一写为

$$\sum_{j=1}^{k}b_{ij}\delta q_j=0\quad(i=1,2,\cdots,l+m)\tag{1.9.6}$$

式中

$$b_{ij}=\begin{cases}\dfrac{\partial f_i}{\partial q_j} & (i=1,2,\cdots,l)\\ a_{(i-l)j} & (i=l+1,l+2,\cdots,l+m)\end{cases}\tag{1.9.7}$$

由于约束方程式(1.9.6)的存在，使得各广义坐标的变分 $\delta q_j(j=1,2,\cdots,k)$ 不再是完全独立的，因此，在这种情况下，将无法直接从方程式(1.9.3)推出该方程中的每一个广义坐标变分前的系数都为零的结论(也就是无法直接推出第二类拉格朗日方程)。考虑到约束方程式(1.9.6)的个数是 $l+m$，所以全部 k 个广义坐标的变分 $\delta q_j(j=1,2,\cdots,k)$ 中只有 $k-l-m$ 个是独立的，为此将前 $l+m$ 个广义坐标的变分 $\delta q_j(j=1,2,\cdots,l+m)$ 看作是不独立的，而将后 $k-l-m$ 个广义坐标的变分 $\delta q_j(j=l+m+1,l+m+2,\cdots,k)$ 看作是独立的，并分别记为

$$\delta\bar{\boldsymbol{q}}=[\delta q_1\quad\delta q_2\quad\cdots\quad\delta q_{l+m}]^{\mathrm{T}}\tag{1.9.8}$$

和

$$\delta\hat{\boldsymbol{q}}=[\delta q_{l+m+1}\quad\delta q_{l+m+2}\quad\cdots\quad\delta q_k]^{\mathrm{T}}\tag{1.9.9}$$

这样约束方程式(1.9.6)可以写成矩阵形式为

$$\boldsymbol{B}_1\delta\bar{\boldsymbol{q}}+\boldsymbol{B}_2\delta\hat{\boldsymbol{q}}=\boldsymbol{0}\tag{1.9.10}$$

式中

$$\boldsymbol{B}_1=[b_{ij}]\qquad(i=1,2,\cdots,l+m)\qquad(j=1,2,\cdots,l+m)\tag{1.9.11}$$

$$\boldsymbol{B}_2=[b_{ij}]\qquad(i=1,2,\cdots,l+m)\qquad(j=l+m+1,l+m+2,\cdots,k)\tag{1.9.12}$$

由式(1.9.10)得到

$$\delta\bar{\boldsymbol{q}}=-\boldsymbol{B}_1^{-1}\boldsymbol{B}_2\delta\hat{\boldsymbol{q}}\tag{1.9.13}$$

引入记号

$$r_j=\frac{\mathrm{d}}{\mathrm{d}t}\left(\frac{\partial T}{\partial\dot{q}_j}\right)-\frac{\partial T}{\partial q_j}-Q_j\quad(j=1,2,\cdots,k)\tag{1.9.14}$$

这样方程式(1.9.3)可以简写成矩阵形式为

$$\delta\bar{\boldsymbol{q}}^{\mathrm{T}}\cdot\boldsymbol{R}_1+\delta\hat{\boldsymbol{q}}^{\mathrm{T}}\cdot\boldsymbol{R}_2=0\tag{1.9.15}$$

式中

$$\boldsymbol{R}_1=[r_1\quad r_2\quad\cdots\quad r_{l+m}]^{\mathrm{T}}\tag{1.9.16}$$

$$\boldsymbol{R}_2=[r_{l+m+1}\quad r_{l+m+2}\quad\cdots\quad r_k]^{\mathrm{T}}\tag{1.9.17}$$

将式(1.9.13)代入式(1.9.15)后，得到

$$\delta\hat{\boldsymbol{q}}^{\mathrm{T}}\cdot[\boldsymbol{R}_2-(\boldsymbol{B}_1^{-1}\boldsymbol{B}_2)^{\mathrm{T}}\boldsymbol{R}_1]=0\tag{1.9.18}$$

如前所述，向量 $\delta\hat{\boldsymbol{q}}=[\delta q_{l+m+1}\quad\delta q_{l+m+2}\quad\cdots\quad\delta q_k]^{\mathrm{T}}$ 的各个元素都是互相独立的，因此，由式

(1.9.18) 可以推出

$$\boldsymbol{R}_2-(\boldsymbol{B}_1^{-1}\boldsymbol{B}_2)^{\mathrm{T}}\boldsymbol{R}_1=\boldsymbol{0} \tag{1.9.19}$$

这就是不含待定乘子的理想约束系统的动力学方程[1]。需要说明的是，该矩阵方程中包含有 $k-l-m$ 个关于 k 个广义坐标 $q_j(j=1,2,\cdots,k)$ 的微分方程，因此，方程式(1.9.19) 并不封闭。为了求解这 k 个广义坐标，还需将方程式(19) 同系统的约束方程式(1.9.1) 和式(1.9.2) 联立，从而形成如下的一个封闭方程组：

$$\left.\begin{aligned}&\boldsymbol{R}_2-(\boldsymbol{B}_1^{-1}\boldsymbol{B}_2)^{\mathrm{T}}\boldsymbol{R}_1=\boldsymbol{0}\\&f_i(\boldsymbol{q},t)=0,\quad i=1,2,\cdots,l\\&\sum_{j=1}^{k}a_{ij}(\boldsymbol{q},t)\dot{q}_j+a_{i0}(\boldsymbol{q},t)=0,\quad i=1,2,\cdots,m\end{aligned}\right\} \tag{1.9.20}$$

该方程组就是针对承受理想约束的系统，在所选取的广义坐标的数目多于系统的自由度数的情况下(即具有多余的广义坐标)，发展出的一种不含待定乘子而仅以广义坐标为未知变量的系统运动方程。值得注意的是：在上述情况下，传统的动力学建模方法是将罗斯方程(带有待定乘子的拉格朗日方程) 与系统的约束方程联立，得到如下形式的系统运动方程：

$$\left.\begin{aligned}&\frac{\mathrm{d}}{\mathrm{d}t}\left(\frac{\partial T}{\partial\dot{q}_j}\right)-\frac{\partial T}{\partial q_j}=Q_j+\sum_{i=1}^{l}\lambda_i\frac{\partial f_i}{\partial q_j}+\sum_{i=1}^{m}\mu_i a_{ij}\quad j=1,2,\cdots,k\\&f_i(\boldsymbol{q},t)=0,\quad i=1,2,\cdots,l\\&\sum_{j=1}^{k}a_{ij}(\boldsymbol{q},t)\dot{q}_j+a_{i0}(\boldsymbol{q},t)=0,\quad i=1,2,\cdots,m\end{aligned}\right\} \tag{1.9.21}$$

该方程组是以广义坐标 $q_j(j=1,2,\cdots,k)$ 和待定乘子 $\lambda_i(i=1,2,\cdots,l)$、$\mu_i(i=1,2,\cdots,m)$ 为未知变量的微分代数混合方程组。将此方程组与方程组(1.9.20) 进行比较，可以看出方程组(1.9.20) 具有如下优点：① 方程组(1.9.20) 中不含有待定乘子(即该方程组中的未知变量仅是广义坐标)；② 方程组(1.9.20) 所包含的方程个数少于方程组式(1.9.21) 所包含的方程个数(少 $l+m$ 个)。方程组(1.9.20) 相对于方程组(1.9.21) 的上述优点，决定了方程组(1.9.20) 相对便于求解。因此，方程组(1.9.20) 的建立具有重要的学术价值。

下面给出应用方程组(1.9.20) 完成理想约束系统动力学建模的具体步骤：

(1) 由式(1.9.7) 写出 b_{ij} 的表达式；

(2) 根据式(1.9.11) 和式(1.9.12) 分别构造出矩阵 $\boldsymbol{B}_1$ 和 $\boldsymbol{B}_2$ 的表达式；

(3) 写出系统的动能 T 和广义力 Q_j 的表达式；

(4) 由式(1.9.14) 写出 r_j 的表达式，再根据式(1.9.16) 和式(1.9.17) 分别构造出矩阵 $\boldsymbol{R}_1$ 和 $\boldsymbol{R}_2$ 的表达式；

(5) 最后，应用方程组(1.9.20) 列写出系统的运动方程(完成动力学建模)。

下面应用上述步骤，建立一个理想约束系统的动力学模型(动力学方程)。

例 1.8　如图 1-15 所示的椭圆摆系统由滑块 A 和均质细杆 AB 构成。其中滑块 A 的质量为 m_1，可沿光滑水平面自由滑动。细杆 AB 通过光滑圆柱铰链铰接于滑块 A 上，细杆 AB 的质量为 m_2，长为 $2l$。假定 AB 杆的中点 C 的速度始终沿中轴线 AB(一种非完整约束)。$\boldsymbol{F}_x(t)$ 和 $\boldsymbol{F}_y(t)$ 分别为作用在点 C 上沿水平和铅直方向的两个分力，$M(t)$ 为作用在 AB 杆上的一力偶。试列出此系统的运动方程。

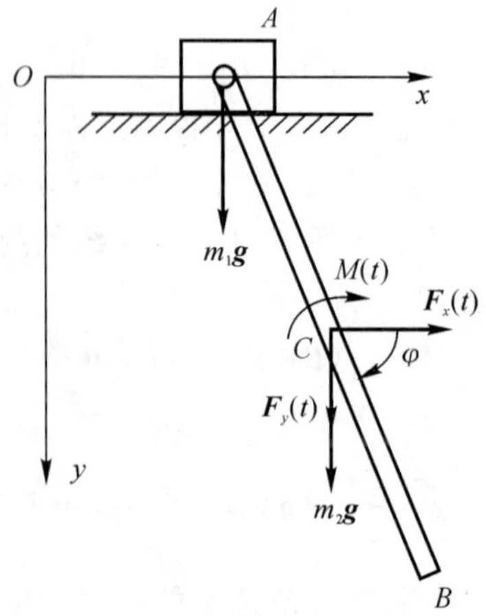

图 1-15　例 1.8 图

解　建立如图 1-15 所示的固定坐标系 Oxy，选取点 C 的坐标 x_C、y_C 以及 AB 杆相对 x 轴的倾角 φ 作为描述系统位形的广义坐标，容易写出系统所满足的完整约束和非完整约束分别为

$$y_C - l\sin\varphi = 0 \tag{1}$$

和

$$\dot{x}_C\tan\varphi - \dot{y}_C = 0 \tag{2}$$

非完整约束方程式(2) 代表 AB 杆的中点 C 的速度始终沿轴线 AB。显然，该系统为单自由度的非完整系统。在获得以上两个约束方程的基础上，执行本书所给出的动力学建模步骤(1)和(2) 后，可以得到矩阵 $\boldsymbol{B}_1$ 和 $\boldsymbol{B}_2$ 的表达式为

$$\boldsymbol{B}_1 = \begin{bmatrix} 0 & 1 \\ \tan\varphi & -1 \end{bmatrix} \tag{3}$$

$$\boldsymbol{B}_2 = [-l\cos\varphi \quad 0]^{\mathrm{T}} \tag{4}$$

然后再执行动力学建模步骤(3) 和(4) 后，可进一步获得 $\boldsymbol{R}_1$ 和 R_2 的表达式为

$$\boldsymbol{R}_1 = [(m_1+m_2)\ddot{x}_C + m_1 l(\ddot{\varphi}\sin\varphi + \dot{\varphi}^2\cos\varphi) - F_x \quad m_2\ddot{y}_C - m_2 g - F_y]^{\mathrm{T}} \tag{5}$$

$$R_2 = \frac{1}{2}m_1 l^2\dot{\varphi}^2\sin(2\varphi) + (m_1\sin^2\varphi + \frac{1}{3}m_2)l^2\ddot{\varphi} + m_1 l\ddot{x}_C\sin\varphi - M \tag{6}$$

最后执行动力学建模步骤(5) 后，即可获得如下形式的系统运动方程：

$$\left.\begin{array}{c} [m_1\sin\varphi + (m_1+m_2)\cos\varphi\cot\varphi]l\ddot{x}_C + m_2 l\ddot{y}_C\cos\varphi + (m_1 + \frac{1}{3}m_2)l^2\ddot{\varphi} + \\ \frac{1}{2}m_1 l^2\dot{\varphi}^2\sin(2\varphi) + [(m_1 l\dot{\varphi}^2\cos\varphi - F_x)\cot\varphi - m_2 g - F_y]l\cos\varphi - M = 0 \\ y_C - l\sin\varphi = 0 \\ \dot{x}_C\tan\varphi - \dot{y}_C = 0 \end{array}\right\} \tag{7}$$

这是一组仅以广义坐标 x_C、y_C、φ 为未知变量的三个运动方程。

如果采用的传统的罗斯方法方建模[即采用方程式(1.9.21) 建模]，则可得到如下形式的系统运动方程：

$$\left.\begin{aligned}(m_1+m_2)\ddot{x}_C+m_1l(\ddot{\varphi}\sin\varphi+\dot{\varphi}^2\cos\varphi)=F_x+\mu\tan\varphi\\ m_2\ddot{y}_C=m_2g+F_y+\lambda-\mu\\ m_1l(\ddot{x}_C+l\dot{\varphi}^2\cos\varphi)\sin\varphi+(m_1\sin^2\varphi+\frac{1}{3}m_2)l^2\ddot{\varphi}=M-l\lambda\cos\varphi\\ y_C-l\sin\varphi=0\\ \dot{x}_C\tan\varphi-\dot{y}_C=0\end{aligned}\right\}\tag{8}$$

这是一组以广义坐标 x_C、y_C、φ 以及待定乘子 λ 和 μ 为未知变量的五个运动方程。

对比方程组(7)和方程组(8)可以看出：方程组(7)因不含有待定乘子，使得该方程组所含的未知变量和方程的个数都明显较少，因而也就相对便于求解。

1.10　凯恩方程

美国斯坦福大学教授凯恩(T. R. Kane)[2]在 20 世纪 80 年代建立了受理想约束系统的一种普遍适用的动力学方程——凯恩方程。下面简要介绍这种方程。

设某一受有理想约束的非自由系统由 n 个质点组成，$q_j\ (j=1,2,\cdots,k)$ 是描述系统位形的一组独立广义坐标，假定该系统受有 m 个非完整约束，这样在广义速度 $\dot{q}_j\ (j=1,2,\cdots,k)$ 中只有 $k-m$ 个是独立的(即系统的自由度为 $k-m$)，引入 $k-m$ 个相互独立的变量 $u_s\ (s=1,2,\cdots,k-m)$，使得各广义速度 $\dot{q}_j$ 可以被表示成为 $u_s\ (s=1,2,\cdots,k-m)$ 的线性组合，即

$$\dot{q}_j=\sum_{s=1}^{k-m}W_{js}u_s+W_j\quad(j=1,2,\cdots,k)\tag{1.10.1}$$

式中 W_{js} 和 W_j 均为广义坐标 $q_l\ (l=1,2,\cdots,k)$ 和时间 t 的函数。$u_s\ (s=1,2,\cdots,k-m)$ 被称为系统的**广义速率**。设 $u_s=\dot{\pi}_s$，则称 π_s 是对应于 u_s 的**伪坐标**。

系统中任一质点 i 相对惯性参考系 $Oxyz$ 的矢径 $\boldsymbol{r}_i$ 可表示为

$$\boldsymbol{r}_i=\boldsymbol{r}_i(q_1,q_2,\cdots,q_k,t)\quad(i=1,2,\cdots,n)\tag{1.10.2}$$

将式(1.10.2)对时间求导数，得到质点 i 的速度为

$$\boldsymbol{v}_i=\frac{\mathrm{d}\boldsymbol{r}_i}{\mathrm{d}t}=\sum_{j=1}^{k}\frac{\partial\boldsymbol{r}_i}{\partial q_j}\dot{q}_j+\frac{\partial\boldsymbol{r}_i}{\partial t}\quad(i=1,2,\cdots,n)\tag{1.10.3}$$

将式(1.10.1)代入式(1.10.3)后，可以将质点 i 的速度表示成广义速率的线性组合为

$$\boldsymbol{v}_i=\sum_{s=1}^{k-m}\boldsymbol{v}_i^{(s)}u_s+\boldsymbol{v}_i^{(t)}\quad(i=1,2,\cdots,n)\tag{1.10.4}$$

式中

$$\boldsymbol{v}_i^{(s)}=\sum_{j=1}^{k}\frac{\partial\boldsymbol{r}_i}{\partial q_j}W_{js}\quad(i=1,2,\cdots,n)\quad(s=1,2,\cdots,k-m)\tag{1.10.5}$$

$$\boldsymbol{v}_i^{(t)}=\sum_{j=1}^{k}\frac{\partial\boldsymbol{r}_i}{\partial q_j}W_j+\frac{\partial\boldsymbol{r}_i}{\partial t}\quad(i=1,2,\cdots,n)\tag{1.10.6}$$

称 $\boldsymbol{v}_i^{(s)}$ 为质点 i 的第 s **偏速度**。

考虑到系统所受的约束为理想约束，故满足动力学普遍方程

$$\sum_{i=1}^{n}(\boldsymbol{F}_i-m_i\boldsymbol{a}_i)\cdot\delta\boldsymbol{r}_i=0\tag{1.10.7}$$

由式(1.10.4),得到质点 i 的虚位移为

$$\delta \boldsymbol{r}_i = \sum_{s=1}^{k-m} \boldsymbol{v}_i^{(s)} \delta \pi_s \quad (i=1,2,\cdots,n) \tag{1.10.8}$$

将此式代入方程式(1.10.7),得到

$$\sum_{s=1}^{k-m} \left(\sum_{i=1}^{n} \boldsymbol{F}_i \cdot \boldsymbol{v}_i^{(s)} - \sum_{i=1}^{n} m_i \boldsymbol{a}_i \cdot \boldsymbol{v}_i^{(s)} \right) \delta \pi_s = 0 \tag{1.10.9}$$

引入记号

$$\bar{F}_s = \sum_{i=1}^{n} \boldsymbol{F}_i \cdot \boldsymbol{v}_i^{(s)} \quad (s=1,2,\cdots,k-m) \tag{1.10.10}$$

$$\bar{F}_s^* = -\sum_{i=1}^{n} m_i \boldsymbol{a}_i \cdot \boldsymbol{v}_i^{(s)} \quad (s=1,2,\cdots,k-m) \tag{1.10.11}$$

分别称 $\bar{F}_s$ 和 $\bar{F}_s^*$ 为对应于广义速率 u_s 的**广义主动力**和**广义惯性力**。

引入广义主动力和广义惯性力的概念之后,可将式(1.10.9) 写为

$$\sum_{s=1}^{k-m} (\bar{F}_s + \bar{F}_s^*) \delta \pi_s = 0 \tag{1.10.12}$$

因 $\delta \pi_s (s=1,2,\cdots,k-m)$ 彼此独立,故由式(1.10.12) 可得

$$\bar{F}_s + \bar{F}_s^* = 0 \quad (s=1,2,\cdots,k-m) \tag{1.10.13}$$

方程式(1.10.13) 称为**凯恩方程**(此方程首先由凯恩[2] 得到)。因为方程中的 $\bar{F}_s$ 和 $\bar{F}_s^*$ 的表达式中分别含有主动力和加速度,所以方程式(1.10.13) 描述的是系统的运动与作用于系统上的主动力之间的关系。

需要对凯恩方程作如下说明:① 凯恩方程只限于约束是理想的情形,至于约束的其他性质并未加以限制,即凯恩方程既适合于受理想约束的完整系统,又适合于受理想约束的非整系统;② 凯恩方程中不包含未知的理想约束反力;③ 应用凯恩方程时,将涉及偏速度 $\boldsymbol{v}_i^{(s)}$ 的计算问题。事实上,在具体计算 $\boldsymbol{v}_i^{(s)}$ 时完全没有必要利用式(1.10.5) 的这种复杂公式,考虑到 $\boldsymbol{v}_i^{(s)}$ 是式(1.10.4) 中广义速率 u_s 之前的系数,因此只需根据运动学知识将各点的速度 $\boldsymbol{v}_i$ 用广义速率 $u_s (s=1,2,\cdots,k-m)$ 表示出来,然后根据各广义速率前的系数就可以确定出相应的偏速度。

例 1.9 如图 1-16 所示的椭圆摆,由滑块 A、细杆 AB 和摆锤 B 构成。滑块 A 的质量为 m_1,可沿光滑水平面自由滑动。摆锤 B(可看作质点) 的质量为 m_2,由长为 l 的无重细杆铰接在滑块上(铰链的摩擦忽略不计)。试应用凯恩方程列写椭圆摆的运动微分方程。

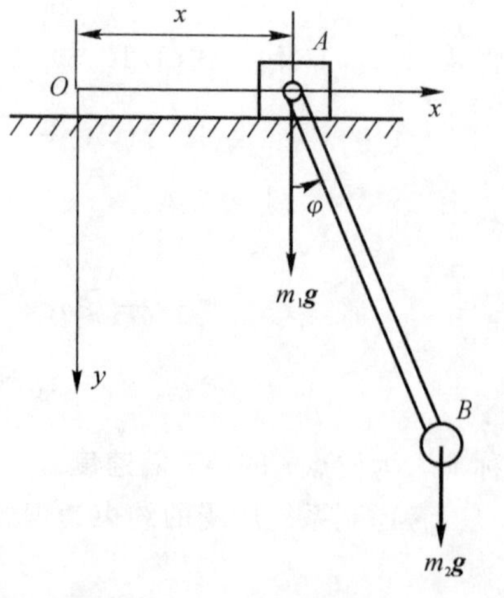

图 1-16 例 1.9 图

解 如图 1-16 所示,椭圆摆可以看作一个两自由度的受理想约束的完整系统,其广义速率可选取为

$$u_1 = \dot{x} \tag{1}$$

$$u_2 = \dot{\varphi} \tag{2}$$

将滑块 A 的速度 $\boldsymbol{v}_A$ 和摆锤 B 的速度 $\boldsymbol{v}_B$ 分别用广义速率表示,即为

$$\boldsymbol{v}_A = u_1 \boldsymbol{i} \tag{3}$$

$$\boldsymbol{v}_B = u_1\boldsymbol{i} + u_2 l(\cos\varphi\boldsymbol{i} - \sin\varphi\boldsymbol{j}) \tag{4}$$

式中 $\boldsymbol{i}$、$\boldsymbol{j}$ 分别为沿轴 x 和轴 y 正向的单为矢。根据式(3) 和式(4) 中 u_1、u_2 的系数,可以得到各偏速度为

$$\boldsymbol{v}_A^{(1)} = \boldsymbol{i} \tag{5}$$

$$\boldsymbol{v}_A^{(2)} = \boldsymbol{0} \tag{6}$$

$$\boldsymbol{v}_B^{(1)} = \boldsymbol{i} \tag{7}$$

$$\boldsymbol{v}_B^{(2)} = l(\cos\varphi\boldsymbol{i} - \sin\varphi\boldsymbol{j}) \tag{8}$$

椭圆摆所受的主动力为滑块 A 的重力 $m_1\boldsymbol{g}$ 和摆锤 B 的重力 $m_2\boldsymbol{g}$,于是可以求得对应于 u_1 和 u_2 的广义主动力分别为

$$\bar{F}_1 = m_1\boldsymbol{g}\cdot\boldsymbol{v}_A^{(1)} + m_2\boldsymbol{g}\cdot\boldsymbol{v}_B^{(1)} = m_1 g\boldsymbol{j}\cdot\boldsymbol{i} + m_2 g\boldsymbol{j}\cdot\boldsymbol{i} = 0 \tag{9}$$

$$\bar{F}_2 = m_1\boldsymbol{g}\cdot\boldsymbol{v}_A^{(2)} + m_2\boldsymbol{g}\cdot\boldsymbol{v}_B^{(2)} = m_1 g\boldsymbol{j}\cdot\boldsymbol{0} + m_2 g\boldsymbol{j}\cdot l(\cos\varphi\boldsymbol{i} - \sin\varphi\boldsymbol{j}) = -m_2 g l\sin\varphi \tag{10}$$

将式(3) 和式(4) 分别对时间求导数,得到滑块 A 和摆锤 B 的加速度分别为

$$\boldsymbol{a}_A = \dot{\boldsymbol{v}}_A = \dot{u}_1\boldsymbol{i} \tag{11}$$

$$\boldsymbol{a}_B = \dot{\boldsymbol{v}}_B = (\dot{u}_1 + \dot{u}_2 l\cos\varphi - u_2^2 l\sin\varphi)\boldsymbol{i} - l(\dot{u}_2\sin\varphi + u_2^2\cos\varphi)\boldsymbol{j} \tag{12}$$

这样对应于 u_1 和 u_2 的广义惯性力分别为

$$\begin{aligned}\bar{F}_1^* =& -m_1\boldsymbol{a}_A\cdot\boldsymbol{v}_A^{(1)} - m_2\boldsymbol{a}_B\cdot\boldsymbol{v}_B^{(1)} = \\ & -m_1\dot{u}_1\boldsymbol{i}\cdot\boldsymbol{i} - m_2[(\dot{u}_1 + \dot{u}_2 l\cos\varphi - u_2^2 l\sin\varphi)\boldsymbol{i} - l(\dot{u}_2\sin\varphi + u_2^2\cos\varphi)\boldsymbol{j}]\cdot\boldsymbol{i} = \\ & -m_1\dot{u}_1 - m_2(\dot{u}_1 + \dot{u}_2 l\cos\varphi - u_2^2 l\sin\varphi)\end{aligned} \tag{13}$$

$$\begin{aligned}\bar{F}_2^* =& -m_1\boldsymbol{a}_A\cdot\boldsymbol{v}_A^{(2)} - m_2\boldsymbol{a}_B\cdot\boldsymbol{v}_B^{(2)} = \\ & -m_1\dot{u}_1\boldsymbol{i}\cdot\boldsymbol{0} - m_2[(\dot{u}_1 + \dot{u}_2 l\cos\varphi - u_2^2 l\sin\varphi)\boldsymbol{i} - \\ & l(\dot{u}_2\sin\varphi + u_2^2\cos\varphi)\boldsymbol{j}]\cdot l(\cos\varphi\boldsymbol{i} - \sin\varphi\boldsymbol{j}) = \\ & -m_2 l(\dot{u}_1\cos\varphi + \dot{u}_2 l)\end{aligned} \tag{14}$$

将式(9)、式(10)、式(13)、式(14) 代入凯恩方程式 $\bar{F}_s + \bar{F}_s^* = 0(s=1,2)$ 后,得到

$$\left.\begin{aligned}&(m_1+m_2)\dot{u}_1 + m_2(\dot{u}_2 l\cos\varphi - u_2^2 l\sin\varphi) = 0\\ &\dot{u}_1\cos\varphi + \dot{u}_2 l + g\sin\varphi = 0\end{aligned}\right\} \tag{15}$$

将式(1)、式(2) 分别对时间求导数,得到

$$\dot{u}_1 = \ddot{x} \tag{16}$$

$$\dot{u}_2 = \ddot{\varphi} \tag{17}$$

将式(16)、式(17) 和式(2) 一同代入方程式(15),便得到椭圆摆的运动微分方程为

$$\left.\begin{aligned}&(m_1+m_2)\ddot{x} + m_2 l\ddot{\varphi}\cos\varphi - m_2 l\dot{\varphi}^2\sin\varphi = 0\\ &l\ddot{\varphi} + \ddot{x}\cos\varphi + g\sin\varphi = 0\end{aligned}\right\} \tag{18}$$

1.11 哈密顿原理

考察某一受理想约束的完整系统，$q_j(j=1,2,\cdots,k)$ 为描述该系统位形的广义坐标。为了便于叙述，我们将系统在某一时刻 t_0 的位形记为 W_0，在另一时刻 t_1 的位形记为 W_1。系统从 t_0 时刻的位形 W_0 过渡到 t_1 时刻的位形 W_1 的可能运动是多种多样的，现从这些可能运动中找出真实运动所满足的动力学条件(动力学方程)。为此，我们在系统真实运动 $q_j(t)$ 的邻域构造一种无限接近真实运动的可能运动 $q_j^*(t)$(注意这里的可能运动除了满足系统的约束条件外，还要满足在 t_0 在和 t_1 时刻的位形分别为 W_0 和 W_1 的条件)。这样在任意时刻从真实运动到可能运动的变更(等时变分)可表示为

$$\delta q_j = q_j^*(t) - q_j(t) \tag{1.11.1}$$

由于系统的真实运动满足广义坐标形式的动力学普遍方程，即有

$$\sum_{j=1}^{k}\left[Q_j - \frac{\mathrm{d}}{\mathrm{d}t}\left(\frac{\partial T}{\partial \dot{q}_j}\right) + \frac{\partial T}{\partial q_j}\right]\delta q_j = 0 \tag{1.11.2}$$

下面将从此式出发，推导出哈密顿原理。

式(1.11.2)可改写为

$$\sum_{j=1}^{k}\left[Q_j\delta q_j - \frac{\mathrm{d}}{\mathrm{d}t}\left(\frac{\partial T}{\partial \dot{q}_j}\right)\delta q_j + \frac{\partial T}{\partial q_j}\delta q_j\right] = 0 \tag{1.11.3}$$

该式方括号中的第二项可写为

$$\frac{\mathrm{d}}{\mathrm{d}t}\left(\frac{\partial T}{\partial \dot{q}_j}\right)\delta q_j = \frac{\mathrm{d}}{\mathrm{d}t}\left(\frac{\partial T}{\partial \dot{q}_j}\cdot\delta q_j\right) - \frac{\partial T}{\partial \dot{q}_j}\cdot\frac{\mathrm{d}(\delta q_j)}{\mathrm{d}t} \tag{1.11.4}$$

对于完整系统而言，变分运算和微分运算的次序可以交换(完整系统的交换法则[3])，因而有

$$\frac{\mathrm{d}(\delta q_j)}{\mathrm{d}t} = \delta\left(\frac{\mathrm{d}q_j}{\mathrm{d}t}\right) = \delta\dot{q}_j \tag{1.11.5}$$

将此式代入式(1.11.4)后，得到

$$\frac{\mathrm{d}}{\mathrm{d}t}\left(\frac{\partial T}{\partial \dot{q}_j}\right)\delta q_j = \frac{\mathrm{d}}{\mathrm{d}t}\left(\frac{\partial T}{\partial \dot{q}_j}\cdot\delta q_j\right) - \frac{\partial T}{\partial \dot{q}_j}\delta\dot{q}_j \tag{1.11.6}$$

将此式代入式(1.11.3)后，得到

$$\frac{\mathrm{d}}{\mathrm{d}t}\sum_{j=1}^{k}\left(\frac{\partial T}{\partial \dot{q}_j}\delta q_j\right) = \sum_{j=1}^{k}\frac{\partial T}{\partial q_j}\delta q_j + \sum_{j=1}^{k}\frac{\partial T}{\partial \dot{q}_j}\delta\dot{q}_j + \sum_{j=1}^{k}Q_j\delta q_j \tag{1.11.7}$$

考虑到系统的动能 $T = T(\boldsymbol{q},\dot{\boldsymbol{q}},t)$，因此，有

$$\sum_{j=1}^{k}\frac{\partial T}{\partial q_j}\delta q_j + \sum_{j=1}^{k}\frac{\partial T}{\partial \dot{q}_j}\delta\dot{q}_j = \delta T \tag{1.11.8}$$

将此式和式 $\sum\limits_{j=1}^{k}Q_j\delta q_j = \delta W$[即式(1.4.14)，该式中 δW 表示作用于系统上的所有主动力的虚功之和]一同代入式(1.11.7)后，得到

$$\frac{\mathrm{d}}{\mathrm{d}t}\sum_{j=1}^{k}\left(\frac{\partial T}{\partial \dot{q}_j}\delta q_j\right)=\delta T+\delta W \tag{1.11.9}$$

即

$$\mathrm{d}\sum_{j=1}^{k}\left(\frac{\partial T}{\partial \dot{q}_j}\delta q_j\right)=(\delta T+\delta W)\mathrm{d}t \tag{1.11.10}$$

将此式从时刻 t_0 到 t_1 进行定积分，得

$$\left[\sum_{j=1}^{k}\left(\frac{\partial T}{\partial \dot{q}_j}\delta q_j\right)\right]_{t=t_0}^{t=t_1}=\int_{t_0}^{t_1}(\delta T+\delta W)\mathrm{d}t \tag{1.11.11}$$

由式(1.11.1)知

$$\delta q_j\big|_{t=t_0}=q_j^*(t_0)-q_j(t_0) \tag{1.11.12}$$

由于系统的真实运动和可能运动在 t_0 时刻所对应的位形都是 W_0，因此，有 $q_j(t_0)=q_j^*(t_0)$，这样式(1.11.12)可化为

$$\delta q_j\big|_{t=t_0}=0 \tag{1.11.13}$$

同理，有

$$\delta q_j\big|_{t=t_1}=0 \tag{1.11.14}$$

考虑到式(1.11.13)和式(1.11.14)后，式(1.11.11)可化简为

$$\int_{t_0}^{t_1}(\delta T+\delta W)\mathrm{d}t=0 \tag{1.11.15}$$

这就是系统真实运动所满足的动力学条件。式(1.11.15)称为**广义哈密顿原理**，它适用于受理想约束的完整系统。对于含有非理想约束的完整系统来说，如果解除其中的所有非理想约束，并把相应的非理想约束力看成是主动力，这时方程式(1.11.15)依然可以应用，只不过是在这种情况下，方程中的 δW 包含有这些非理想约束力的虚功。

下面根据广义哈密顿原理讨论一种特例。

假定我们考察一受理想约束的完整系统，且作用于系统上的所有主动力均为有势力的情形。由于所有主动力均为有势力，因此，引入系统的势能函数 $V=V(\boldsymbol{q},t)$ 后，可将广义力表达为[见式(1.4.27)]

$$Q_j=-\frac{\partial V}{\partial q_j}\quad (j=1,2,\cdots,k) \tag{1.11.16}$$

将此式代入式(1.4.14)后，得到

$$\delta W=-\sum_{j=1}^{k}\frac{\partial V}{\partial q_j}\delta q_j=-\delta V \tag{1.11.17}$$

将此式代入广义哈密顿原理的表达式(1.11.15)中，并注意到拉格朗日函数 $L=T-V$ 后，得到

$$\int_{t_0}^{t_1}\delta L\,\mathrm{d}t=0 \tag{1.11.18}$$

由变分法可知，当 t_0 及 t_1 都是常量(固定值)时，式中的积分与变分次序可以互易，于是该式又可改写为

$$\delta\int_{t_0}^{t_1}L\,\mathrm{d}t=0 \tag{1.11.19}$$

式(1.11.19)就是通常所述的**哈密顿原理**，它由英国学者 W.B.哈密顿在1834年提出。哈密顿

原理适用于主动力均为有势力情形下的受理想约束的完整系统的动力学建模。

例 1.10 考察例 1.3 所述的系统，试用哈密顿原理导出该系统的运动微分方程。

解 如例 1.3 所述，这是一个两自由度的受理想约束的完整系统，且作用在该系统上的主动力均为有势力（即重力），因此，可应用式(1.11.19) 来建立该系统的运动微分方程。

选取滑块的坐标 x 和杆的转角 φ 作为描述系统位形的广义坐标（见图 1-9），可以写出系统的拉格朗日函数为[见例 1.3 的式(7)]

$$L = T - V = \frac{1}{2}(m_1 + m_2)\dot{x}^2 + \frac{2}{3}m_2 l^2\dot{\varphi}^2 + m_2 l\dot{x}\dot{\varphi}\cos\varphi + m_2 gl\cos\varphi \tag{1}$$

将式(1) 代入哈密顿原理的表达式(1.11.19) 中，得到

$$\begin{aligned}\delta\int_{t_0}^{t_1} L\,\mathrm{d}t &= \int_{t_0}^{t_1}\delta L\,\mathrm{d}t = \int_{t_0}^{t_1}\left(\frac{\partial L}{\partial x}\delta x + \frac{\partial L}{\partial \varphi}\delta\varphi + \frac{\partial L}{\partial \dot{x}}\delta\dot{x} + \frac{\partial L}{\partial \dot{\varphi}}\delta\dot{\varphi}\right)\mathrm{d}t = \\ &\int_{t_0}^{t_1}\Big\{-m_2 l(\dot{x}\dot{\varphi} + g)\sin\varphi\delta\varphi + [(m_1 + m_2)\dot{x} + m_2 l\dot{\varphi}\cos\varphi]\delta\dot{x} + \\ &m_2 l\left(\frac{4}{3}l\dot{\varphi} + \dot{x}\cos\varphi\right)\delta\dot{\varphi}\Big\}\mathrm{d}t = 0\end{aligned} \tag{2}$$

将式 $\delta\dot{x} = \dfrac{\mathrm{d}(\delta x)}{\mathrm{d}t}$ 和 $\delta\dot{\varphi} = \dfrac{\mathrm{d}(\delta\varphi)}{\mathrm{d}t}$ 代入上式，并应用分部积分法，得到

$$\begin{aligned}&\{[(m_1 + m_2)\dot{x} + m_2 l\dot{\varphi}\cos\varphi]\delta x\}\Big|_{t_0}^{t_1} + \left[m_2 l\left(\frac{4}{3}l\dot{\varphi} + \dot{x}\cos\varphi\right)\delta\varphi\right]\Big|_{t_0}^{t_1} - \\ &\int_{t_0}^{t_1}\Big\{[(m_1 + m_2)\ddot{x} + m_2 l(\ddot{\varphi}\cos\varphi - \dot{\varphi}^2\sin\varphi)]\delta x + \\ &m_2 l\left(\frac{4}{3}l\ddot{\varphi} + \ddot{x}\cos\varphi + g\sin\varphi\right)\delta\varphi\Big\}\mathrm{d}t = 0\end{aligned}$$

考虑到$\delta x|_{t=t_0} = \delta x|_{t=t_1} = \delta\varphi|_{t=t_0} = \delta\varphi|_{t=t_1} = 0$ 后，上式可化简为

$$\begin{aligned}&\int_{t_0}^{t_1}\Big\{[(m_1 + m_2)\ddot{x} + m_2 l(\ddot{\varphi}\cos\varphi - \dot{\varphi}^2\sin\varphi)]\delta x + \\ &m_2 l\left(\frac{4}{3}l\ddot{\varphi} + \ddot{x}\cos\varphi + g\sin\varphi\right)\delta\varphi\Big\}\mathrm{d}t = 0\end{aligned}$$

由于在时间间隔 t_0 到 t_1 之内，δx 和 $\delta\varphi$ 是互相独立且任意的，因此，上式成立的充分必要条件是 δx 和 $\delta\varphi$ 前的系数都为零，即

$$\left.\begin{aligned}&(m_1 + m_2)\ddot{x} + m_2 l\ddot{\varphi}\cos\varphi - m_2 l\dot{\varphi}^2\sin\varphi = 0\\ &4l\ddot{\varphi} + 3\ddot{x}\cos\varphi + 3g\sin\varphi = 0\end{aligned}\right\} \tag{3}$$

式(3) 即为系统的运动微分方程，这与例 1.3 中应用拉格朗日方程所建立的系统运动微分方程完全一致。

1.12 哈密顿正则方程

在 1.4 节中，对于自由度为 k 的受理想约束的完整系统所建立的第二类拉格朗日方程是一组 k 个关于广义坐标 $q_j(j = 1,2,\cdots,k)$ 的二阶微分方程。哈密顿则将 k 个广义坐标和 k 个

广义动量作为新的独立变量，导出 $2k$ 个关于广义坐和广义动量的一阶微分方程 —— **哈密顿正则方程**。下面就来介绍这种方程，为此我们考察某一受理想约束的完整系统，$q_j(j=1,2,\cdots,k)$ 为描述该系统位形的独立的广义坐标。再引入 k 个广义动量[定义见式(1.5.3)]

$$p_j=\frac{\partial T}{\partial \dot{q}_j}\quad(j=1,2,\cdots,k) \tag{1.12.1}$$

将这 k 个广义坐标 q_j 和 k 个广义动量 p_j 称为**正则变量**。由于系统的动能 $T=T(\boldsymbol{q},\dot{\boldsymbol{q}},t)$，因此，由式(1.12.1)可以看出广义动量 p_j 也是关于广义坐标、广义速度和时间的函数，即

$$p_j=p_j(\boldsymbol{q},\dot{\boldsymbol{q}},t)\quad(j=1,2,\cdots,k) \tag{1.12.2}$$

从方程组(1.12.2)中反解出广义速度，即得到以正则变量所表示的广义速度的表达式

$$\dot{q}_j=f_j(\boldsymbol{q},\boldsymbol{p},t)\quad(j=1,2,\cdots,k) \tag{1.12.3}$$

引入函数

$$H=\sum_{j=1}^{k}p_j\dot{q}_j-L \tag{1.12.4}$$

称为**哈密顿函数**。对式(1.12.4)取变分，并注意到其中的拉格朗日函数 $L=T(\boldsymbol{q},\dot{\boldsymbol{q}},t)-V(\boldsymbol{q},t)$ 后，得到

$$\delta H=\sum_{j=1}^{k}p_j\delta\dot{q}_j+\sum_{j=1}^{k}\dot{q}_j\delta p_j-\sum_{j=1}^{k}\frac{\partial T}{\partial q_j}\delta q_j-\sum_{j=1}^{k}\frac{\partial T}{\partial \dot{q}_j}\delta\dot{q}_j+\sum_{j=1}^{k}\frac{\partial V}{\partial q_j}\delta q_j \tag{1.12.5}$$

将式(1.12.1)代入式(1.12.4)后，得到

$$\delta H=\sum_{j=1}^{k}\dot{q}_j\delta p_j+\sum_{j=1}^{k}\left(\frac{\partial V}{\partial q_j}-\frac{\partial T}{\partial q_j}\right)\delta q_j \tag{1.12.6}$$

利用广义动量的定义式(1.12.1)，可以将第二类拉格朗日方程式(1.4.23)改写为

$$\frac{\partial T}{\partial q_j}=\dot{p}_j-Q_j\quad(j=1,2,\cdots,k) \tag{1.12.7}$$

将式(1.12.7)代入式(1.12.6)后，得到

$$\delta H=\sum_{j=1}^{k}\dot{q}_j\delta p_j+\sum_{j=1}^{k}\left(\frac{\partial V}{\partial q_j}+Q_j-\dot{p}_j\right)\delta q_j \tag{1.12.8}$$

将式(1.12.3)代入式(1.12.4)后，可以将哈密顿函数完全表示成关于正则变量和时间的函数，即 $H=H(\boldsymbol{q},\boldsymbol{p},t)$。因此，该函数的变分又可表达为

$$\delta H=\sum_{j=1}^{k}\frac{\partial H}{\partial q_j}\delta q_j+\sum_{j=1}^{k}\frac{\partial H}{\partial p_j}\delta p_j \tag{1.12.9}$$

将式(1.12.9)和式(1.12.8)做差后，得到

$$\sum_{j=1}^{k}\left(\frac{\partial H}{\partial p_j}-\dot{p}_j\right)\delta p_j+\sum_{j=1}^{k}\left(\frac{\partial H}{\partial q_j}-\frac{\partial V}{\partial q_j}-Q_j+\dot{p}_j\right)\delta q_j=0 \tag{1.12.10}$$

由于诸 δp_j 和 $\delta q_j(j=1,2,\cdots,k)$ 是彼此独立的，因此，式(1.12.10)成立的充分必要条件是每个 δp_j 和 δq_j 前的系数都为零，即有

$$\left.\begin{aligned}\dot{q}_j&=\frac{\partial H}{\partial p_j}\\ \dot{p}_j&=-\frac{\partial H}{\partial q_j}+\frac{\partial V}{\partial q_j}+Q_j\end{aligned}\right\}(j=1,2,\cdots,k) \tag{1.12.11}$$

这就是**广义哈密顿正则方程**，共由 $2k$ 个一阶微分方程构成。广义哈密顿正则方程适用于受理想约束的完整系统的动力学建模。

如果研究一受理想约束的完整系统，且作用于系统上的所有主动力均为有势力。在这种情形下，广义力可表达为[见式(1.4.27)]

$$Q_j = -\frac{\partial V}{\partial q_j} \quad (j=1,2,\cdots,k) \tag{1.12.12}$$

这样方程式(1.12.11)可化简为

$$\left.\begin{aligned} \dot{q}_j &= \frac{\partial H}{\partial p_j} \\ \dot{p}_j &= -\frac{\partial H}{\partial q_j} \end{aligned}\right\} \quad (j=1,2,\cdots,k) \tag{1.12.13}$$

式(1.12.13)就是通常所述的**哈密顿正则方程**，它适用于主动力均为有势力情形下的受理想约束的完整系统的动力学建模。

例 1.11 如图 1-17 所示，长度为 l 的无重细杆的一端同一质量为 m 的小球固接，细杆的另一端通过光滑球铰链与天花板连接。试用哈密顿正则方程导出该系统的运动微分方程。

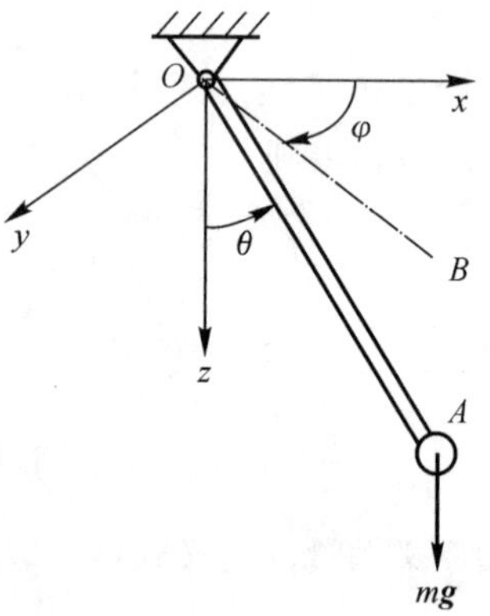

图 1-17 例 1.11 图

解 该系统是一个二自由度的受理想约束的完整系统，且主动力为有势力(重力)。因此，可应用哈密顿正则方程来建立该系统的运动微分方程。

以球铰中心 O 为坐标原点建立如图 1-17 所示的直角坐标系 $Oxyz$(其中 z 轴铅直向下)。小球 A 的球坐标为(l, θ, φ)，取 θ 和 φ 作为描述系统位形的广义坐标。系统的动能为

$$T = \frac{1}{2}m(\dot{x}_A^2 + \dot{y}_A^2 + \dot{z}_A^2) \tag{1}$$

小球 A 的直角坐标可用广义坐标表达为

$$x_A = l\sin\theta\cos\varphi \tag{2}$$

$$y_A = l\sin\theta\sin\varphi \tag{3}$$

$$z_A = l\cos\theta \tag{4}$$

将式(2) ~ 式(4)代入式(1)后，得到

$$T = \frac{1}{2}ml^2(\dot{\theta}^2 + \dot{\varphi}^2\sin^2\theta) \tag{5}$$

系统的广义动量为

$$p_\theta = \frac{\partial T}{\partial \dot{\theta}} = ml^2\dot{\theta} \tag{6}$$

$$p_\varphi = \frac{\partial T}{\partial \dot{\varphi}} = ml^2\dot{\varphi}\sin^2\theta \tag{7}$$

由式(6) 和式(7) 可分别解出广义速度为

$$\dot{\theta}=\frac{p_\theta}{ml^2} \tag{8}$$

$$\dot{\varphi}=\frac{p_\varphi}{ml^2\sin^2\theta} \tag{9}$$

规定水平面 Oxy 为零重力势能面，则系统的势能可表达为

$$V=-mgl\cos\theta \tag{10}$$

拉格朗日函数为

$$L=T-V=\frac{1}{2}ml^2(\dot{\theta}^2+\dot{\varphi}^2\sin^2\theta)+mgl\cos\theta \tag{11}$$

建立哈密顿函数

$$H=p_\theta\dot{\theta}+p_\varphi\dot{\varphi}-L=p_\theta\dot{\theta}+p_\varphi\dot{\varphi}-\frac{1}{2}ml^2(\dot{\theta}^2+\dot{\varphi}^2\sin^2\theta)-mgl\cos\theta \tag{12}$$

将式(8) 和式(9) 代入式(12) 后，得到

$$H=\frac{p_\theta^2}{2ml^2}+\frac{p_\varphi^2}{2ml^2\sin^2\theta}-mgl\cos\theta \tag{13}$$

再将式(13) 代入该系统的哈密顿正则方程

$$\left.\begin{aligned}\dot{\theta}&=\frac{\partial H}{\partial p_\theta}\\ \dot{\varphi}&=\frac{\partial H}{\partial p_\varphi}\\ \dot{p}_\theta&=-\frac{\partial H}{\partial \theta}\\ \dot{p}_\varphi&=-\frac{\partial H}{\partial \varphi}\end{aligned}\right\} \tag{1.12.13}$$

中，得到

$$\left.\begin{aligned}\dot{\theta}&=\frac{p_\theta}{ml^2}\\ \dot{\varphi}&=\frac{p_\varphi}{ml^2\sin^2\theta}\\ \dot{p}_\theta&=\frac{p_\varphi^2\cos\theta}{ml^2\sin^3\theta}-mgl\sin\theta\\ \dot{p}_\varphi&=0\end{aligned}\right\} \tag{1.12.14}$$

这是一组以正则变量 θ、φ、p_θ 和 p_φ 所表示的系统运动微分方程。由该方程组的第四个方程可以看出其中的一个首次积分为 $p_\varphi=C$(C 为常量)，另一个首次积分可以应用机械能守恒定理列出(从略)。

习　　题

1-1　如图1-18所示，质量为m，长为l的单摆挂在圆盘中心O的小轴上，并可绕轴O自由摆动，圆盘沿倾角为α的斜面滚下(无滑动)。不计圆盘质量，试应用拉格朗日方法写出系统的运动微分方程。圆盘的半径为r。

1-2　一质量为m的质点可在光滑的平面上滑动，平面对水平面的倾角θ同时以匀角速度ω增加。若时刻$t=0$时，$\theta=0$且质点的初速度为零，求此后质点的运动规律。

1-3　如图1-19所示，均质圆盘质量为M，半径为R，保持在铅直面内沿倾角为α的斜面作纯滚动，刚度为k的弹簧与圆盘中心相连，弹簧原长为l，不计弹簧质量。试求圆盘的运动周期。

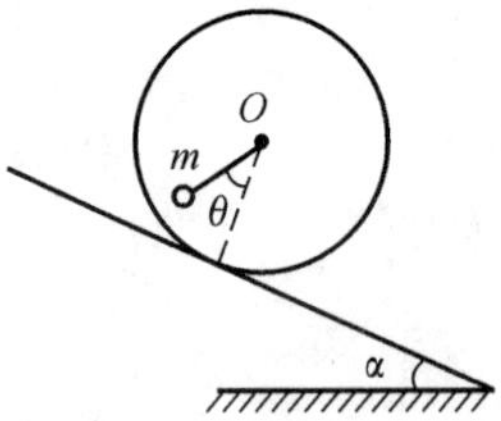

图1-18　题1-1图

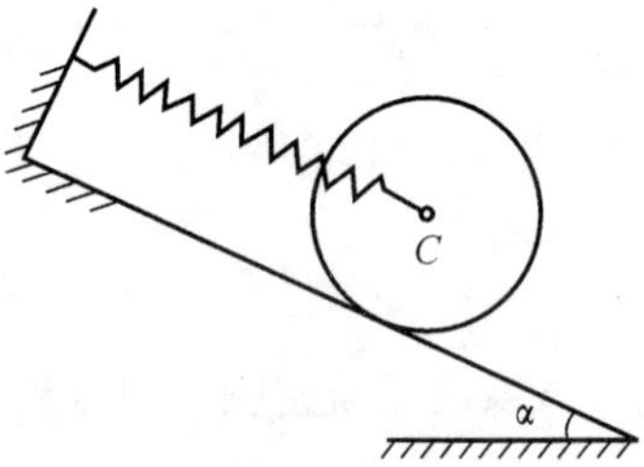

图1-19　题1-3图

1-4　如图1-20所示，质量为M立方体A具有圆柱形空腔，空腔半径为R。A与刚度为C的弹簧相连。空腔内有一半径为r、质量为m的均质圆柱，可在空腔内作纯滚动。试写出系统的运动微分方程。

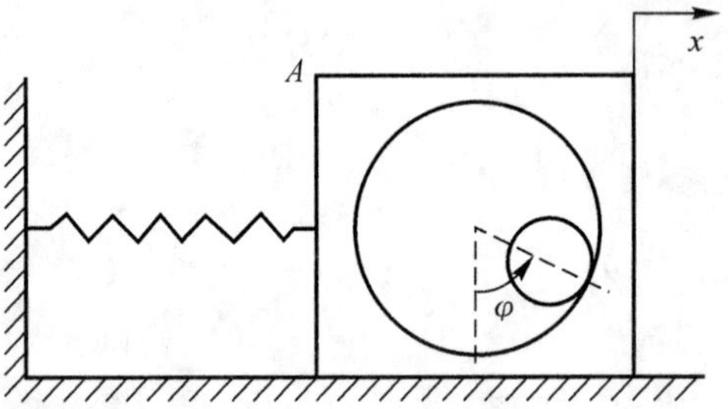

图1-20　题1-4图

1-5　如图1-21所示，均质圆盘半径为R，质量为m，可在铅直平面内沿抛物线轨道$y=\frac{1}{2}ax^2$纯滚动，轴y铅直向上，试以圆盘与轨道接触点的坐标(x,y)及圆盘的转角φ为广义坐标写出系统坐标间的约束方程，并判断约束的类型。以x为独立坐标写出系统的运动微分方程。

1-6　如图1-22所示，均质圆盘质量为M，半径为R，可沿倾角为α的斜面纯滚动。盘心小轴O上悬有长为l、质量为m的单摆：

(1) 写出系统的拉格朗日函数。

(2) 写出系统的运动微分方程。

(3) 给出方程的初积分。

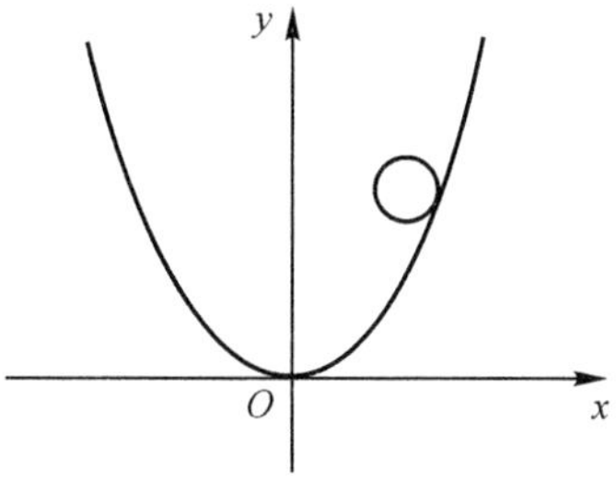

图 1-21　题 1-5 图

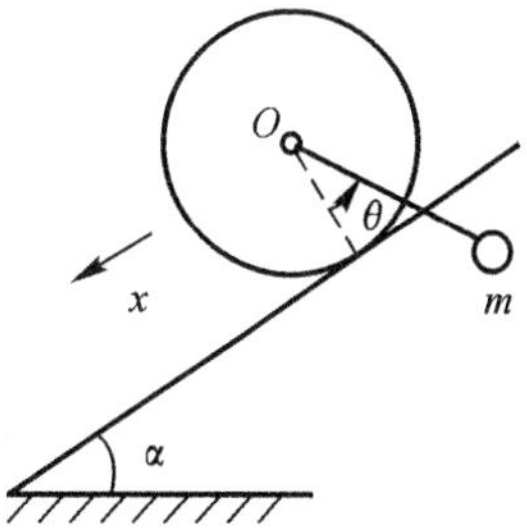

图 1-22　题 1-6 图

1-7　如图 1-23 所示，圆柱 B 可在薄壁圆桶 A 内纯滚动，而圆桶 A 可绕水平轴 O 摆动。设 A 的半径 R 为 B 的半径 r 的 4 倍，且 A 与 B 的质量相同。试建立该系统的运动微分方程。

1-8　如图 1-24 所示，一质量为 m 半径为 r 的薄圆盘固接于一长为 l 而质量可不计的杆子 OC，C 为圆盘的质心，杆子另一端 O 用光滑圆柱铰链铰接于一转轴，转轴以匀角速度 ω 绕 $O\zeta$ 轴转动。试建立该系统的运动微分方程。

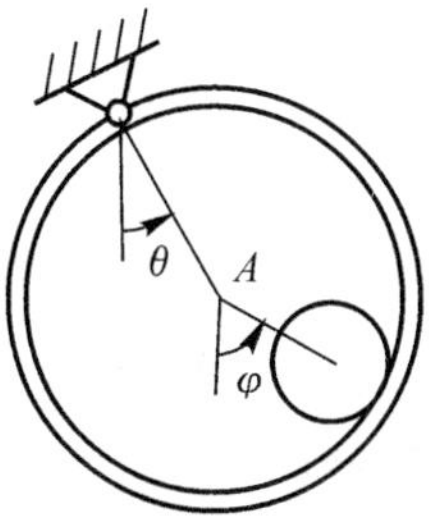

图 1-23　题 1-7 图

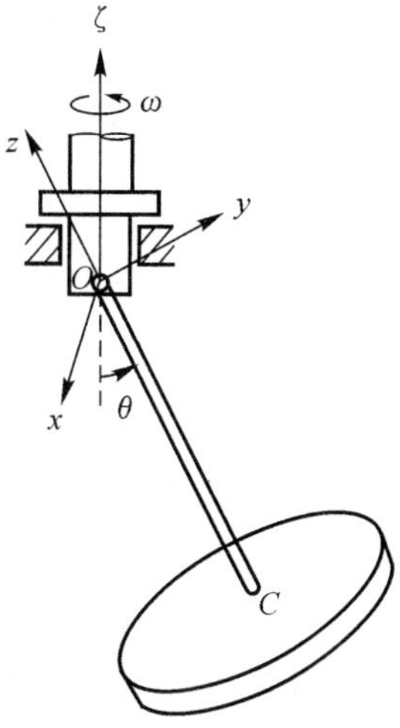

图 1-24　题 1-8 图

1-9　如图 1-25 所示，两细杆各长 l，质量各为 m，铰接于 B，静止于光滑水平面上。今在 A 端垂直于 AB 方向作用一冲量 $\boldsymbol{S}$，求冲击结束瞬间 A 点的速度。

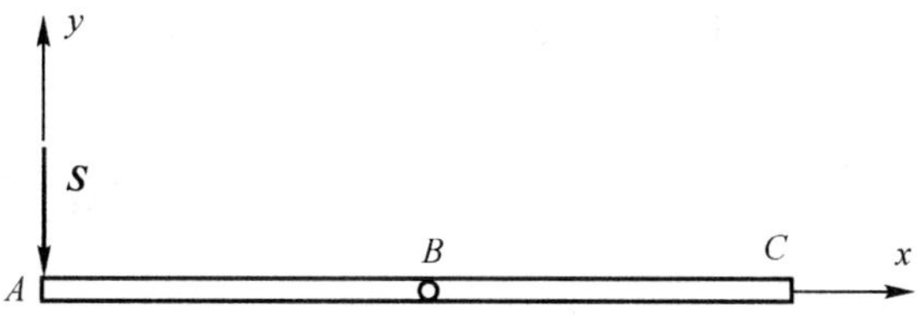

图 1-25　题 1-9 图

1-10　如图1-26所示，三杆各长l，质量各为m，铰接后静止地放置于光滑水平面上。今在A端作用某一冲量$\boldsymbol{S}$后得到A点的速度$\boldsymbol{v}_A=\boldsymbol{u}$，试求冲量$\boldsymbol{S}$的大小与$B$点在冲击结束瞬间的速度。

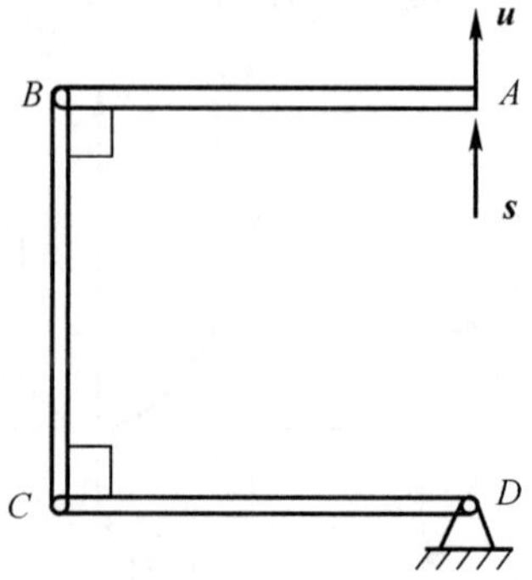

图1-26　题1-10图

1-11　如图1-27所示，细长杆AB重W、长l，可在倾角为α的光滑斜面上运动，运动时A点的速度$\boldsymbol{v}_A$始终指向B点。若以x_A、y_A、θ作为广义坐标，试用罗斯方程建立杆的运动微分方程。

1-12　如图1-28所示，质量为m的质点A固接于质量可忽略不计的细杆AB的一端，质量同为m的滑块C可在杆AB上无摩擦的滑动，滑块可看成是质点，它与质点A以刚度为k的弹簧相连，弹簧原长为l_0，系统可在倾角为α的光滑斜面上运动，A点的速度始终指向B点。试用罗斯方程建立该系统的动力学方程。

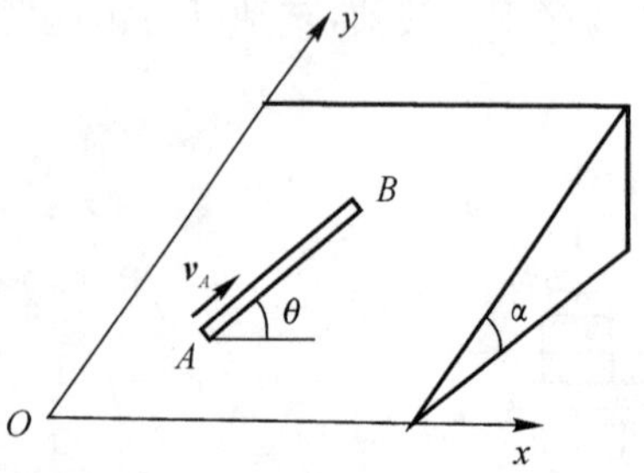

图1-27　题1-11图

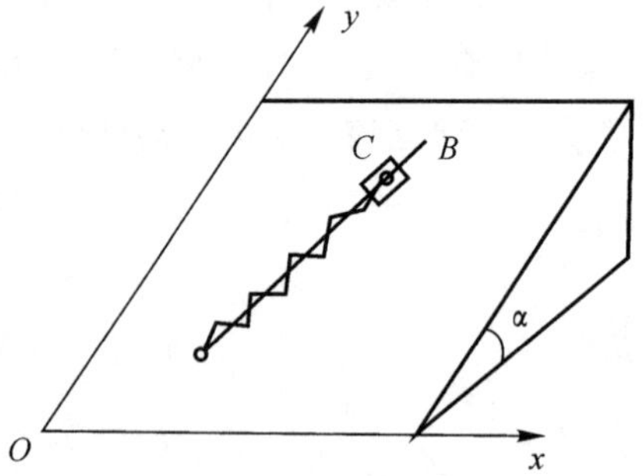

图1-28　题1-12图

1-13　如图1-29所示，两个质量均为m的质点M_1和M_2，由长为l的无重细刚杆连接。设它们只能在水平面内运动，且在质点M_1上作用一水平力$\boldsymbol{F}$，试用第一类拉格朗日方程列写出系统的动力学方程。

1-14　如图1-30所示，质量为m_1和m_2的两质点，以长为l的无重杆相连接，置于半径为R的光滑球壳内。试用第一类拉格朗日方程列写出系统的动力学方程。

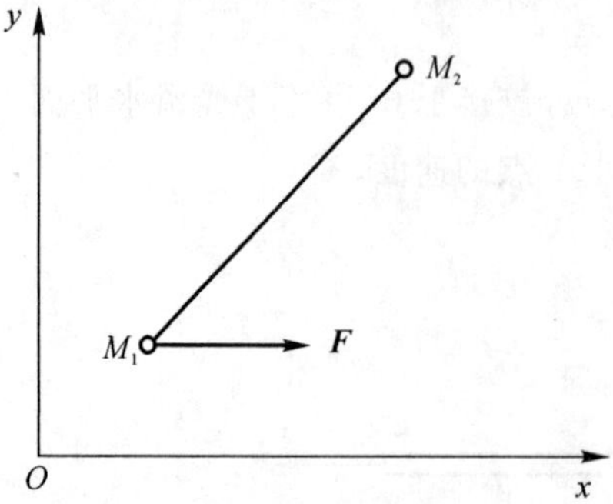

图1-29　题1-13图

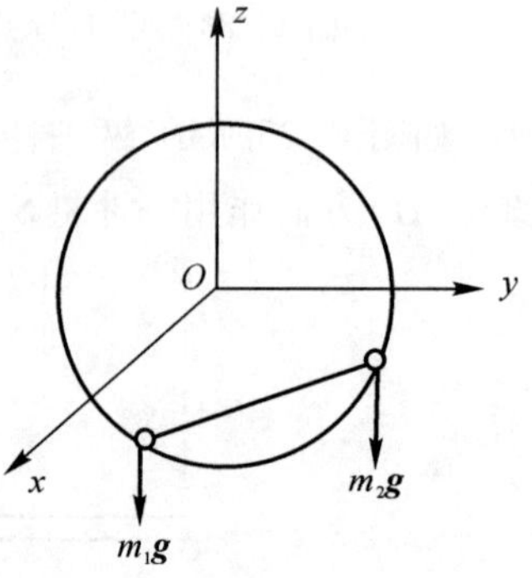

图1-30　题1-14图

1－15　试应用凯恩方程列写出题 1－1 中系统的运动微分方程。

1－16　试应用凯恩方程列写出题 1－12 中系统的动力学方程。

1－17　试应用哈密顿正则方程列写出题 1－6 中系统的运动微分方程。

1－18　试应用哈密顿正则方程列写出题 1－7 中系统的运动微分方程。

第 2 章　刚体的空间运动学

刚体运动学是完全从几何观点出发研究刚体运动进行的方式及其特征的。在理论力学中已介绍过刚体的平移运动、刚体的定轴转动和刚体的平面运动学内容。为了不与理论力学内容相重复，本章将主要讲述刚体的空间运动（即刚体的定点运动和空间一般运动）学内容。在讲述这些内容时，需要用到矢量运算的矩阵形式这方面的数学补充知识，下面首先来介绍这方面的补充知识。

2.1　矢量运算的矩阵形式

1. 矢量的坐标列阵和坐标方阵

设任一矢量 $\boldsymbol{a}$ 在坐标轴 Ox、Oy 和 Oz 上的投影分别为 a_1、a_2 和 a_3，则称列阵

$$\{a\}=[a_1 \quad a_2 \quad a_3]^{\mathrm{T}} \tag{2.1.1}$$

为矢量 $\boldsymbol{a}$ 在坐标系 $Oxyz$ 中的**坐标列阵**；称反对称矩阵

$$[\tilde{a}]=\begin{bmatrix} 0 & -a_3 & a_2 \\ a_3 & 0 & -a_1 \\ -a_2 & a_1 & 0 \end{bmatrix} \tag{2.1.2}$$

为矢量 $\boldsymbol{a}$ 在坐标系 $Oxyz$ 中的**坐标方阵**。显然，矢量和该矢量在某坐标系中的坐标列阵以及坐标方阵都是一一对应的，即一个矢量可以用这个矢量在某坐标系中的坐标列阵或坐标方阵来描述。

2. 矢量运算的矩阵形式

设任意三个矢量 $\boldsymbol{a}$、$\boldsymbol{b}$、$\boldsymbol{c}$ 在坐标系 $Oxyz$ 中的坐标列阵分别为 $\{a\}$、$\{b\}$ 和 $\{c\}$，这三个矢量在坐标系 $Oxyz$ 中的坐标方阵分别为 $[\tilde{a}]$、$[\tilde{b}]$ 和 $[\tilde{c}]$，k 为实数，则四种矢量运算及其所对应的矩阵形式可表述为：

(1) 若 $\boldsymbol{c}=\boldsymbol{a}\pm\boldsymbol{b}$，则 $\{c\}=\{a\}\pm\{b\}$，$[\tilde{c}]=[\tilde{a}]\pm[\tilde{b}]$；

(2) 若 $\boldsymbol{b}=k\boldsymbol{a}$，则 $\{b\}=k\{a\}$，$[\tilde{b}]=k[\tilde{a}]$；

(3) 若 $k=\boldsymbol{a}\cdot\boldsymbol{b}$，则 $k=\{a\}^{\mathrm{T}}\{b\}$；

(4) 若 $\boldsymbol{c}=\boldsymbol{a}\times\boldsymbol{b}$，则 $\{c\}=[\tilde{a}]\{b\}$。

下面仅就矢量的叉乘运算所对应的矩阵形式给出它的证明。

证明　用符号 $\boldsymbol{e}_1$、$\boldsymbol{e}_2$ 和 $\boldsymbol{e}_3$ 分别表示沿坐标轴 Ox、Oy 和 Oz 正向的单位矢，并设

$$\boldsymbol{a}=a_1\boldsymbol{e}_1+a_2\boldsymbol{e}_2+a_3\boldsymbol{e}_3 \tag{2.1.3}$$

$$\boldsymbol{b}=b_1\boldsymbol{e}_1+b_2\boldsymbol{e}_2+b_3\boldsymbol{e}_3 \tag{2.1.4}$$

$$\boldsymbol{c}=c_1\boldsymbol{e}_1+c_2\boldsymbol{e}_2+c_3\boldsymbol{e}_3 \tag{2.1.5}$$

则矢量 $\boldsymbol{a}$ 在坐标系 $Oxyz$ 中的坐标列阵和坐标方阵分别为

$$\{a\}=[a_1 \quad a_2 \quad a_3]^{\mathrm{T}} \tag{2.1.6}$$

$$[\tilde{a}]=\begin{bmatrix} 0 & -a_3 & a_2 \\ a_3 & 0 & -a_1 \\ -a_2 & a_1 & 0 \end{bmatrix} \tag{2.1.7}$$

矢量 $\boldsymbol{b}$、$\boldsymbol{c}$ 在坐标系 $Oxyz$ 中的坐标列阵分别为

$$\{b\}=[b_1 \quad b_2 \quad b_3]^{\mathrm{T}} \tag{2.1.8}$$

$$\{c\}=[c_1 \quad c_2 \quad c_3]^{\mathrm{T}} \tag{2.1.9}$$

将式(2.1.3)和式(2.1.4)代入式 $\boldsymbol{c}=\boldsymbol{a}\times\boldsymbol{b}$，得到

$$\boldsymbol{c}=(a_1\boldsymbol{e}_1+a_2\boldsymbol{e}_2+a_3\boldsymbol{e}_3)\times(b_1\boldsymbol{e}_1+b_2\boldsymbol{e}_2+b_3\boldsymbol{e}_3)=\begin{vmatrix} \boldsymbol{e}_1 & \boldsymbol{e}_2 & \boldsymbol{e}_3 \\ a_1 & a_2 & a_3 \\ b_1 & b_2 & b_3 \end{vmatrix}=$$

$$(a_2b_3-a_3b_2)\boldsymbol{e}_1+(a_3b_1-a_1b_3)\boldsymbol{e}_2+(a_1b_2-a_2b_1)\boldsymbol{e}_3 \tag{2.1.10}$$

比较式(2.1.5)和式(2.1.10)后，得到

$$\left.\begin{aligned} c_1&=a_2b_3-a_3b_2 \\ c_2&=a_3b_1-a_1b_3 \\ c_3&=a_1b_2-a_2b_1 \end{aligned}\right\} \tag{2.1.11}$$

将此式写成矩阵形式就是

$$\begin{Bmatrix} c_1 \\ c_2 \\ c_3 \end{Bmatrix}=\begin{Bmatrix} a_2b_3-a_3b_2 \\ a_3b_1-a_1b_3 \\ a_1b_2-a_2b_1 \end{Bmatrix}=\begin{bmatrix} 0 & -a_3 & a_2 \\ a_3 & 0 & -a_1 \\ -a_2 & a_1 & 0 \end{bmatrix}\begin{Bmatrix} b_1 \\ b_2 \\ b_3 \end{Bmatrix} \tag{2.1.12}$$

即

$$\{c\}=[\tilde{a}]\{b\} \tag{2.1.13}$$

证毕。

例 2.1　试写出矢量混合积运算 $k=\boldsymbol{a}\cdot(\boldsymbol{b}\times\boldsymbol{c})$ 所对应的矩阵形式。

解　根据矢量点乘和叉乘运算所对应的矩阵形式，可以写出矢量混合积运算 $k=\boldsymbol{a}\cdot(\boldsymbol{b}\times\boldsymbol{c})$ 所对应的矩阵形式为 $k=\{a\}^{\mathrm{T}}[\tilde{b}]\{c\}$。

例 2.2　试写出矢量二重积运算 $\boldsymbol{d}=\boldsymbol{a}\times(\boldsymbol{b}\times\boldsymbol{c})$ 所对应的矩阵形式。

解　根据矢量叉乘运算所对应的矩阵形式，可以写出矢量二重积运算 $\boldsymbol{d}=\boldsymbol{a}\times(\boldsymbol{b}\times\boldsymbol{c})$ 所对应的矩阵形式为 $\{d\}=[\tilde{a}][\tilde{b}]\{c\}$。

例 2.3　试写出矢量二重积运算 $\boldsymbol{d}=(\boldsymbol{a}\times\boldsymbol{b})\times\boldsymbol{c}$ 所对应的矩阵形式。

解

$$\boldsymbol{d}=(\boldsymbol{a}\times\boldsymbol{b})\times\boldsymbol{c}=-\boldsymbol{c}\times(\boldsymbol{a}\times\boldsymbol{b})$$

所对应的矩阵形式为

$$\{d\}=-[\tilde{c}][\tilde{a}]\{b\}$$

2.2 刚体的定点运动及其定位参数

如果刚体运动时，其上有一点始终保持静止，则称这种运动为**刚体的定点运动**。如碾轮[见图 2-1(a)]、行星锥齿轮[见图 2-1(b)]、玩具陀螺[见图 2-1(c)]的运动就是刚体的定点运动的实例。

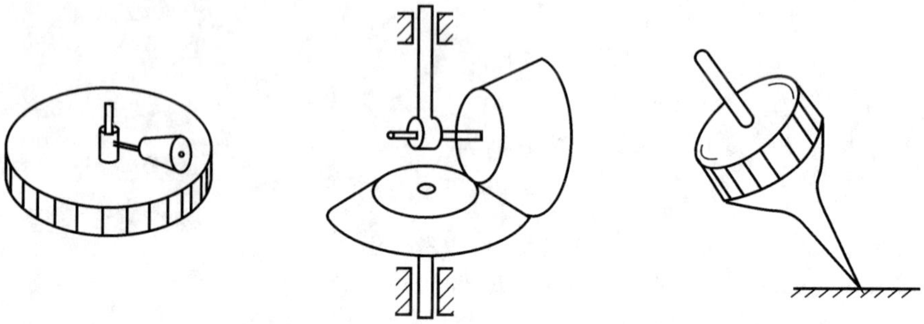

(a) (b) (c)

图 2-1 刚体的定点运动

研究刚体的定点运动所遇到的首要问题是如何确定刚体的位置，下面首先来说明作定点运动的刚体的位置需要几个独立参数才能唯一地确定。如图 2-2 所示，设某一刚体绕定点 O 运动，取固定参考系 $Ox_0y_0z_0$，则刚体的位置可由刚体内通过点 O 的任一直线 OL 的位置以及刚体绕 OL 的转角来确定。而直线 OL 的位置可由它的三个方向角 α_1、α_2 和 α_3 来描述。但是，这三个方向角不是彼此独立的，因为它们之间始终满足如下的约束关系：

$$\cos^2\alpha_1+\cos^2\alpha_2+\cos^2\alpha_3=1 \tag{2.2.1}$$

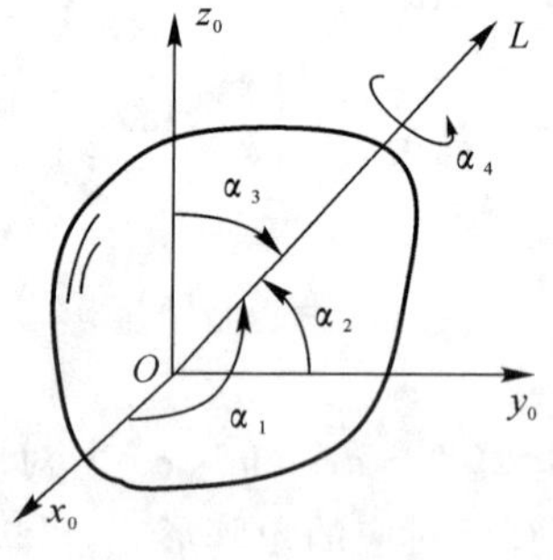

图 2-2 刚体定点运动的定位参数

所以唯一地确定 OL 位置的独立参数应该只有两个。如果再给出刚体绕 OL 转动的转角 α_4，则这个刚体的位置就完全确定了。可见，确定作定点运动的刚体的位置需要三个独立的参数。这三个独立的参数可以有很多种选择，比如可以选择欧拉角或卡尔丹角等作为刚体定点运动的定位参数。下面分别加以介绍。

1. 欧拉角

设某一刚体相对参考系 $Ox_0y_0z_0$ 绕点 O 运动(见图 2-3)，为描述刚体的位置，现在刚体

上固连一坐标系 $Ox_3y_3z_3$，称此坐标系为刚体的**连体坐标系**。这样就可以用刚体的连体坐标系 $Ox_3y_3z_3$ 相对于参考系 $Ox_0y_0z_0$ 的位置来代表刚体的位置。

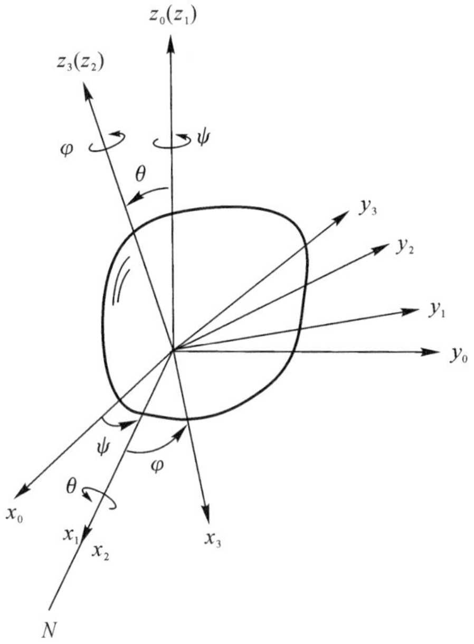

图 2-3　欧拉角

称动坐标平面 Ox_3y_3 与定坐标平面 Ox_0y_0 的交线 ON 为**节线**，在此基础上，定义：

ψ 为节线 ON 相对坐标轴 Ox_0 的夹角，称为**进动角**。

θ 为坐标轴 Oz_3 相对坐标轴 Oz_0 的夹角，称为**章动角**。

φ 为坐标轴 Ox_3 相对节线 ON 的夹角，称为**自转角**。

上述三个角合称为连体坐标系 $Ox_3y_3z_3$ 相对参考系 $Ox_0y_0z_0$ 的**欧拉角**。显然，这组角规定了连体坐标系相对于参考系的位置，因此，可以用欧拉角来描述作定点运动的刚体的位置。

由欧拉角的定义，可以看出从参考系 $Ox_0y_0z_0$ 到连体坐标系 $Ox_3y_3z_3$ 的位置变化可以通过以下三次连续转动来实现：坐标系 $Ox_0y_0z_0$ 首先绕轴 Oz_0 转动角 ψ，到达坐标系 $Ox_1y_1z_1$ 的位置（轴 Ox_1 与节线 ON 重合）；在此基础上，坐标系 $Ox_1y_1z_1$ 绕轴 Ox_1 转动角 θ，到达坐标系 $Ox_2y_2z_2$ 的位置；最后坐标系 $Ox_2y_2z_2$ 绕轴 Oz_2 转动角 φ，到达坐标系 $Ox_3y_3z_3$ 的位置。上述三次连续转动也叫作“三一三转动”，可形象地表达为

$$Ox_0y_0z_0 \xrightarrow{Oz_0,\psi} Ox_1y_1z_1 \xrightarrow{Ox_1,\theta} Ox_2y_2z_2 \xrightarrow{Oz_2,\varphi} Ox_3y_3z_3$$

需要说明的是，虽然从参考系 $Ox_0y_0z_0$ 到连体坐标系 $Ox_3y_3z_3$ 的位置变化可以通过三一三转动来实现，但这并不意味着说连体坐标系 $Ox_3y_3z_3$ 的真实运动（或者说刚体的定点运动）就是按照三一三转动的方式来进行的。

当刚体绕定点 O 运动时，其欧拉角 ψ、θ、φ 一般都随时间 t 而变化，并可表示为时间 t 的单值连续函数，即

$$\left.\begin{aligned} \psi &= \psi(t) \\ \theta &= \theta(t) \\ \varphi &= \varphi(t) \end{aligned}\right\} \tag{2.2.2}$$

显然,如果已知这三个函数,就可以确定出任意一时刻刚体的空间位置。因此,方程式(2.2.2)完全描述了刚体的定点运动规律,故称为**刚体的定点运动方程**。

2. 卡尔丹角

作定点运动的刚体的位置除了可以用欧拉角描述外,还可以用如下所述的卡尔丹角来描述。

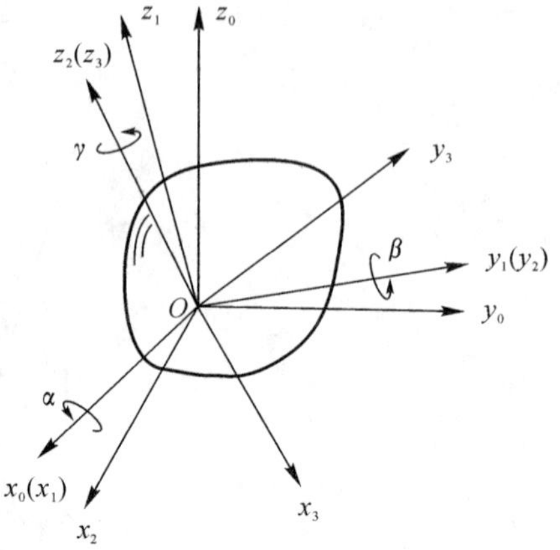

图 2-4　卡尔丹角

设某一刚体相对参考系 $Ox_0y_0z_0$ 绕点 O 运动(见图 2-4),坐标系 $Ox_3y_3z_3$ 为该刚体的连体坐标系。从参考坐标系 $Ox_0y_0z_0$ 到连体坐标系 $Ox_3y_3z_3$ 的位置变化可以通过"一二三转动"来实现,即坐标系 $Ox_0y_0z_0$ 首先绕轴 Ox_0 转动角 α,到达坐标系 $Ox_1y_1z_1$ 的位置;在此基础上,坐标系 $Ox_1y_1z_1$ 绕轴 Oy_1 转动角 β,到达坐标系 $Ox_2y_2z_2$ 的位置;最后坐标系 $Ox_2y_2z_2$ 绕轴 Oz_2 转动角 γ,到达坐标系 $Ox_3y_3z_3$ 的位置。以上三次连续转动可形象地表达为

$$Ox_0y_0z_0 \xrightarrow{Ox_0,\alpha} Ox_1y_1z_1 \xrightarrow{Oy_1,\beta} Ox_2y_2z_2 \xrightarrow{Oz_2,\gamma} Ox_3y_3z_3$$

上述三个角(即 α、β 和 γ)合称为连体坐标系 $Ox_3y_3z_3$ 相对参考系 $Ox_0y_0z_0$ 的**卡尔丹角**。作定点运动的刚体的位置可以用此组角度来描述。

2.3　方向余弦矩阵及其性质

作定点运动的刚体的位置除了可用欧拉角和卡尔丹角描述外,还可用方向余弦矩阵来描述。下面给出方向余弦矩阵的定义。

如图 2-5 所示,设某一刚体相对定参考系 $Ox_iy_iz_i$ 绕点 O 运动,坐标系 $Ox_jy_jz_j$ 为该刚体的连体坐标系。坐标系 $Ox_jy_jz_j$ 的位置(或者说是方位)可以用该坐标系的三根坐标轴在定参考系 $Ox_iy_iz_i$ 中的诸方向余弦来刻画,为此,设轴 Ox_j、Oy_j、Oz_j 在定参考系 $Ox_iy_iz_i$ 中的方向余弦分别为(c_{11},c_{21},c_{31})、(c_{12},c_{22},c_{32})和(c_{13},c_{23},c_{33}),并把这些方向余弦排列成如下的矩阵:

$$[C^{ij}]=\begin{bmatrix} c_{11} & c_{12} & c_{13} \\ c_{21} & c_{22} & c_{23} \\ c_{31} & c_{32} & c_{33} \end{bmatrix} \tag{2.3.1}$$

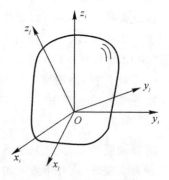

图 2-5　刚体的定点运动

称矩阵$[C^{ij}]$为坐标系 $Ox_jy_jz_j$ 相对坐标系 $Ox_iy_iz_i$ 的**方向余弦矩阵**。由此定义可看出:坐标系 $Ox_jy_jz_j$ 相对坐标系 $Ox_iy_iz_i$ 的方向余弦矩阵$[C^{ij}]$中的第一、第二和第三列阵分别是沿坐标轴 Ox_j、Oy_j、Oz_j 正向的单位矢 $\boldsymbol{e}_1^j$、$\boldsymbol{e}_2^j$、$\boldsymbol{e}_3^j$ 在坐标系 $Ox_iy_iz_i$ 中的坐标列阵。

显然,可以用$[C^{ij}]$来描述连体坐标系 $Ox_jy_jz_j$ 相对定参考系 $Ox_iy_iz_i$ 的位置,即可以用

方向余弦矩阵来描述作定点运动的刚体的位置。

方向余弦矩阵不仅可用来描述作定点运动的刚体的位置，而且由于其本身的一些重要性质，其在刚体运动学和动力学中具有非常广泛的应用。下面就来介绍方向余弦矩阵的一些重要性质。

性质 1　方向余弦矩阵为正交矩阵，其行列式的值等于 1。即

$$[C^{ij}]^{-1}=[C^{ij}]^{\mathrm{T}}=[C^{ji}] \tag{2.3.2}$$

$$\det[C^{ij}]=1 \tag{2.3.3}$$

证明　考虑到沿坐标轴 Ox_j、Oy_j、Oz_j 正向的单位矢 $\boldsymbol{e}_1^j$、$\boldsymbol{e}_2^j$、$\boldsymbol{e}_3^j$ 在坐标系 $Ox_iy_iz_i$ 中的坐标列阵分别为矩阵$[C^{ij}]$中的第一、第二和第三列阵，于是有

$$\boldsymbol{e}_1^j=c_{11}\boldsymbol{e}_1^i+c_{21}\boldsymbol{e}_2^i+c_{31}\boldsymbol{e}_3^i \tag{2.3.4}$$

$$\boldsymbol{e}_2^j=c_{12}\boldsymbol{e}_1^i+c_{22}\boldsymbol{e}_2^i+c_{32}\boldsymbol{e}_3^i \tag{2.3.5}$$

$$\boldsymbol{e}_3^j=c_{13}\boldsymbol{e}_1^i+c_{23}\boldsymbol{e}_2^i+c_{33}\boldsymbol{e}_3^i \tag{2.3.6}$$

式中 $\boldsymbol{e}_1^i$、$\boldsymbol{e}_2^i$、$\boldsymbol{e}_3^i$ 分别表示沿坐标轴 Ox_i、Oy_i、Oz_i 正向的单位矢。

显然，有

$$\boldsymbol{e}_m^j\cdot\boldsymbol{e}_n^j=c_{1m}c_{1n}+c_{2m}c_{2n}+c_{3m}c_{3n}=\begin{cases}1, & \text{当 } m=n \text{ 时}\\ 0, & \text{当 } m\neq n \text{ 时}\end{cases}\quad(m,n=1,2,3) \tag{2.3.7}$$

这就是说，方向余弦矩阵$[C^{ij}]$的九个元素中只有三个是独立的。考虑到式(2.3.1)后，$[C^{ij}]$的转置矩阵可表达为

$$[C^{ij}]^{\mathrm{T}}=\begin{bmatrix}c_{11} & c_{21} & c_{31}\\ c_{12} & c_{22} & c_{32}\\ c_{13} & c_{23} & c_{33}\end{bmatrix} \tag{2.3.8}$$

将式(2.3.8)和式(2.3.1)相乘，得到

$$[C^{ij}]^{\mathrm{T}}[C^{ij}]=\begin{bmatrix}c_{11}^2+c_{21}^2+c_{31}^2 & c_{11}c_{12}+c_{21}c_{22}+c_{31}c_{32} & c_{11}c_{13}+c_{21}c_{23}+c_{31}c_{33}\\ c_{11}c_{12}+c_{21}c_{22}+c_{31}c_{32} & c_{12}^2+c_{22}^2+c_{32}^2 & c_{12}c_{13}+c_{22}c_{23}+c_{32}c_{33}\\ c_{11}c_{13}+c_{21}c_{23}+c_{31}c_{33} & c_{12}c_{13}+c_{22}c_{23}+c_{32}c_{33} & c_{13}^2+c_{23}^2+c_{33}^2\end{bmatrix} \tag{2.3.9}$$

考虑到式(2.3.7)后，式(2.3.9)可以写为

$$[C^{ij}]^{\mathrm{T}}[C^{ij}]=\begin{bmatrix}1 & 0 & 0\\ 0 & 1 & 0\\ 0 & 0 & 1\end{bmatrix} \tag{2.3.10}$$

故

$$[C^{ij}]^{-1}=[C^{ij}]^{\mathrm{T}} \tag{2.3.11}$$

考虑到轴 Ox_j、Oy_j、Oz_j 在坐标系 $Ox_iy_iz_i$ 中的方向余弦分别为(c_{11},c_{21},c_{31})、(c_{12},c_{22},c_{32})和(c_{13},c_{23},c_{33})，因此轴 Ox_i、Oy_i、Oz_i 在坐标系 $Ox_jy_jz_j$ 中的方向余弦分别为(c_{11},c_{12},c_{13})、(c_{21},c_{22},c_{23})和(c_{31},c_{32},c_{33})，所以坐标系 $Ox_iy_iz_i$ 相对坐标系 $Ox_jy_jz_j$ 的方向余弦矩阵$[C^{ji}]$为

$$[C^{ji}]=\begin{bmatrix}c_{11} & c_{21} & c_{31}\\ c_{12} & c_{22} & c_{32}\\ c_{13} & c_{23} & c_{33}\end{bmatrix} \tag{2.3.12}$$

比较式(2.3.8)和式(2.3.12)后，得到

$$[C^{ij}]^{\mathrm{T}}=[C^{ji}] \tag{2.3.13}$$

将式(2.3.11)和式(2.3.13)合写在一起，即得到式(2.3.2)。

下面接着来证明式(2.3.3)。

由式(2.3.1)，得到

$$\begin{aligned}\det[C^{ij}]=&\begin{vmatrix}c_{11}&c_{12}&c_{13}\\c_{21}&c_{22}&c_{23}\\c_{31}&c_{32}&c_{33}\end{vmatrix}=c_{11}\begin{vmatrix}c_{22}&c_{23}\\c_{32}&c_{33}\end{vmatrix}-c_{21}\begin{vmatrix}c_{12}&c_{13}\\c_{32}&c_{33}\end{vmatrix}+c_{31}\begin{vmatrix}c_{12}&c_{13}\\c_{22}&c_{23}\end{vmatrix}=\\&(c_{11}\boldsymbol{e}_1^i+c_{21}\boldsymbol{e}_2^i+c_{31}\boldsymbol{e}_3^i)\cdot\left(\begin{vmatrix}c_{22}&c_{23}\\c_{32}&c_{33}\end{vmatrix}\boldsymbol{e}_1^i-\begin{vmatrix}c_{12}&c_{13}\\c_{32}&c_{33}\end{vmatrix}\boldsymbol{e}_2^i+\begin{vmatrix}c_{12}&c_{13}\\c_{22}&c_{23}\end{vmatrix}\boldsymbol{e}_3^i\right)=\\&(c_{11}\boldsymbol{e}_1^i+c_{21}\boldsymbol{e}_2^i+c_{31}\boldsymbol{e}_3^i)\cdot\begin{vmatrix}\boldsymbol{e}_1^i&c_{12}&c_{13}\\\boldsymbol{e}_2^i&c_{22}&c_{23}\\\boldsymbol{e}_3^i&c_{32}&c_{33}\end{vmatrix}=\\&(c_{11}\boldsymbol{e}_1^i+c_{21}\boldsymbol{e}_2^i+c_{31}\boldsymbol{e}_3^i)\cdot\begin{vmatrix}\boldsymbol{e}_1^i&\boldsymbol{e}_2^i&\boldsymbol{e}_3^i\\c_{12}&c_{22}&c_{32}\\c_{13}&c_{23}&c_{33}\end{vmatrix}=\\&(c_{11}\boldsymbol{e}_1^i+c_{21}\boldsymbol{e}_2^i+c_{31}\boldsymbol{e}_3^i)\cdot[(c_{12}\boldsymbol{e}_1^i+c_{22}\boldsymbol{e}_2^i+c_{32}\boldsymbol{e}_3^i)\times\\&(c_{13}\boldsymbol{e}_1^i+c_{23}\boldsymbol{e}_2^i+c_{33}\boldsymbol{e}_3^i)]\end{aligned} \tag{2.3.14}$$

考虑到式(2.3.4)、式(2.3.5)和(2.3.6)后，式(2.3.14)可写为

$$\det[C^{ij}]=\boldsymbol{e}_1^j\cdot(\boldsymbol{e}_2^j\times\boldsymbol{e}_3^j)=\boldsymbol{e}_1^j\cdot\boldsymbol{e}_1^j=1 \tag{2.3.15}$$

证毕。

性质2 任一矢量 $\boldsymbol{a}$ 在坐标系 $Ox_iy_iz_i$ 和坐标系 $Ox_jy_jz_j$ 中的坐标列阵(坐标方阵)之间满足关系

$$\{a\}_i=[C^{ij}]\{a\}_j \tag{2.3.16a}$$

$$[\tilde{a}]_i=[C^{ij}][\tilde{a}]_j[C^{ij}]^{\mathrm{T}} \tag{2.3.16b}$$

式中 $\{a\}_i$ 和 $\{a\}_j$ 分别表示矢量 $\boldsymbol{a}$ 在坐标系 $Ox_iy_iz_i$ 和坐标系 $Ox_jy_jz_j$ 中的坐标列阵，$[\tilde{a}]_i$ 和 $[\tilde{a}]_j$ 分别表示矢量 $\boldsymbol{a}$ 在坐标系 $Ox_iy_iz_i$ 和坐标系 $Ox_jy_jz_j$ 中的坐标方阵。这条性质说明**利用方向余弦矩阵可以将同一矢量在不同坐标系中的坐标列阵(坐标方阵)之间进行转化。**

下面仅就式(2.3.16a)给出证明。

证明 设矢量 $\boldsymbol{a}$ 在坐标系 $Ox_iy_iz_i$ 和坐标系 $Ox_jy_jz_j$ 中的表达式分别为

$$\boldsymbol{a}=a_1^i\boldsymbol{e}_1^i+a_2^i\boldsymbol{e}_2^i+a_3^i\boldsymbol{e}_3^i \tag{2.3.17}$$

和

$$\boldsymbol{a}=a_1^j\boldsymbol{e}_1^j+a_2^j\boldsymbol{e}_2^j+a_3^j\boldsymbol{e}_3^j \tag{2.3.18}$$

于是有

$$\{a\}_i=[a_1^i\quad a_2^i\quad a_3^i]^{\mathrm{T}} \tag{2.3.19}$$

和

$$\{a\}_j=[a_1^j\quad a_2^j\quad a_3^j]^{\mathrm{T}} \tag{2.3.20}$$

将矢量式(2.3.18)写成在坐标系 $Ox_iy_iz_i$ 中的矩阵形式，有

$$\{a\}_i = a_1^j\ \{e_1^j\}_i + a_2^j\ \{e_2^j\}_i + a_3^j\ \{e_3^j\}_i \tag{2.3.21}$$

式中$\{e_1^j\}_i$、$\{e_2^j\}_i$和$\{e_3^j\}_i$分别表示矢量$\boldsymbol{e}_1^j$、$\boldsymbol{e}_2^j$和$\boldsymbol{e}_3^j$在坐标系$Ox_iy_iz_i$中的坐标列阵。又因为矢量$\boldsymbol{e}_1^j$、$\boldsymbol{e}_2^j$、$\boldsymbol{e}_3^j$在坐标系$Ox_iy_iz_i$中的坐标列阵分别为方向余弦矩阵$[C^{ij}]$中的第一、第二和第三列阵，于是有

$$\{e_1^j\}_i = [c_{11} \quad c_{21} \quad c_{31}]^{\mathrm{T}} \tag{2.3.22}$$

$$\{e_2^j\}_i = [c_{12} \quad c_{22} \quad c_{32}]^{\mathrm{T}} \tag{2.3.23}$$

$$\{e_3^j\}_i = [c_{13} \quad c_{23} \quad c_{33}]^{\mathrm{T}} \tag{2.3.24}$$

将式(2.3.22)、式(2.3.23)和式(2.3.24)代入式(2.3.21)后，得到

$$\{a\}_i = a_1^j\begin{Bmatrix} c_{11} \\ c_{21} \\ c_{31} \end{Bmatrix} + a_2^j\begin{Bmatrix} c_{12} \\ c_{22} \\ c_{32} \end{Bmatrix} + a_3^j\begin{Bmatrix} c_{13} \\ c_{23} \\ c_{33} \end{Bmatrix} = \begin{bmatrix} c_{11} & c_{12} & c_{13} \\ c_{21} & c_{22} & c_{23} \\ c_{31} & c_{32} & c_{33} \end{bmatrix}\begin{Bmatrix} a_1^j \\ a_2^j \\ a_3^j \end{Bmatrix} = [C^{ij}]\ \{a\}_j \tag{2.3.25}$$

证毕。

式(2.3.16b)的证明留给读者完成。

性质 3　任意三套坐标系$Ox_iy_iz_i$、$Ox_jy_jz_j$和$Ox_ky_kz_k$之间的方向余弦矩阵满足

$$[C^{ik}] = [C^{ij}][C^{jk}] \tag{2.3.26}$$

证明　设沿轴Ox_k、Oy_k、Oz_k正向的单位矢$\boldsymbol{e}_1^k$、$\boldsymbol{e}_2^k$和$\boldsymbol{e}_3^k$在坐标系$Ox_iy_iz_i$中的坐标列阵分别为$\{e_1^k\}_i$、$\{e_2^k\}_i$和$\{e_3^k\}_i$，于是有

$$[C^{ik}] = [\{e_1^k\}_i \quad \{e_2^k\}_i \quad \{e_3^k\}_i] \tag{2.3.27}$$

同理

$$[C^{jk}] = [\{e_1^k\}_j \quad \{e_2^k\}_j \quad \{e_3^k\}_j] \tag{2.3.28}$$

式中$\{e_1^k\}_j$、$\{e_2^k\}_j$和$\{e_3^k\}_j$分别为单位矢$\boldsymbol{e}_1^k$、$\boldsymbol{e}_2^k$和$\boldsymbol{e}_3^k$在坐标系$Ox_jy_jz_j$中的坐标列阵。根据方向余弦矩阵的性质 2，有

$$\{e_1^k\}_i = [C^{ij}]\ \{e_1^k\}_j \tag{2.3.29}$$

$$\{e_2^k\}_i = [C^{ij}]\ \{e_2^k\}_j \tag{2.3.30}$$

$$\{e_3^k\}_i = [C^{ij}]\ \{e_3^k\}_j \tag{2.3.31}$$

将式(2.3.29) ~ 式(2.3.31)代入式(2.3.27)，得到

$$\begin{aligned}[C^{ik}] &= [[C^{ij}]\ \{e_1^k\}_j \quad [C^{ij}]\ \{e_2^k\}_j \quad [C^{ij}]\ \{e_3^k\}_j] = \\ &[C^{ij}][\{e_1^k\}_j \quad \{e_2^k\}_j \quad \{e_3^k\}_j] = [C^{ij}][C^{jk}]\end{aligned} \tag{2.3.32}$$

证毕。

性质 4　方向余弦矩阵存在等于 1 的特征值。

证明　设有任意两套坐标系$Ox_iy_iz_i$和$Ox_jy_jz_j$，要证明这两套坐标系之间的方向余弦矩阵$[C^{ij}]$存在等于 1 的特征值，只要证明

$$\det\ ([E] - [C^{ij}]) = 0 \tag{2.3.33}$$

即可，式中$[E]$为三阶单位矩阵。

考虑到方向余弦矩阵$[C^{ij}]$为正交矩阵，故有$[C^{ij}]\ [C^{ij}]^{\mathrm{T}} = [E]$，于是

$$\begin{aligned}\det\ ([E] - [C^{ij}]) &= \det\ ([C^{ij}]\ [C^{ij}]^{\mathrm{T}} - [C^{ij}][E]) = \det\ ([C^{ij}]([C^{ij}]^{\mathrm{T}} - [E])) = \\ &\det\ ([C^{ij}]) \cdot \det\ ([C^{ij}]^{\mathrm{T}} - [E]) = \det\ ([C^{ij}]^{\mathrm{T}} - [E]) = \\ &\det\ (([C^{ij}] - [E])^{\mathrm{T}}) = \det\ ([C^{ij}] - [E]) = -\det\ ([E] - [C^{ij}])\end{aligned}$$

所以

$$\det([E]-[C^{ij}])=0 \tag{2.3.34}$$

故方向余弦矩阵$[C^{ij}]$存在等于1的特征值。证毕。

根据方向余弦矩阵的性质4和性质2可以得出一个重要的推论：**对于任意两套坐标系$Ox_iy_iz_i$和$Ox_jy_jz_j$来说，一定存在某一矢量$\boldsymbol{p}$，使得该矢量在这两套坐标系中的坐标列阵相等。**

证明 设方向余弦矩阵$[C^{ij}]$的特征值1所对应的特征列阵为$\{b\}$，则有

$$[C^{ij}]\{b\}=\{b\} \tag{2.3.35}$$

作一矢量$\boldsymbol{p}$，使得该矢量在坐标系$Ox_jy_jz_j$中的坐标列阵$\{p\}_j=\{b\}$，这样式(2.3.35)可以写为

$$[C^{ij}]\{p\}_j=\{p\}_j \tag{2.3.36}$$

根据方向余弦矩阵的性质2可知，矢量$\boldsymbol{p}$在坐标系$Ox_iy_iz_i$中的坐标列阵为

$$\{p\}_i=[C^{ij}]\{p\}_j \tag{2.3.37}$$

比较式(2.3.36)和式(2.3.37)后，得到

$$\{p\}_i=\{p\}_j \tag{2.3.38}$$

这就是说，存在矢量$\boldsymbol{p}$使得该矢量在坐标系$Ox_iy_iz_i$和$Ox_jy_jz_j$中的坐标列阵相等。证毕。

2.4 方向余弦矩阵与欧拉角、卡尔丹角之间的关系

1. 方向余弦矩阵与欧拉角之间的关系

如前所述，欧拉角和方向余弦矩阵都可以用来确定作定点运动的刚体的位置，因此欧拉角和方向余弦矩阵之间必然存在某种对应关系。下面就来建立这种关系。

图2-3所示，刚体的连体坐标系$Ox_3y_3z_3$相对参考系$Ox_0y_0z_0$的欧拉角为ψ、θ、φ，如前所述从坐标系$Ox_0y_0z_0$到坐标系$Ox_3y_3z_3$的位置变化可以通过"三一三转动"来实现，用链式表达即为

$$Ox_0y_0z_0\xrightarrow{Oz_0,\psi}Ox_1y_1z_1\xrightarrow{Ox_1,\theta}Ox_2y_2z_2\xrightarrow{Oz_2,\varphi}Ox_3y_3z_3$$

根据方向余弦矩阵的性质3，有

$$[C^{03}]=[C^{01}][C^{12}][C^{23}] \tag{2.4.1}$$

式中$[C^{ij}]$表示坐标系$Ox_jy_jz_j$相对坐标系$Ox_iy_iz_i$的方向余弦矩阵$(i=0,1,2;j=1,2,3)$。由图2-3所示的几何关系可以看出轴Ox_1、Oy_1和Oz_1在坐标系$Ox_0y_0z_0$中的方向余弦分别为$(\cos\psi,\sin\psi,0)$、$(-\sin\psi,\cos\psi,0)$和$(0,0,1)$，于是坐标系$Ox_1y_1z_1$相对坐标系$Ox_0y_0z_0$的方向余弦矩阵为

$$[C^{01}]=\begin{bmatrix}\cos\psi & -\sin\psi & 0\\ \sin\psi & \cos\psi & 0\\ 0 & 0 & 1\end{bmatrix} \tag{2.4.2}$$

同理可写出

$$[C^{12}]=\begin{bmatrix}1 & 0 & 0\\ 0 & \cos\theta & -\sin\theta\\ 0 & \sin\theta & \cos\theta\end{bmatrix}\tag{2.4.3}$$

$$[C^{23}]=\begin{bmatrix}\cos\varphi & -\sin\varphi & 0\\ \sin\varphi & \cos\varphi & 0\\ 0 & 0 & 1\end{bmatrix}\tag{2.4.5}$$

将以上三式代入式(2.4.1)，经计算后，得到

$$[C^{03}]=\begin{bmatrix}\cos\psi\cos\varphi-\sin\psi\cos\theta\sin\varphi & -\cos\psi\sin\varphi-\sin\psi\cos\theta\cos\varphi & \sin\psi\sin\theta\\ \sin\psi\cos\varphi+\cos\psi\cos\theta\sin\varphi & -\sin\psi\sin\varphi+\cos\psi\cos\theta\cos\varphi & -\cos\psi\sin\theta\\ \sin\theta\sin\varphi & \sin\theta\cos\varphi & \cos\theta\end{bmatrix}\tag{2.4.6}$$

式(2.4.6)就是用欧拉角所给出的刚体的连体坐标系相对参考系的方向余弦矩阵的表达式。如果已知刚体的连体坐标系相对参考系的欧拉角，则利用此式可以计算出刚体的连体坐标系相对参考系的方向余弦矩阵；反过来，如果已知刚体的连体坐标系相对参考系的方向余弦矩阵，那么通过反解矩阵方程式(2.4.6)，可以得到确定其欧拉角的几个表达式：

$$\left.\begin{aligned}&\cos\theta=c_{33},\quad \sin\theta=\pm\sqrt{1-c_{33}^2}\\ &\cos\psi=-\frac{c_{23}}{\sin\theta},\quad \sin\psi=\frac{c_{13}}{\sin\theta}\\ &\cos\varphi=\frac{c_{32}}{\sin\theta},\quad \sin\varphi=\frac{c_{31}}{\sin\theta}\end{aligned}\right\}\tag{2.4.7}$$

式中 c_{ij} 表示方向余弦矩阵$[C^{03}]$中的第 i 行的第 j 列元素($i,j=1,2,3$)。注意：利用式(2.4.7)求得的欧拉角将是多组解，但各组解所描述的刚体位置是相同的，因此往往根据需要，只选择其中的一组解。另外，由式(2.4.7)可以看出：当 $\theta=k\pi$(k 为整数)时，计算 ψ 和 φ 将发生困难。θ 角的这些特殊值称为欧拉角的**奇点**。实际上，当 $\theta=0$ 或 π 时，图 2-3 中的两坐标平面 Ox_3y_3 和 Ox_0y_0 相重合，因此节线 ON 和角 ψ、φ 均无法确定。欧拉角存在奇点是欧拉角作为刚体定位参数的一个缺陷。

2. 方向余弦矩阵与卡尔丹角之间的关系

式(2.4.6)和式(2.4.7)构成了方向余弦矩阵与欧拉角之间的关系式，同理还可以推导出方向余弦矩阵与卡尔丹角之间的关系式如下：

$$[C^{03}]=\begin{bmatrix}\cos\beta\cos\gamma & -\cos\beta\sin\gamma & \sin\beta\\ \cos\alpha\sin\gamma+\sin\alpha\sin\beta\cos\gamma & \cos\alpha\cos\gamma-\sin\alpha\sin\beta\sin\gamma & -\sin\alpha\cos\beta\\ \sin\alpha\sin\gamma-\cos\alpha\sin\beta\cos\gamma & \sin\alpha\cos\gamma+\cos\alpha\sin\beta\sin\gamma & \cos\alpha\cos\beta\end{bmatrix}\tag{2.4.8}$$

$$\left.\begin{aligned}&\sin\beta=c_{13},\quad \cos\beta=\pm\sqrt{1-c_{13}^2}\\ &\cos\alpha=\frac{c_{33}}{\cos\beta},\quad \sin\alpha=-\frac{c_{23}}{\cos\beta}\\ &\cos\gamma=\frac{c_{11}}{\cos\beta},\quad \sin\gamma=-\frac{c_{12}}{\cos\beta}\end{aligned}\right\}\tag{2.4.9}$$

式(2.4.8) 是用卡尔丹角确定方向余弦矩阵的表达式；式(2.4.9) 是用方向余弦矩阵的元素确定卡尔丹角的表达式。注意应用式(2.4.9) 求得的卡尔丹角将是多组解，但各组解所描述的刚体位置是相同的，因此，往往根据需要，只选择其中的一组解。另外，由式(2.4.9) 可以看出：卡尔丹角也存在奇点，其位置为 $\beta=(k+0.5)\pi$(k 为整数)。

例 2.3 如图 2-6 所示，设有一 $\triangle OAB$ 由图(a) 所示的位置绕点 O 运动至图(b) 所示的位置，图中坐标系 $Ox_0y_0z_0$ 和坐标系 $Oxyz$ 分别为固定坐标系和 $\triangle OAB$ 的连体坐标系。求 $\triangle OAB$ 运动至图 2-6(b) 所示的位置时，其连体坐标系相对固定坐标系的欧拉角和卡尔丹角。

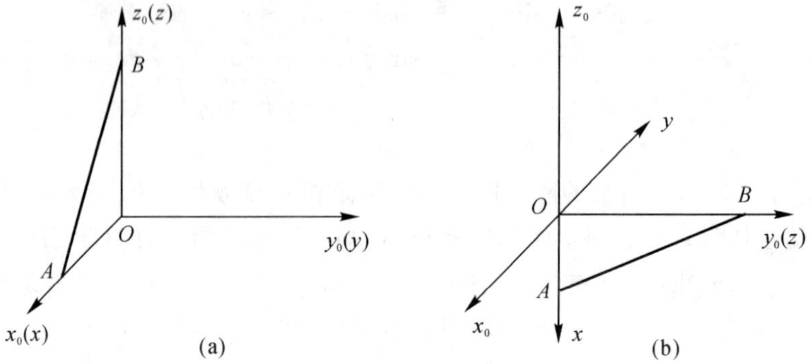

图 2-6　例 2.3 图

解　首先求连体坐标系相对固定坐标系的欧拉角。

由图 2-6(b) 所示的几何关系可以看出，当 $\triangle OAB$ 运动至图 2-6(b) 所示的位置时，其连体坐标系相对固定坐标系的方向余弦矩阵为

$$[C]=\begin{bmatrix}0 & -1 & 0\\0 & 0 & 1\\-1 & 0 & 0\end{bmatrix} \tag{1}$$

由式(2.4.7) 中的第一、二式，得到

$$\cos\theta=c_{33}=0,\quad \sin\theta=\sqrt{1-c_{33}^2}=1$$

由此得到章动角

$$\theta=\frac{\pi}{2} \tag{2}$$

由式(2.4.7) 中的第三、四式，得到

$$\cos\psi=-\frac{c_{23}}{\sin\theta}=-\frac{1}{1}=-1,\quad \sin\psi=\frac{c_{13}}{\sin\theta}=\frac{0}{1}=0$$

由此得到进动角

$$\psi=\pi \tag{3}$$

由式(2.4.7) 中的第五、六式，得到

$$\cos\varphi=\frac{c_{32}}{\sin\theta}=\frac{0}{1}=0,\quad \sin\varphi=\frac{c_{31}}{\sin\theta}=\frac{-1}{1}=-1$$

由此得到自转角

$$\varphi=-\frac{\pi}{2} \tag{4}$$

所以当 $\triangle OAB$ 运动至图 2-6(b) 所示的位置时，其连体坐标系相对固定坐标系的欧拉角为

$\psi=\pi,\theta=\dfrac{\pi}{2},\varphi=-\dfrac{\pi}{2}$。

下面接着求连体坐标系相对固定坐标系的卡尔丹角。

由式(2.4.9)中的第一、二式，得到

$$\sin\beta=c_{13}=0,\quad \cos\beta=\sqrt{1-c_{13}^2}=1$$

由此得到

$$\beta=0 \tag{5}$$

由式(2.4.9)中的第三、四式，得到

$$\cos\alpha=\frac{c_{33}}{\cos\beta}=\frac{0}{1}=0,\quad \sin\alpha=-\frac{c_{23}}{\cos\beta}=-\frac{1}{1}=-1$$

由此得到

$$\alpha=-\frac{\pi}{2} \tag{6}$$

由式(2.4.9)中的第五、六式，得到

$$\cos\gamma=\frac{c_{11}}{\cos\beta}=\frac{0}{1}=0,\quad \sin\gamma=-\frac{c_{12}}{\cos\beta}=-\frac{-1}{1}=1$$

由此得到

$$\gamma=\frac{\pi}{2} \tag{7}$$

所以当$\triangle OAB$运动至图 2-6(b)所示的位置时，其连体坐标系相对固定坐标系的卡尔丹角为$\alpha=-\dfrac{\pi}{2},\beta=0,\gamma=\dfrac{\pi}{2}$。

2.5　欧拉定理

1. 欧拉定理

下面给出作定点运动的刚体的位移定理——**欧拉定理**：作定点运动的刚体的任何位置的变化，可以由此刚体绕过该定点的某轴的一次转动来实现。

证明　如图 2-7(a)所示，当刚体绕点O运动时，其上所有各点分别在以O为球心的各球面上运动。可以取其中的任一球面作为固定参考面。设刚体在这球面上的截面是图形S，则当刚体运动时，图形S始终保持在这个固定的球面上。因此，刚体的位置可由图形S在固定参考球面上的位置来代表。实际上，只要用图形S上的任意一段圆弧来代表就足够了。现在就以图形S上的一段大圆弧来确定刚体的位置。设该大圆弧原在位置$\overset{\frown}{AB}$[见图 2-7(b)]，然后又运动到新位置$\overset{\frown}{A_1B_1}$。

作出大圆弧$\overset{\frown}{AA_1}$和$\overset{\frown}{BB_1}$，并过两者的中点M、N分别作出与$\overset{\frown}{AA_1}$和$\overset{\frown}{BB_1}$相垂直的两段大圆弧，设其交点为C^*。再作出大圆弧$\overset{\frown}{AC^*}$、$\overset{\frown}{BC^*}$、$\overset{\frown}{A_1C^*}$和$\overset{\frown}{B_1C^*}$，得到球面三角形ABC^*和球面三角形$A_1B_1C^*$。由于$\overset{\frown}{MC^*}$和$\overset{\frown}{NC^*}$各自垂直并等分$\overset{\frown}{AA_1}$和$\overset{\frown}{BB_1}$，故$\overset{\frown}{AC^*}=\overset{\frown}{A_1C^*}$，

$\overset{\frown}{BC^*}=\overset{\frown}{B_1C^*}$。此外，$\overset{\frown}{AB}=\overset{\frown}{A_1B_1}$。于是球面三角形 ABC^* 和球面三角形 $A_1B_1C^*$ 全等。这样，与前一个球面三角形相固连的刚体就可以通过绕轴 OC^* 的一次转动而由原位置 ABC^* 到达新位置 $A_1B_1C^*$。定理得证。

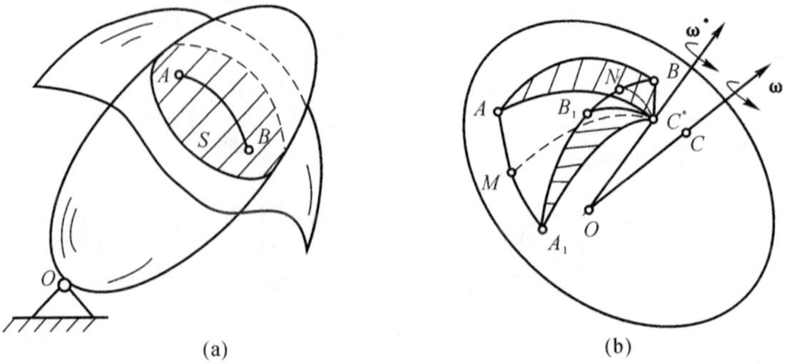

图 2-7　作定点运动的刚体

欧拉定理也可以由 2.3 节中所给出的推论加以解释：设某一刚体相对固定参考系 $Ox_0y_0z_0$ 绕点 O 运动，设初始时刚体的连体坐标系 $Oxyz$ 重合于固定参考系 $Ox_0y_0z_0$，在任一时刻 t 时连体坐标系 $Oxyz$ 运动至如图 2-8 所示的位置，根据 2.3 节中所给出的推论，一定存在某一矢量 $\boldsymbol{p}$（该矢量通过点 O），使得该矢量在坐标系 $Ox_0y_0z_0$ 和 $Oxyz$ 中的坐标列阵相等。这正是转轴所具有的特征，所以刚体的连体坐标系从初始位置到任意位置的变化，可由连体坐标系从初始位置开始绕矢量 $\boldsymbol{p}$ 所在的轴线旋转某一角度来实现。

2. 方向余弦矩阵与欧拉轴及欧拉转角的关系

如图 2-9 所示，设有任意两套共原点坐标系 $Ox_iy_iz_i$ 和 $Ox_jy_jz_j$，根据欧拉定理我们知道从坐标系 $Ox_iy_iz_i$ 到坐标系 $Ox_jy_jz_j$ 的位置变化，可以由坐标系 $Ox_iy_iz_i$ 绕通过点 O 的某一轴线 ON 旋转一角度 θ 来实现。分别称轴线 ON 和转角 θ 为坐标系 $Ox_jy_jz_j$ 相对坐标系 $Ox_iy_iz_i$ 的**欧拉轴**及**欧拉转角**（注意不同于前述的欧拉角）。显然，坐标系 $Ox_jy_jz_j$ 相对坐标系 $Ox_iy_iz_i$ 的位置取决于坐标系 $Ox_jy_jz_j$ 相对坐标系 $Ox_iy_iz_i$ 的欧拉轴及欧拉转角。因此，可以将坐标系 $Ox_jy_jz_j$ 相对坐标系 $Ox_iy_iz_i$ 的方向余弦矩阵用欧拉轴及欧拉转角的形式表达出来。下面就来建立这种形式的表达式。

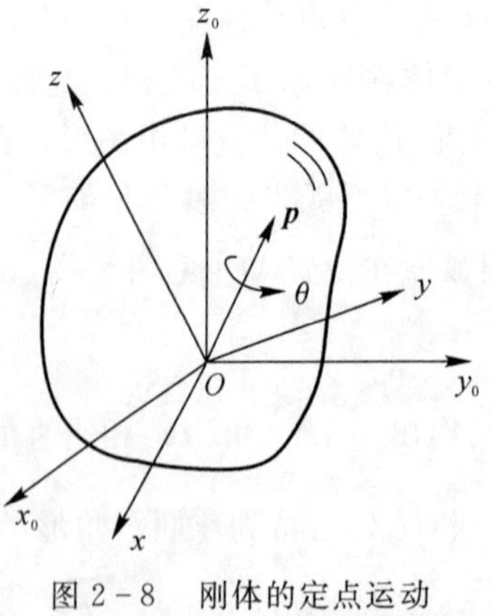

图 2-8　刚体的定点运动

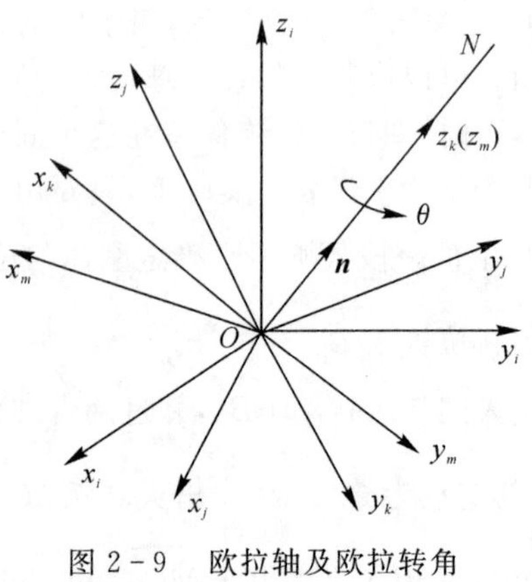

图 2-9　欧拉轴及欧拉转角

坐标系 $Ox_jy_jz_j$ 相对坐标系 $Ox_iy_iz_i$ 的欧拉轴 ON 可由沿该轴的单位矢 $\boldsymbol{n}$ 来描述，称该单位矢为坐标系 $Ox_jy_jz_j$ 相对坐标系 $Ox_iy_iz_i$ 的**欧拉轴单位矢**。以后将欧拉转角 θ 的正向规定为与欧拉轴单位矢构成右手旋向的转向。设坐标系 $Ox_jy_jz_j$ 相对坐标系 $Ox_iy_iz_i$ 的欧拉轴单位矢 $\boldsymbol{n}$ 在坐标系 $Ox_iy_iz_i$ 中的坐标列阵为 $\{n\}_i=[n_1 \quad n_2 \quad n_3]^{\mathrm{T}}$，于是坐标系 $Ox_jy_jz_j$ 相对坐标系 $Ox_iy_iz_i$ 的方向余弦矩阵 $[C^{ij}]$ 关于欧拉轴及欧拉转角的表达式就是矩阵 $[C^{ij}]$ 关于 n_1、n_2、n_3 和 θ 的函数表达式。为了建立这个表达式，引入辅助坐标系 $Ox_ky_kz_k$，并使轴 Oz_k 的正向与单位矢 $\boldsymbol{n}$ 同向（见图 2-9）。现在将坐标系 $Ox_iy_iz_i$ 和 $Ox_ky_kz_k$ 固连，并使它们一起绕轴 ON（即轴 Oz_k）旋转 θ 角，从而分别到达坐标系 $Ox_jy_jz_j$ 和坐标系 $Ox_my_mz_m$ 的位置。这样就有

$$[C^{mj}]=[C^{ki}]=[C^{ik}]^{\mathrm{T}} \tag{2.5.1}$$

根据方向余弦矩阵的性质 3，有

$$[C^{ij}]=[C^{ik}][C^{km}][C^{mj}] \tag{2.5.2}$$

将式(2.5.1) 代入式(2.5.2) 后，得到

$$[C^{ij}]=[C^{ik}][C^{km}][C^{ik}]^{\mathrm{T}} \tag{2.5.3}$$

考虑到轴 Oz_k 的正向与单位矢 $\boldsymbol{n}$ 同向，这样轴 Oz_k 在坐标系 $Ox_iy_iz_i$ 中的方向余弦即为 (n_1, n_2, n_3)，设轴 Ox_k 和 Oy_k 在坐标系 $Ox_iy_iz_i$ 中的方向余弦分别为 (a_{11}, a_{21}, a_{31}) 和 (a_{12}, a_{22}, a_{32})，于是坐标系 $Ox_ky_kz_k$ 相对坐标系 $Ox_iy_iz_i$ 的方向余弦矩阵为

$$[C^{ik}]=\begin{bmatrix} a_{11} & a_{12} & n_1 \\ a_{21} & a_{22} & n_2 \\ a_{31} & a_{32} & n_3 \end{bmatrix} \tag{2.5.4}$$

考虑到坐标系 $Ox_ky_kz_k$ 绕轴 Oz_k 旋转 θ 角而到达坐标系 $Ox_my_mz_m$ 的位置，这样坐标系 $Ox_my_mz_m$ 相对坐标系 $Ox_ky_kz_k$ 的方向余弦矩阵为

$$[C^{km}]=\begin{bmatrix} \cos\theta & -\sin\theta & 0 \\ \sin\theta & \cos\theta & 0 \\ 0 & 0 & 1 \end{bmatrix} \tag{2.5.5}$$

将式(2.5.4) 和式(2.5.5) 代入式(2.5.3)，运算后得到

$$[C^{ij}]=\begin{bmatrix} (a_{11}^2+a_{12}^2)\cos\theta+n_1^2 & (a_{11}a_{21}+a_{12}a_{22})\cos\theta-(a_{11}a_{22}-a_{12}a_{21})\sin\theta+n_1n_2 & (a_{11}a_{31}+a_{12}a_{32})\cos\theta+(a_{31}a_{12}-a_{32}a_{11})\sin\theta+n_1n_3 \\ (a_{11}a_{21}+a_{12}a_{22})\cos\theta+(a_{11}a_{22}-a_{12}a_{21})\sin\theta+n_1n_2 & (a_{21}^2+a_{22}^2)\cos\theta+n_2^2 & (a_{21}a_{31}+a_{22}a_{32})\cos\theta-(a_{21}a_{32}-a_{22}a_{31})\sin\theta+n_2n_3 \\ (a_{11}a_{31}+a_{12}a_{32})\cos\theta-(a_{31}a_{12}-a_{32}a_{11})\sin\theta+n_1n_3 & (a_{21}a_{31}+a_{22}a_{32})\cos\theta+(a_{21}a_{32}-a_{22}a_{31})\sin\theta+n_2n_3 & (a_{31}^2+a_{32}^2)\cos\theta+n_3^2 \end{bmatrix} \tag{2.5.6}$$

考虑到方向余弦矩阵 $[C^{ik}]$ 为正交矩阵 [见式(2.5.4)]，故有

$$\left.\begin{aligned} a_{11}^2+a_{12}^2+n_1^2&=1 \\ a_{21}^2+a_{22}^2+n_2^2&=1 \\ a_{31}^2+a_{32}^2+n_3^2&=1 \\ a_{11}a_{21}+a_{12}a_{22}+n_1n_2&=0 \\ a_{11}a_{31}+a_{12}a_{32}+n_1n_3&=0 \\ a_{21}a_{31}+a_{22}a_{32}+n_2n_3&=0 \end{aligned}\right\} \tag{2.5.7}$$

即

$$\left.\begin{aligned}a_{11}^2+a_{12}^2&=1-n_1^2\\a_{21}^2+a_{22}^2&=1-n_2^2\\a_{31}^2+a_{32}^2&=1-n_3^2\\a_{11}a_{21}+a_{12}a_{22}&=-n_1n_2\\a_{11}a_{31}+a_{12}a_{32}&=-n_1n_3\\a_{21}a_{31}+a_{22}a_{32}&=-n_2n_3\end{aligned}\right\}\tag{2.5.8}$$

由于轴 Ox_k、Oy_k 和 Oz_k 在坐标系 $Ox_iy_iz_i$ 中的方向余弦分别为(a_{11},a_{21},a_{31})、(a_{12},a_{22},a_{32})和(n_1,n_2,n_3),所以轴 Ox_i、Oy_i 和 Oz_i 在坐标系 $Ox_ky_kz_k$ 中的方向余弦分别为(a_{11},a_{12},n_1)、(a_{21},a_{22},n_2)和(a_{31},a_{32},n_3)。设 $\boldsymbol{e}_1^i$、$\boldsymbol{e}_2^i$ 和 $\boldsymbol{e}_3^i$ 分别是沿轴 Ox_i、Oy_i 和 Oz_i 正向的单位矢,于是 $\boldsymbol{e}_1^i$、$\boldsymbol{e}_2^i$ 和 $\boldsymbol{e}_3^i$ 在坐标系 $Ox_ky_kz_k$ 中的坐标列阵分别为

$$\{e_1^i\}=[a_{11}\quad a_{12}\quad n_1]^{\mathrm{T}}\tag{2.5.9}$$

$$\{e_2^i\}=[a_{21}\quad a_{22}\quad n_2]^{\mathrm{T}}\tag{2.5.10}$$

$$\{e_3^i\}=[a_{31}\quad a_{32}\quad n_3]^{\mathrm{T}}\tag{2.5.11}$$

考虑到坐标系 $Ox_iy_iz_i$ 为右手坐标系(本书中的所有坐标系均为右手坐标系),故有

$$\boldsymbol{e}_1^i\times\boldsymbol{e}_2^i=\boldsymbol{e}_3^i\tag{2.5.12}$$

将矢量式(2.5.12)写成在坐标系 $Ox_ky_kz_k$ 中的矩阵形式,即为

$$[\tilde{e}_1^i]\{e_2^i\}=\{e_3^i\}\tag{2.5.13}$$

即

$$\begin{bmatrix}0&-n_1&a_{12}\\n_1&0&-a_{11}\\-a_{12}&a_{11}&0\end{bmatrix}\begin{Bmatrix}a_{21}\\a_{22}\\n_2\end{Bmatrix}=\begin{Bmatrix}a_{31}\\a_{32}\\n_3\end{Bmatrix}\tag{2.5.14}$$

由式中的第三子式可得到

$$a_{11}a_{22}-a_{12}a_{21}=n_3\tag{2.5.15}$$

同理可证

$$a_{21}a_{32}-a_{22}a_{31}=n_1\tag{2.5.16}$$

$$a_{31}a_{12}-a_{32}a_{11}=n_2\tag{2.5.17}$$

将式(2.5.8)、式(2.5.15)、式(2.5.16)和式(2.5.17)一同代入式(2.5.6)后,得到

$$[C^{ij}]=\begin{bmatrix}n_1^2(1-\cos\theta)+\cos\theta & n_1n_2(1-\cos\theta)-n_3\sin\theta & n_1n_3(1-\cos\theta)+n_2\sin\theta\\n_1n_2(1-\cos\theta)+n_3\sin\theta & n_2^2(1-\cos\theta)+\cos\theta & n_2n_3(1-\cos\theta)-n_1\sin\theta\\n_1n_3(1-\cos\theta)-n_2\sin\theta & n_2n_3(1-\cos\theta)+n_1\sin\theta & n_3^2(1-\cos\theta)+\cos\theta\end{bmatrix}\tag{2.5.18}$$

式(2.5.18)就是用欧拉轴及欧拉转角所给出的坐标系 $Ox_jy_jz_j$ 相对坐标系 $Ox_iy_iz_i$ 的方向余弦矩阵的表达式。如果已知坐标系 $Ox_jy_jz_j$ 相对坐标系 $Ox_iy_iz_i$ 的欧拉轴及欧拉转角,则利用该式即可计算出坐标系 $Ox_jy_jz_j$ 相对坐标系 $Ox_iy_iz_i$ 的方向余弦矩阵;反过来,如果已知坐标系 $Ox_jy_jz_j$ 相对坐标系 $Ox_iy_iz_i$ 的方向余弦矩阵,那么反解矩阵方程式(2.5.18),则可得到确定其欧拉轴及欧拉转角的几个表达式:

$$\left.\begin{aligned}
&\cos\theta=\frac{1}{2}(c_{11}+c_{22}+c_{33}-1)\\
&\sin\theta=\pm\frac{1}{2}\sqrt{(c_{11}+c_{22}+c_{33}+1)(3-c_{11}-c_{22}-c_{33})}\\
&n_1=\frac{c_{32}-c_{23}}{2\sin\theta}\\
&n_2=\frac{c_{13}-c_{31}}{2\sin\theta}\\
&n_3=\frac{c_{21}-c_{12}}{2\sin\theta}
\end{aligned}\right\}\tag{2.5.19}$$

注意:利用式(2.5.19)确定出的欧拉轴及欧拉转角将是多组解,但各组解所描述的坐标系 $Ox_jy_jz_j$ 相对坐标系 $Ox_iy_iz_i$ 的位置是相同的,因此往往根据需要,只选择其中的一组解。

例 2.4　如图 2-10 所示的立方体是航天器天线结构的一个部分。设该立方体绕一侧面的对角线 OB 转动 30°,试求另一侧面上的对角线 AD 在这一转动前后位置之间的夹角 φ。

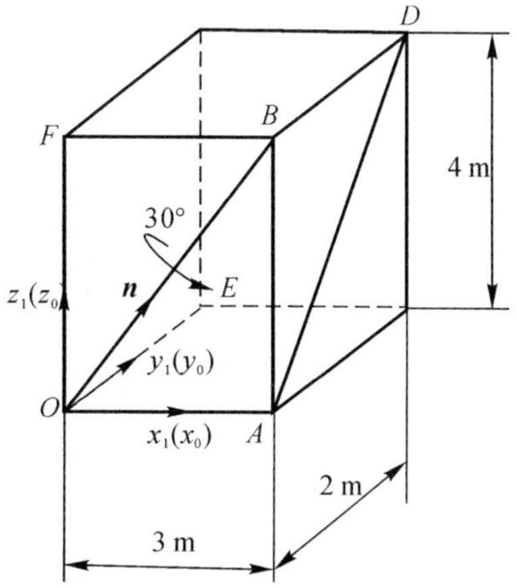

图 2-10　例 2.4 图

解　建立立方体的连体坐标系 $Ox_1y_1z_1$,其中轴 Ox_1、Oy_1 和 Oz_1 分别沿棱边 OA、OE 和 OF(见图 2-10),再以 O 为原点建立固定坐标系 $Ox_0y_0z_0$,并设立方体在转动前,其连体坐标系与固定坐标系相重合。这样沿转轴 OB 的单位矢 n 在固定坐标系 $Ox_0y_0z_0$ 中的坐标列阵为

$$\{n\}_0=[n_1\quad n_2\quad n_3]^{\mathrm{T}}=[0.6\quad 0\quad 0.8]^{\mathrm{T}}\tag{1}$$

转角 $\theta=30°$,根据式(2.5.18)可以得到立方体转动后,其连体坐标系 $Ox_1y_1z_1$ 相对固定坐标系 $Ox_0y_0z_0$ 的方向余弦矩阵为

$$[C^{01}]=\begin{bmatrix}0.914\,3 & -0.400\,0 & 0.064\,3\\ 0.400\,0 & 0.866\,0 & -0.300\,0\\ 0.064\,3 & 0.300\,0 & 0.951\,8\end{bmatrix}\tag{2}$$

分别用 $\boldsymbol{R}$ 和 $\boldsymbol{R}'$ 表示立方体转动前后的有向线段 $\overline{AD}$。这样矢量 $\boldsymbol{R}$ 与 $\boldsymbol{R}'$ 之间的夹角即为本题所求的角 φ。由图 2-10 所示的几何关系可以看出矢量 $\boldsymbol{R}$ 在固定坐标系 $Ox_0y_0z_0$ 中的坐标列阵为

$$\{R\}_0=[0\quad 2\quad 4]^{\mathrm{T}}\tag{3}$$

矢量 $\boldsymbol{R}'$ 在立方体转动后的连体坐标系 $Ox_1y_1z_1$ 中的坐标列阵为

$$\{R'\}_1=\{R\}_0=[0\quad 2\quad 4]^{\mathrm{T}} \tag{4}$$

于是矢量 $\boldsymbol{R}'$ 在固定坐标系 $Ox_0y_0z_0$ 中的坐标列阵为

$$\{R'\}_0=[C^{01}]\{R'\}_1=\begin{bmatrix}0.914\,3 & -0.400\,0 & 0.064\,3\\ 0.400\,0 & 0.866\,0 & -0.300\,0\\ 0.064\,3 & 0.300\,0 & 0.951\,8\end{bmatrix}\begin{Bmatrix}0\\2\\4\end{Bmatrix}=\begin{Bmatrix}-0.542\,8\\0.532\,0\\4.407\,2\end{Bmatrix} \tag{5}$$

于是

$$\cos\varphi=\frac{\boldsymbol{R}\cdot\boldsymbol{R}'}{|\boldsymbol{R}|\,|\boldsymbol{R}'|}=\frac{\boldsymbol{R}\cdot\boldsymbol{R}'}{|\boldsymbol{R}|^2}=\frac{0\times(-0.542\,8)+2\times0.532\,0+4\times4.407\,2}{0^2+2^2+4^2}=0.934\,6 \tag{6}$$

所以

$$\varphi\approx20.84°$$

例 2.5 设一长方体 $OABDEFGH$ 由图 2-11(a) 所示的位置(简称为位置 a)绕点 O 运动至图 2-11(b) 所示的位置(简称为位置 b),图中坐标系 $Ox_0y_0z_0$ 为固定参考坐标系。根据欧拉定理长方体由位置 a 绕点 O 运动至位置 b 也可由该长方体绕某轴线 ON 旋转某一角度 θ 来实现。求轴线 ON 的空间方位和角 θ。

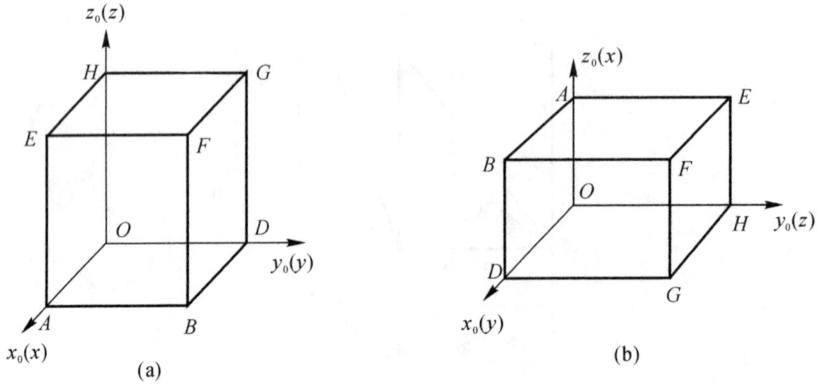

图 2-11 例 2.5 图

解 建立长方体的连体坐标系 $Oxyz$,其中轴 x、y、z 分别沿长方体的棱线 OA、OD 和 OH。这样当长方体运动至位置 b 时,其连体坐标系 $Oxyz$ 相对固定坐标系 $Ox_0y_0z_0$ 的欧拉轴及欧拉转角就是本题所要确定的轴线 ON 和角度 θ。此时连体坐标系 $Oxyz$ 相对固定坐标系 $Ox_0y_0z_0$ 的方向余弦矩阵为

$$[C]=\begin{bmatrix}0&1&0\\0&0&1\\1&0&0\end{bmatrix} \tag{1}$$

由式(2.5.19)中的第一、二式,得到

$$\cos\theta=\frac{1}{2}(c_{11}+c_{22}+c_{33}-1)=\frac{1}{2}(0+0+0-1)=-\frac{1}{2} \tag{2}$$

$$\sin\theta=\frac{1}{2}\sqrt{(c_{11}+c_{22}+c_{33}+1)(3-c_{11}-c_{22}-c_{33})}=$$

$$\frac{1}{2}\sqrt{(0+0+0+1)(3-0-0-0)}=\frac{\sqrt{3}}{2} \tag{3}$$

所以

$$\theta=\frac{2}{3}\pi \tag{4}$$

由式(2.5.19)中的第三、四和五式，得到沿轴线 ON 的单位矢 $\boldsymbol{n}$ 在轴 Ox_0、Oy_0 和 Oz_0 上的投影分别为

$$n_1=\frac{c_{32}-c_{23}}{2\sin\theta}=\frac{0-1}{2\times\frac{\sqrt{3}}{2}}=-\frac{\sqrt{3}}{3} \tag{5}$$

$$n_2=\frac{c_{13}-c_{31}}{2\sin\theta}=\frac{0-1}{2\times\frac{\sqrt{3}}{2}}=-\frac{\sqrt{3}}{3} \tag{6}$$

$$n_3=\frac{c_{21}-c_{12}}{2\sin\theta}=\frac{0-1}{2\times\frac{\sqrt{3}}{2}}=-\frac{\sqrt{3}}{3} \tag{8}$$

2.6　刚体转动的合成

设某一刚体的连体坐标系从初始位置(重合于参考系 $Ox_0y_0z_0$ 的位置)开始，首先绕轴 ON_1 转动 θ_1 角到达坐标系 $Ox_1y_1z_1$ 的位置，然后再绕轴 ON_2 转动 θ_2 角到达坐标系 $Ox_2y_2z_2$ 的位置，……，最后再绕轴 ON_k 转动 θ_k 角到达坐标系 $Ox_ky_kz_k$ 的位置。下面来讨论这 k 次转动的合成问题。

如用 $\boldsymbol{n}_i$ 表示沿轴 ON_i 的单位矢($i=1,2,\cdots,k$)，则连体坐标系的上述 k 次连续转动可表示为

$$Ox_0y_0z_0\xrightarrow{\boldsymbol{n}_1,\theta_1}Ox_1y_1z_1\xrightarrow{\boldsymbol{n}_2,\theta_2}Ox_2y_2z_2\cdots Ox_{i-1}y_{i-1}z_{i-1}\xrightarrow{\boldsymbol{n}_i,\theta_i}Ox_iy_iz_i\cdots\xrightarrow{\boldsymbol{n}_k,\theta_k}Ox_ky_kz_k$$

根据欧拉定理，连体坐标系从初始位置 $Ox_0y_0z_0$ 到最终位置 $Ox_ky_kz_k$ 的位移可由连体坐标系绕通过点 O 的某根轴转动一次来实现，这个转动就称为连体坐标系的上述 k 次转动的**合成转动**。该合成转动所对应的方向余弦矩阵为 $[C^{0k}]$。如果已知方向余弦矩阵 $[C^{0k}]$，则应用式(2.5.19)即可确定出合成转动的转轴及其转角。这样刚体转动的合成(即连体坐标系转动的合成)问题就归结为计算矩阵 $[C^{0k}]$ 的问题。下面研究在两种不同情况下方向余弦矩阵 $[C^{0k}]$ 的计算问题。

情况 1：如果转轴单位矢 $\boldsymbol{n}_i$ 是在坐标系 $Ox_{i-1}y_{i-1}z_{i-1}$ 中给定的(即已知单位矢 $\boldsymbol{n}_i$ 在坐标系 $Ox_{i-1}y_{i-1}z_{i-1}$ 中的坐标列阵)($i=1,2,\cdots,k$)，则在这种情况下可应用式(2.5.18)给出坐标系 $Ox_iy_iz_i$ 相对坐标系 $Ox_{i-1}y_{i-1}z_{i-1}$ 的方向余弦矩阵的表达式为

$$[C^{(i-1)i}]=\begin{bmatrix} n_{i1}^2(1-\cos\theta_i)+\cos\theta_i & n_{i1}n_{i2}(1-\cos\theta_i)-n_{i3}\sin\theta_i & n_{i1}n_{i3}(1-\cos\theta_i)+n_{i2}\sin\theta_i \\ n_{i1}n_{i2}(1-\cos\theta_i)+n_{i3}\sin\theta_i & n_{i2}^2(1-\cos\theta_i)+\cos\theta_i & n_{i2}n_{i3}(1-\cos\theta_i)-n_{i1}\sin\theta_i \\ n_{i1}n_{i3}(1-\cos\theta_i)-n_{i2}\sin\theta_i & n_{i2}n_{i3}(1-\cos\theta_i)+n_{i1}\sin\theta_i & n_{i3}^2(1-\cos\theta_i)+\cos\theta_i \end{bmatrix} \tag{2.6.1}$$

式中n_{i1}、n_{i2}和n_{i3}分别表示单位矢n_i在轴Ox_{i-1}、Oy_{i-1}和Oz_{i-1}上的投影。利用此式计算出矩阵$[C^{(i-1)i}]$($i=1,2,\cdots,k$)后，再将其计算结果代入下式：

$$[C^{0k}]=\prod_{i=1}^{k}[C^{(i-1)i}] \tag{2.6.2}$$

即可进一步计算出方向余弦矩阵$[C^{0k}]$。这就是在情况1下计算方向余弦矩阵$[C^{0k}]$的方法。

情况2：如果各转轴单位矢$\boldsymbol{n}_i$都是在参考系$Ox_0y_0z_0$中给定的(即已知各单位矢$\boldsymbol{n}_i$在坐标系$Ox_0y_0z_0$中的坐标列阵)($i=1,2,\cdots,k$)，则在这种情况下除方向余弦矩阵$[C^{01}]$以外，其他方向余弦矩阵$[C^{(i-1)i}]$都不能直接利用式(2.6.1)计算出。这样也就无法直接应用式(2.6.2)计算出矩阵$[C^{0k}]$。那么在情况2下如何计算矩阵$[C^{0k}]$呢？下面就来解决这一问题。

设想将坐标系$Ox_0y_0z_0$和$Ox_{i-1}y_{i-1}z_{i-1}$固连，然后使这两套坐标系一起绕单位矢$\boldsymbol{n}_i$(即绕轴ON_i)转动θ_i角而分别到达坐标系$Ox_*y_*z_*$和坐标系$Ox_iy_iz_i$的位置，这样就有

$$[C^{*i}]=[C^{0(i-1)}] \tag{2.6.3}$$

根据方向余弦矩阵的性质3，有

$$[C^{0i}]=[C^{0*}][C^{*i}] \tag{2.6.4}$$

将式(2.6.3)代入式(2.6.4)，得到

$$[C^{0i}]=[C^{0*}][C^{0(i-1)}] \tag{2.6.5}$$

由于坐标系$Ox_0y_0z_0$绕单位矢$\boldsymbol{n}_i$转动θ_i角后到达坐标系$Ox_*y_*z_*$的位置，这样应用式(2.5.18)即可给出矩阵$[C^{0*}]$的表达式为

$$[C^{0*}]=\begin{bmatrix} n_{i1}^2(1-\cos\theta_i)+\cos\theta_i & n_{i1}n_{i2}(1-\cos\theta_i)-n_{i3}\sin\theta_i & n_{i1}n_{i3}(1-\cos\theta_i)+n_{i2}\sin\theta_i \\ n_{i1}n_{i2}(1-\cos\theta_i)+n_{i3}\sin\theta_i & n_{i2}^2(1-\cos\theta_i)+\cos\theta_i & n_{i2}n_{i3}(1-\cos\theta_i)-n_{i1}\sin\theta_i \\ n_{i1}n_{i3}(1-\cos\theta_i)-n_{i2}\sin\theta_i & n_{i2}n_{i3}(1-\cos\theta_i)+n_{i1}\sin\theta_i & n_{i3}^2(1-\cos\theta_i)+\cos\theta_i \end{bmatrix} \tag{2.6.6}$$

式中n_{i1}、n_{i2}和n_{i3}分别表示单位矢$\boldsymbol{n}_i$在轴Ox_0、Oy_0和Oz_0上的投影。

引入矩阵符号$[A_i]$，并定义$[A_i]=[C^{0*}]$，这样式(2.6.5)和式(2.6.6)可以分别写为

$$[C^{0i}]=[A_i][C^{0(i-1)}]\quad (i=1,2,\cdots,k) \tag{2.6.7}$$

$$[A_i]=\begin{bmatrix} n_{i1}^2(1-\cos\theta_i)+\cos\theta_i & n_{i1}n_{i2}(1-\cos\theta_i)-n_{i3}\sin\theta_i & n_{i1}n_{i3}(1-\cos\theta_i)+n_{i2}\sin\theta_i \\ n_{i1}n_{i2}(1-\cos\theta_i)+n_{i3}\sin\theta_i & n_{i2}^2(1-\cos\theta_i)+\cos\theta_i & n_{i2}n_{i3}(1-\cos\theta_i)-n_{i1}\sin\theta_i \\ n_{i1}n_{i3}(1-\cos\theta_i)-n_{i2}\sin\theta_i & n_{i2}n_{i3}(1-\cos\theta_i)+n_{i1}\sin\theta_i & n_{i3}^2(1-\cos\theta_i)+\cos\theta_i \end{bmatrix} \tag{2.6.8}$$

$$(i=1,2,\cdots,k)$$

令式(2.6.7)中的$i=1$，得到

$$[C^{01}]=[A_1][C^{00}]=[A_1] \tag{2.6.9}$$

再令式(2.6.7)中的$i=2$，得到

$$[C^{02}]=[A_2][C^{01}]=[A_2][A_1] \tag{2.6.10}$$

这样一直推导下去，最后得到

$$[C^{0k}]=[A_k][A_{k-1}]\cdots[A_1] \tag{2.6.11}$$

考虑到在情况2下，各单位矢$\boldsymbol{n}_i$都是在坐标系$Ox_0y_0z_0$中给定的(即n_{i1}、n_{i2}和n_{i3}是已知的)，这样就可以利用式(2.6.8)计算出诸矩阵$[A_i]$($i=1,2,\cdots,k$)，在此基础上，将这些计算结果代

入式(2.6.11)，经运算后，便可得到方向余弦矩阵$[C^{0k}]$的结果。这就是在情况2下计算方向余弦矩阵$[C^{0k}]$的方法。

如前所述，刚体转动的合成可归结为计算方向余弦矩阵$[C^{0k}]$的问题。而由式(2.6.2)和式(2.6.11)可以看出，方向余弦矩阵$[C^{0k}]$的计算又归结为一系列矩阵之间的相乘运算，而这些相乘的矩阵又分别对应于刚体的各次分转动，考虑到矩阵的乘法运算不满足交换律，所以刚体转动的合成结果与刚体的分转动次序有关。

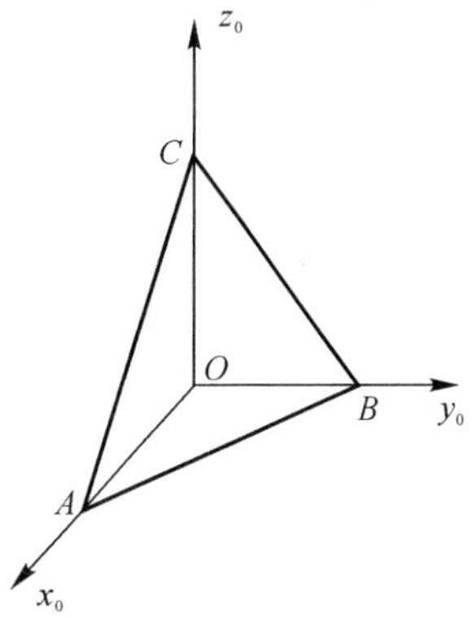

图 2-12　例 2.6 图

例 2.6　如图 2-12 所示，一四面体 $OABC$ 相对固定坐标系 $Ox_0y_0z_0$ 绕点 O 运动，设初始时四面体的棱边 OA、OB 和 OC 分别沿固定轴 Ox_0、Oy_0 和 Oz_0，试求下列两种情况下四面体的最终位置：

(1) 四面体依次绕其棱 OA、OB 和 OC 分别转动 α、β 和 γ 角；

(2) 四面体依次绕固定轴 Ox_0、Oy_0 和 Oz_0 分别转动 α、β 和 γ 角。

解　首先建立四面体的连体坐标系 $Oxyz$，并使其轴 Ox、Oy 和 Oz 分别沿四面体的棱边 OA、OB 和 OC。

在第一种情况下连体坐标系的运动(代表四面体的运动)可表示为

$$Ox_0y_0z_0 \xrightarrow{Ox_0,\alpha} Ox_1y_1z_1 \xrightarrow{Oy_1,\beta} Ox_2y_2z_2 \xrightarrow{Oz_2,\gamma} Ox_3y_3z_3$$

坐标系 $Ox_3y_3z_3$ 的位置即为四面体的连体坐标系所到达的最终位置，因此，四面体的最终位置可由方向余弦矩阵$[C^{03}]$来描述。应用式(2.6.1)可以分别得到

$$[C^{01}]=\begin{bmatrix}1 & 0 & 0\\ 0 & \cos\alpha & -\sin\alpha\\ 0 & \sin\alpha & \cos\alpha\end{bmatrix} \tag{1}$$

$$[C^{12}]=\begin{bmatrix}\cos\beta & 0 & \sin\beta\\ 0 & 1 & 0\\ -\sin\beta & 0 & \cos\beta\end{bmatrix} \tag{2}$$

$$[C^{23}]=\begin{bmatrix}\cos\gamma & -\sin\gamma & 0\\ \sin\gamma & \cos\gamma & 0\\ 0 & 0 & 1\end{bmatrix} \tag{3}$$

将以上三式代入

$$[C^{03}]=[C^{01}][C^{12}][C^{23}] \tag{4}$$

后，得到

$$[C^{03}]=\begin{bmatrix}\cos\beta\cos\gamma & -\cos\beta\sin\gamma & \sin\beta\\ \sin\alpha\sin\beta\cos\gamma+\cos\alpha\sin\gamma & \cos\alpha\cos\gamma-\sin\alpha\sin\beta\sin\gamma & -\sin\alpha\cos\beta\\ \sin\alpha\sin\gamma-\cos\alpha\sin\beta\cos\gamma & \sin\alpha\cos\gamma+\cos\alpha\sin\beta\sin\gamma & \cos\alpha\cos\beta\end{bmatrix} \tag{5}$$

在第二种情况下连体坐标系的运动可表示为

$$Ox_0y_0z_0 \xrightarrow{Ox_0,\alpha} Ox_1y_1z_1 \xrightarrow{Oy_0,\beta} Ox_2y_2z_2 \xrightarrow{Oz_0,\gamma} Ox_3y_3z_3$$

坐标系 $Ox_3y_3z_3$ 的位置即为四面体的连体坐标系所到达的最终位置。考虑到在第二种情况

下的三根转轴都是在坐标系 $Ox_0y_0z_0$ 中给定的，所以可应用式(2.6.11)来计算方向余弦矩阵 $[C^{03}]$，根据该式，有

$$[C^{03}]=[A_3][A_2][A_1] \tag{6}$$

应用式(2.6.8)可以分别得到

$$[A_1]=\begin{bmatrix}1 & 0 & 0\\ 0 & \cos\alpha & -\sin\alpha\\ 0 & \sin\alpha & \cos\alpha\end{bmatrix} \tag{7}$$

$$[A_2]=\begin{bmatrix}\cos\beta & 0 & \sin\beta\\ 0 & 1 & 0\\ -\sin\beta & 0 & \cos\beta\end{bmatrix} \tag{8}$$

$$[A_3]=\begin{bmatrix}\cos\gamma & -\sin\gamma & 0\\ \sin\gamma & \cos\gamma & 0\\ 0 & 0 & 1\end{bmatrix} \tag{9}$$

将以上三式代入式(6)，得到

$$[C^{03}]=\begin{bmatrix}\cos\beta\cos\gamma & \sin\alpha\sin\beta\cos\gamma-\cos\alpha\sin\gamma & \sin\alpha\sin\gamma+\cos\alpha\sin\beta\cos\gamma\\ \cos\beta\sin\gamma & \cos\alpha\cos\gamma+\sin\alpha\sin\beta\sin\gamma & \cos\alpha\sin\beta\sin\gamma-\sin\alpha\cos\gamma\\ -\sin\beta & \sin\alpha\cos\beta & \cos\alpha\cos\beta\end{bmatrix} \tag{10}$$

比较式(5)和式(10)可以看出：两种情况下四面体所到达的最终位置是不同的。

2.7 刚体的角速度和角加速度

1. 刚体的角速度

理论力学中曾经给出过作定轴转动的刚体的角速度概念。下面将进一步给出作定点运动的刚体的角速度概念。当然前一概念可以看作后一概念的特例。

如图 2-13 所示，某一刚体相对参考系 $Ox_0y_0z_0$ 绕点 O 运动，设在瞬时 t 时，刚体处于位置 1，在瞬时 $t+\Delta t$ 时，刚体处于位置 2。根据欧拉定理，刚体由位置 1 到位置 2 的变化，可以由该刚体绕某一轴线 ON 旋转某一角度 $\Delta\theta$ 来实现。沿轴线 ON 作一单位矢 $\boldsymbol{n}$（即欧拉轴单位矢），并把转角 $\Delta\theta$ 的正向规定为与单位矢 $\boldsymbol{n}$ 构成右手旋向的转向。定义

$$\boldsymbol{\omega}=\lim_{\Delta t\to 0}\frac{\Delta\theta\boldsymbol{n}}{\Delta t} \tag{2.7.1}$$

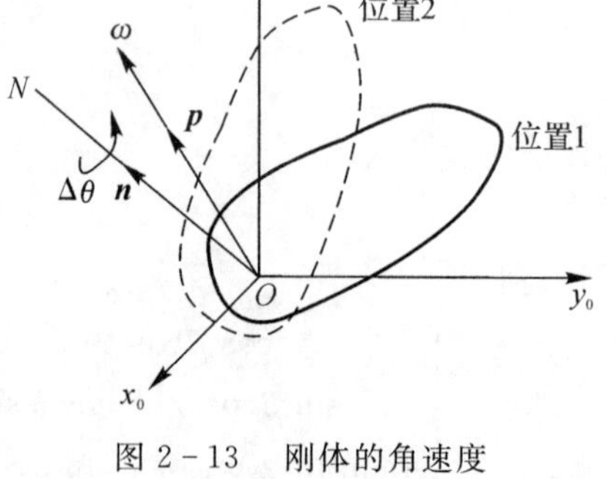

图 2-13　刚体的角速度

为刚体在瞬时 t 时的**角速度**。式(2.7.1)还可写为

$$\boldsymbol{\omega}=\lim_{\Delta t\to 0}\frac{\Delta\theta}{\Delta t}\cdot\lim_{\Delta t\to 0}\boldsymbol{n} \tag{2.7.2}$$

在 $\Delta t\to 0$ 时，刚体的位置 2 无限趋近于位置 1，这时欧拉轴单位矢 $\boldsymbol{n}$ 将趋于一极限位置，这一极

限位置的单位矢称为刚体在瞬时 t 时的**瞬轴单位矢**，并用符号 $\boldsymbol{p}$ 来表示，记作

$$\boldsymbol{p}=\lim_{\Delta t\to 0}\boldsymbol{n} \tag{2.7.3}$$

称瞬轴单位矢 $\boldsymbol{p}$ 所在的直线为刚体的**瞬轴**。再引入符号

$$\omega=\lim_{\Delta t\to 0}\frac{\Delta\theta}{\Delta t} \tag{2.7.4}$$

于是式(2.7.2) 可以写为

$$\boldsymbol{\omega}=\omega\boldsymbol{p} \tag{2.7.5}$$

由式(2.7.5) 可以看出：刚体的角速度矢量始终是沿着瞬轴的。

2. 刚体的角加速度

为了描述刚体角速度的变化快慢，特引入刚体角加速度的概念。

设刚体在瞬时 t 时的角速度为 $\boldsymbol{\omega}$，而在瞬时 $t+\Delta t$ 时的角速度为 $\boldsymbol{\omega}+\Delta\boldsymbol{\omega}$，这样在瞬时 t 时刚体角速度变化的快慢程度可用极限 $\lim\limits_{\Delta t\to 0}\dfrac{\Delta\boldsymbol{\omega}}{\Delta t}$ 来描述，为此定义

$$\boldsymbol{\varepsilon}=\lim_{\Delta t\to 0}\frac{\Delta\boldsymbol{\omega}}{\Delta t} \tag{2.7.6}$$

为刚体在瞬时 t 时的**角加速度**。考虑到 $\lim\limits_{\Delta t\to 0}\dfrac{\Delta\boldsymbol{\omega}}{\Delta t}=\dfrac{\mathrm{d}\boldsymbol{\omega}}{\mathrm{d}t}$，因此，式(2.7.6) 还可写为

$$\boldsymbol{\varepsilon}=\frac{\mathrm{d}\boldsymbol{\omega}}{\mathrm{d}t} \tag{2.7.7}$$

这就是说，**刚体的角加速度等于其角速度对时间的导数**。

2.8　定点运动刚体上各点的速度和加速度分析

设某一刚体相对参考系 $Ox_0y_0z_0$ 绕点 O 运动，点 M 是该刚体上的任意一点(见图 2-14)，下面来推导点 M 的速度和加速度的表达式。为此设在任一瞬时 t 时，点 M 的矢径为 $\boldsymbol{r}$，在瞬时 $t+\Delta t$ 时，点 M 运动至点 M' 的位置，其矢径变为 $\boldsymbol{r}'=\boldsymbol{r}+\Delta\boldsymbol{r}$。根据欧拉定理可知刚体从 t 时刻的位置到 $t+\Delta t$ 时刻的位置的变化，可以由该刚体绕某一轴线 ON 旋转某一角度 $\Delta\theta$ 来实现。

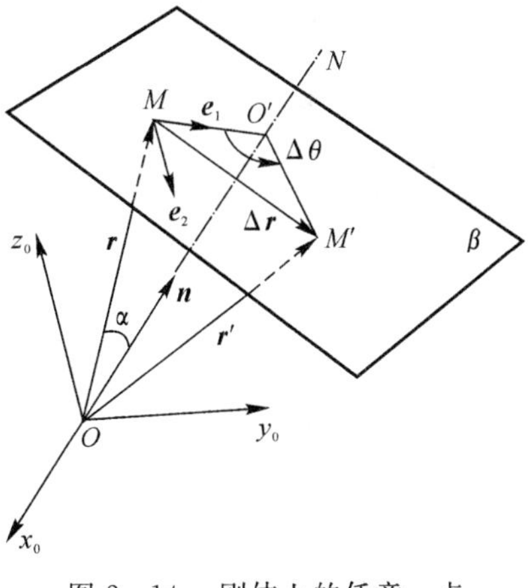

图 2-14　刚体上的任意一点

这也就是说，使有向线段$\overrightarrow{OM}$（即矢径 $\boldsymbol{r}$）绕轴线 ON 旋转角度 $\Delta\theta$，即可到达$\overrightarrow{OM'}$的位置。过点 M 作与轴线 ON 相垂直的平面β，其垂足为点 O'，显然，点 M' 也在平面β 内。沿轴线 ON 作一单位矢 $\boldsymbol{n}$（即欧拉轴单位矢），再过点 M 分别作单位矢 $\boldsymbol{e}_1=\dfrac{\overrightarrow{MO'}}{|\overrightarrow{MO'}|}$ 和 $\boldsymbol{e}_2=\dfrac{\boldsymbol{n}\times\boldsymbol{r}}{|\boldsymbol{n}\times\boldsymbol{r}|}$，显然，这两个单位矢也都在平面 β 内，它们与 $\Delta\boldsymbol{r}$ 的夹角分别为$\dfrac{\pi-\Delta\theta}{2}$ 和$\dfrac{\Delta\theta}{2}$，这样 $\Delta\boldsymbol{r}$ 可以表示为

$$\Delta\boldsymbol{r}=|\Delta\boldsymbol{r}|\cos\frac{\pi-\Delta\theta}{2}\boldsymbol{e}_1+|\Delta\boldsymbol{r}|\cos\frac{\Delta\theta}{2}\boldsymbol{e}_2=|\Delta\boldsymbol{r}|\left(\sin\frac{\Delta\theta}{2}\frac{\overrightarrow{MO'}}{|\overrightarrow{MO'}|}+\cos\frac{\Delta\theta}{2}\frac{\boldsymbol{n}\times\boldsymbol{r}}{|\boldsymbol{n}\times\boldsymbol{r}|}\right)\tag{2.8.1}$$

设 $\boldsymbol{r}$ 与 $\boldsymbol{n}$ 的夹角为α，这样就有

$$|\boldsymbol{n}\times\boldsymbol{r}|=|\boldsymbol{r}|\sin\alpha\tag{2.8.2}$$

在直角三角形 $OO'M$ 中，有

$$|\overrightarrow{MO'}|=|\boldsymbol{r}|\sin\alpha\tag{2.8.3}$$

$$|\overrightarrow{OO'}|=|\boldsymbol{r}|\cos\alpha\tag{2.8.4}$$

$$\overrightarrow{MO'}=\overrightarrow{OO'}-\overrightarrow{OM}=|\overrightarrow{OO'}|\boldsymbol{n}-\boldsymbol{r}=|\boldsymbol{r}|\cos\alpha\boldsymbol{n}-\boldsymbol{r}\tag{2.8.5}$$

在等腰三角形 $O'MM'$ 中，有

$$|\Delta\boldsymbol{r}|=2|\overrightarrow{MO'}|\sin\frac{\Delta\theta}{2}=2|\boldsymbol{r}|\sin\alpha\sin\frac{\Delta\theta}{2}\tag{2.8.6}$$

将式(2.8.2)、式(2.8.3)、式(2.8.5) 和式(2.8.6) 代入式(2.8.1)，整理后得到

$$\Delta\boldsymbol{r}=2\sin^2\frac{\Delta\theta}{2}(|\boldsymbol{r}|\cos\alpha\boldsymbol{n}-\boldsymbol{r})+\sin\Delta\theta\boldsymbol{n}\times\boldsymbol{r}\tag{2.8.7}$$

将式(2.8.7) 代入点 M 的速度定义式

$$\boldsymbol{v}=\lim_{\Delta t\to 0}\frac{\Delta\boldsymbol{r}}{\Delta t}\tag{2.8.8}$$

中，得到

$$\begin{aligned}\boldsymbol{v}=&\lim_{\Delta t\to 0}\frac{2\sin^2\dfrac{\Delta\theta}{2}(|\boldsymbol{r}|\cos\alpha\boldsymbol{n}-\boldsymbol{r})+\sin\Delta\theta\boldsymbol{n}\times\boldsymbol{r}}{\Delta t}=\\&2\lim_{\Delta t\to 0}\frac{\sin\dfrac{\Delta\theta}{2}}{\Delta t}\lim_{\Delta t\to 0}\sin\frac{\Delta\theta}{2}(|\boldsymbol{r}|\lim_{\Delta t\to 0}\cos\alpha\lim_{\Delta t\to 0}\boldsymbol{n}-\boldsymbol{r})+\left(\lim_{\Delta t\to 0}\frac{\sin\Delta\theta\boldsymbol{n}}{\Delta t}\right)\times\boldsymbol{r}=\\&\lim_{\Delta t\to 0}\left(\frac{\sin\dfrac{\Delta\theta}{2}}{\dfrac{\Delta\theta}{2}}\frac{\Delta\theta}{\Delta t}\right)\lim_{\Delta t\to 0}\sin\frac{\Delta\theta}{2}(|\boldsymbol{r}|\lim_{\Delta t\to 0}\cos\alpha\lim_{\Delta t\to 0}\boldsymbol{n}-\boldsymbol{r})+\left[\lim_{\Delta t\to 0}\left(\frac{\sin\Delta\theta}{\Delta\theta}\frac{\Delta\theta\boldsymbol{n}}{\Delta t}\right)\right]\times\boldsymbol{r}=\\&\lim_{\Delta t\to 0}\frac{\sin\dfrac{\Delta\theta}{2}}{\dfrac{\Delta\theta}{2}}\lim_{\Delta t\to 0}\frac{\Delta\theta}{\Delta t}\lim_{\Delta t\to 0}\sin\frac{\Delta\theta}{2}(|\boldsymbol{r}|\lim_{\Delta t\to 0}\cos\alpha\lim_{\Delta t\to 0}\boldsymbol{n}-\boldsymbol{r})+\left(\lim_{\Delta t\to 0}\frac{\sin\Delta\theta}{\Delta\theta}\lim_{\Delta t\to 0}\frac{\Delta\theta\boldsymbol{n}}{\Delta t}\right)\times\boldsymbol{r}\end{aligned}\tag{2.8.9}$$

考虑到

$\lim\limits_{\Delta t\to 0}\dfrac{\sin\dfrac{\Delta\theta}{2}}{\dfrac{\Delta\theta}{2}}=1$，$\lim\limits_{\Delta t\to 0}\dfrac{\Delta\theta}{\Delta t}=\omega$［见式(2.7.4)］，$\lim\limits_{\Delta t\to 0}\sin\dfrac{\Delta\theta}{2}=0$，$\lim\limits_{\Delta t\to 0}\boldsymbol{n}=\boldsymbol{p}$［即式(2.7.3)］，$\lim\limits_{\Delta t\to 0}\cos\alpha=\cos\alpha'$（$\alpha'$ 表示 $\boldsymbol{r}$ 与 $\boldsymbol{p}$ 的夹角），$\lim\limits_{\Delta t\to 0}\dfrac{\sin\Delta\theta}{\Delta\theta}=1$，$\lim\limits_{\Delta t\to 0}\dfrac{\Delta\theta\boldsymbol{n}}{\Delta t}=\boldsymbol{\omega}$［即式(2.7.1)］后，式(2.8.9)可化简为

$$\boldsymbol{v}=\boldsymbol{\omega}\times\boldsymbol{r} \tag{2.8.10}$$

式(2.8.10)即为定点运动刚体上的任意一点 M 的速度表达式。考虑到式(2.7.5)后，式(2.8.10)还可写为

$$\boldsymbol{v}=\omega\boldsymbol{p}\times\boldsymbol{r} \tag{2.8.11}$$

由式(2.8.11)可以得出两个重要的推论：① **定点运动刚体的瞬轴上的各点的速度均为零**；② **如果定点运动的刚体在某瞬时的角速度不为零，则在该瞬时刚体上速度为零的点一定在刚体的瞬轴上。**

将式(2.8.10)对时间求导数，可进一步得到定点运动刚体上的任意一点的加速度表达式为

$$\boldsymbol{a}=\frac{\mathrm{d}\boldsymbol{v}}{\mathrm{d}t}=\frac{\mathrm{d}\boldsymbol{\omega}}{\mathrm{d}t}\times\boldsymbol{r}+\boldsymbol{\omega}\times\frac{\mathrm{d}\boldsymbol{r}}{\mathrm{d}t}=\boldsymbol{\varepsilon}\times\boldsymbol{r}+\boldsymbol{\omega}\times\boldsymbol{v}=\boldsymbol{\varepsilon}\times\boldsymbol{r}+\boldsymbol{\omega}\times(\boldsymbol{\omega}\times\boldsymbol{r}) \tag{2.8.12}$$

有时为了便于计算，需将速度矢量式(2.8.10)和加速度矢量式(2.8.12)写成对应的矩阵形式。其中速度矢量式(2.8.10)在参考系 $Ox_0y_0z_0$ 中的矩阵形式为

$$\{v\}_0=[\tilde{\omega}]_0\{r\}_0 \tag{2.8.13}$$

式中 $\{v\}_0$、$\{r\}_0$ 分别表示速度 $\boldsymbol{v}$ 和矢径 $\boldsymbol{r}$ 在参考系 $Ox_0y_0z_0$ 中的坐标列阵，$[\tilde{\omega}]_0$ 表示角速度 $\boldsymbol{\omega}$ 在参考系 $Ox_0y_0z_0$ 中的坐标方阵。速度矢量式(2.8.10)也可写成在连体坐标系中的矩阵形式，即为

$$\{v\}=[\tilde{\omega}]\{r\} \tag{2.8.14}$$

式中 $\{v\}$、$\{r\}$ 分别表示速度 $\boldsymbol{v}$ 和矢径 $\boldsymbol{r}$ 在连体坐标系中的坐标列阵，$[\tilde{\omega}]$ 表示角速度 $\boldsymbol{\omega}$ 在连体坐标系中的坐标方阵。鉴于列阵 $\{r\}$ 为常列阵，而列阵 $\{r\}_0$ 则为时变的列阵，因此在计算作定点运动的刚体上的点的速度时，应用式(2.8.14)往往比应用式(2.8.13)更为方便。

加速度矢量式(2.8.12)在参考系 $Ox_0y_0z_0$ 中的矩阵形式为

$$\{a\}_0=([\tilde{\varepsilon}]_0+[\tilde{\omega}]_0[\tilde{\omega}]_0)\{r\}_0 \tag{2.8.15}$$

式中 $\{a\}_0$ 表示加速度 $\boldsymbol{a}$ 在参考系 $Ox_0y_0z_0$ 中的坐标列阵，$[\tilde{\varepsilon}]_0$ 表示角加速度 ε 在参考系 $Ox_0y_0z_0$ 中的坐标方阵。同样可以将矢量式(2.8.12)写成在连体坐标系中的矩阵形式，即为

$$\{a\}=([\tilde{\varepsilon}]+[\tilde{\omega}][\tilde{\omega}])\{r\} \tag{2.8.16}$$

式中 $\{a\}$ 表示加速度 $\boldsymbol{a}$ 在连体坐标系中的坐标列阵，$[\tilde{\varepsilon}]$ 表示角加速度 $\boldsymbol{\varepsilon}$ 在连体坐标系中的坐标方阵。

2.9　刚体的角速度合成定理

在理论力学中，曾介绍过点的速度合成定理，该定理给出了同一动点相对不同参考系的速度之间的关系。下面以刚体的定点运动为例，介绍同一刚体相对不同参考系的角速度之间的

关系 —— 角速度合成定理。

如图 2-15 所示，某一刚体相对固定坐标系 $Ox_0y_0z_0$ 绕点 O 运动，另有一动坐标系 $Oxyz$ 也相对固定坐标系绕点 O 运动。设在任一瞬时 t 时，该刚体相对固定坐标系和动坐标系的角速度分别为 $\boldsymbol{\omega}_a$ 和 $\boldsymbol{\omega}_r$，在该瞬时动坐标系相对固定坐标系的角速度为 $\boldsymbol{\omega}_e$。分别称 $\boldsymbol{\omega}_a$ 和 $\boldsymbol{\omega}_r$ 为瞬时 t 时刚体的绝对角速度和相对角速度，称 $\boldsymbol{\omega}_e$ 为瞬时 t 时的牵连角速度。下面就来建立 $\boldsymbol{\omega}_a$、$\boldsymbol{\omega}_r$ 和 $\boldsymbol{\omega}_e$ 三者之间的关系。

设点 M 为刚体上的任意一点(见图 2-15)，该点的矢径为 $\boldsymbol{r}$，根据式(2.8.10)，在瞬时 t 时，点 M 的绝对速度、相对速度和牵连速度分别为

$$\boldsymbol{v}_a = \boldsymbol{\omega}_a \times \boldsymbol{r} \tag{2.9.1}$$

$$\boldsymbol{v}_r = \boldsymbol{\omega}_r \times \boldsymbol{r} \tag{2.9.2}$$

$$\boldsymbol{v}_e = \boldsymbol{\omega}_e \times \boldsymbol{r} \tag{2.9.3}$$

根据点的速度合成定理，有

$$\boldsymbol{v}_a = \boldsymbol{v}_e + \boldsymbol{v}_r \tag{2.9.4}$$

将式(2.9.1)、式(2.9.2) 和式(2.9.3) 代入式(2.9.4)，得到

$$\boldsymbol{\omega}_a \times \boldsymbol{r} = \omega_e \times \boldsymbol{r} + \boldsymbol{\omega}_r \times \boldsymbol{r} \tag{2.9.5}$$

即

$$(\boldsymbol{\omega}_a - \boldsymbol{\omega}_e - \boldsymbol{\omega}_r) \times \boldsymbol{r} = \boldsymbol{0} \tag{2.9.6}$$

考虑到点 M 为刚体上的任意一点，所以其矢径 $\boldsymbol{r}$ 具有任意性，这样由式(2.9.6) 就可以得到

$$\boldsymbol{\omega}_a - \boldsymbol{\omega}_e - \boldsymbol{\omega}_r = \boldsymbol{0} \tag{2.9.7}$$

即

$$\boldsymbol{\omega}_a = \boldsymbol{\omega}_e + \boldsymbol{\omega}_r \tag{2.9.8}$$

该式表明：**在任一瞬时，刚体的绝对角速度等于牵连角速度和相对角速度的矢量和。这就是刚体的角速度合成定理。**

例 2.7 如图 2-16 所示，一底面半径为 R，半顶角为 α 的圆锥体在水平地平面上作纯滚动。已知圆锥体中轴线 OO' 绕铅直轴 Oz_0 以匀角速度 Ω 转动，试求圆锥体底面圆周上任一点 B 的速度。

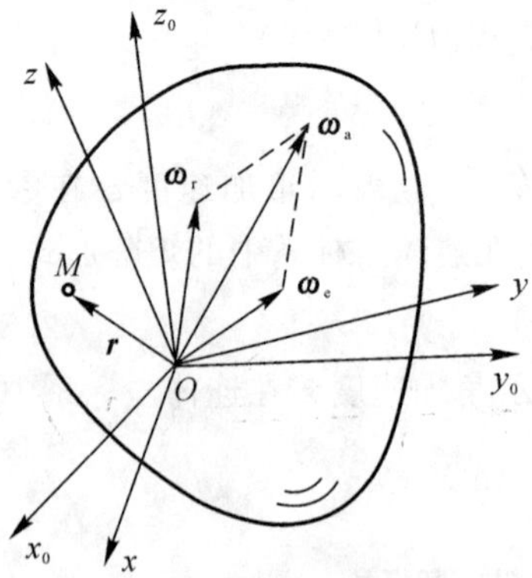

图 2-15 刚体的角速度

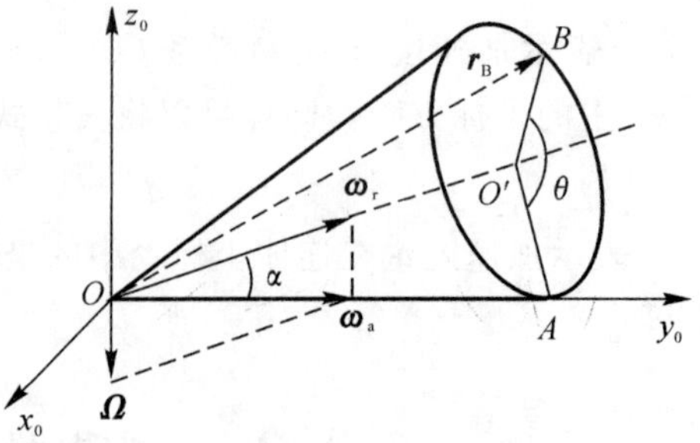

图 2-16 例 2.7 图

解 建立固定参考系 $Ox_0y_0z_0$。在通过轴 Oz_0 和 OO' 的平面上固连一动坐标系(图中未画出)，这样牵连角速度为

$$\boldsymbol{\omega}_{\mathrm{e}}=\boldsymbol{\Omega} \tag{1}$$

显然，圆锥体的绝对运动可看作绕点 O 的定点运动。圆锥体的相对运动为绕轴 OO' 的转动，因此，圆锥体的相对角速度 $\boldsymbol{\omega}_{\mathrm{r}}$ 必然沿轴线 OO'。又考虑到圆锥体在水平地平面上作纯滚动，因此，圆锥体上同地面相接触的母线 OA 上的各点的绝对速度均为零。由此可以判断母线 OA 即为图示瞬时时圆锥体的瞬轴，所以圆锥体的绝对角速度 $\boldsymbol{\omega}_{\mathrm{a}}$ 必然沿母线 OA。根据角速度合成定理，有

$$\boldsymbol{\omega}_{\mathrm{a}}=\boldsymbol{\omega}_{\mathrm{e}}+\boldsymbol{\omega}_{\mathrm{r}} \tag{2}$$

将式(1) 代入式(2) 得到

$$\boldsymbol{\omega}_{\mathrm{a}}=\boldsymbol{\Omega}+\boldsymbol{\omega}_{\mathrm{r}} \tag{3}$$

再由角速度图所示的几何关系(见图 2 - 16)，可以看出

$$\omega_{\mathrm{a}}=\Omega\cot\alpha \tag{4}$$

由于圆锥体的绝对运动为绕点 O 的定点运动，因此点 B 的绝对速度为

$$\boldsymbol{v}_B=\boldsymbol{\omega}_{\mathrm{a}}\times\boldsymbol{r}_B \tag{5}$$

将矢量式(5) 写成在固定参考系 $Ox_0y_0z_0$ 中的矩阵形式，即为

$$\{v_B\}_0=[\tilde{\omega}_{\mathrm{a}}]_0\{r_B\}_0 \tag{6}$$

显然，$\boldsymbol{\omega}_{\mathrm{a}}$ 在固定参考系 $Ox_0y_0z_0$ 中的坐标方阵为

$$[\tilde{\omega}_{\mathrm{a}}]_0=\begin{bmatrix}0 & 0 & \Omega\cot\alpha\\ 0 & 0 & 0\\ -\Omega\cot\alpha & 0 & 0\end{bmatrix} \tag{7}$$

考虑到

$$\boldsymbol{r}_B=\overrightarrow{OO'}+\overrightarrow{O'B} \tag{8}$$

将矢量式(8) 写成在固定参考系 $Ox_0y_0z_0$ 中的矩阵形式，即为

$$\{r_B\}_0=\begin{Bmatrix}0\\ R\cos\alpha\cot\alpha\\ R\cos\alpha\end{Bmatrix}+\begin{Bmatrix}-R\cos(\theta-\pi/2)\\ -R\sin(\theta-\pi/2)\sin\alpha\\ R\sin(\theta-\pi/2)\cos\alpha\end{Bmatrix}=R\begin{Bmatrix}-\sin\theta\\ \cos\alpha\cot\alpha+\cos\theta\sin\alpha\\ \cos\alpha(1-\cos\theta)\end{Bmatrix} \tag{9}$$

将式(7) 和式(9) 代入式(6) 后，得到点 B 的绝对速度在固定参考系 $Ox_0y_0z_0$ 中的坐标列阵为

$$\{v_B\}_0=R\Omega\cot\alpha\begin{Bmatrix}\cos\alpha(1-\cos\theta)\\ 0\\ \sin\theta\end{Bmatrix} \tag{10}$$

2.10　连体矢量对时间的导数和绝对导数与相对导数的关系

1. 连体矢量对时间的导数

在后续的内容介绍中，会涉及同刚体相固连的矢量对时间的求导计算问题。因此，这里有必要介绍一下此问题的解决办法。

称刚体上任意两点之间的有向线段为该**刚体的连体矢量**(或简称为连体矢量)。如图 2 - 17 所示，设某刚体相对参考系 $Ox_0y_0z_0$ 绕点 O 运动，有向线段 $\overrightarrow{AB}$ 是该刚体的任一连体矢量。

下面来确定$\dfrac{\mathrm{d}\overrightarrow{AB}}{\mathrm{d}t}$。

考虑到在任意时刻均有

$$\overrightarrow{AB}=\boldsymbol{r}_B-\boldsymbol{r}_A \tag{2.10.1}$$

式中 $\boldsymbol{r}_A$ 和 $\boldsymbol{r}_B$ 分别表示点 A 和点 B 的矢径。将式(2.10.1) 对时间求导数，得到

$$\frac{\mathrm{d}\overrightarrow{AB}}{\mathrm{d}t}=\frac{\mathrm{d}\boldsymbol{r}_B}{\mathrm{d}t}-\frac{\mathrm{d}\boldsymbol{r}_A}{\mathrm{d}t}=\boldsymbol{v}_B-\boldsymbol{v}_A=\boldsymbol{\omega}\times\boldsymbol{r}_B-\boldsymbol{\omega}\times\boldsymbol{r}_A=\boldsymbol{\omega}\times(\boldsymbol{r}_B-\boldsymbol{r}_A)=\boldsymbol{\omega}\times\overrightarrow{AB} \tag{2.10.2}$$

该式表明：**刚体的连体矢量对时间的导数等于刚体的角速度与该连体矢量的叉积**。这就是刚体的连体矢量对时间的求导计算公式。

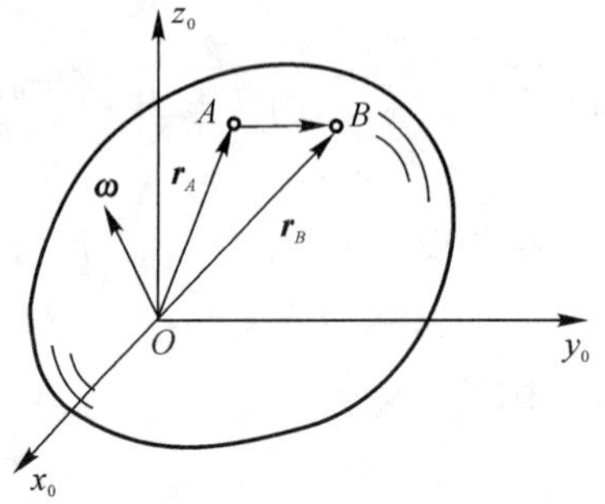

图 2-17　刚体的连体矢量

2. 绝对导数与相对导数的关系

同一矢量在不同参考坐标系下对时间的变化率往往是不同的。那么这些变化率之间有什么样的关系呢？下面就来讨论这个问题。

设动坐标系 $Oxyz$ 相对固定坐标系 $Ox_0y_0z_0$ 绕点 O 运动，其运动的角速度为 $\boldsymbol{\omega}$，设有一变矢量 $\boldsymbol{a}$，该矢量在固定坐标系和动坐标系中的表达式分别为

$$\boldsymbol{a}=a_1^0\boldsymbol{e}_1^0+a_2^0\boldsymbol{e}_2^0+a_3^0\boldsymbol{e}_3^0 \tag{2.10.3}$$

$$\boldsymbol{a}=a_1\boldsymbol{e}_1+a_2\boldsymbol{e}_2+a_3\boldsymbol{e}_3 \tag{2.10.4}$$

式中 $\boldsymbol{e}_1^0$、$\boldsymbol{e}_2^0$ 和 $\boldsymbol{e}_3^0$ 分别表示沿轴 Ox_0、Oy_0 和 Oz_0 正向的单位矢，$\boldsymbol{e}_1$、$\boldsymbol{e}_2$ 和 $\boldsymbol{e}_3$ 分别表示沿轴 Ox、Oy 和 Oz 正向的单位矢。称矢量 $\boldsymbol{a}$ 相对固定坐标系对时间的变化率为矢量 $\boldsymbol{a}$ 的**绝对导数**，记为$\dfrac{\mathrm{d}\boldsymbol{a}}{\mathrm{d}t}$，故

$$\frac{\mathrm{d}\boldsymbol{a}}{\mathrm{d}t}=\frac{\mathrm{d}a_1^0}{\mathrm{d}t}\boldsymbol{e}_1^0+\frac{\mathrm{d}a_2^0}{\mathrm{d}t}\boldsymbol{e}_2^0+\frac{\mathrm{d}a_3^0}{\mathrm{d}t}\boldsymbol{e}_3^0 \tag{2.10.5}$$

称矢量 $\boldsymbol{a}$ 相对动坐标系对时间的变化率为矢量 $\boldsymbol{a}$ 的**相对导数**，记为$\dfrac{\tilde{\mathrm{d}}\boldsymbol{a}}{\mathrm{d}t}$，故

$$\frac{\tilde{\mathrm{d}}\boldsymbol{a}}{\mathrm{d}t}=\frac{\mathrm{d}a_1}{\mathrm{d}t}\boldsymbol{e}_1+\frac{\mathrm{d}a_2}{\mathrm{d}t}\boldsymbol{e}_2+\frac{\mathrm{d}a_3}{\mathrm{d}t}\boldsymbol{e}_3 \tag{2.10.6}$$

下面来看矢量 $\boldsymbol{a}$ 的绝对导数和相对导数之间的关系。将式(2.10.4) 取绝对导数，得到

$$\frac{\mathrm{d}\boldsymbol{a}}{\mathrm{d}t}=\frac{\mathrm{d}a_1}{\mathrm{d}t}\boldsymbol{e}_1+\frac{\mathrm{d}a_2}{\mathrm{d}t}\boldsymbol{e}_2+\frac{\mathrm{d}a_3}{\mathrm{d}t}\boldsymbol{e}_3+a_1\frac{\mathrm{d}\boldsymbol{e}_1}{\mathrm{d}t}+a_2\frac{\mathrm{d}\boldsymbol{e}_2}{\mathrm{d}t}+a_3\frac{\mathrm{d}\boldsymbol{e}_3}{\mathrm{d}t} \tag{2.10.7}$$

考虑到矢量 $\boldsymbol{e}_1$、$\boldsymbol{e}_2$ 和 $\boldsymbol{e}_3$ 是同动坐标系 $Oxyz$ 相固连的(即动坐标系的连体矢量),因此,有

$$\frac{\mathrm{d}\boldsymbol{e}_1}{\mathrm{d}t}=\boldsymbol{\omega}\times\boldsymbol{e}_1 \tag{2.10.8}$$

$$\frac{\mathrm{d}\boldsymbol{e}_2}{\mathrm{d}t}=\boldsymbol{\omega}\times\boldsymbol{e}_2 \tag{2.10.9}$$

$$\frac{\mathrm{d}\boldsymbol{e}_3}{\mathrm{d}t}=\boldsymbol{\omega}\times\boldsymbol{e}_3 \tag{2.10.10}$$

将以上三式代入式(2.10.7)后,得到

$$\frac{\mathrm{d}\boldsymbol{a}}{\mathrm{d}t}=\frac{\mathrm{d}a_1}{\mathrm{d}t}\boldsymbol{e}_1+\frac{\mathrm{d}a_2}{\mathrm{d}t}\boldsymbol{e}_2+\frac{\mathrm{d}a_3}{\mathrm{d}t}\boldsymbol{e}_3+\boldsymbol{\omega}\times(a_1\boldsymbol{e}_1+a_2\boldsymbol{e}_2+a_3\boldsymbol{e}_3) \tag{2.10.11}$$

考虑到式(2.10.4)和式(2.10.6)后,式(2.10.11)可进一步写为

$$\frac{\mathrm{d}\boldsymbol{a}}{\mathrm{d}t}=\frac{\tilde{\mathrm{d}}\boldsymbol{a}}{\mathrm{d}t}+\boldsymbol{\omega}\times\boldsymbol{a} \tag{2.10.12}$$

即矢量的绝对导数等于其相对导数再加上动坐标系的角速度与该矢量的叉积。这就是绝对导数与相对导数的关系。

2.11　刚体的角加速度合成定理

在 2.9 节中介绍了刚体的角速度合成定理,该定理论述了同一刚体相对不同参考系的角速度之间的关系。那么同一刚体相对不同参考系的角加速度之间存在什么样的关系呢？本节将研究这一问题。

如图 2-18 所示,设某一刚体和动坐标系 $Oxyz$ 相对固定参考系 $Ox_0y_0z_0$ 绕点 O 运动,刚体的绝对角速度和相对角速度分别为 $\boldsymbol{\omega}_\mathrm{a}$ 和 $\boldsymbol{\omega}_\mathrm{r}$,牵连角速度为 $\boldsymbol{\omega}_\mathrm{e}$。仿照绝对角速度、相对角速度和牵连角速度的定义,分别称刚体相对固定参考系和动坐标系的角加速度为刚体的**绝对角加速度**和**相对角加速度**,称动坐标系相对固定参考系的角加速度为**牵连角加速度**。绝对角加速度、相对角加速度和牵连角加速度分别用符号 $\boldsymbol{\varepsilon}_\mathrm{a}$、$\boldsymbol{\varepsilon}_\mathrm{r}$ 和 $\boldsymbol{\varepsilon}_\mathrm{e}$ 来表示,根据角加速度与角速度的关系,有

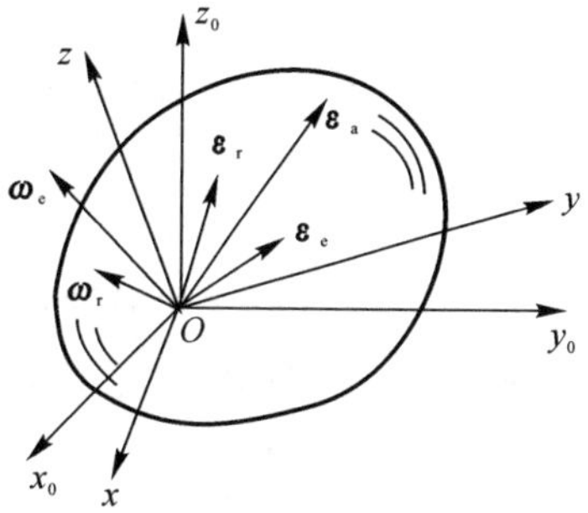

图 2-18　刚体的角加速度

$$\boldsymbol{\varepsilon}_\mathrm{a}=\frac{\mathrm{d}\boldsymbol{\omega}_\mathrm{a}}{\mathrm{d}t} \tag{2.11.1}$$

$$\boldsymbol{\varepsilon}_\mathrm{r}=\frac{\tilde{\mathrm{d}}\boldsymbol{\omega}_\mathrm{r}}{\mathrm{d}t} \tag{2.11.2}$$

$$\boldsymbol{\varepsilon}_\mathrm{e}=\frac{\mathrm{d}\boldsymbol{\omega}_\mathrm{e}}{\mathrm{d}t} \tag{2.11.3}$$

根据角速度合成定理,有

$$\boldsymbol{\omega}_\mathrm{a}=\boldsymbol{\omega}_\mathrm{e}+\boldsymbol{\omega}_\mathrm{r} \tag{2.11.4}$$

将式(2.11.4)求绝对导数,得到

$$\frac{\mathrm{d}\boldsymbol{\omega}_{\mathrm{a}}}{\mathrm{d}t}=\frac{\mathrm{d}\boldsymbol{\omega}_{\mathrm{e}}}{\mathrm{d}t}+\frac{\mathrm{d}\boldsymbol{\omega}_{\mathrm{r}}}{\mathrm{d}t} \tag{2.11.5}$$

即

$$\boldsymbol{\varepsilon}_{\mathrm{a}}=\boldsymbol{\varepsilon}_{\mathrm{e}}+\frac{\mathrm{d}\boldsymbol{\omega}_{\mathrm{r}}}{\mathrm{d}t} \tag{2.11.6}$$

应用绝对导数与相对导数的关系，有

$$\frac{\mathrm{d}\boldsymbol{\omega}_{\mathrm{r}}}{\mathrm{d}t}=\frac{\tilde{\mathrm{d}}\boldsymbol{\omega}_{\mathrm{r}}}{\mathrm{d}t}+\boldsymbol{\omega}_{\mathrm{e}}\times\boldsymbol{\omega}_{\mathrm{r}} \tag{2.11.7}$$

即

$$\frac{\mathrm{d}\boldsymbol{\omega}_{\mathrm{r}}}{\mathrm{d}t}=\boldsymbol{\varepsilon}_{\mathrm{r}}+\boldsymbol{\omega}_{\mathrm{e}}\times\boldsymbol{\omega}_{\mathrm{r}} \tag{2.11.8}$$

将式(2.11.8) 代入式(2.11.6)，得到

$$\boldsymbol{\varepsilon}_{\mathrm{a}}=\boldsymbol{\varepsilon}_{\mathrm{e}}+\boldsymbol{\varepsilon}_{\mathrm{r}}+\boldsymbol{\omega}_{\mathrm{e}}\times\boldsymbol{\omega}_{\mathrm{r}} \tag{2.11.9}$$

式(2.11.9) 表明：**刚体的绝对角加速度等于牵连角加速度加相对角加速度再加上牵连角速度与相对角速度的差积**。这就是**刚体的角加速度合成定理**。该定理说明了同一刚体相对不同参考系的角加速度之间的关系。

例 2.8 试在例 2.7 的基础上，求点 B 的加速度。

解 取圆锥体为研究对象，根据角加速度合成定理，有

$$\boldsymbol{\varepsilon}_{\mathrm{a}}=\boldsymbol{\varepsilon}_{\mathrm{e}}+\boldsymbol{\varepsilon}_{\mathrm{r}}+\boldsymbol{\omega}_{\mathrm{e}}\times\boldsymbol{\omega}_{\mathrm{r}} \tag{1}$$

由于牵连运动为动系绕轴 Oz_0 的匀角速转动，故牵连角加速度为

$$\boldsymbol{\varepsilon}_{\mathrm{e}}=\mathbf{0} \tag{2}$$

由角速度图(见图 2-16) 所示的几何关系可以看出

$$\omega_{\mathrm{r}}=\frac{\Omega}{\sin\alpha}=\text{常量} \tag{3}$$

又因为 $\boldsymbol{\omega}_{\mathrm{r}}$ 的方向始终是沿轴线 OO' 的，由此可以判断圆锥体相对动坐标系的运动是绕轴 OO' 的匀角速转动，故圆锥体的相对角加速度为

$$\boldsymbol{\varepsilon}_{\mathrm{r}}=\mathbf{0} \tag{4}$$

在例 2.7 中，已求得牵连角加速度为

$$\boldsymbol{\omega}_{\mathrm{e}}=\boldsymbol{\Omega} \tag{5}$$

将式(2)、式(4) 和式(5) 代入式(1) 后，得到

$$\boldsymbol{\varepsilon}_{\mathrm{a}}=\boldsymbol{\Omega}\times\boldsymbol{\omega}_{\mathrm{r}} \tag{6}$$

将矢量式(6) 写成在固定参考系 $Ox_0y_0z_0$ 中的矩阵形式，即为

$$\{\varepsilon_{\mathrm{a}}\}_0=[\widetilde{\Omega}]_0\{\omega_{\mathrm{r}}\}_0=\begin{bmatrix}0&\Omega&0\\-\Omega&0&0\\0&0&0\end{bmatrix}\begin{Bmatrix}0\\\omega_{\mathrm{r}}\cos\alpha\\\omega_{\mathrm{r}}\sin\alpha\end{Bmatrix}=\begin{bmatrix}0&\Omega&0\\-\Omega&0&0\\0&0&0\end{bmatrix}\begin{Bmatrix}0\\\Omega\cot\alpha\\\Omega\end{Bmatrix}=\begin{Bmatrix}\Omega^2\cot\alpha\\0\\0\end{Bmatrix} \tag{7}$$

由于圆锥体的绝对运动为绕点 O 的定点运动，因此点 B 的绝对加速度为

$$\boldsymbol{a}_B=\boldsymbol{\varepsilon}_{\mathrm{a}}\times\boldsymbol{r}_B+\boldsymbol{\omega}_{\mathrm{a}}\times\boldsymbol{v}_B \tag{8}$$

将矢量式(8) 写成在固定参考系中的矩阵形式，即为

$$\{a_B\}_0=[\tilde{\varepsilon}_a]_0\{r_B\}_0+[\tilde{\omega}_a]_0\{v_B\}_0=\begin{bmatrix}0 & 0 & 0\\ 0 & 0 & -\Omega^2\cot\alpha\\ 0 & \Omega^2\cot\alpha & 0\end{bmatrix}R\begin{Bmatrix}-\sin\theta\\ \cos\alpha\cot\alpha+\cos\theta\sin\alpha\\ \cos\alpha(1-\cos\theta)\end{Bmatrix}+$$

$$\begin{bmatrix}0 & 0 & \Omega\cot\alpha\\ 0 & 0 & 0\\ -\Omega\cot\alpha & 0 & 0\end{bmatrix}R\Omega\cot\alpha\begin{Bmatrix}\cos\alpha(1-\cos\theta)\\ 0\\ \sin\theta\end{Bmatrix}=$$

$$R\Omega^2\cot\alpha\begin{Bmatrix}\cot\alpha\sin\theta\\ \cos\alpha(\cos\theta-1)\\ \cos\theta(\sin\alpha+\cot\alpha\cos\alpha)\end{Bmatrix}$$

2.12 刚体角速度的若干表达式

如前所述，作定点运动的刚体的位置（姿态）可用方向余弦矩阵、欧拉角和卡尔丹角描述，因此，刚体的角速度也一定可以用方向余弦矩阵、欧拉角和卡尔丹角来表示。本节将导出刚体角速度的上述参数形式的表达式。

1. 以方向余弦矩阵表示刚体的角速度

如图 2－19 所示，设某一刚体相对固定坐标系 $Ox_0y_0z_0$ 绕点 O 运动，其角速度为 $\boldsymbol{\omega}$，坐标系 $Oxyz$ 是刚体的连体坐标系。点 M 为刚体上的任意一点，其矢径为 $\boldsymbol{r}$。这样点 M 的速度可表达为

$$\boldsymbol{v}=\boldsymbol{\omega}\times\boldsymbol{r} \tag{2.12.1}$$

将矢量式(2.12.1) 写成在固定坐标系中的矩阵形式，即为

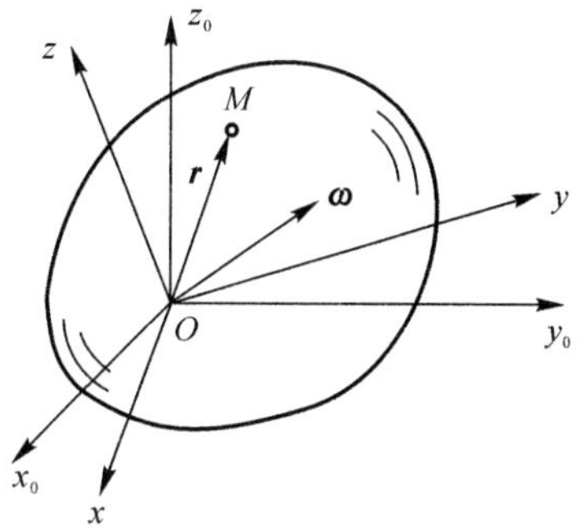

图 2－19　刚体的角速度

$$\{v\}_0=[\tilde{\omega}]_0\{r\}_0 \tag{2.12.2}$$

考虑到 $\boldsymbol{v}=\dot{\boldsymbol{r}}$，这样就有 $\{v\}_0=\{\dot{r}\}_0$，于是式(2.12.2) 可以写成

$$\{\dot{r}\}_0=[\tilde{\omega}]_0\{r\}_0 \tag{2.12.3}$$

又考虑到

$$\{r\}_0=[C]\{r\} \tag{2.12.4}$$

式中$[C]$ 表示连体坐标系相对固定坐标系的方向余弦矩阵，$\{r\}$ 表示矢量 $\boldsymbol{r}$ 在连体坐标系中的坐标列阵。这样式(2.12.3) 可进一步写为

$$\{\dot{r}\}_0=[\tilde{\omega}]_0[C]\{r\} \tag{2.12.5}$$

将式(2.12.4) 对时间求导数，得

$$\{\dot{r}\}_0=[\dot{C}]\{r\} \tag{2.12.6}$$

比较式(2.12.5) 和式(2.12.6) 后，得到

$$[\tilde{\omega}]_0[C]\{r\}=[\dot{C}]\{r\} \tag{2.12.7}$$

即

$$([\tilde{\omega}]_0[C]-[\dot{C}])\{r\}=\mathbf{0} \tag{2.12.8}$$

考虑到点 M 是刚体上的任意一点，这样列阵 $\{r\}$ 具有任意性，如果设

$$\{r\}=\begin{Bmatrix}1\\0\\0\end{Bmatrix} \tag{2.12.9}$$

则式(2.12.8)变为

$$([\tilde{\omega}]_0[C]-[\dot{C}])\begin{Bmatrix}1\\0\\0\end{Bmatrix}=\mathbf{0} \tag{2.12.10}$$

同理可得

$$([\tilde{\omega}]_0[C]-[\dot{C}])\begin{Bmatrix}0\\1\\0\end{Bmatrix}=\mathbf{0} \tag{2.12.11}$$

和

$$([\tilde{\omega}]_0[C]-[\dot{C}])\begin{Bmatrix}0\\0\\1\end{Bmatrix}=\mathbf{0} \tag{2.12.12}$$

式(2.12.10)～(2.12.12)可合写为

$$([\tilde{\omega}]_0[C]-[\dot{C}])\begin{bmatrix}1&0&0\\0&1&0\\0&0&1\end{bmatrix}=\mathbf{0} \tag{2.12.13}$$

即

$$[\tilde{\omega}]_0[C]-[\dot{C}]=\mathbf{0} \tag{2.12.14}$$

即

$$[\tilde{\omega}]_0[C]=[\dot{C}] \tag{2.12.15}$$

式(2.12.15)两边右乘 $[C]^{\mathrm{T}}$，并考虑到 $[C][C]^{\mathrm{T}}=[E]$ 后，得到

$$[\tilde{\omega}]_0=[\dot{C}][C]^{\mathrm{T}} \tag{2.12.16}$$

根据方向余弦矩阵的性质2，有

$$[\tilde{\omega}]_0=[C][\tilde{\omega}][C]^{\mathrm{T}} \tag{2.12.17}$$

式中 $[\tilde{\omega}]$ 表示刚体的角速度矢量 $\boldsymbol{\omega}$ 在连体坐标系中的坐标方阵。比较式(2.12.16)和式(2.12.17)两式后，得到

$$[C][\tilde{\omega}][C]^{\mathrm{T}}=[\dot{C}][C]^{\mathrm{T}} \tag{2.12.18}$$

式(2.12.18)两边左乘 $[C]^{\mathrm{T}}$ 后，再右乘 $[C]$，得到

$$[\tilde{\omega}]=[C]^{\mathrm{T}}[\dot{C}] \tag{2.12.19}$$

式(2.12.16)和式(2.12.19)即为刚体角速度的方向余弦矩阵形式的表达式。

由式(2.12.16)可以得到刚体角速度矢量 $\boldsymbol{\omega}$ 在固定坐标轴 Ox_0、Oy_0 和 Oz_0 上的投影分别为

$$\left.\begin{aligned}\omega_x^0 &= c_{21}\dot{c}_{31} + c_{22}\dot{c}_{32} + c_{23}\dot{c}_{33}\\ \omega_y^0 &= c_{31}\dot{c}_{11} + c_{32}\dot{c}_{12} + c_{33}\dot{c}_{13}\\ \omega_z^0 &= c_{11}\dot{c}_{21} + c_{12}\dot{c}_{22} + c_{13}\dot{c}_{23}\end{aligned}\right\} \tag{2.12.20}$$

式中 c_{ij} 表示方向余弦矩阵[C]中的第 i 行的第 j 列元素($i,j=1,2,3$)。

同理，由式(2.12.19)可以得到刚体角速度矢量 $\boldsymbol{\omega}$ 在连体坐标轴 Ox、Oy 和 Oz 上的投影分别为

$$\left.\begin{aligned}\omega_x &= c_{13}\dot{c}_{12} + c_{23}\dot{c}_{22} + c_{33}\dot{c}_{32}\\ \omega_y &= c_{11}\dot{c}_{13} + c_{21}\dot{c}_{23} + c_{31}\dot{c}_{33}\\ \omega_z &= c_{12}\dot{c}_{11} + c_{22}\dot{c}_{21} + c_{32}\dot{c}_{31}\end{aligned}\right\} \tag{2.12.21}$$

2. 以欧拉角表示刚体的角速度

设刚体的连体坐标系 $Oxyz$ 相对固定坐标系 $Ox_0y_0z_0$ 的欧拉角为 ψ、θ、φ，则由式(2.4.6)可知连体坐标系相对固定坐标系的方向余弦矩阵的各元素的欧拉角表达式为

$$c_{11} = \cos\psi\cos\varphi - \sin\psi\cos\theta\sin\varphi \tag{2.12.22}$$

$$c_{12} = -\cos\psi\sin\varphi - \sin\psi\cos\theta\cos\varphi \tag{2.12.23}$$

$$c_{13} = \sin\psi\sin\theta \tag{2.12.24}$$

$$c_{21} = \sin\psi\cos\varphi + \cos\psi\cos\theta\sin\varphi \tag{2.12.25}$$

$$c_{22} = -\sin\psi\sin\varphi + \cos\psi\cos\theta\cos\varphi \tag{2.12.26}$$

$$c_{23} = -\cos\psi\sin\theta \tag{2.12.27}$$

$$c_{31} = \sin\theta\sin\varphi \tag{2.12.28}$$

$$c_{32} = \sin\theta\cos\varphi \tag{2.12.29}$$

$$c_{33} = \cos\theta \tag{2.12.30}$$

将式(2.12.22)～式(2.12.30)对时间求导数后，得到 $\dot{c}_{11}$、$\dot{c}_{12}$、…、$\dot{c}_{33}$ 的表达式，再将这些表达式连同式(2.12.22)～式(2.12.30)一起代入式(2.12.20)后，可得到

$$\left.\begin{aligned}\omega_x^0 &= \dot{\theta}\cos\psi + \dot{\varphi}\sin\psi\sin\theta\\ \omega_y^0 &= \dot{\theta}\sin\psi - \dot{\varphi}\cos\psi\sin\theta\\ \omega_z^0 &= \dot{\psi} + \dot{\varphi}\cos\theta\end{aligned}\right\} \tag{2.12.31}$$

写成矩阵形式，即为

$$\begin{Bmatrix}\omega_x^0\\ \omega_y^0\\ \omega_z^0\end{Bmatrix} = \begin{bmatrix}0 & \cos\psi & \sin\psi\sin\theta\\ 0 & \sin\psi & -\cos\psi\sin\theta\\ 1 & 0 & \cos\theta\end{bmatrix}\begin{Bmatrix}\dot{\psi}\\ \dot{\theta}\\ \dot{\varphi}\end{Bmatrix} \tag{2.12.32}$$

同理，还可以得到刚体的角速度矢量 $\boldsymbol{\omega}$ 在连体坐标系中的坐标列阵的表达式为

$$\begin{Bmatrix}\omega_x\\ \omega_y\\ \omega_z\end{Bmatrix} = \begin{bmatrix}\sin\theta\sin\varphi & \cos\varphi & 0\\ \sin\theta\cos\varphi & -\sin\varphi & 0\\ \cos\theta & 0 & 1\end{bmatrix}\begin{Bmatrix}\dot{\psi}\\ \dot{\theta}\\ \dot{\varphi}\end{Bmatrix} \tag{2.12.33}$$

式(2.12.32)和式(2.12.33)就是刚体角速度的欧拉角形式的表达式。

如果已知刚体的定点运动规律为

$$\left.\begin{aligned}\psi&=\psi(t)\\ \theta&=\theta(t)\\ \varphi&=\varphi(t)\end{aligned}\right\}\tag{2.12.34}$$

则由式(2.12.33)可求出刚体的角速度。求解逆问题时，要已知刚体的角速度，求出刚体的运动规律，这时，可由式(2.12.33)反解出

$$\begin{Bmatrix}\dot{\psi}\\ \dot{\theta}\\ \dot{\varphi}\end{Bmatrix}=\begin{bmatrix}\sin\varphi/\sin\theta & \cos\varphi/\sin\theta & 0\\ \cos\varphi & -\sin\varphi & 0\\ -\sin\varphi\cot\theta & -\cos\varphi\cot\theta & 1\end{bmatrix}\begin{Bmatrix}\omega_x\\ \omega_y\\ \omega_z\end{Bmatrix}\tag{2.12.35}$$

在已知 $\omega_x(t)$、$\omega_y(t)$、$\omega_z(t)$ 和初始欧拉角 $\psi(0)$、$\theta(0)$、$\varphi(0)$ 的情况下，将微分方程组(2.12.35)进行数值积分，即可得到不同时刻的欧拉角的数值解，从而获得刚体的运动规律。

3. 以卡尔丹角表示刚体的角速度

仿照以上关于刚体角速度的欧拉角表达式的推导过程，也可以推导出刚体角速度的卡尔丹角形式的表达式为(推导过程从略)

$$\begin{Bmatrix}\omega_x^0\\ \omega_y^0\\ \omega_z^0\end{Bmatrix}=\begin{bmatrix}1 & 0 & \sin\beta\\ 0 & \cos\alpha & -\sin\alpha\cos\beta\\ 0 & \sin\alpha & \cos\alpha\cos\beta\end{bmatrix}\begin{Bmatrix}\dot{\alpha}\\ \dot{\beta}\\ \dot{\gamma}\end{Bmatrix}\tag{2.12.36}$$

和

$$\begin{Bmatrix}\omega_x\\ \omega_y\\ \omega_z\end{Bmatrix}=\begin{bmatrix}\cos\beta\cos\gamma & \sin\gamma & 0\\ -\cos\beta\sin\gamma & \cos\gamma & 0\\ \sin\beta & 0 & 1\end{bmatrix}\begin{Bmatrix}\dot{\alpha}\\ \dot{\beta}\\ \dot{\gamma}\end{Bmatrix}\tag{2.12.37}$$

例 2.9 如图2-20所示，设某一立方体 $OABDEFGH$ 相对固定参考系 $Ox_0y_0z_0$ 绕点 O 运动，已知该立方体的运动规律为 $\psi=\dfrac{2\pi}{3}t$，$\theta=\dfrac{\pi}{2}t+\dfrac{\pi}{3}$，$\varphi=2\pi t$，这里 ψ、θ、φ 表示立方体的连体坐标系 $Oxyz$ 相对固定参考系的欧拉角(单位为 rad)。试求 $t=2$ s时，立方体顶点 H 的速度和加速度。

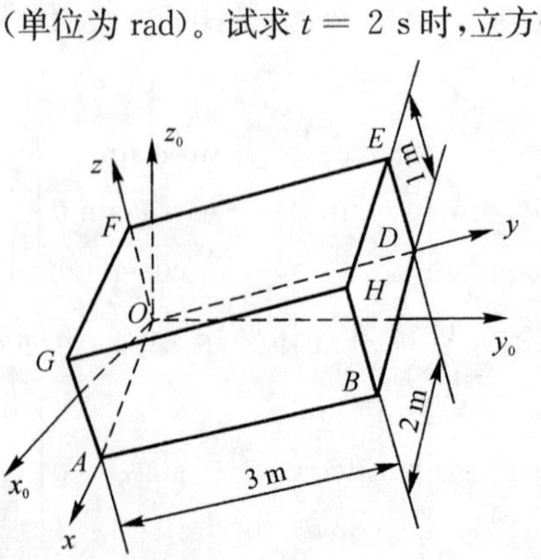

图2-20　例2.9图

解 应用式(2.12.33)可得立方体的角速度 $\boldsymbol{\omega}$ 在连体坐标系 $Oxyz$ 中的坐标列阵为

$$\begin{Bmatrix}\omega_x\\ \omega_y\\ \omega_z\end{Bmatrix}=\begin{bmatrix}\sin\theta\sin\varphi & \cos\varphi & 0\\ \sin\theta\cos\varphi & -\sin\varphi & 0\\ \cos\theta & 0 & 1\end{bmatrix}\begin{Bmatrix}\dot{\psi}\\ \dot{\theta}\\ \dot{\varphi}\end{Bmatrix}=\begin{bmatrix}\sin(\pi t/2+\pi/3)\sin 2\pi t & \cos 2\pi t & 0\\ \sin(\pi t/2+\pi/3)\cos 2\pi t & -\sin 2\pi t & 0\\ \cos(\pi t/2+\pi/3) & 0 & 1\end{bmatrix}\begin{Bmatrix}2\pi/3\\ \pi/2\\ 2\pi\end{Bmatrix} \tag{1}$$

考虑到立方体的角加速度 $\boldsymbol{\varepsilon}=\dfrac{\mathrm{d}\boldsymbol{\omega}}{\mathrm{d}t}=\dfrac{\tilde{\mathrm{d}}\boldsymbol{\omega}}{\mathrm{d}t}+\boldsymbol{\omega}\times\boldsymbol{\omega}=\dfrac{\tilde{\mathrm{d}}\boldsymbol{\omega}}{\mathrm{d}t}$,故 $\boldsymbol{\varepsilon}$ 在连体坐标系中的坐标列阵为

$$\begin{Bmatrix}\varepsilon_x\\ \varepsilon_y\\ \varepsilon_z\end{Bmatrix}=\begin{Bmatrix}\dot{\omega}_x\\ \dot{\omega}_y\\ \dot{\omega}_z\end{Bmatrix} \tag{2}$$

将式(1)对时间求导数后,代入式(2),得到

$$\begin{Bmatrix}\varepsilon_x\\ \varepsilon_y\\ \varepsilon_z\end{Bmatrix}=\frac{\pi^2}{3}\begin{Bmatrix}\cos(\pi t/2+\pi/3)\sin 2\pi t+4\sin(\pi t/2+\pi/3)\cos 2\pi t-3\sin 2\pi t\\ \cos(\pi t/2+\pi/3)\cos 2\pi t-4\sin(\pi t/2+\pi/3)\sin 2\pi t-3\cos 2\pi t\\ -\sin(\pi t/2+\pi/3)\end{Bmatrix} \tag{3}$$

将 $t=2$ s 代入式(1)和式(3)后,分别得到 $t=2$ s 时立方体的角速度和角加速度在连体坐标系中的坐标列阵为

$$\begin{Bmatrix}\omega_x\\ \omega_y\\ \omega_z\end{Bmatrix}=\begin{Bmatrix}\pi/2\\ -\sqrt{3}\pi/3\\ 5\pi/3\end{Bmatrix}(\mathrm{rad/s}) \tag{4}$$

$$\begin{Bmatrix}\varepsilon_x\\ \varepsilon_y\\ \varepsilon_z\end{Bmatrix}=\begin{Bmatrix}-2\sqrt{3}\pi^2/3\\ -7\pi^2/6\\ -\sqrt{3}\pi^2/6\end{Bmatrix}(\mathrm{rad/s^2}) \tag{5}$$

这样在 $t=2$ s 时的点 H 的速度和加速度在连体坐标系中的坐标列阵分别为

$$\{v\}=[\tilde{\omega}]\{r\}=\begin{bmatrix}0 & -5\pi/3 & -\sqrt{3}\pi/3\\ 5\pi/3 & 0 & -\pi/2\\ \sqrt{3}\pi/3 & \pi/2 & 0\end{bmatrix}\begin{Bmatrix}2\\ 3\\ 1\end{Bmatrix}\approx\begin{Bmatrix}-17.521\,8\\ 8.901\,2\\ 8.340\,0\end{Bmatrix}(\mathrm{m/s}) \tag{6}$$

$$\{a\}=[\tilde{\varepsilon}]\{r\}+[\tilde{\omega}]\{v\}=\begin{bmatrix}0 & \sqrt{3}\pi^2/6 & -7\pi^2/6\\ -\sqrt{3}\pi^2/6 & 0 & 2\sqrt{3}\pi^2/3\\ 7\pi^2/6 & -2\sqrt{3}\pi^2/3 & 0\end{bmatrix}\begin{Bmatrix}2\\ 3\\ 1\end{Bmatrix}+$$

$$\begin{bmatrix}0 & -5\pi/3 & -\sqrt{3}\pi/3\\ 5\pi/3 & 0 & -\pi/2\\ \sqrt{3}\pi/3 & \pi/2 & 0\end{bmatrix}\begin{Bmatrix}-\sqrt{3}\pi/3-5\pi\\ 17\pi/6\\ 3\pi/2+2\sqrt{3}\pi/3\end{Bmatrix}\approx\begin{Bmatrix}-29.629\,9\\ -99.145\,9\\ 2.380\,9\end{Bmatrix}(\mathrm{m/s^2}) \tag{7}$$

2.13 牵连运动为定点运动时点的加速度合成定理

在理论力学中关于点的加速度合成定理只介绍过两类,分别是牵连运动为平动时点的加速度合成定理和牵连运动为定轴转动时点的加速度合成定理。本节将介绍牵连运动为定点运

动时点的加速度合成定理。

如图 2－21 所示，设有一动系 $Oxyz$ 相对于定系 $Ox_0y_0z_0$ 绕定点 O 运动，其角速度为 $\boldsymbol{\omega}$、角加速度为 $\boldsymbol{\varepsilon}$，点 M 为任一动点，对该点应用点的速度合成定理，有

$$\boldsymbol{v}_a=\boldsymbol{v}_e+\boldsymbol{v}_r \tag{2.13.1}$$

式中 $\boldsymbol{v}_a$、$\boldsymbol{v}_e$ 和 $\boldsymbol{v}_r$ 分别表示动点 M 的绝对速度、牵连速度和相对速度。

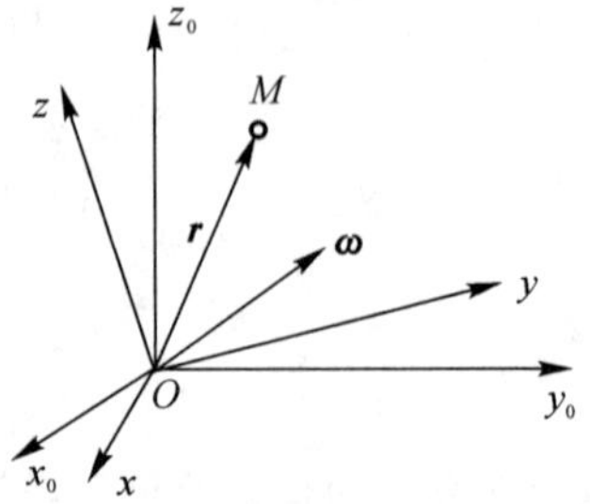

图 2－21　动点的复合运动

考虑到这里的牵连运动为动系绕点 O 的定点运动，因此，动点 M 的牵连速度和牵连加速度可分别表达为

$$\boldsymbol{v}_e=\boldsymbol{\omega}\times\boldsymbol{r} \tag{2.13.2}$$

和

$$\boldsymbol{a}_e=\boldsymbol{\varepsilon}\times\boldsymbol{r}+\boldsymbol{\omega}\times\boldsymbol{v}_e \tag{2.13.3}$$

将式(2.13.2) 代入式(2.13.1) 后，得到

$$\boldsymbol{v}_a=\boldsymbol{\omega}\times\boldsymbol{r}+\boldsymbol{v}_r \tag{2.13.4}$$

将式(2.13.14) 对时间求导数，得到

$$\begin{aligned}\boldsymbol{a}_a=\frac{\mathrm{d}\boldsymbol{v}_a}{\mathrm{d}t}=\frac{\mathrm{d}\boldsymbol{\omega}}{\mathrm{d}t}\times\boldsymbol{r}+\boldsymbol{\omega}\times\frac{\mathrm{d}\boldsymbol{r}}{\mathrm{d}t}+\frac{\mathrm{d}\boldsymbol{v}_r}{\mathrm{d}t}=\\ \boldsymbol{\varepsilon}\times\boldsymbol{r}+\boldsymbol{\omega}\times\boldsymbol{v}_a+(\frac{\tilde{\mathrm{d}}\boldsymbol{v}_r}{\mathrm{d}t}+\boldsymbol{\omega}\times\boldsymbol{v}_r)=\\ \boldsymbol{\varepsilon}\times\boldsymbol{r}+\boldsymbol{\omega}\times(\boldsymbol{v}_e+\boldsymbol{v}_r)+(\boldsymbol{a}_r+\boldsymbol{\omega}\times\boldsymbol{v}_r)=\\ \boldsymbol{\varepsilon}\times\boldsymbol{r}+\boldsymbol{\omega}\times\boldsymbol{v}_e+\boldsymbol{a}_r+2\boldsymbol{\omega}\times\boldsymbol{v}_r\end{aligned} \tag{2.13.5}$$

引入记号

$$\boldsymbol{a}_k=2\boldsymbol{\omega}\times\boldsymbol{v}_r \tag{2.13.6}$$

称 $\boldsymbol{a}_k$ 为科氏加速度。考虑到式(2.13.3) 和式(2.13.6) 后，式(2.13.5) 可以简写为

$$\boldsymbol{a}_a=\boldsymbol{a}_e+\boldsymbol{a}_r+\boldsymbol{a}_k \tag{2.13.7}$$

这就是牵连运动为定点运动时点的加速度合成定理。该定理也可以具体写为

$$\boldsymbol{a}_a=\boldsymbol{\varepsilon}\times\boldsymbol{r}+\boldsymbol{\omega}\times(\boldsymbol{\omega}\times\boldsymbol{r})+\frac{\tilde{\mathrm{d}}^2\boldsymbol{r}}{\mathrm{d}t^2}+2\boldsymbol{\omega}\times\frac{\tilde{\mathrm{d}}\boldsymbol{r}}{\mathrm{d}t} \tag{2.13.8}$$

思考题　将矢量式(2.13.8) 写成在定系 $Ox_0y_0z_0$ 中的矩阵形式。

例 2.10(例 2.9 的延续)　如图 2－22 所示，设某一立方体 $OABDEFGH$ 相对固定参考系 $Ox_0y_0z_0$ 绕点 O 运动，已知该立方体的运动规律为 $\psi=\frac{2\pi}{3}t,\theta=\frac{\pi}{2}t+\frac{\pi}{3},\varphi=2\pi t$，这里 ψ、θ、φ 表示立方体的连体坐标系 $Oxyz$ 相对固定参考系的欧拉角(单位为 rad)。设有一动点 M 沿棱边 GH 运动，其运动规律为 $GM=1+\cos\frac{\pi t}{6}$(m)，试求 $t=2$ s 时，动点 M 的绝对加速度。

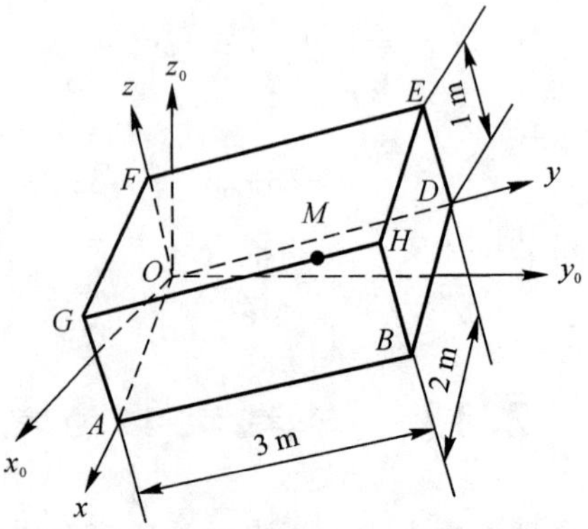

图 2－22　例 2.10 图

解　根据牵连运动为定点运动时点的加速

度合成定理，可以将动点 M 的绝对加速度表达为

$$\boldsymbol{a}_a=\boldsymbol{a}_e+\boldsymbol{a}_r+\boldsymbol{a}_k \tag{1}$$

其中牵连运动加速度为

$$\boldsymbol{a}_e=\boldsymbol{\varepsilon}\times\boldsymbol{r}_M+\boldsymbol{\omega}\times(\boldsymbol{\omega}\times\boldsymbol{r}_M)$$

写成在连体坐标系 $Oxyz$ 中的矩阵形式为

$$\{a_e\}=[\tilde{\varepsilon}]\{r_M\}+[\tilde{\omega}][\tilde{\omega}]\{r_M\} \tag{2}$$

如图 2-22 所示，点 M 的矢径可表达为

$$\boldsymbol{r}_M=\boldsymbol{r}_G+\overrightarrow{GM}$$

写成在连体坐标系 $Oxyz$ 中的矩阵形式为

$$\{r_M\}=\{r_G\}+\{GM\}=\begin{Bmatrix}2\\0\\1\end{Bmatrix}+\begin{Bmatrix}0\\1+\cos\dfrac{\pi t}{6}\\0\end{Bmatrix}=\begin{Bmatrix}2\\1+\cos\dfrac{\pi t}{6}\\1\end{Bmatrix} \tag{3}$$

点 M 的相对速度可表达为

$$\boldsymbol{v}_r=\frac{\tilde{\mathrm{d}}\boldsymbol{r}_M}{\mathrm{d}t}$$

写成在连体坐标系 $Oxyz$ 中的矩阵形式为

$$\{v_r\}=\{\dot{r}_M\}=\begin{Bmatrix}0\\-\dfrac{\pi}{6}\sin\dfrac{\pi}{6}t\\0\end{Bmatrix} \tag{4}$$

点 M 的相对加速度可表达为

$$\boldsymbol{a}_r=\frac{\tilde{\mathrm{d}}\boldsymbol{v}_r}{\mathrm{d}t}$$

写成在连体坐标系 $Oxyz$ 中的矩阵形式为

$$\{a_r\}=\{\dot{v}_r\}=\begin{Bmatrix}0\\-\dfrac{\pi^2}{36}\cos\dfrac{\pi}{6}t\\0\end{Bmatrix} \tag{5}$$

将 $t=2$ s 代入式(3)～式(5)后，分别得到

$$\{r_M\}=\begin{Bmatrix}2\\\dfrac{3}{2}\\1\end{Bmatrix}\ (\mathrm{m}) \tag{6}$$

$$\{v_r\}=\begin{Bmatrix}0\\-\dfrac{\sqrt{3}\pi}{12}\\0\end{Bmatrix}\ (\mathrm{m/s}) \tag{7}$$

$$\{a_r\}=\begin{Bmatrix}0\\-\dfrac{\pi^2}{72}\\0\end{Bmatrix}(\mathrm{m/s^2})\tag{8}$$

在例 2.9 中，已求得 $t=2$ s 时

$$[\tilde{\omega}]=\begin{bmatrix}0 & -5\pi/3 & -\sqrt{3}\pi/3\\5\pi/3 & 0 & -\pi/2\\\sqrt{3}\pi/3 & \pi/2 & 0\end{bmatrix}(\mathrm{rad/s})\tag{9}$$

$$[\tilde{\varepsilon}]=\begin{bmatrix}0 & \sqrt{3}\pi^2/6 & -7\pi^2/6\\-\sqrt{3}\pi^2/6 & 0 & 2\sqrt{3}\pi^2/3\\7\pi^2/6 & -2\sqrt{3}\pi^2/3 & 0\end{bmatrix}(\mathrm{rad/s^2})\tag{10}$$

将式(6)、式(9) 和式(10) 代入式(2) 后，得到

$$\{a_e\}=\pi^2\begin{Bmatrix}5\sqrt{3}/3-53/9\\-5\sqrt{3}/9-109/24\\41/12\end{Bmatrix}(\mathrm{m/s^2})\tag{11}$$

点 M 的科氏加速度可表达为

$$\boldsymbol{a}_k=2\boldsymbol{\omega}\times\boldsymbol{v}_r$$

写成在连体坐标系 $Oxyz$ 中的矩阵形式为

$$\{a_k\}=2[\tilde{\omega}]\{v_r\}=\begin{Bmatrix}5\sqrt{3}\pi^2/18\\0\\-\sqrt{3}\pi^2/12\end{Bmatrix}(\mathrm{m/s^2})\tag{12}$$

最后将式(1) 写成在连体坐标系 $Oxyz$ 中的矩阵形式，有

$$\{a_a\}=\{a_e\}+\{a_r\}+\{a_k\}=\pi^2\begin{Bmatrix}5\sqrt{3}/3-53/9\\-5\sqrt{3}/9-109/24\\41/12\end{Bmatrix}+\begin{Bmatrix}0\\-\pi^2/72\\0\end{Bmatrix}+\begin{Bmatrix}5\sqrt{3}\pi^2/18\\0\\-\sqrt{3}\pi^2/12\end{Bmatrix}\approx$$

$$\begin{Bmatrix}-24.881\ 4\\-27.043\ 0\\32.296\ 6\end{Bmatrix}(\mathrm{m/s^2})$$

2.14　刚体的空间一般运动

1. 刚体空间一般运动的分解

刚体运动时，若其运动学条件不受任何限制，则称这种运动为**刚体的空间一般运动**。如飞机和潜水艇的花式运动就属于刚体的空间一般运动。

如图 2-23 所示，设某一刚体相对固定参考系 $O_0x_0y_0z_0$ 作空间一般运动，为了确定该刚体相对固定参考系的位置，可在刚体上任选一点 O 作为基点，以基点 O 为原点分别建立连体

坐标系 $Oxyz$ 和平动坐标系 $Ox'y'z'$（轴 Ox'、Oy' 和 Oz' 始终分别平行于固定轴 O_0x_0、O_0y_0 和 O_0z_0），这样刚体的位置就取决于基点 O 的位置和连体坐标系 $Oxyz$ 相对平动坐标系 $Ox'y'z'$ 的姿态。而基点 O 的位置可由该点在固定参考系 $O_0x_0y_0z_0$ 中的直角坐标 x_O、y_O、z_O 来描述，连体坐标系 $Oxyz$ 相对平动坐标系 $Ox'y'z'$ 的姿态可由连体坐标系相对平动坐标系的欧拉角 ψ、θ、φ 来描述，由于平动坐标系 $Ox'y'z'$ 的三根坐标轴分别平行于固定参考系 $O_0x_0y_0z_0$ 的三根坐标轴，因此，连体坐标系相对平动坐标系的欧拉角也就是连体坐标系相对固定参考系的欧拉角。这样作空间一般运动的刚体的位置可由六个独立的广义坐标 x_O、y_O、z_O、ψ、θ、φ 来确定，可见作空间一般运动的刚体有六个自由度。当刚体运动时，这六个广义坐标一般都随时间 t 而变化，并可表示为时间 t 的单值连续函数，即

$$\left.\begin{aligned} x_O &= x_O(t) \\ y_O &= y_O(t) \\ z_O &= z_O(t) \\ \psi &= \psi(t) \\ \theta &= \theta(t) \\ \varphi &= \varphi(t) \end{aligned}\right\} \tag{2.14.1}$$

如果已知这六个函数，就可以确定出任意时刻刚体的空间位置。因此，方程式(2.14.1)完全描述了刚体的空间一般运动规律，故称之为**刚体的空间一般运动方程**。

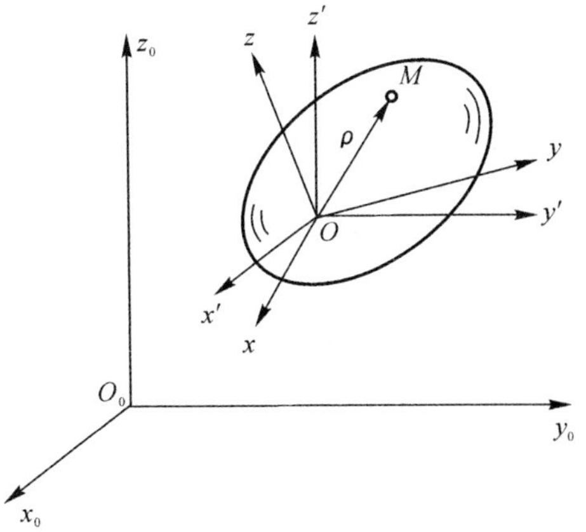

图 2-23　刚体的空间一般运动

将理论力学中关于刚体平面运动分解的结论推广到刚体一般运动，则有：刚体相对于固定参考系 $O_0x_0y_0z_0$ 的空间一般运动（绝对运动）可以分解为随动系 $Ox'y'z'$ 的平动（牵连运动）和相对于动系 $Ox'y'z'$ 的绕点 O 的定点运动（相对运动）。其中相对运动的运动学问题可按前面介绍过的刚体定点运动的运动学理论来处理，这里不再赘述。

2. 作空间一般运动的刚体上任意一点的速度和加速度分析

设点 M 是刚体上的任意一点（见图 2-23），根据点的速度合成定理，有

$$\boldsymbol{v}_M = \boldsymbol{v}_e + \boldsymbol{v}_r \tag{2.14.2}$$

式中 $\boldsymbol{v}_M$、$\boldsymbol{v}_e$ 和 $\boldsymbol{v}_r$ 分别表示点 M 的绝对速度、牵连速度和相对速度。考虑到牵连运动为平动

(即动系 $Ox'y'z'$ 相对定系 $O_0x_0y_0z_0$ 作平动),故点 M 的牵连速度等于基点 O 相对于定系的速度,即有

$$\boldsymbol{v}_e = \boldsymbol{v}_O \tag{2.14.3}$$

由于刚体相对动系 $Ox'y'z'$ 的运动是绕点 O 的定点运动,故点 M 的相对速度为

$$\boldsymbol{v}_r = \boldsymbol{\omega} \times \boldsymbol{\rho} \tag{2.14.4}$$

式中 $\boldsymbol{\rho}$ 为点 O 至点 M 的有向线段,$\boldsymbol{\omega}$ 为刚体相对于动系的角速度。考虑到动系相对定系作平动,因此 $\boldsymbol{\omega}$ 也是刚体相对于定系的角速度。将式(2.14.3)和式(2.14.4)代入式(2.14.2),得到点 M 的速度(指绝对速度)为

$$\boldsymbol{v}_M = \boldsymbol{v}_O + \boldsymbol{\omega} \times \boldsymbol{\rho} \tag{2.14.5}$$

式(2.14.5)就是作空间一般运动的刚体上任意一点的速度表达式。由于基点在刚体上的选取是任意的,因此,式(2.14.5)也就是作空间一般运动的刚体上任意两点的速度之间的关系式。有时为了便于计算,需将矢量式(2.14.5)写成在定系或连体坐标系中的矩阵形式,其中矢量式(2.14.5)在定系 $O_0x_0y_0z_0$ 中的矩阵形式为

$$\{v_M\}_0 = \{v_O\}_0 + [\tilde{\omega}]_0\{\rho\}_0 \tag{2.14.6}$$

式中 $\{v_M\}_0$、$\{v_O\}_0$、$\{\rho\}_0$ 分别表示矢量 $\boldsymbol{v}_M$、$\boldsymbol{v}_O$ 和 $\boldsymbol{\rho}$ 在定系中的坐标列阵,$[\tilde{\omega}]_0$ 表示矢量 $\boldsymbol{\omega}$ 在定系中的坐标方阵。矢量式(2.14.5)在连体坐标系 $Oxyz$ 中的矩阵形式为

$$\{v_M\} = \{v_O\} + [\tilde{\omega}]\{\rho\} \tag{2.14.7}$$

式中 $\{v_M\}$、$\{v_O\}$、$\{\rho\}$ 分别表示矢量 $\boldsymbol{v}_M$、$\boldsymbol{v}_O$ 和 $\boldsymbol{\rho}$ 在连体坐标系中的坐标列阵,$[\tilde{\omega}]$ 表示矢量 $\boldsymbol{\omega}$ 在连体坐标系中的坐标方阵。

将矢量式(2.14.5)沿连线 OM 投影,得

$$[\boldsymbol{v}_M]_{OM} = [\boldsymbol{v}_O]_{OM} + [\boldsymbol{\omega} \times \boldsymbol{\rho}]_{OM} \tag{2.14.8}$$

式中 $[\boldsymbol{v}_M]_{OM}$、$[\boldsymbol{v}_O]_{OM}$、$[\boldsymbol{\omega} \times \boldsymbol{\rho}]_{OM}$ 分别表示矢量 $\boldsymbol{v}_M$、$\boldsymbol{v}_O$ 和 $\boldsymbol{\omega} \times \boldsymbol{\rho}$ 在连线 OM 上的投影,考虑到矢量 $\boldsymbol{\omega} \times \boldsymbol{\rho}$ 垂直于连线 OM,故有

$$[\boldsymbol{\omega} \times \boldsymbol{\rho}]_{OM} = 0 \tag{2.14.9}$$

这样式(2.14.8)可进一步写为

$$[\boldsymbol{v}_M]_{OM} = [\boldsymbol{v}_O]_{OM} \tag{2.14.10}$$

该式表明:刚体上任意两点的速度在其连线上的投影相等。此结论即为**速度投影定理**。注意:在理论力学中虽然也介绍过速度投影定理,不过理论力学中所介绍的速度投影定理是针对作平面运动的刚体上的任意两点而言的,而这里所推导出的速度投影定理是针对空间一般运动的刚体上的任意两点而言的,因此,理论力学中所论述的速度投影定理可以看作这里所介绍的速度投影定理的特例。

下面再来讨论点 M 的加速度。根据牵连运动为平动(动系 $Ox'y'z'$ 相对定系 $O_0x_0y_0z_0$ 作平动)时点的加速度合成定理,有

$$\boldsymbol{a}_M = \boldsymbol{a}_e + \boldsymbol{a}_r \tag{2.14.11}$$

式中 $\boldsymbol{a}_M$、$\boldsymbol{a}_e$ 和 $\boldsymbol{a}_r$ 分别表示点 M 的绝对加速度、牵连加速度和相对加速度。由于牵连运动为平动,故点 M 的牵连加速度等于基点 O 相对于定系的加速度,即有

$$\boldsymbol{a}_e = \boldsymbol{a}_O \tag{2.14.12}$$

考虑到刚体相对动系 $Ox'y'z'$ 的运动是绕点 O 的定点运动,故点 M 的相对加速度为

$$\boldsymbol{a}_r = \boldsymbol{\varepsilon} \times \boldsymbol{\rho} + \boldsymbol{\omega} \times (\boldsymbol{\omega} \times \boldsymbol{\rho}) \tag{2.14.13}$$

式中 $\boldsymbol{\varepsilon}$ 为刚体相对于动系的角加速度。考虑到动系相对定系作平动，因此 $\boldsymbol{\varepsilon}$ 也是刚体相对于定系的角加速度。将式(2.14.12)和(2.14.13)代入式(2.14.11)，得到点 M 的加速度(指绝对加速度)为

$$\boldsymbol{a}_M = \boldsymbol{a}_O + \boldsymbol{\varepsilon} \times \boldsymbol{\rho} + \boldsymbol{\omega} \times (\boldsymbol{\omega} \times \boldsymbol{\rho}) \tag{2.14.14}$$

式(2.14.14)就是作空间一般运动刚体上任意一点的加速度的表达式。由于基点在刚体上的选取是任意的，因此，该式也就是作空间一般运动刚体上的任意两点的加速度之间的关系式。

将矢量式(2.14.14)写成在定系 $Ox_0y_0z_0$ 中的矩阵形式为

$$\{a_M\}_0 = \{a_O\}_0 + ([\tilde{\varepsilon}]_0 + [\tilde{\omega}]_0[\tilde{\omega}]_0)\{\rho\}_0 \tag{2.14.15}$$

式中 $\{a_M\}_0$、$\{a_O\}_0$ 分别表示矢量 $\boldsymbol{a}_M$ 和 $\boldsymbol{a}_O$ 在定系中的坐标列阵，$[\tilde{\varepsilon}]_0$ 表示矢量 $\boldsymbol{\varepsilon}$ 在定系中的坐标方阵。将矢量式(2.14.14)写成在连体坐标系 $Oxyz$ 中的矩阵形式为

$$\{a_M\} = \{a_O\} + ([\tilde{\varepsilon}] + [\tilde{\omega}][\tilde{\omega}])\{\rho\} \tag{2.14.16}$$

式中 $\{a_M\}$、$\{a_O\}$ 分别表示矢量 $\boldsymbol{a}_M$ 和 $\boldsymbol{a}_O$ 在连体坐标系中的坐标列阵，$[\tilde{\varepsilon}]$ 表示矢量 ε 在连体坐标系中的坐标方阵。

例 2.11　如图 2-24 所示，设某一均质立方体 $ABDEFGHI$ 相对固定参考系 $Ox_0y_0z_0$ 作空间一般运动，其运动规律为 $x_O = 2\sin\dfrac{\pi t}{6}$，$y_O = 3\cos\dfrac{\pi t}{3}$，$z_O = 2t$，$\psi = \dfrac{2\pi}{3}t$，$\theta = \dfrac{\pi}{2}t + \dfrac{\pi}{3}$，$\varphi = 2\pi t$，这里 x_O、y_O、z_O 为立方体的质心 O 在固定参考系 $O_0x_0y_0z_0$ 中的直角坐标(单位为 m)，ψ、θ、φ 表示立方体的连体坐标系 $Oxyz$ 相对固定参考系 $O_0x_0y_0z_0$ 的欧拉角(单位为 rad)。试求 $t = 2$ s 时，立方体顶点 H 的速度和加速度。

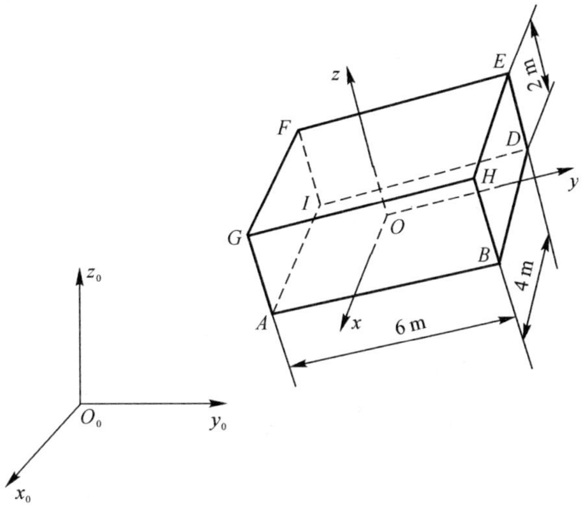

图 2-24　例 2.11 图

解　点 O 的速度和加速度在固定参考系 $O_0x_0y_0z_0$ 中的坐标列阵分别为

$$\{v_O\}_0 = \begin{Bmatrix} \dot{x}_O \\ \dot{y}_O \\ \dot{z}_O \end{Bmatrix} = \begin{Bmatrix} \dfrac{\pi}{3}\cos\dfrac{\pi t}{6} \\ -\pi\sin\dfrac{\pi t}{3} \\ 2 \end{Bmatrix} \tag{1}$$

和

$$\{a_O\}_0=\{\dot{v}_O\}_0=\begin{Bmatrix}-\dfrac{\pi^2}{18}\sin\dfrac{\pi t}{6}\\ -\dfrac{\pi^2}{3}\cos\dfrac{\pi t}{3}\\ 0\end{Bmatrix} \tag{2}$$

应用式(2.12.32)可得立方体的角速度 $\boldsymbol{\omega}$ 在固定参考系 $O_0x_0y_0z_0$ 中的坐标列阵为

$$\begin{Bmatrix}\omega_x^0\\ \omega_y^0\\ \omega_z^0\end{Bmatrix}=\begin{bmatrix}0 & \cos\psi & \sin\psi\sin\theta\\ 0 & \sin\psi & -\cos\psi\sin\theta\\ 1 & 0 & \cos\theta\end{bmatrix}\begin{Bmatrix}\dot{\psi}\\ \dot{\theta}\\ \dot{\varphi}\end{Bmatrix}=\begin{bmatrix}0 & \cos\left(\dfrac{2\pi}{3}t\right) & \sin\left(\dfrac{2\pi}{3}t\right)\sin\left(\dfrac{\pi t}{2}+\dfrac{\pi}{3}\right)\\ 0 & \sin\left(\dfrac{2\pi}{3}t\right) & -\cos\left(\dfrac{2\pi}{3}t\right)\sin\left(\dfrac{\pi t}{2}+\dfrac{\pi}{3}\right)\\ 1 & 0 & \cos\left(\dfrac{\pi t}{2}+\dfrac{\pi}{3}\right)\end{bmatrix}\begin{Bmatrix}\dfrac{2\pi}{3}\\ \dfrac{\pi}{2}\\ 2\pi\end{Bmatrix} \tag{3}$$

将式(3)对时间求导数后，得到立方体的角加速度 ε 在固定参考系 $O_0x_0y_0z_0$ 中的坐标列阵为

$$\begin{Bmatrix}\varepsilon_x^0\\ \varepsilon_y^0\\ \varepsilon_z^0\end{Bmatrix}=\frac{\pi^2}{3}\begin{Bmatrix}-\sin\left(\dfrac{2\pi}{3}t\right)+4\cos\left(\dfrac{2\pi}{3}t\right)\sin\left(\dfrac{\pi t}{2}+\dfrac{\pi}{3}\right)+3\sin\left(\dfrac{2\pi}{3}t\right)\cos\left(\dfrac{\pi t}{2}+\dfrac{\pi}{3}\right)\\ \cos\left(\dfrac{2\pi}{3}t\right)+4\sin\left(\dfrac{2\pi}{3}t\right)\sin\left(\dfrac{\pi t}{2}+\dfrac{\pi}{3}\right)-3\cos\left(\dfrac{2\pi}{3}t\right)\cos\left(\dfrac{\pi t}{2}+\dfrac{\pi}{3}\right)\\ -3\sin\left(\dfrac{\pi t}{2}+\dfrac{\pi}{3}\right)\end{Bmatrix} \tag{4}$$

将 $t=2$ s 代入式(1) ~ 式(4)后，分别得到

$$\{v_O\}_0=\begin{Bmatrix}\pi/6\\ -\sqrt{3}\pi/2\\ 2\end{Bmatrix}(\mathrm{m/s}) \tag{5}$$

$$\{a_O\}_0=\begin{Bmatrix}-\sqrt{3}\pi^2/36\\ \pi^2/6\\ 0\end{Bmatrix}(\mathrm{m/s^2}) \tag{6}$$

$$\begin{Bmatrix}\omega_x^0\\ \omega_y^0\\ \omega_z^0\end{Bmatrix}=\begin{Bmatrix}-7\pi/4\\ -3\sqrt{3}\pi/4\\ -\pi/3\end{Bmatrix}(\mathrm{rad/s}) \tag{7}$$

$$\begin{Bmatrix}\varepsilon_x^0\\ \varepsilon_y^0\\ \varepsilon_z^0\end{Bmatrix}=\frac{\pi^2}{3}\begin{Bmatrix}\dfrac{9\sqrt{3}}{4}\\ \dfrac{7}{4}\\ \dfrac{3\sqrt{3}}{2}\end{Bmatrix}(\mathrm{rad/s^2}) \tag{8}$$

由式(7)可写出立方体的角速度 $\boldsymbol{\omega}$ 在固定参考系 $O_0x_0y_0z_0$ 中的坐标方阵为

$$[\tilde{\omega}]_0 = \begin{bmatrix} 0 & \pi/3 & -3\sqrt{3}\pi/4 \\ -\pi/3 & 0 & 7\pi/4 \\ 3\sqrt{3}\pi/4 & -7\pi/4 & 0 \end{bmatrix} (\mathrm{rad/s}) \tag{9}$$

由式(8)可写出立方体的角加速度 $\boldsymbol{\varepsilon}$ 在固定参考系 $O_0x_0y_0z_0$ 中的坐标方阵为

$$[\tilde{\varepsilon}]_0 = \frac{\pi^2}{3}\begin{bmatrix} 0 & -\dfrac{3\sqrt{3}}{2} & \dfrac{7}{4} \\ \dfrac{3\sqrt{3}}{2} & 0 & -\dfrac{9\sqrt{3}}{4} \\ -\dfrac{7}{4} & \dfrac{9\sqrt{3}}{4} & 0 \end{bmatrix} (\mathrm{rad/s^2}) \tag{10}$$

应用方向余弦矩阵的性质2，可以将点 O 至点 H 的有向线段 $\boldsymbol{\rho}$ 在固定参考系 $O_0x_0y_0z_0$ 中的坐标列阵表达为

$$\{\rho\}_0 = [C]\{\rho\} \tag{11}$$

式中 $[C]$ 为连体坐标系 $Oxyz$ 相对固定参考系 $O_0x_0y_0z_0$ 的方向余弦矩阵，其表达式可应用方向余弦矩阵与欧拉角之间的关系式(2.4.6)写出，即为

$$[C] = \begin{bmatrix} \cos\psi\cos\varphi - \sin\psi\cos\theta\sin\varphi & -\cos\psi\sin\varphi - \sin\psi\cos\theta\cos\varphi & \sin\psi\sin\theta \\ \sin\psi\cos\varphi + \cos\psi\cos\theta\sin\varphi & -\sin\psi\sin\varphi + \cos\psi\cos\theta\cos\varphi & -\cos\psi\sin\theta \\ \sin\theta\sin\varphi & \sin\theta\cos\varphi & \cos\theta \end{bmatrix} \tag{12}$$

容易写出矢量 $\boldsymbol{\rho}$ 在连体坐标系 $Oxyz$ 中的坐标列阵为

$$\{\rho\} = \begin{Bmatrix} 2 \\ 3 \\ 1 \end{Bmatrix} (\mathrm{m}) \tag{13}$$

由题意知：在 $t = 2$ s 时，$\psi = \dfrac{4\pi}{3}(\mathrm{rad})$，$\theta = \dfrac{4\pi}{3}(\mathrm{rad})$，$\varphi = 4\pi(\mathrm{rad})$，将这组角代入式(12)后，再把所得到的式子连同式(13)一同代入式(11)后，得到

$$\{\rho\}_0 = \frac{1}{4}\begin{Bmatrix} -3\sqrt{3}-1 \\ 3-5\sqrt{3} \\ -6\sqrt{3}-2 \end{Bmatrix} (\mathrm{m}) \tag{14}$$

应用式(2.14.6)，可以将点 H 的速度在固定参考系 $O_0x_0y_0z_0$ 中的坐标列阵表达为

$$\{v_H\}_0 = \{v_O\}_0 + [\tilde{\omega}]_0\{\rho\}_0 \tag{15}$$

将式(5)、式(9)和式(14)代入式(15)后，计算得到

$$\{v_H\}_0 \approx \begin{Bmatrix} 11.685\,1 \\ -18.131\,1 \\ 3.458\,0 \end{Bmatrix} (\mathrm{m/s}) \tag{16}$$

应用式(2.14.15)，可以将点 H 的加速度在固定参考系 $O_0x_0y_0z_0$ 中的坐标列阵表达为

$$\{a_H\}_0 = \{a_O\}_0 + ([\tilde{\varepsilon}]_0 + [\tilde{\omega}]_0[\tilde{\omega}]_0)\{\rho\}_0 \tag{17}$$

将式(6)、式(9)、式(10) 和式(14) 代入式(17) 后,计算得到

$$\{a_H\}_0 \approx \begin{Bmatrix} -28.304\ 3 \\ 24.452\ 7 \\ 121.049\ 7 \end{Bmatrix} (\mathrm{m/s^2}) \tag{18}$$

2.15 牵连运动为空间一般运动时点的加速度合成定理

在理论力学中介绍过牵连运动为平动和定轴转动时点的加速度合成定理,前面又介绍过牵连运动为定点运动时点的加速度合成定理,那么当牵连运动为空间一般运动时点的加速度合成定理又是如何呢?下面就来讨论这个问题。

如图 2-25 所示,设有一动系 $Oxyz$ 相对于定系 $O_0x_0y_0z_0$ 作空间一般运动,其角速度为 $\boldsymbol{\omega}$、角加速度为 $\boldsymbol{\varepsilon}$,点 M 为任一动点,对该点应用点的速度合成定理,有

$$\boldsymbol{v}_\mathrm{a} = \boldsymbol{v}_\mathrm{e} + \boldsymbol{v}_\mathrm{r} \tag{2.15.1}$$

式中 $\boldsymbol{v}_\mathrm{a}$、$\boldsymbol{v}_\mathrm{r}$ 和 $\boldsymbol{v}_\mathrm{e}$ 分别表示动点 M 的绝对速度、相对速度和牵连速度。

考虑到这里的牵连运动为空间一般运动,因此,动点 M 的牵连速度和牵连加速度可分别表达为

$$\boldsymbol{v}_\mathrm{e} = \boldsymbol{v}_O + \boldsymbol{\omega} \times \boldsymbol{\rho} \tag{2.15.2}$$

和

$$\boldsymbol{a}_\mathrm{e} = \boldsymbol{a}_O + \boldsymbol{\varepsilon} \times \boldsymbol{\rho} + \boldsymbol{\omega} \times (\boldsymbol{\omega} \times \boldsymbol{\rho}) \tag{2.15.3}$$

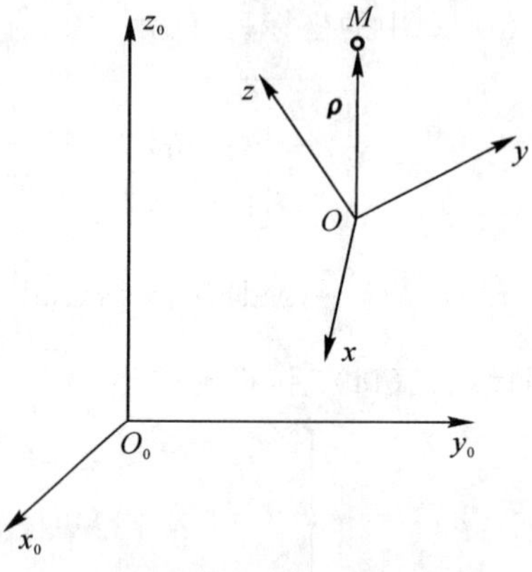

图 2-25 牵连运动为空间一般运动

式中 $\boldsymbol{v}_O$ 和 $\boldsymbol{a}_O$ 分别表示点 O 相对于定系的速度和加速度,$\boldsymbol{\rho}$ 为点 O 至点 M 的有向线段。将式(2.15.2) 代入式(2.15.1) 后,得到

$$\boldsymbol{v}_\mathrm{a} = \boldsymbol{v}_O + \boldsymbol{\omega} \times \boldsymbol{\rho} + \boldsymbol{v}_\mathrm{r} \tag{2.15.4}$$

将式(2.15.4) 对时间求导数,得

$$\boldsymbol{a}_\mathrm{a} = \frac{\mathrm{d}\boldsymbol{v}_\mathrm{a}}{\mathrm{d}t} = \frac{\mathrm{d}\boldsymbol{v}_O}{\mathrm{d}t} + \frac{\mathrm{d}\boldsymbol{\omega}}{\mathrm{d}t} \times \boldsymbol{\rho} + \boldsymbol{\omega} \times \frac{\mathrm{d}\boldsymbol{\rho}}{\mathrm{d}t} + \frac{\mathrm{d}\boldsymbol{v}_\mathrm{r}}{\mathrm{d}t} =$$

$$\boldsymbol{a}_O + \boldsymbol{\varepsilon} \times \boldsymbol{\rho} + \boldsymbol{\omega} \times \left(\frac{\tilde{\mathrm{d}}\boldsymbol{\rho}}{\mathrm{d}t} + \boldsymbol{\omega} \times \boldsymbol{\rho}\right) + \left(\frac{\tilde{\mathrm{d}}\boldsymbol{v}_\mathrm{r}}{\mathrm{d}t} + \boldsymbol{\omega} \times \boldsymbol{v}_\mathrm{r}\right) =$$

$$\boldsymbol{a}_O+\boldsymbol{\varepsilon}\times\boldsymbol{\rho}+\boldsymbol{\omega}\times(\boldsymbol{v}_r+\boldsymbol{\omega}\times\boldsymbol{\rho})+(\boldsymbol{a}_r+\boldsymbol{\omega}\times\boldsymbol{v}_r)=$$

$$\boldsymbol{a}_O+\boldsymbol{\varepsilon}\times\boldsymbol{\rho}+\boldsymbol{\omega}\times(\boldsymbol{\omega}\times\boldsymbol{\rho})+\boldsymbol{a}_r+2\boldsymbol{\omega}\times\boldsymbol{v}_r \tag{2.15.5}$$

考虑到科氏加速度 $\boldsymbol{a}_k=2\boldsymbol{\omega}\times\boldsymbol{v}_r$ 和式(2.15.3)后，式(2.15.5)可以简写为

$$\boldsymbol{a}_a=\boldsymbol{a}_e+\boldsymbol{a}_r+\boldsymbol{a}_k \tag{2.15.6}$$

这就是牵连运动为空间一般运动时点的加速度合成定理。该定理也可以具体写为

$$\boldsymbol{a}_a=\boldsymbol{a}_O+\boldsymbol{\varepsilon}\times\boldsymbol{\rho}+\boldsymbol{\omega}\times(\boldsymbol{\omega}\times\boldsymbol{\rho})+\frac{\tilde{d}^2\boldsymbol{\rho}}{dt^2}+2\boldsymbol{\omega}\times\frac{\tilde{d}\boldsymbol{\rho}}{dt} \tag{2.15.7}$$

这里需要指出：牵连运动为空间一般运动时点的加速度合成定理是点的加速度合成定理的最为一般的形式，理论力学中介绍过的牵连运动为平动和定轴转动时点的加速度合成定理以及前面介绍过的牵连运动为定点运动时点的加速度合成定理都可以看作牵连运动为空间一般运动时点的加速度合成定理的特例。

思考题　将矢量式(2.15.7)写成在定系 $O_0x_0y_0z_0$ 中的矩阵形式。

例 2.12(例 2.11 的延续)　如图 2-26 所示，设某一均质立方体 $ABDEFGHI$ 相对固定参考系 $Ox_0y_0z_0$ 作空间一般运动，其运动规律为 $x_O=2\sin\frac{\pi t}{6}$，$y_O=3\cos\frac{\pi t}{3}$，$z_O=2t$，$\psi=\frac{2\pi}{3}t$，$\theta=\frac{\pi}{2}t+\frac{\pi}{3}$，$\varphi=2\pi t$，这里 x_O、y_O、z_O 为立方体的质心 O 在固定参考系 $O_0x_0y_0z_0$ 中的直角坐标(单位为 m)，ψ、θ、φ 表示立方体的连体坐标系 $Oxyz$ 相对固定参考系 $O_0x_0y_0z_0$ 的欧拉角(单位为 rad)。设有一动点 M 沿棱边 EF 运动，其运动规律为 $EM=1+\cos\frac{\pi t}{6}$(m)，试求 $t=2$ s时，动点 M 的绝对加速度。

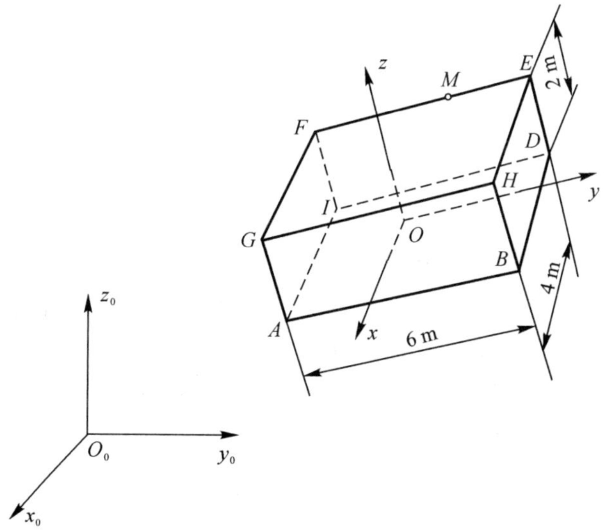

图 2-26　例 2.12 图

解　根据牵连运动为空间一般运动时点的加速度合成定理，可以将动点 M 的绝对加速度表达为

$$\boldsymbol{a}_a=\boldsymbol{a}_e+\boldsymbol{a}_r+\boldsymbol{a}_k \tag{1}$$

即

$$\boldsymbol{a}_{\mathrm{a}}=\boldsymbol{a}_{O}+\boldsymbol{\varepsilon}\times\boldsymbol{\rho}+\boldsymbol{\omega}\times(\boldsymbol{\omega}\times\boldsymbol{\rho})+\boldsymbol{a}_{\mathrm{r}}+2\boldsymbol{\omega}\times\boldsymbol{v}_{\mathrm{r}} \tag{2}$$

写成在固定参考系 $O_0x_0y_0z_0$ 中的矩阵形式为

$$\{a_{\mathrm{a}}\}_0=\{a_O\}_0+[\tilde{\varepsilon}]_0\{\rho\}_0+[\tilde{\omega}]_0[\tilde{\omega}]_0\{\rho\}_0+\{a_r\}_0+2[\tilde{\omega}]_0\{v_{\mathrm{r}}\}_0 \tag{3}$$

应用方向余弦矩阵的性质 2,有

$$\{\rho\}_0=[C]\{\rho\} \tag{4}$$

$$\{a_{\mathrm{r}}\}_0=[C]\{a_{\mathrm{r}}\} \tag{5}$$

$$\{v_{\mathrm{r}}\}_0=[C]\{v_{\mathrm{r}}\} \tag{6}$$

式中 $[C]$ 为连体坐标系 $Oxyz$ 相对固定参考系 $O_0x_0y_0z_0$ 的方向余弦矩阵,其表达式可应用方向余弦矩阵与欧拉角之间的关系式(2.4.6)写出,即为

$$[C]=\begin{bmatrix}\cos\psi\cos\varphi-\sin\psi\cos\theta\sin\varphi & -\cos\psi\sin\varphi-\sin\psi\cos\theta\cos\varphi & \sin\psi\sin\theta\\ \sin\psi\cos\varphi+\cos\psi\cos\theta\sin\varphi & -\sin\psi\sin\varphi+\cos\psi\cos\theta\cos\varphi & -\cos\psi\sin\theta\\ \sin\theta\sin\varphi & \sin\theta\cos\varphi & \cos\theta\end{bmatrix} \tag{7}$$

将式(4) ~ 式(6) 代入式(3) 得到

$$\{a_{\mathrm{a}}\}_0=\{a_O\}_0+([\tilde{\varepsilon}]_0+[\tilde{\omega}]_0[\tilde{\omega}]_0)[C]\{\rho\}+[C]\{a_{\mathrm{r}}\}+2[\tilde{\omega}]_0[C]\{v_{\mathrm{r}}\} \tag{8}$$

如图 2-26 所示,点 O 至点 M 的有向线段可表达为

$$\boldsymbol{\rho}=\overrightarrow{OE}+\overrightarrow{EM} \tag{9}$$

写成在连体坐标系 $Oxyz$ 中的矩阵形式为

$$\{\rho\}=\begin{Bmatrix}-2\\3\\1\end{Bmatrix}+\begin{Bmatrix}0\\-\left(1+\cos\dfrac{\pi t}{6}\right)\\0\end{Bmatrix}=\begin{Bmatrix}-2\\2-\cos\dfrac{\pi t}{6}\\1\end{Bmatrix} \tag{10}$$

点 M 的相对速度可表达为

$$\boldsymbol{v}_{\mathrm{r}}=\frac{\tilde{\mathrm{d}}\boldsymbol{\rho}}{\mathrm{d}t} \tag{11}$$

写成在连体坐标系 $Oxyz$ 中的矩阵形式为

$$\{v_{\mathrm{r}}\}=\{\dot{\rho}\}=\begin{Bmatrix}0\\\dfrac{\pi}{6}\sin\dfrac{\pi}{6}t\\0\end{Bmatrix} \tag{12}$$

点 M 的相对加速度可表达为

$$\boldsymbol{a}_{\mathrm{r}}=\frac{\tilde{\mathrm{d}}\boldsymbol{v}_{\mathrm{r}}}{\mathrm{d}t} \tag{13}$$

写成在连体坐标系 $Oxyz$ 中的矩阵形式为

$$\{a_{\mathrm{r}}\}=\{\dot{v}_r\}=\begin{Bmatrix}0\\\dfrac{\pi^2}{36}\cos\dfrac{\pi}{6}t\\0\end{Bmatrix} \tag{14}$$

将 $t=2$ s 代入式(10)、式(12) 和式(14) 后，分别得到

$$\{\rho\}=\begin{Bmatrix}-2\\ \dfrac{3}{2}\\ 1\end{Bmatrix}(\mathrm{m}) \tag{10}$$

$$\{v_{\mathrm{r}}\}=\begin{Bmatrix}0\\ \dfrac{\sqrt{3}\,\pi}{12}\\ 0\end{Bmatrix}(\mathrm{m/s}) \tag{11}$$

$$\{a_{\mathrm{r}}\}=\begin{Bmatrix}0\\ \dfrac{\pi^2}{72}\\ 0\end{Bmatrix}(\mathrm{m/s^2}) \tag{12}$$

在例 2.11 中，已求得 $t=2$ s 时

$$\{a_O\}_0=\begin{Bmatrix}-\sqrt{3}\,\pi^2/36\\ \pi^2/6\\ 0\end{Bmatrix}(\mathrm{m/s^2}) \tag{13}$$

$$[\tilde{\omega}]_0=\begin{bmatrix}0 & \pi/3 & -3\sqrt{3}\,\pi/4\\ -\pi/3 & 0 & 7\pi/4\\ 3\sqrt{3}\,\pi/4 & -7\pi/4 & 0\end{bmatrix}(\mathrm{rad/s}) \tag{14}$$

$$[\tilde{\varepsilon}]_0=\frac{\pi^2}{3}\begin{bmatrix}0 & -\dfrac{3\sqrt{3}}{2} & \dfrac{7}{4}\\ \dfrac{3\sqrt{3}}{2} & 0 & -\dfrac{9\sqrt{3}}{4}\\ -\dfrac{7}{4} & \dfrac{9\sqrt{3}}{4} & 0\end{bmatrix}(\mathrm{rad/s^2}) \tag{15}$$

由题意知：在 $t=2$ s 时，$\psi=\dfrac{4\pi}{3}(\mathrm{rad})$，$\theta=\dfrac{4\pi}{3}(\mathrm{rad})$，$\varphi=4\pi(\mathrm{rad})$，将这组角代入式(7) 后，再把所得到的式子连同式(10) ～ 式(15) 一同代入式(8) 后，计算得到

$$\{a_{\mathrm{a}}\}_0\approx\begin{Bmatrix}-14.090\ 5\\ -5.187\ 9\\ 109.989\ 3\end{Bmatrix}(\mathrm{m/s^2}) \tag{16}$$

习　　题

2－1　试写出矢量运算 $\boldsymbol{d}=\boldsymbol{a}\times(\boldsymbol{b}\times\boldsymbol{c})+k(\boldsymbol{a}-\boldsymbol{b})\times\boldsymbol{c}$ 所对应的矩阵形式。

2－2　试写出矢量运算 $k=[(\boldsymbol{a}-\boldsymbol{b})\times(\boldsymbol{c}+\boldsymbol{d})]\cdot(\boldsymbol{a}-\boldsymbol{c})$ 所对应的矩阵形式。

2－3　设从坐标系 $Ox_0y_0z_0$ 到坐标系 $Ox_3y_3z_3$ 的位置的变化可以通过以下转动来实现：

$$Ox_0y_0z_0\xrightarrow{Ox_0,30^\circ}Ox_1y_1z_1\xrightarrow{Oy_1,45^\circ}Ox_2y_2z_2\xrightarrow{Oz_2,60^\circ}Ox_3y_3z_3$$

求坐标系 $Ox_3y_3z_3$ 相对坐标系 $Ox_0y_0z_0$ 的方向余弦矩阵及欧拉角。

2-4　如图 2-27 所示，某矩形薄板由位置 $OABD$ 转到位置 $OA'B'D'$，试写出代表此转动的方向余弦矩阵和相应的欧拉轴及欧拉转角。

2-5　如图 2-28 所示，设一直角三角形从位置 OAB 开始依次绕固定轴 Ox_0、Oy_0 和 Oz_0 分别转动 α、β 和 γ 角，试求代表此三角形最终位置的方向余弦矩阵。

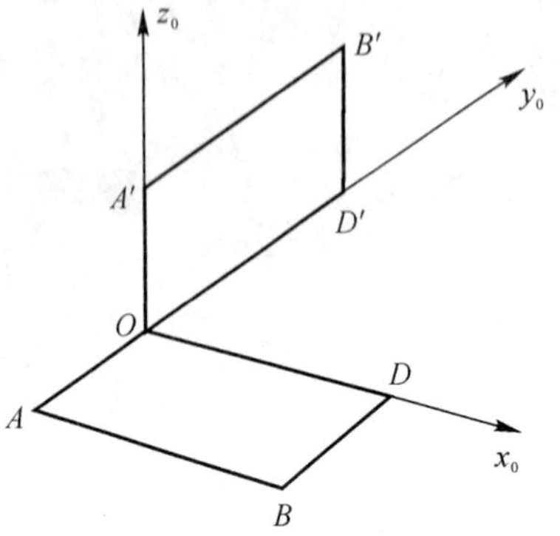

图 2-27　题 2-4 图

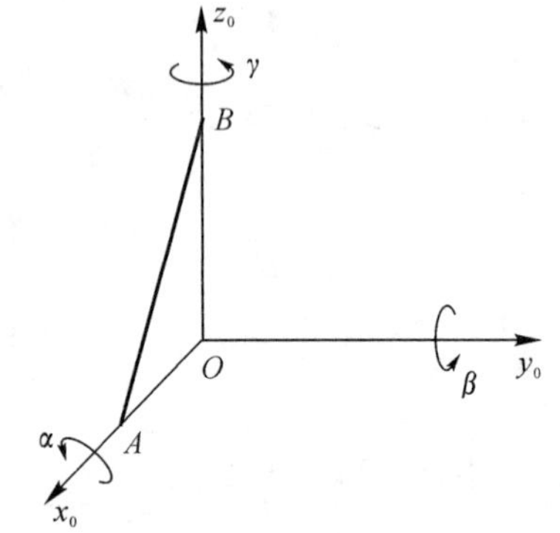

图 2-28　题 2-5 图

2-6　如图 2-29 所示，圆柱体 B 绕定点 O 运动，其对称轴 Oz 沿某定圆锥（顶点为 O，半顶角为 θ，对称轴为 Oz_0）之表面运动，其角速度为 ω_1；圆柱体之自转角速度为 ω_2。试用参数 θ、ω_1、ω_2 和时间 t 来表示圆柱体的连体坐标系 $Oxyz$ 相对定坐标系 $Ox_0y_0z_0$ 的方向余弦矩阵。

2-7　如图 2-30 所示，一长方体在 O 端用球铰链同天花板连接，长方体的各边长为 $OA=a$，$OB=b$，$OC=c$，在图示位置时长方体的角速度和角加速度分别为 $\boldsymbol{\omega}=3\boldsymbol{i}+4\boldsymbol{j}$ (rad/s) 和 $\boldsymbol{\varepsilon}=2\boldsymbol{i}+3\boldsymbol{k}$ (rad/s^2)，这里 $\boldsymbol{i}$、$\boldsymbol{j}$、$\boldsymbol{k}$ 为长方体的连体坐标系 $Oxyz$ 的坐标轴单位矢。试求在图示位置时点 D 的速度和加速度。

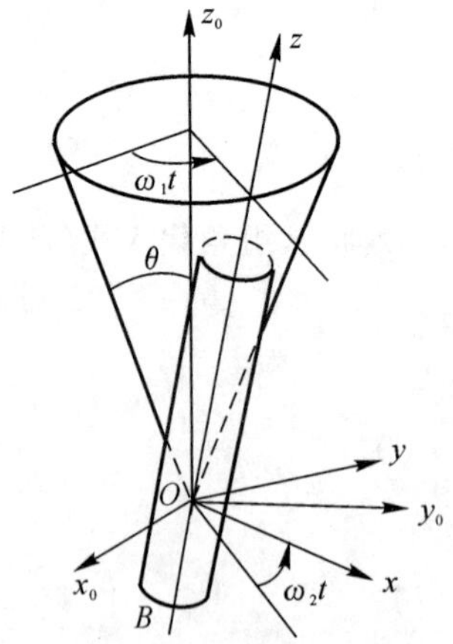

图 2-29　题 2-6 图

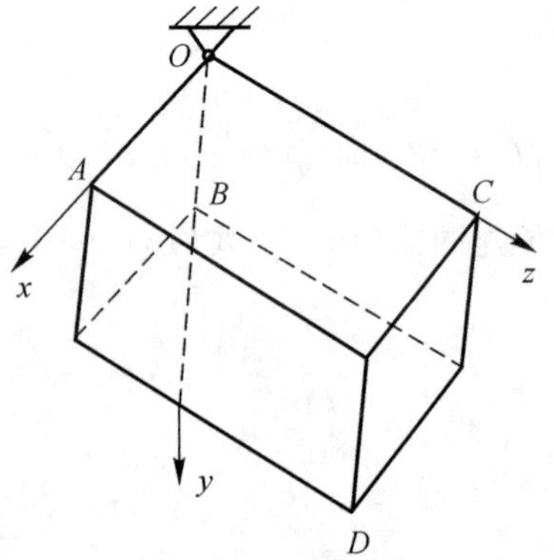

图 2-30　题 2-7 图

2-8　如图 2-31 所示，三自由度框架陀螺仪的外环以匀角速度 ω_3 绕固定轴 z_0 转动，内环相对外环以匀角速度 ω_2 绕轴 y_1 转动，半径为 r 的圆盘相对内环以匀角速度 ω_1 绕轴 x_2 转动。求在图示位置时圆盘上点 A 的速度和加速度。

2-9　如图 2-32 所示，节圆半径为 r 的锥齿轮 Ⅰ 由绕固定轴 Oz 按规律 $\theta=3t^2$ (rad) 转动

的曲柄 OA 带动，沿节圆半径为 $2r$ 的固定锥齿轮 Ⅱ 纯滚动，试求 $t=1$(s) 时：

(1) 齿轮 Ⅰ 的角速度和角加速度；

(2) 齿轮 Ⅰ 上点 B 的速度和加速度。

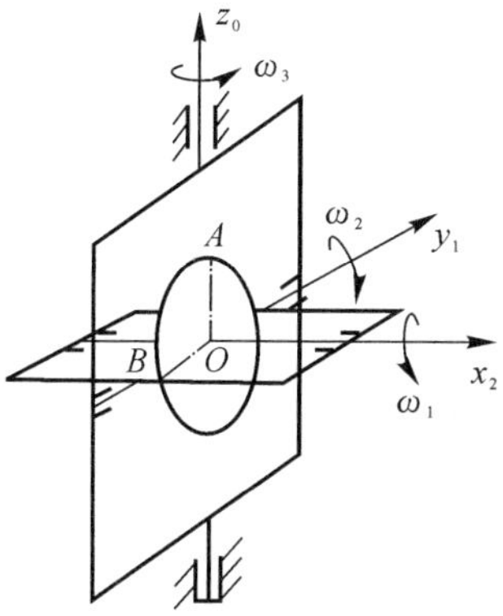

图 2-31　题 2-8 图

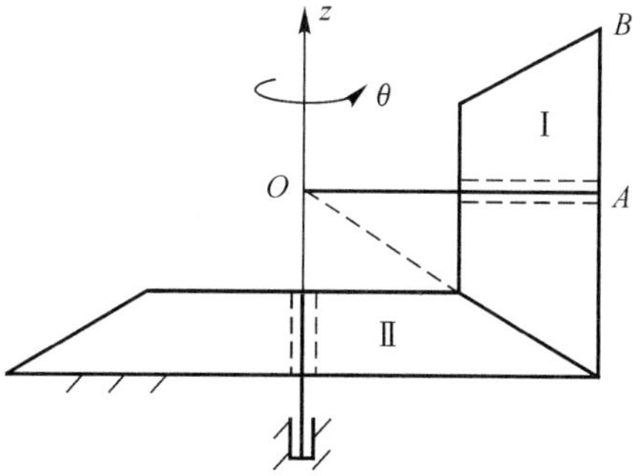

图 2-32　题 2-9 图

2-10　如图 2-33 所示，设某刚体绕定点 O 运动的规律为 $\psi=2t$(rad)，$\theta=t+\pi/6$(rad)，$\varphi=3t$(rad)，这里 ψ、θ、φ 为刚体的连体坐标系 $Oxyz$ 相对固定坐标系 $Ox_0y_0z_0$ 的欧拉角。求在 $t=\dfrac{\pi}{3}$(s) 时：

(1) 该刚体的角速度和角加速度；

(2) 连体坐标系相对固定坐标系的方向余弦矩阵；

(3) 连体坐标系相对固定坐标系的欧拉轴及欧拉转角。

2-11　如图 2-34 所示，轮子 E 以匀角速度 $\omega=5$ rad/s 绕固定轴 Oy 转动，其半径 $ED=0.3$ m。连杆 CD 的两端分别用球铰链与滑块和轮子相连，滑块 C 可沿导轨 AB 滑动。在图示瞬时，ED 平行于轴 Ox，试求该瞬时点 C 的速度、加速度以及连杆 CD 的角速度和角加速度。

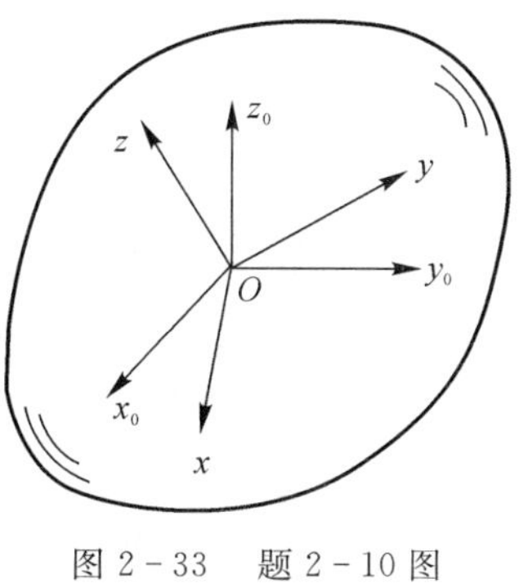

图 2-33　题 2-10 图

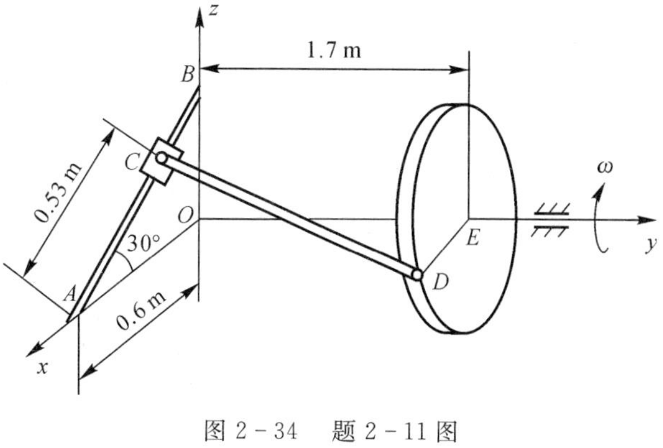

图 2-34　题 2-11 图

2-12　如图 2-35 所示，设有一动系 $Oxyz$ 相对于定系 $O_0x_0y_0z_0$ 作空间一般运动，其运动方程为 $x_O=2\sin\dfrac{\pi t}{6}$，$y_O=3\cos\dfrac{\pi t}{3}$，$z_O=2t$，$\psi=\dfrac{2\pi}{3}t$，$\theta=\dfrac{\pi}{6}t$，$\varphi=\dfrac{\pi}{4}t$，这里 x_O、y_O、z_O 为点 O 在固定参考系 $O_0x_0y_0z_0$ 中的直角坐标(单位为 m)，ψ、θ、φ 为动系 $Oxyz$ 相对于定系

$O_0x_0y_0z_0$ 的欧拉角(单位为 rad)。设有一动点 M 相对于动系 $Oxyz$ 的运动方程为 $x=3\cos\dfrac{\pi t}{3}, y=2\sin\dfrac{\pi t}{4}, z=\sin\dfrac{\pi t}{6}$(单位为 m),试求动点 M 的绝对加速度。

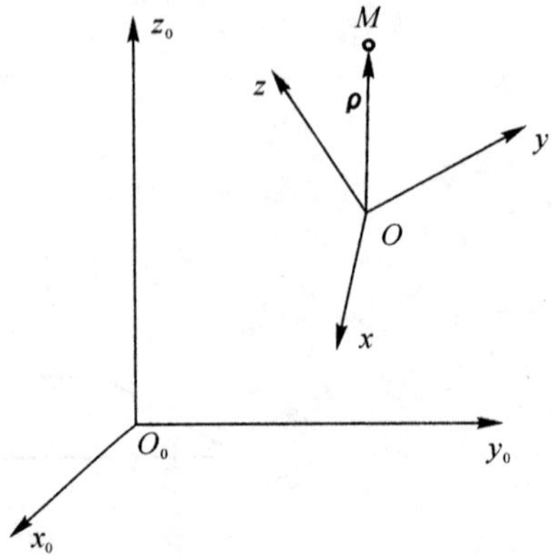

图 2-35　题 2-12 图

第 3 章　刚体的空间运动动力学

刚体动力学是研究刚体的运动和作用在刚体上的力之间的关系的。在理论力学中已介绍过刚体的定轴转动和平面运动的动力学内容，因此，本章将主要讲述刚体的空间运动动力学（即刚体的定点运动和空间一般运动的动力学）内容。在讲述这些内容时，需用到惯量矩阵这一概念，下面首先来介绍这一概念。

3.1　惯量矩阵的概念与定点运动刚体的动量矩

牛顿第二定律建立了质点的运动与受力之间的关系：$m\boldsymbol{a}=\boldsymbol{F}$。该式包含三方面的量：作用在质点上的力 $\boldsymbol{F}$、描述质点运动的加速度物理量 $\boldsymbol{a}$ 和描述质点惯性的物理量 m。同样，在刚体动力学研究中，除了涉及刚体的受力分析、运动学分析外，还需研究描述刚体惯性性质的物理量之一 —— 惯量矩阵。

首先考察作定点运动的刚体对此定点的动量矩。

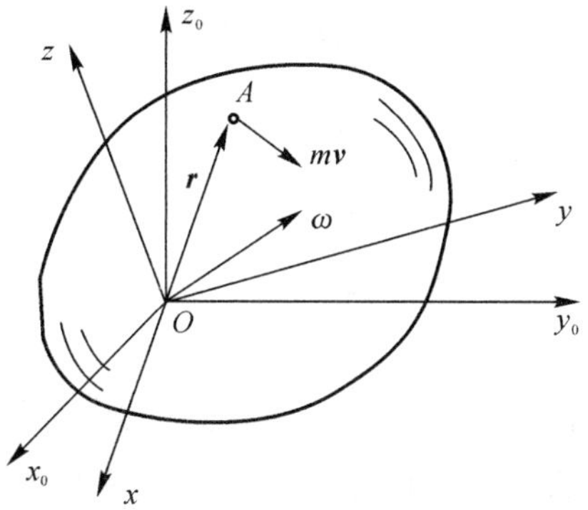

图 3-1　作定点运动的刚体

如图 3-1 所示，设某刚体相对固定参考系 $Ox_0y_0z_0$ 绕定点 O 运动，其运动的角速度为 $\boldsymbol{\omega}$。在刚体上任取一质点 A，其质量为 m、矢径为 $\boldsymbol{r}$、速度为 $\boldsymbol{v}$，则刚体对点 O 的动量矩可表达为

$$\boldsymbol{H}_0=\sum \boldsymbol{r}\times m\boldsymbol{v}=\sum m\boldsymbol{r}\times(\boldsymbol{\omega}\times\boldsymbol{r})=-\sum m\boldsymbol{r}\times(\boldsymbol{r}\times\boldsymbol{\omega}) \tag{3.1.1}$$

将式(3.1.1) 写成在连体坐标系 $Oxyz$ 中的矩阵形式，即为

$$\{H_0\}=(-\sum m[\tilde{r}]^2)\{\omega\} \tag{3.1.2}$$

或

$$\{H_0\}=[J]\{\omega\} \tag{3.1.3}$$

式中

$$[J]=-\sum m[\tilde{r}]^2 \tag{3.1.4a}$$

显然,矩阵$[J]$取决于刚体上各质点的质量以及这些质量相对连体坐标系$Oxyz$的分布情况,它与刚体的运动无关,是一个常矩阵。称矩阵$[J]$为刚体相对连体坐标系$Oxyz$的**惯量矩阵**。式(3.1.3)就是作定点运动的刚体对此定点的动量矩的矩阵形式的表达式。

考虑到$-[\tilde{r}]^2=r^2[E]-\{r\}\{r\}^{\mathrm{T}}$(证明从略),这样式(3.1.4a)还可写为

$$[J]=\sum m(r^2[E]-\{r\}\{r\}^2) \tag{3.1.4b}$$

设刚体上任一质点的矢径$\boldsymbol{r}$在轴Ox、Oy和Oz上的投影分别为x、y和z,这样矢径$\boldsymbol{r}$在连体坐标系$Oxyz$中的坐标方阵可表达为

$$[\tilde{r}]=\begin{bmatrix}0 & -z & y\\ z & 0 & -x\\ -y & x & 0\end{bmatrix} \tag{3.1.5}$$

将式(3.1.5)代入式(3.1.4a)后,得到

$$[J]=\begin{bmatrix}J_{xx} & -J_{xy} & -J_{zx}\\ -J_{xy} & J_{yy} & -J_{yz}\\ -J_{zx} & -J_{yz} & J_{zz}\end{bmatrix} \tag{3.1.6}$$

式中

$$\left.\begin{aligned}J_{xx}&=\sum m(y^2+z^2)\\ J_{yy}&=\sum m(x^2+z^2)\\ J_{zz}&=\sum m(x^2+y^2)\\ J_{xy}&=\sum mxy\\ J_{xz}&=\sum mxz\\ J_{yz}&=\sum myz\end{aligned}\right\} \tag{3.1.7}$$

分别称J_{xx}、J_{yy}、J_{zz}为刚体对轴Ox、Oy、Oz的**转动惯量**,分别称J_{xy}、J_{yz}、J_{zx}为刚体对轴Ox、Oy,Oy、Oz和Oz、Ox的**惯量积**。由式(3.1.6)可以看出惯量矩阵$[J]$为一实对称矩阵。

3.2 移心公式与转轴公式

刚体相对其上不同连体坐标系的惯量矩阵是不同的,那么这些惯量矩阵之间存在什么样的关系呢?下面分三种情况加以介绍。

1. 移心公式

以刚体的质心为坐标原点的连体坐标系称为**质心连体坐标系**,坐标原点不是刚体质心的连体坐标系称为**非质心连体坐标系**。如图3-2所示,设坐标系$C\xi\eta\zeta$和$Oxyz$分别是某一刚体

的质心连体坐标系和非质心连体坐标系，且轴 $C\xi$、$C\eta$、$C\zeta$ 分别与轴 Ox、Oy、Oz 的指向相同。下面来研究刚体相对坐标系 $C\xi\eta\zeta$ 和坐标系 $Oxyz$ 的惯量矩阵间的关系。

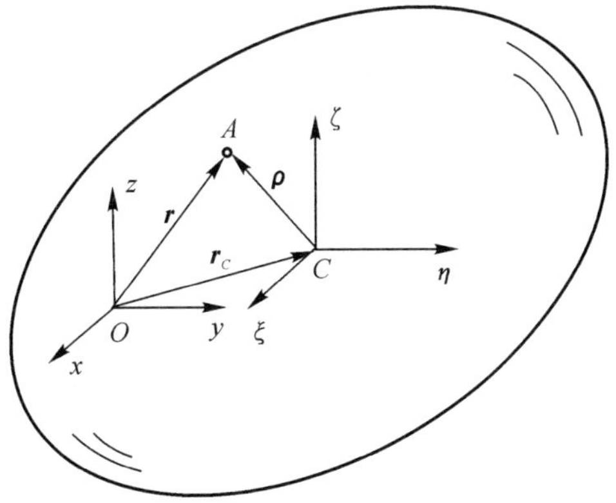

图 3-2　质心连体坐标系和非质心连体坐标系

在刚体上任取一质点 A，其质量为 m，该质点相对点 O 和质心 C 的矢径分别为 $\boldsymbol{r}$ 和 $\boldsymbol{\rho}$，质心 C 相对点 O 的矢径为 $\boldsymbol{r}_C$，这样刚体相对坐标系 $Oxyz$ 的惯量矩阵为

$$[J]_O = -\sum m[\tilde{r}]^2 \tag{3.1.8}$$

式中 $[\tilde{r}]$ 表示矢量 $\boldsymbol{r}$ 在坐标系 $Oxyz$ 中的坐标方阵。考虑到

$$\boldsymbol{r} = \boldsymbol{r}_C + \boldsymbol{\rho} \tag{3.1.9}$$

故有

$$[\tilde{r}] = [\tilde{r}_C] + [\tilde{\rho}] \tag{3.1.10}$$

式中 $[\tilde{r}_C]$ 和 $[\tilde{\rho}]$ 分别表示矢量 $\boldsymbol{r}_C$ 和 $\boldsymbol{\rho}$ 在坐标系 $Oxyz$ 中的坐标方阵。将式(3.1.10) 代入式(3.1.8)，得

$$\begin{aligned}[J]_O = &-\sum m[\tilde{r}_C]^2 - \sum m[\tilde{\rho}][\tilde{r}_C] - \sum m[\tilde{r}_C][\tilde{\rho}] - \sum m[\tilde{\rho}]^2 = \\ &-\left(\sum m\right)[\tilde{r}_C]^2 - \left(\sum m[\tilde{\rho}]\right)[\tilde{r}_C] - [\tilde{r}_C]\left(\sum m[\tilde{\rho}]\right) - \sum m[\tilde{\rho}]^2\end{aligned} \tag{3.1.11}$$

设刚体的质量为 M，则有

$$\sum m = M \tag{3.1.12}$$

由于点 C 为刚体的质心，故有

$$\sum m\boldsymbol{\rho} = \boldsymbol{0} \tag{3.1.13}$$

将矢量式(3.1.13) 写成在坐标系 $Oxyz$ 中的矩阵形式，即为

$$\sum m[\tilde{\rho}] = \boldsymbol{0} \tag{3.1.14}$$

由于轴 $C\xi$、$C\eta$、$C\zeta$ 分别与轴 Ox、Oy、Oz 的指向相同，所以 $[\tilde{\rho}]$ 也是矢量 $\boldsymbol{\rho}$ 在坐标系 $C\xi\eta\zeta$ 中的坐标方阵。这样 $-\sum m[\tilde{\rho}]^2$ 就是刚体相对质心连体坐标系 $C\xi\eta\zeta$ 的惯量矩阵 $[J]_C$，即

$$-\sum m[\tilde{\rho}]^2 = [J]_C \tag{3.1.15}$$

将式(3.1.12)、式(3.1.14) 和式(3.1.15) 代入式(3.1.11) 后，得到

$$[J]_O=[J]_C-M[\tilde{r}_C]^2 \tag{3.1.16}$$

这就是刚体相对坐标系 $C\xi\eta\zeta$ 和坐标系 $Oxyz$ 的惯量矩阵间的关系式。此式称为**移心公式**。令式(3.1.16)等号两边矩阵的对应元素相等,可得

$$\left.\begin{aligned}J_{xx}&=J_{\xi\xi}+M(y_C^2+z_C^2)\\J_{yy}&=J_{\eta\eta}+M(z_C^2+x_C^2)\\J_{zz}&=J_{\zeta\zeta}+M(x_C^2+y_C^2)\\J_{xy}&=J_{\xi\eta}+Mx_Cy_C\\J_{yz}&=J_{\eta\zeta}+My_Cz_C\\J_{zx}&=J_{\zeta\xi}+Mz_Cx_C\end{aligned}\right\} \tag{3.1.17}$$

式中 x_C、y_C、z_C 为刚体的质心在坐标系 $Oxyz$ 中的坐标。式(3.1.17)称为**转动惯量和惯量积的平行轴公式**。

2. 转轴公式

如图 3-3 所示,设坐标系 $Ox_1y_1z_1$ 和 $Ox_2y_2z_2$ 是某刚体的两套共原点连体坐标系。下面来研究刚体相对这两套坐标系的惯量矩阵间的关系。

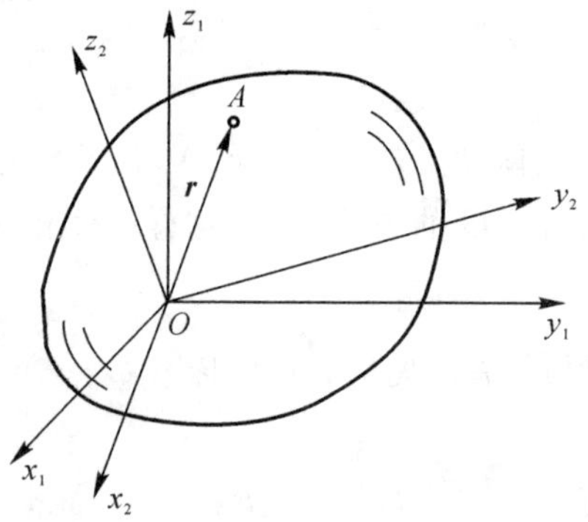

图 3-3　两套共原点连体坐标系

在刚体上任取一质点 A,其质量为 m、矢径为 $\boldsymbol{r}$,则刚体相对坐标系 $Ox_1y_1z_1$ 和 $Ox_2y_2z_2$ 的惯量矩阵可分别表示为

$$[J]_1=-\sum m[\tilde{r}]_1^2 \tag{3.1.18}$$

$$[J]_2=-\sum m[\tilde{r}]_2^2 \tag{3.1.19}$$

式中 $[\tilde{r}]_1$ 和 $[\tilde{r}]_2$ 分别表示矢量 $\boldsymbol{r}$ 在坐标系 $Ox_1y_1z_1$ 和 $Ox_2y_2z_2$ 中的坐标方阵。根据方向余弦矩阵的性质 2,有

$$[\tilde{r}]_1=[C^{12}][\tilde{r}]_2[C^{12}]^{\mathrm{T}} \tag{3.1.20}$$

式中 $[C^{12}]$ 表示坐标系 $Ox_2y_2z_2$ 相对坐标系 $Ox_1y_1z_1$ 的方向余弦矩阵。将式(3.1.20)代入式(3.1.18)后,得到

$$[J]_1=[C^{12}]\left(-\sum m[\tilde{r}]_2^2\right)[C^{12}]^{\mathrm{T}} \tag{3.1.21}$$

即

$$[J]_1=[C^{12}][J]_2[C^{12}]^{\mathrm{T}} \tag{3.1.22}$$

这就是刚体相对其上两套共原点连体坐标系的惯量矩阵间的关系式。此式称为**转轴公式**。

3. 刚体相对其上任意两套连体坐标系的惯量矩阵间的关系

根据移心公式和转轴公式,可以进一步建立刚体相对其上任意两套连体坐标系的惯量矩阵间的关系式。

如图 3-4 所示,设坐标系 $O_1x_1y_1z_1$ 和 $O_2x_2y_2z_2$ 是某刚体的任意两套连体坐标系。下面来建立刚体相对这两套坐标系的惯量矩阵间的关系式。

分别以点 O_1 和刚体的质心 C 为原点建立连体坐标系 $O_1x'y'z'$ 和连体坐标系 $C\xi\eta\zeta$,且使轴 O_1x'、O_1y' 和 O_1z' 分别与轴 O_2x_2、O_2y_2 和 O_2z_2 的指向相同,轴 $C\xi$、$C\eta$、$C\zeta$ 分别与轴

O_2x_2、O_2y_2 和 O_2z_2 的指向相同。根据移心公式，有

$$[J]_2=[J]_C-M[\tilde{r}_C]^2 \tag{3.1.23}$$

$$[J]'=[J]_C-M[\tilde{R}_C]^2 \tag{3.1.24}$$

式中$[J]_2$、$[J]_C$ 和$[J]'$ 分别表示刚体相对坐标系 $O_2x_2y_2z_2$、$C\xi\eta\zeta$、$O_1x'y'z'$ 的惯量矩阵，$[\tilde{r}_C]$、$[\tilde{R}_C]$ 分别表示有向线段$\overrightarrow{O_2C}$ 和$\overrightarrow{O_1C}$ 在坐标系 $O_2z_2y_2z_2$ 中的坐标方阵，M 表示刚体的质量。将式(3.1.23) 和式(3.1.24) 相减，得

$$[J]_2-[J]'=M([\tilde{R}_C]^2-[\tilde{r}_C]^2) \tag{3.1.25}$$

即

$$[J]'=[J]_2-M([\tilde{R}_C]^2-[\tilde{r}_C]^2) \tag{3.1.26}$$

根据转轴公式，有

$$[J]_1=[C][J]'[C]^{\mathrm{T}} \tag{3.1.27}$$

式中$[J]_1$ 表示刚体相对坐标系 $O_1x_1y_1z_1$ 的惯量矩阵，$[C]$ 表示坐标系 $O_1x'y'z'$ 相对坐标系 $O_1x_1y_1z_1$ 的方向余弦矩阵。将式(3.1.26) 代入式(3.1.27) 后，得到

$$[J]_1=[C]([J]_2-M([\tilde{R}_C]^2-[\tilde{r}_C]^2))[C]^{\mathrm{T}} \tag{3.1.28}$$

考虑到轴 O_1x'、O_1y' 和 O_1z' 分别与轴 O_2x_2、O_2y_2 和 O_2z_2 的指向向同，因此坐标系 $O_2x_2y_2z_2$ 相对坐标系 $O_1x_1y_1z_1$ 的方向余弦矩阵等于坐标系 $O_1x'y'z'$ 相对坐标系 $O_1x_1y_1z_1$ 的方向余弦矩阵，即有

$$[C^{12}]=[C] \tag{3.1.29}$$

将式(3.1.29) 代入式(3.1.28) 后，得到

$$[J]_1=[C^{12}]([J]_2-M([\tilde{R}_C]^2-[\tilde{r}_C]^2))[C^{12}]^{\mathrm{T}} \tag{3.1.30}$$

该式即为刚体相对其上任意两套连体坐标系的惯量矩阵间的关系式。

例 3.1　如图 3-5 所示，已知某一刚体相对连体坐标系 $Oxyz$ 的惯量矩阵为$[J]$，轴 ON 在坐标系 $Oxyz$ 中的方向角为(α,β,γ)，求该刚体对轴 ON 的转动惯量。

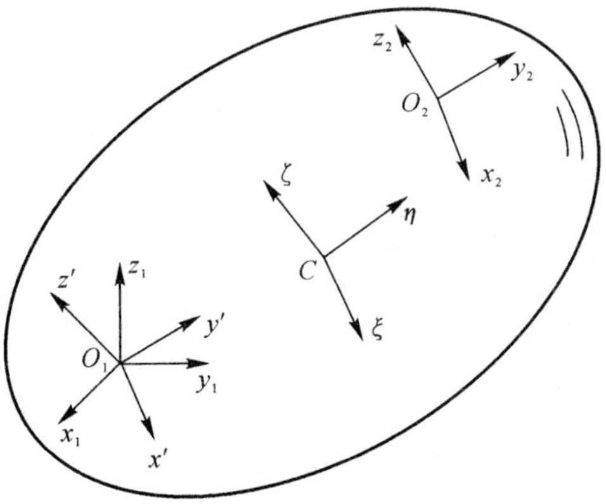

图 3-4　连体坐标系

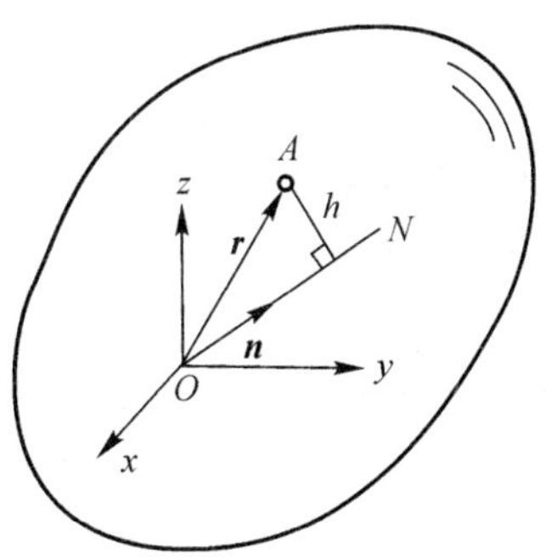

图 3-5　例 3.1 图

解　在刚体上任取一质点 A，其质量为 m，该点至轴 ON 的距离为 h，则刚体对轴 ON 的转动惯量可表达为

$$J_{ON}=\sum mh^2 \tag{1}$$

设质点 A 的矢径为 $\boldsymbol{r}$，沿轴线 ON 的单位矢为 $\boldsymbol{n}$，这样质点 A 至轴线 ON 的距离的平方可表达为

$$h^2 = r^2 - (\boldsymbol{r}\cdot\boldsymbol{n})^2 = r^2\boldsymbol{n}\cdot\boldsymbol{n} - (\boldsymbol{n}\cdot\boldsymbol{r})(\boldsymbol{r}\cdot\boldsymbol{n}) =$$
$$r^2\{n\}^{\mathrm{T}}\{n\} - \{n\}^{\mathrm{T}}\{r\}\{r\}^{\mathrm{T}}\{n\} = \{n\}^{\mathrm{T}}(r^2[E] - \{r\}\{r\}^{\mathrm{T}})\{n\} \tag{2}$$

将式(2) 代入式(1) 后，得到

$$J_{ON} = \{n\}^{\mathrm{T}}\left(\sum m(r^2[E] - \{r\}\{r\}^{\mathrm{T}})\right)\{n\} \tag{3}$$

由于轴 ON 在坐标系 $Oxyz$ 中的方向角为(α,β,γ)，所以单位矢 $\boldsymbol{n}$ 在坐标系 $Oxyz$ 中的坐标列阵为

$$\{n\} = \begin{Bmatrix} \cos\alpha \\ \cos\beta \\ \cos\gamma \end{Bmatrix} \tag{4}$$

又考虑到

$$\sum m(r^2[E] - \{r\}\{r\}^{\mathrm{T}}) = [J] = \begin{bmatrix} J_{xx} & -J_{xy} & -J_{zx} \\ -J_{xy} & J_{yy} & J_{yz} \\ -J_{zx} & -J_{yz} & -J_{zz} \end{bmatrix} \tag{5}$$

将式(4) 和式(5) 代入式(3) 后，得到刚体对轴 ON 的转动惯量为

$$J_{ON} = J_{xx}\cos^2\alpha + J_{yy}\cos^2\beta + J_{zz}\cos^2\gamma - 2J_{xy}\cos\alpha\cos\beta - 2J_{yz}\cos\beta\cos\gamma - 2J_{zx}\cos\gamma\cos\alpha \tag{6}$$

3.3 定点运动和空间一般运动刚体的动能表达式

本节将应用惯量矩阵的概念分别推导：① 定点运动刚体的动能表达式；② 空间一般运动刚体的动能表达式。

1. 定点运动刚体的动能表达式

如图 3-6 所示，设某刚体相对固定参考系 $Ox_0y_0z_0$ 绕定点 O 运动，其运动的角速度为 $\boldsymbol{\omega}$。在刚体上任取一质点 A，其质量为 m、矢径为 $\boldsymbol{r}$，则该质点的速度可表达为

$$\boldsymbol{v} = \boldsymbol{\omega}\times\boldsymbol{r} = -\boldsymbol{r}\times\boldsymbol{\omega} \tag{3.3.1}$$

引入连体坐标系 $Oxyz$，并将矢量式(3.3.1) 写成在该连体坐标系中的矩阵形式，则有

$$\{v\} = -[\tilde{r}]\{\omega\} \tag{3.3.2}$$

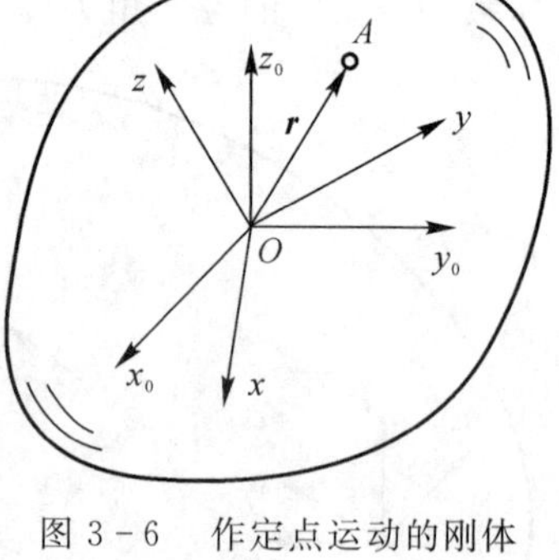

图 3-6　作定点运动的刚体

于是刚体的动能可表达为

$$T = \frac{1}{2}\sum m\boldsymbol{v}\cdot\boldsymbol{v} = \frac{1}{2}\sum m\{v\}^{\mathrm{T}}\{v\} \tag{3.3.3}$$

将式(3.3.2) 代入式(3.3.3)，得

$$T = \frac{1}{2}\{\omega\}^{\mathrm{T}}\left(\sum m[\tilde{r}]^{\mathrm{T}}[\tilde{r}]\right)\{\omega\} = \frac{1}{2}\{\omega\}^{\mathrm{T}}\left(-\sum m[\tilde{r}]^2\right)\{\omega\} \tag{3.3.4}$$

考虑到$[J] = -\sum m[\tilde{r}]^2$ 为刚体相对连体坐标系 $Oxyz$ 的惯量矩阵，于是式(3.3.4) 可以写为

$$T=\frac{1}{2}\{\omega\}^{\mathrm{T}}[J]\{\omega\} \tag{3.3.5}$$

这就是作定点运动的刚体的动能表达式。

2. 空间一般运动刚体的动能表达式

如图 3－7 所示，设某刚体相对固定参考系 $O_0x_0y_0z_0$ 作空间一般运动。引入刚体的质心连体坐标系 $C\xi\eta\zeta$ 和质心平动坐标系 $Cx'y'z'$，根据柯尼希定理(理论力学中已介绍过该定理)，有

$$T=\frac{1}{2}Mv_C^2+T_{\mathrm{r}} \tag{3.3.6}$$

式中 T、T_{r} 分别表示刚体相对固定参考系和相对质心平动坐标系运动的动能，M 表示刚体的质量，v_C 表示刚体质心相对固定参考系的速度大小。

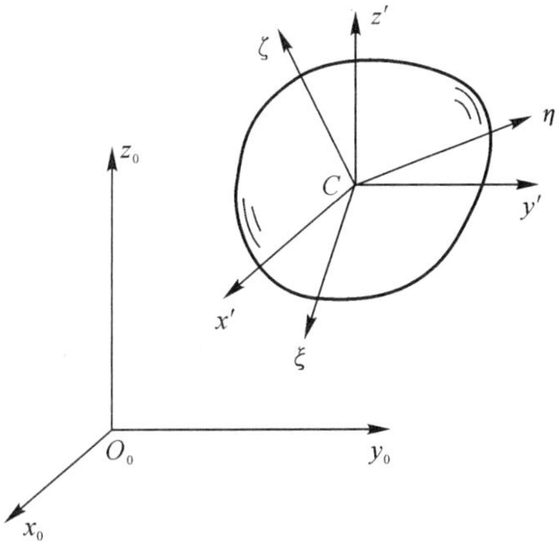

图 3－7　作空间一般运动的刚体

考虑到刚体相对质心平动坐标系的运动为绕质心的定点运动，因此，有

$$T_{\mathrm{r}}=\frac{1}{2}\{\omega\}^{\mathrm{T}}[J]_C\{\omega\} \tag{3.3.7}$$

式中 $\{\omega\}$ 表示刚体相对固定参考系的角速度矢量在质心连体坐标系中的坐标列阵，$[J]_C$ 表示刚体相对质心连体坐标系的惯量矩阵。将式(3.3.7) 代入式(3.3.6) 后，即可得到作空间一般运动的刚体的动能表达式为

$$T=\frac{1}{2}Mv_C^2+\frac{1}{2}\{\omega\}^{\mathrm{T}}[J]_C\{\omega\} \tag{3.3.8}$$

3.4　刚体的惯量主轴坐标系及其确定方法

刚体相对其上任一套连体坐标系的惯量矩阵均为实对称矩阵，如果刚体相对其上某一连体坐标系 $Oxyz$ 的惯量矩阵恰好为一对角线矩阵，则称该坐标系为刚体在点 O 处的**惯量主轴坐标系**，称轴 Ox、Oy 和 Oz 为刚体在点 O 处的**惯量主轴**。刚体在其质心处的惯量主轴坐标系也称为刚体的**中心惯量主轴坐标系**，该坐标系的三根坐标轴称为刚体的**中心惯量主轴**。那么刚体在其上任意一点处是否一定存在惯量主轴坐标系呢？回答是肯定的。证明如下：

如图 3－8 所示，设点 O 是刚体上的任意一点，坐标系 $Ox_1y_1z_1$ 是刚体上的任意一套连体坐标系，刚体相对该坐标系的惯量矩阵为 $[J]_1$。由于矩阵 $[J]_1$ 为一实对称矩阵，根据线性代数理论，一定存在一个正交矩阵

$$[A]=\begin{bmatrix} c_{11} & c_{12} & c_{13} \\ c_{21} & c_{22} & c_{23} \\ c_{31} & c_{32} & c_{33} \end{bmatrix} \tag{3.4.1}$$

使得

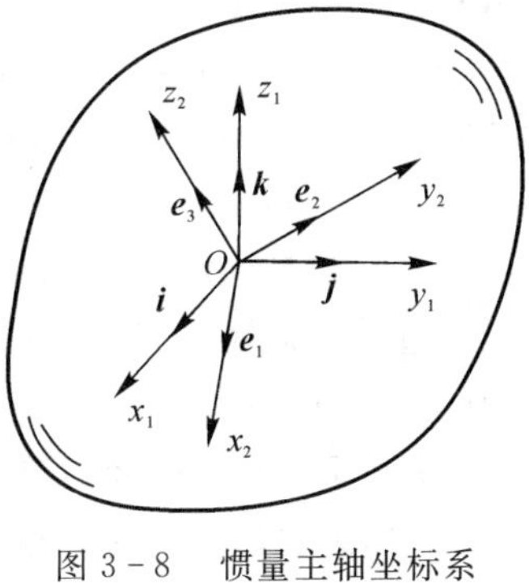

图 3－8　惯量主轴坐标系

$$[A]^{T}[J]_1[A]=\begin{bmatrix}\lambda_1 & 0 & 0\\ 0 & \lambda_2 & 0\\ 0 & 0 & \lambda_3\end{bmatrix} \tag{3.4.2}$$

以点 O 为原点分边作出以下三个矢量：

$$\boldsymbol{e}_1=c_{11}\boldsymbol{i}+c_{21}\boldsymbol{j}+c_{31}\boldsymbol{k} \tag{3.4.3}$$

$$\boldsymbol{e}_2=c_{12}\boldsymbol{i}+c_{22}\boldsymbol{j}+c_{32}\boldsymbol{k} \tag{3.4.4}$$

$$\boldsymbol{e}_3=c_{13}\boldsymbol{i}+c_{23}\boldsymbol{j}+c_{33}\boldsymbol{k} \tag{3.4.5}$$

式中 $\boldsymbol{i}$、$\boldsymbol{j}$、$\boldsymbol{k}$ 分别表示沿轴 Ox_1、Oy_1 和 Oz_1 正向的单为矢。显然，向量组 $\boldsymbol{e}_1$、$\boldsymbol{e}_2$、$\boldsymbol{e}_3$ 就是矩阵 $[A]$ 的列向量组。考虑到矩阵 $[A]$ 是一正交矩阵，所以向量组 $\boldsymbol{e}_1$、$\boldsymbol{e}_2$、$\boldsymbol{e}_3$ 是正交单位向量组。以点 O 为原点建立刚体的连体坐标系 $Ox_2y_2z_2$，并使其坐标轴单位矢分别为 $\boldsymbol{e}_1$、$\boldsymbol{e}_2$ 和 $\boldsymbol{e}_3$。这样坐标系 $Ox_2y_2z_2$ 相对坐标系 $Ox_1y_1z_1$ 的方向余弦矩阵为

$$[C^{12}]=\begin{bmatrix}c_{11} & c_{12} & c_{13}\\ c_{21} & c_{22} & c_{23}\\ c_{31} & c_{32} & c_{33}\end{bmatrix}=[A] \tag{3.4.6}$$

根据转轴公式，刚体相对坐标系 $Ox_2y_2z_2$ 的惯量矩阵为

$$[J]_2=[C^{21}][J]_1[C^{21}]^{T}=[C^{12}]^{T}[J]_1[C^{12}] \tag{3.4.7}$$

将式(3.4.6)代入式(3.4.7)，得

$$[J]_2=[A]^{T}[J]_1[A] \tag{3.4.8}$$

再将式(3.4.2)代入式(3.4.8)，得到刚体相对坐标系 $Ox_2y_2z_2$ 的惯量矩阵为

$$[J]_2=\begin{bmatrix}\lambda_1 & 0 & 0\\ 0 & \lambda_2 & 0\\ 0 & 0 & \lambda_3\end{bmatrix} \tag{3.4.9}$$

所以坐标系 $Ox_2y_2z_2$ 就是刚体在点 O 处的惯量主轴坐标系。因此，可以说刚体在其上任意一点处一定存在惯量主轴坐标系。

从以上的证明过程，还可以归纳出确定刚体在其上任意一点处的惯量主轴坐标系的步骤：

(1) 由已知的刚体相对连体坐标系 $Ox_1y_1z_1$ 的惯量矩阵 $[J]_1$，求出该矩阵的特征值 λ_1、λ_2、λ_3 以及对应于这些特征值的特征向量 $\boldsymbol{e}'_1$、$\boldsymbol{e}'_2$、$\boldsymbol{e}'_3$；

(2) 将向量组 $\boldsymbol{e}'_1$、$\boldsymbol{e}'_2$、$\boldsymbol{e}'_3$ 进行正交单位化，得到与向量组 $\boldsymbol{e}'_1$、$\boldsymbol{e}'_2$、$\boldsymbol{e}'_3$ 等价的正交单位向量组 $\boldsymbol{e}_1$、$\boldsymbol{e}_2$、$\boldsymbol{e}_3$；

(3) 以这三个正交的单位向量为基矢量建立刚体在点 O 处的连体坐标系 $Ox_2y_2z_2$，则坐标系 $Ox_2y_2z_2$ 就是刚体在点 O 处的惯量主轴坐标系，且刚体对轴 Ox_2、Oy_2、Oz_2 的转动惯量分别为 λ_1、λ_2 和 λ_3。

以上步骤是确定惯量主轴坐标系（即惯量主轴）的普遍方法，但在许多具体问题中，也可以不经过数学运算，而直接根据刚体的几何特性来判断某轴是否为刚体的惯量主轴。下面是常用的两条判断法则：

(1) 如果均质刚体有对称轴，则此轴是该轴上任意一点处的惯量主轴。

(2) 如果均质刚体有对称平面，则垂直此平面的任意轴线是此轴线与对称平面的交点处的惯量主轴。

以上两条法则，读者可自行证明。

3.5　刚体的定点运动微分方程

本节将给出刚体的定点运动微分方程。

如图 3-9 所示，设某刚体相对固定参考系 $Ox_0y_0z_0$ 绕定点 O 运动，连体坐标系 $Oxyz$ 是刚体在点 O 处的惯量主轴坐标系。根据式(3.1.3)，刚体对点 O 的动量矩 $\boldsymbol{H}_O$ 在连体坐标系 $Oxyz$ 中的坐标列阵为

$$\{H_O\}=[J]\{\omega\} \tag{3.5.1}$$

式中$[J]$为刚体相对坐标系 $Oxyz$ 的惯量矩阵，$\{\omega\}$ 为刚体的角速度 $\boldsymbol{\omega}$ 在坐标系 $Oxyz$ 中的坐标列阵。

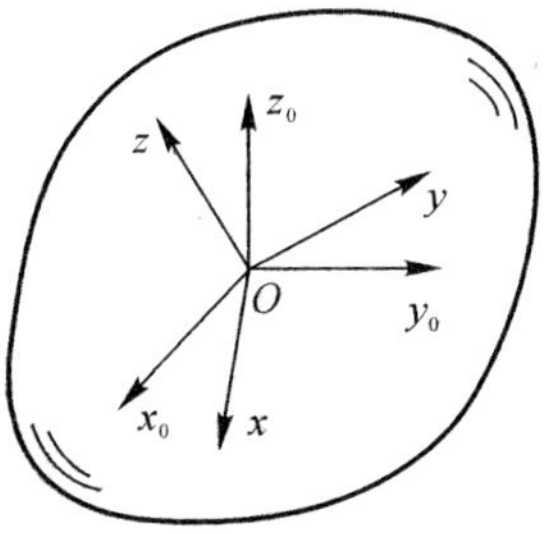

图 3-9　作定点运动的刚体

根据动量矩定理，有

$$\frac{\mathrm{d}\boldsymbol{H}_O}{\mathrm{d}t}=\sum \boldsymbol{m}_O(\boldsymbol{F}) \tag{3.5.2}$$

式中 $\boldsymbol{F}$ 表示作用在刚体上的任意一个力。根据矢量的绝对导数与相对导数的关系，有

$$\frac{\mathrm{d}\boldsymbol{H}_O}{\mathrm{d}t}=\frac{\tilde{\mathrm{d}}\boldsymbol{H}_O}{\mathrm{d}t}+\boldsymbol{\omega}\times\boldsymbol{H}_O \tag{3.5.3}$$

将式(3.5.3) 代入式(3.5.2)，得到

$$\frac{\tilde{\mathrm{d}}\boldsymbol{H}_O}{\mathrm{d}t}+\boldsymbol{\omega}\times\boldsymbol{H}_O=\sum \boldsymbol{m}_O(\boldsymbol{F}) \tag{3.5.4}$$

将矢量式(3.5.4) 写成在坐标系 $Oxyz$ 中的矩阵形式，即为

$$\{\dot{H}_O\}+[\tilde{\omega}]\{H_O\}=\sum\begin{Bmatrix} m_x(\boldsymbol{F}) \\ m_y(\boldsymbol{F}) \\ m_z(\boldsymbol{F})\end{Bmatrix} \tag{3.5.5}$$

将式(3.5.1) 代入式(3.5.5)，得到

$$[J]\{\dot{\omega}\}+[\tilde{\omega}][J]\{\omega\}=\sum\begin{Bmatrix} m_x(\boldsymbol{F}) \\ m_y(\boldsymbol{F}) \\ m_z(\boldsymbol{F})\end{Bmatrix} \tag{3.5.6}$$

考虑到连体坐标系 $Oxyz$ 是刚体在点 O 处的惯量主轴坐标系，故刚体相对坐标系 $Oxyz$ 的惯量矩阵形如

$$[J]=\begin{bmatrix} J_{xx} & 0 & 0 \\ 0 & J_{yy} & 0 \\ 0 & 0 & J_{zz}\end{bmatrix} \tag{3.5.7}$$

设

$$\{\omega\}=\begin{Bmatrix} \omega_x \\ \omega_y \\ \omega_z\end{Bmatrix} \tag{3.5.8}$$

则

$$[\omega]=\begin{bmatrix}0 & -\omega_z & \omega_y\\ \omega_z & 0 & -\omega_x\\ -\omega_y & \omega_x & 0\end{bmatrix} \tag{3.5.9}$$

将式(3.5.7)、式(3.5.8)和式(3.5.9)代入式(3.5.6)，得到

$$\begin{Bmatrix}J_{xx}\dot{\omega}_x+(J_{zz}-J_{yy})\omega_y\omega_z\\ J_{yy}\dot{\omega}_y+(J_{xx}-J_{zz})\omega_x\omega_z\\ J_{zz}\dot{\omega}_z+(J_{yy}-J_{xx})\omega_x\omega_y\end{Bmatrix}=\begin{bmatrix}\sum m_x(\boldsymbol{F})\\ \sum m_y(\boldsymbol{F})\\ \sum m_z(\boldsymbol{F})\end{bmatrix} \tag{3.5.10}$$

即

$$\left.\begin{aligned}J_{xx}\dot{\omega}_x+(J_{zz}-J_{yy})\omega_y\omega_z&=\sum m_x(\boldsymbol{F})\\ J_{yy}\dot{\omega}_y+(J_{xx}-J_{zz})\omega_x\omega_z&=\sum m_y(\boldsymbol{F})\\ J_{zz}\dot{\omega}_z+(J_{yy}-J_{xx})\omega_x\omega_y&=\sum m_z(\boldsymbol{F})\end{aligned}\right\} \tag{3.5.11}$$

这就是**刚体的定点运动微分方程**，它由欧拉首先导出，故又名**欧拉动力学方程**。该方程建立了作用力矩与角速度间的关系，为获得与刚体方位的关系，还需补充运动学方程。如果刚体的方位是用欧拉角描述的，则可补充运动学微分方程式(2.12.35)，即补充如下方程：

$$\left.\begin{aligned}\omega_x&=\dot{\psi}\sin\theta\sin\varphi+\dot{\theta}\cos\varphi\\ \omega_y&=\dot{\psi}\sin\theta\cos\varphi-\dot{\theta}\sin\varphi\\ \omega_z&=\dot{\psi}\cos\theta+\dot{\varphi}\end{aligned}\right\} \tag{3.5.12}$$

联立方程式(3.5.11)和方程式(3.5.12)，即可求解刚体定点运动的动力学两类问题：① 已知运动，求力；② 已知力，求运动。对于后一类问题来说，需要通过数值积分的办法加以解决。

例 3.2　如图 3-10 所示，质量为 m、长为 l 的均质细杆以柱铰 O 与铅垂轴相连，已知铅垂轴以匀角速度 $\boldsymbol{\Omega}$ 转动，试列写出细杆的运动微分方程。

解　取细杆为研究对象。因细杆绕固定点 O 运动，因此，可用欧拉动力学方程列写细杆的运动微分方程。为此建立如图 3-10 所示的细杆的连体坐标系 $Oxyz$，显然，该坐标系就是细杆在点 O 处的惯量主轴坐标系，细杆对轴 Ox、Oy 和 Oz 的转动惯量分别为

$$J_{xx}=\frac{1}{3}ml^2 \tag{1}$$

$$J_{yy}=0 \tag{2}$$

$$J_{zz}=\frac{1}{3}ml^2 \tag{3}$$

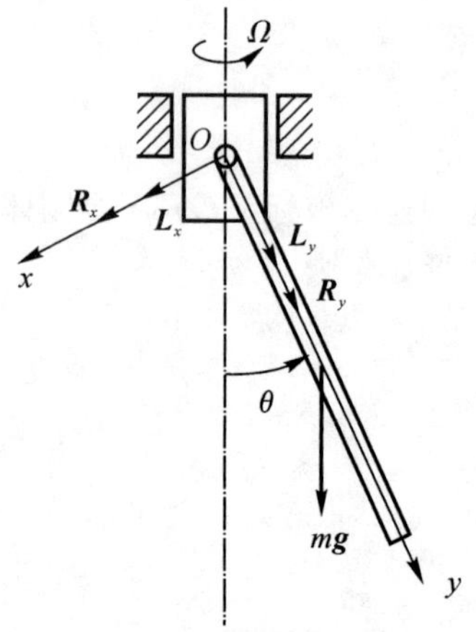

图 3-10　例 3.2 图

根据角速度合成定理，细杆的绝对角速度为

$$\boldsymbol{\omega}=\boldsymbol{\Omega}+\dot{\theta}\boldsymbol{e}_3 \tag{4}$$

式中 θ 为细杆与铅垂线的夹角，$\boldsymbol{e}_3$ 为沿轴 Oz 正向的单位矢。将式(4)分别沿轴 Ox、Oy 和 Oz 投影得

$$\omega_x=-\Omega\sin\theta \tag{5}$$

$$\omega_y=-\Omega\cos\theta \tag{6}$$

$$\omega_z = \dot{\theta} \tag{7}$$

细杆的受力如图 3-10 所示，其中 $\boldsymbol{R}_x$ 和 $\boldsymbol{R}_y$ 分别表示柱铰 O 的约束力沿轴 Ox 和 Oy 方向的两个正交分量，$\boldsymbol{L}_x$ 和 $\boldsymbol{L}_y$ 分别表示柱铰 O 的约束力偶沿轴 Ox 和 Oy 方向的正交分量。这样就有

$$\sum m_x(\boldsymbol{F}) = L_x \tag{8}$$

$$\sum m_y(\boldsymbol{F}) = L_y \tag{9}$$

$$\sum m_z(\boldsymbol{F}) = -\frac{1}{2} mgl\sin\theta \tag{10}$$

将式(1) ～ 式(3)、式(5) ～ 式(10) 代入欧拉动力学方程

$$\left.\begin{aligned} J_{xx}\dot{\omega}_x + (J_{zz} - J_{yy})\omega_y\omega_z = \sum m_x(\boldsymbol{F}) \\ J_{yy}\dot{\omega}_y + (J_{xx} - J_{zz})\omega_x\omega_z = \sum m_y(\boldsymbol{F}) \\ J_{zz}\dot{\omega}_z + (J_{yy} - J_{xx})\omega_x\omega_y = \sum m_z(\boldsymbol{F}) \end{aligned}\right\}$$

后，得到

$$2ml^2\Omega\dot{\theta}\cos\theta = -3L_x \tag{11}$$

$$0 = L_y \tag{12}$$

$$2l\ddot{\theta} - l\Omega^2\sin2\theta + 3g\sin\theta = 0 \tag{13}$$

方程式(13) 即为细杆的运动微分方程。如果已知细杆运动的初始条件 $\theta(0)$ 和 $\dot{\theta}(0)$，可对微分方程式(13) 进行数值积分，从而求得细杆的运动规律 $\theta = \theta(t)$，再代入式(11) 后可进一步求得 $L_x = L_x(t)$。

例 3.3　如图 3-11 所示，设有一球摆由均质球体 A 和均质细圆柱杆 OB 固接而成，球摆的 O 端通过球铰与天花板连接。其中球体 A 的质量为 m_1，半径为 r，细杆 OB 的质量为 m_2，长度为 l。设球摆在某位置上，受到一碰撞而获得某一角速度。试以欧拉角作为广义坐标，建立球摆被碰撞后的运动微分方程。

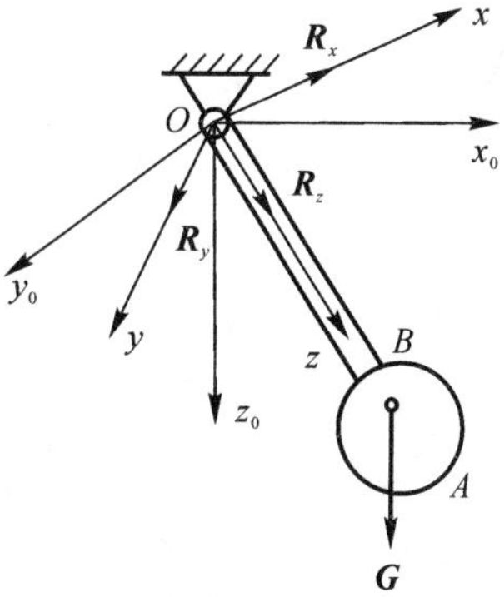

图 3-11　例 3.3 图

解　取球摆为研究对象。考虑到球摆被碰撞后将绕固定点 O 运动，因此，可以应用欧拉动力学方程来建立球摆受碰后的运动微分方程。为此，以点 O 为原点分别建立固定坐标系 $Ox_0y_0z_0$ 和球摆的连体坐标系 $Oxyz$，如图 3-11 所示，其中轴 Oz_0 铅直向下，轴 Oz 与球摆的中轴线重合。显然，坐标系 $Oxyz$ 就是球摆在点 O 处的惯量主轴坐标系。根据欧拉动力学方程，有

$$\left.\begin{aligned} J_{xx}\dot{\omega}_x + (J_{zz} - J_{yy})\omega_y\omega_z = m_x(\boldsymbol{G}) \\ J_{yy}\dot{\omega}_y + (J_{xx} - J_{zz})\omega_x\omega_z = m_y(\boldsymbol{G}) \\ J_{zz}\dot{\omega}_z + (J_{yy} - J_{xx})\omega_x\omega_y = m_z(\boldsymbol{G}) \end{aligned}\right\} \tag{1}$$

式中 $\boldsymbol{G}$ 为球摆的重力。球摆对于轴 Ox、Oy、Oz 的转动惯量分别为

$$\left.\begin{aligned}J_{xx}&=\frac{1}{3}m_2l^2+\frac{2}{5}m_1r^2+m_1(l+r)^2\\J_{yy}&=\frac{1}{3}m_2l^2+\frac{2}{5}m_1r^2+m_1(l+r)^2\\J_{zz}&=\frac{2}{5}m_1r^2\end{aligned}\right\}\tag{2}$$

设球摆的连体坐标系 $Oxyz$ 相对固定坐标系 $Ox_0y_0z_0$ 的欧拉角为 ψ、θ、φ，根据刚体角速度的欧拉角表达式，有

$$\left.\begin{aligned}\omega_x&=\dot{\psi}\sin\theta\sin\varphi+\dot{\theta}\cos\varphi\\\omega_y&=\dot{\psi}\sin\theta\cos\varphi-\dot{\theta}\sin\varphi\\\omega_z&=\dot{\psi}\cos\theta+\dot{\varphi}\end{aligned}\right\}\tag{3}$$

根据理论力学中所给出的力对坐标轴之矩的计算公式，有

$$\left.\begin{aligned}m_x(\boldsymbol{G})&=y_CG_z-z_CG_y\\m_y(\boldsymbol{G})&=z_CG_x-x_CG_z\\m_z(\boldsymbol{G})&=x_CG_y-y_CG_x\end{aligned}\right\}\tag{4}$$

式中 x_C、y_C、z_C 为球摆的重心（即质心）在坐标系 $Oxyz$ 中的坐标，显然，有

$$x_C=y_C=0,\quad z_C=\frac{m_2\dfrac{l}{2}+m_1(l+r)}{m_1+m_2}=\frac{2m_1(l+r)+m_2l}{2(m_1+m_2)}\tag{5}$$

用符号 $\{G\}$、$\{G\}_0$ 分别表示重力 $\boldsymbol{G}$ 在坐标系 $Oxyz$ 和 $Ox_0y_0z_0$ 中的坐标列阵，用符号 $[C]$ 表示坐标系 $Oxyz$ 相对坐标系 $Ox_0y_0z_0$ 的方向余弦矩阵，则有

$$\{G\}=[C]^{\mathrm{T}}\{G\}_0\tag{6}$$

显然

$$\{G\}=\begin{Bmatrix}G_x\\G_y\\G_z\end{Bmatrix}\tag{7}$$

$$\{G\}_0=\begin{Bmatrix}0\\0\\(m_1+m_2)g\end{Bmatrix}\tag{8}$$

根据方向余弦矩阵与欧拉角之间的关系式，有

$$[C]=\begin{bmatrix}\cos\psi\cos\varphi-\sin\psi\cos\theta\sin\varphi & -\cos\psi\sin\varphi-\sin\psi\cos\theta\cos\varphi & \sin\psi\sin\theta\\\sin\psi\cos\varphi+\cos\psi\cos\theta\sin\varphi & -\sin\psi\sin\varphi+\cos\psi\cos\theta\cos\varphi & -\cos\psi\sin\theta\\\sin\theta\sin\varphi & \sin\theta\cos\varphi & \cos\theta\end{bmatrix}\tag{9}$$

将式(7)～式(9)代入式(6)后，可得到

$$\left.\begin{aligned}G_x&=(m_1+m_2)g\sin\theta\sin\varphi\\G_y&=(m_1+m_2)g\sin\theta\cos\varphi\\G_z&=(m_1+m_2)g\cos\theta\end{aligned}\right\}\tag{10}$$

将式(5) 和式(10) 代入式(4)，得到

$$\left.\begin{aligned}
m_x(\boldsymbol{G}) &= -\left[(m_1(l+r)+\frac{1}{2}m_2 l\right]g\sin\theta\cos\varphi\\
m_y(\boldsymbol{G}) &= \left[(m_1(l+r)+\frac{1}{2}m_2 l)\right]g\sin\theta\sin\varphi\\
m_z(\boldsymbol{G}) &= 0
\end{aligned}\right\}\tag{11}$$

将式(2)、式(3) 和式(11) 代入方程式(1)，整理后，得到球摆被碰撞后的运动微分方程为

$$\left.\begin{aligned}
&\left[\frac{1}{3}m_2l^2+\frac{2}{5}m_1r^2+m_1(l+r)^2\right](\ddot{\psi}\sin\theta\sin\varphi+\ddot{\theta}\cos\varphi)+\frac{2}{5}m_1r^2\dot{\varphi}(\dot{\psi}\sin\theta\cos\varphi-\dot{\theta}\sin\varphi)+\\
&\qquad\left[\frac{2}{3}m_2l^2+\frac{2}{5}m_1r^2+2m_1(l+r)^2\right]\dot{\psi}\dot{\theta}\cos\theta\sin\varphi-\left[\frac{1}{6}m_2l^2+\frac{1}{2}m_1(l+r)^2\right]\dot{\psi}^2\sin(2\theta)\cos\varphi=\\
&\qquad-\left[m_1(l+r)+\frac{1}{2}m_2l\right]g\sin\theta\cos\varphi\\
&\left[\frac{1}{3}m_2l^2+\frac{2}{5}m_1r^2+m_1(l+r)^2\right](\ddot{\psi}\sin\theta\cos\varphi-\ddot{\theta}\sin\varphi)-\frac{2}{5}m_1r^2\dot{\varphi}(\dot{\psi}\sin\theta\sin\varphi+\dot{\theta}\cos\varphi)+\\
&\qquad\left[\frac{2}{3}m_2l^2+\frac{2}{5}m_1r^2+2m_1(l+r)^2\right]\dot{\psi}\dot{\theta}\cos\theta\cos\varphi+\left[\frac{1}{6}m_2l^2+\frac{1}{2}m_1(l+r)^2\right]\dot{\psi}^2\sin(2\theta)\sin\varphi=\\
&\qquad\left[m_1(l+r)+\frac{1}{2}m_2l\right]g\sin\theta\sin\varphi\ddot{\psi}\cos\theta-\dot{\psi}\dot{\theta}\sin\theta+\ddot{\varphi}=0
\end{aligned}\right\}\tag{12}$$

方程组(12) 中的第三个方程还可积分为

$$\dot{\psi}\cos\theta+\dot{\varphi}=C\tag{13}$$

其中 C 为积分常数。

如果已知球摆运动的初始条件(即球摆被碰撞结束时的位置和角速度)，则结合此初始条件，再通过数值方法(如龙格-库塔法) 求解方程组(12)，即可进一步得到球摆的运动规律。

3.6　刚体的空间一般运动微分方程

刚体的一般运动可分解为随基点的平动和绕基点的定点运动。如果将基点选为刚体的质心，则刚体的一般运动可分解为随质心的平动和绕质心的定点运动。其中刚体随质心的平动部分可由质心运动定理来描述，而刚体绕质心的定点运动部分可由相对质心的动量矩定理来描述。因此，可以联合应用质心运动定理和相对质心的动量矩定理来推导刚体的空间一般运动微分方程。

如图 3-12 所示，设一刚体在力 $\boldsymbol{F}_1$、$\boldsymbol{F}_2$、…、$\boldsymbol{F}_n$ 的作用下相对固定参考系 $Oxyz$ 作一般运动，刚体的质量为 M，刚体的质心 C 在固定参考系中的坐标为(x_C，y_C，z_C)。根据质心运动定理，有

$$\left.\begin{aligned}
M\ddot{x}_C &= \sum F_x\\
M\ddot{y}_C &= \sum F_y\\
M\ddot{z}_C &= \sum F_z
\end{aligned}\right\}\tag{3.6.1}$$

这就是刚体的质心运动微分方程，它描述了刚体随质心的平动。

下面接着来推导刚体绕质心的定点运动的微分方程。如图 3-12 所示，以刚体的质心 C 为原点分别建立质心连体坐标系 $C\xi\eta\zeta$ 和质心平动坐标系 $Cx'y'z'$。考虑到刚体相对质心平动坐标系的运动为绕质心的定点运动，故刚体相对质心平动坐标系的运动中对质心的动量矩 $\boldsymbol{H}_C^{\mathrm{r}}$ 在质心连体坐标系 $C\xi\eta\zeta$ 中的坐标列阵为

$$\{H_C^{\mathrm{r}}\}=[J]_C\{\omega\} \tag{3.6.2}$$

式中$[J]_C$表示刚体相对质心连体坐标系 $C\xi\eta\zeta$ 的惯量矩阵，$\{\omega\}$表示刚体的角速度矢量 $\boldsymbol{\omega}$ 在质心连体坐标系中的坐标列阵。根据相对质心的动量矩定理，有

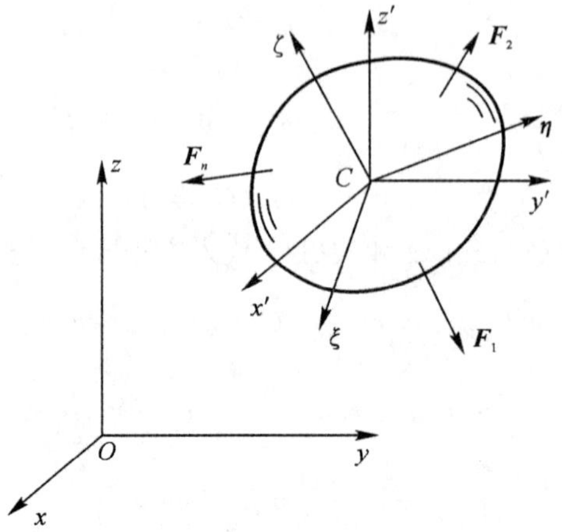

图 3-12　作空间一般运动的刚体

$$\frac{\mathrm{d}\boldsymbol{H}_C^{\mathrm{r}}}{\mathrm{d}t}=\sum \boldsymbol{m}_C(\boldsymbol{F}) \tag{3.6.3}$$

根据矢量的绝对导数与相对导数的关系，有

$$\frac{\mathrm{d}\boldsymbol{H}_C^{\mathrm{r}}}{\mathrm{d}t}=\frac{\tilde{\mathrm{d}}\boldsymbol{H}_C^{\mathrm{r}}}{\mathrm{d}t}+\boldsymbol{\omega}\times\boldsymbol{H}_C^{\mathrm{r}} \tag{3.6.4}$$

式中$\dfrac{\mathrm{d}\boldsymbol{H}_C^{\mathrm{r}}}{\mathrm{d}t}$和$\dfrac{\tilde{\mathrm{d}}\boldsymbol{H}_C^{\mathrm{r}}}{\mathrm{d}t}$分别表示矢量 $\boldsymbol{H}_C^{\mathrm{r}}$ 在固定参考系和质心连体坐标系中对时间的导数。将式(3.6.4)代入式(3.6.3)，得到

$$\frac{\tilde{\mathrm{d}}\boldsymbol{H}_C^{\mathrm{r}}}{\mathrm{d}t}+\boldsymbol{\omega}\times\boldsymbol{H}_C^{\mathrm{r}}=\sum \boldsymbol{m}_C(\boldsymbol{F}) \tag{3.6.5}$$

将矢量式(3.6.5)写成在质心连体坐标系 $C\xi\eta\zeta$ 中的矩阵形式，即为

$$\{\dot{H}_C^{\mathrm{r}}\}+[\tilde{\omega}]\{H_C^{\mathrm{r}}\}=\sum\begin{Bmatrix}m_\xi(\boldsymbol{F})\\ m_\eta(\boldsymbol{F})\\ m_\zeta(\boldsymbol{F})\end{Bmatrix} \tag{3.6.6}$$

再将式(3.6.2)代入式(3.6.6)，得到

$$[J]_C\{\dot{\omega}\}+[\tilde{\omega}][J]_C\{\omega\}=\sum\begin{Bmatrix}m_\xi(\boldsymbol{F})\\ m_\eta(\boldsymbol{F})\\ m_\zeta(\boldsymbol{F})\end{Bmatrix} \tag{3.6.7}$$

如果所建立的质心连体坐标系 $C\xi\eta\zeta$ 正好是刚体的中心惯量主轴坐标系，则刚体相对质心连体坐标系 $C\xi\eta\zeta$ 的惯量矩阵$[J]_C$为对角线矩阵，即

$$[J]_C=\begin{bmatrix}J_{\xi\xi} & 0 & 0\\ 0 & J_{\eta\eta} & 0\\ 0 & 0 & J_{\zeta\zeta}\end{bmatrix} \tag{3.6.8}$$

设

$$\{\omega\}=\begin{Bmatrix}\omega_\xi\\ \omega_\eta\\ \omega_\zeta\end{Bmatrix} \tag{3.6.9}$$

则

$$[\tilde{\omega}]=\begin{bmatrix}0 & -\omega_\zeta & \omega_\eta\\ \omega_\zeta & 0 & -\omega_\xi\\ -\omega_\eta & \omega_\xi & 0\end{bmatrix} \tag{3.6.10}$$

将式(3.6.8)、式(3.6.9)和式(3.6.10)代入式(3.6.7),得到

$$\begin{Bmatrix}J_{\xi\xi}\dot{\omega}_\xi+(J_{\zeta\zeta}-J_{\eta\eta})\omega_\eta\omega_\zeta\\ J_{\eta\eta}\dot{\omega}_\eta+(J_{\xi\xi}-J_{\zeta\zeta})\omega_\xi\omega_\zeta\\ J_{\zeta\zeta}\dot{\omega}_\zeta+(J_{\eta\eta}-J_{\xi\xi})\omega_\xi\omega_\eta\end{Bmatrix}=\begin{Bmatrix}\sum m_\xi(\boldsymbol{F})\\ \sum m_\eta(\boldsymbol{F})\\ \sum m_\zeta(\boldsymbol{F})\end{Bmatrix} \tag{3.6.11}$$

即

$$\left.\begin{aligned}J_{\xi\xi}\dot{\omega}_\xi+(J_{\zeta\zeta}-J_{\eta\eta})\omega_\eta\omega_\zeta&=\sum m_\xi(\boldsymbol{F})\\ J_{\eta\eta}\dot{\omega}_\eta+(J_{\xi\xi}-J_{\zeta\zeta})\omega_\xi\omega_\zeta&=\sum m_\eta(\boldsymbol{F})\\ J_{\zeta\zeta}\dot{\omega}_\zeta+(J_{\eta\eta}-J_{\xi\xi})\omega_\xi\omega_\eta&=\sum m_\zeta(\boldsymbol{F})\end{aligned}\right\} \tag{3.6.12}$$

这就是刚体绕质心的定点运动的微分方程。该方程与前述的刚体绕固定点运动的微分方程式(3.5.11)的形式完全相同。

将方程式(3.6.1)和式(3.6.12)联立,即形成**刚体的空间一般运动微分方程**

$$\left.\begin{aligned}M\ddot{x}_C&=\sum F_x\\ M\ddot{y}_C&=\sum F_y\\ M\ddot{z}_C&=\sum F_z\\ J_{\xi\xi}\dot{\omega}_\xi+(J_{\zeta\zeta}-J_{\eta\eta})\omega_\eta\omega_\zeta&=\sum m_\xi(\boldsymbol{F})\\ J_{\eta\eta}\dot{\omega}_\eta+(J_{\xi\xi}-J_{\zeta\zeta})\omega_\xi\omega_\zeta&=\sum m_\eta(\boldsymbol{F})\\ J_{\zeta\zeta}\dot{\omega}_\zeta+(J_{\eta\eta}-J_{\xi\xi})\omega_\xi\omega_\eta&=\sum m_\zeta(\boldsymbol{F})\end{aligned}\right\} \tag{3.6.13}$$

由于刚体的空间一般运动微分方程中的后三个方程只确立了作用力矩与角速度间的关系,为了获得与刚体方位(即刚体姿态)的关系,还需补充运动学方程。如果刚体的方位是用质心连体坐标系 $C\xi\eta\zeta$ 相对质心平动坐标系 $Cx'y'z'$ 的欧拉角 ψ、θ、φ 来描述的,则可将刚体的角速度与欧拉角之间的关系式

$$\left.\begin{aligned}\omega_\xi&=\dot{\psi}\sin\theta\sin\varphi+\dot{\theta}\cos\varphi\\ \omega_\eta&=\dot{\psi}\sin\theta\cos\varphi-\dot{\theta}\sin\varphi\\ \omega_\zeta&=\dot{\psi}\cos\theta+\dot{\varphi}\end{aligned}\right\} \tag{3.6.14}$$

作为运动学补充方程。将方程式(3.6.13)和式(3.6.14)联立,即可求解刚体空间一般运动的

动力学两类问题：① 已知运动，求力；② 已知力，求运动。对于后一类问题来说，只能通过数值积分的办法加以解决。

例 3.4 如图 3-13 所示，设某一质量为 m 的物体在重力场中自由飞行，它所受到的空气阻力的主矢和对质心 C 的主矩分别为 $\boldsymbol{R}=-k_1\boldsymbol{v}_C$ 和 $\boldsymbol{L}_C=-k_2\boldsymbol{\omega}$。式中 $\boldsymbol{v}_C$ 和 $\boldsymbol{\omega}$ 分别表示物体质心的速度和物体的角速度，k_1 和 k_2 分别为空气对物体的阻力系数和阻力矩系数。试以 x_C、y_C、z_C、ψ、θ、φ 为广义坐标，建立物体的运动微分方程。这里 x_C、y_C、z_C 为物体的质心 C 在固定坐标系 $Oxyz$ 中的坐标，ψ、θ、φ 为物体的质心连体坐标系 $C\xi\eta\zeta$ 相对固定坐标系 $Oxyz$ 的欧拉角。设固定轴 Oz 铅直向上，质心连体坐标系 $C\xi\eta\zeta$ 是物体在质心 C 处的惯量主轴坐标系，物体对轴 $C\xi$、$C\eta$ 和 $C\zeta$ 的转动惯量分别为 J_1、J_2 和 J_3，其中 $J_1=J_3$。

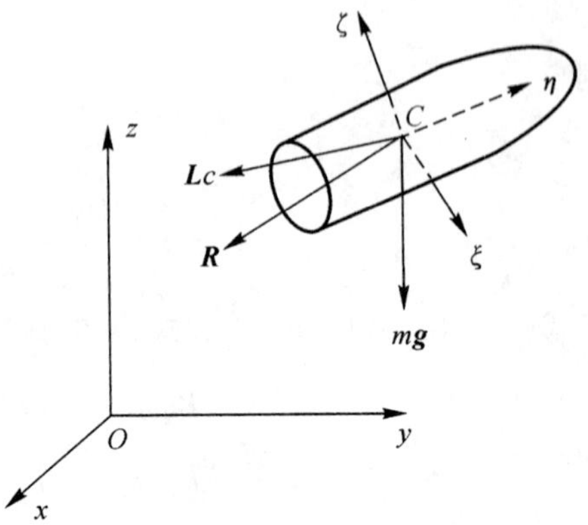

图 3-13　例 3.4 图

解　该物体的运动可看作刚体的空间一般运动。根据刚体的空间一般运动微分方程，有

$$\left.\begin{aligned} m\ddot{x}_C&=R_x\\ m\ddot{y}_C&=R_y\\ m\ddot{z}_C&=R_z\\ J_1\dot{\omega}_\xi+(J_3-J_2)\omega_\eta\omega_\zeta&=L_\xi\\ J_2\dot{\omega}_\eta+(J_1-J_3)\omega_\xi\omega_\zeta&=L_\eta\\ J_3\dot{\omega}_\zeta+(J_2-J_1)\omega_\xi\omega_\eta&=L_\zeta \end{aligned}\right\}\tag{1}$$

这里 R_x、R_y、R_z 分别表示空气阻力的主矢 $\boldsymbol{R}$ 在轴 Ox、Oy 和 Oz 上的投影，L_ξ、L_η、L_ζ 分别表示空气阻力对质心 C 的主矩 $\boldsymbol{L}_C$ 在轴 $C\xi$、$C\eta$ 和 $C\zeta$ 上的投影。考虑到 $\boldsymbol{R}=-k_1v_C$，$\boldsymbol{L}_C=-k_2\boldsymbol{\omega}$，故有

$$\left.\begin{aligned} R_x&=-k_1\dot{x}_C\\ R_y&=-k_1\dot{y}_C\\ R_z&=-k_1\dot{z}_C \end{aligned}\right\}\tag{2}$$

$$\left.\begin{aligned} L_\xi&=-k_2\omega_\xi\\ L_\eta&=-k_2\omega_\eta\\ L_\zeta&=-k_2\omega_\zeta \end{aligned}\right\}\tag{3}$$

根据刚体角速度的欧拉角表达式，有

$$\left.\begin{aligned} \omega_\xi&=\dot{\psi}\sin\theta\sin\varphi+\dot{\theta}\cos\varphi\\ \omega_\eta&=\dot{\psi}\sin\theta\cos\varphi-\dot{\theta}\sin\varphi\\ \omega_\zeta&=\dot{\psi}\cos\theta+\dot{\varphi} \end{aligned}\right\}\tag{4}$$

将式(4) 代入式(3)，得到

$$\left.\begin{aligned}L_{\xi}&=-k_2(\dot{\psi}\sin\theta\sin\varphi+\dot{\theta}\cos\varphi)\\L_{\eta}&=-k_2(\dot{\psi}\sin\theta\cos\varphi-\dot{\theta}\sin\varphi)\\L_{\zeta}&=-k_2(\dot{\psi}\cos\theta+\dot{\varphi})\end{aligned}\right\}\tag{5}$$

将式(2)、式(4)、式(5)代入方程式(1)，并考虑到 $J_1=J_3$ 后，得到以 x_C、y_C、z_C、ψ、θ、φ 为广义坐标的物体的运动微分方程为

$$\left.\begin{aligned}&m\ddot{x}_C+k_1\dot{x}_C=0\\&m\ddot{y}_C+k_1\dot{y}_C=0\\&m\ddot{z}_C+k_1\dot{z}_C+mg=0\\&J_1(\ddot{\psi}\sin\theta\sin\varphi+\dot{\psi}\dot{\theta}\cos\theta\sin\varphi+\dot{\psi}\dot{\varphi}\sin\theta\cos\varphi+\ddot{\theta}\cos\varphi-\dot{\theta}\dot{\varphi}\sin\varphi)+\\&\quad(J_1-J_2)(\dot{\psi}\sin\theta\cos\varphi-\dot{\theta}\sin\varphi)(\dot{\psi}\cos\theta+\dot{\varphi})+k_2(\dot{\psi}\sin\theta\sin\varphi+\dot{\theta}\cos\varphi)=0\\&J_2(\ddot{\psi}\sin\theta\cos\varphi+\dot{\psi}\dot{\theta}\cos\theta\cos\varphi-\dot{\psi}\dot{\varphi}\sin\theta\sin\varphi-\ddot{\theta}\sin\varphi-\dot{\theta}\dot{\varphi}\cos\varphi)+k_2(\dot{\psi}\sin\theta\cos\varphi-\dot{\theta}\sin\varphi)=0\\&J_1(\ddot{\psi}\cos\theta-\dot{\psi}\dot{\theta}\sin\theta+\ddot{\varphi})+(J_2-J_1)(\dot{\psi}\sin\theta\sin\varphi+\dot{\theta}\cos\varphi)(\dot{\psi}\sin\theta\cos\varphi-\dot{\theta}\sin\varphi)+k_2(\dot{\psi}\cos\theta+\dot{\varphi})=0\end{aligned}\right\}\tag{6}$$

结合物体运动的初始条件，并通过相应的数值方法求解以上方程，还可进一步求得物体的运动规律。

习　　题

3-1　如图 3-14 所示，设一均质立方体的质量 $M=120$ kg，边长分别为 $OA=0.5$ m，$OB=0.4$ m，$OC=0.3$ m。求该立方体相对其连体坐标系 $Oxyz$ 的惯量矩阵。

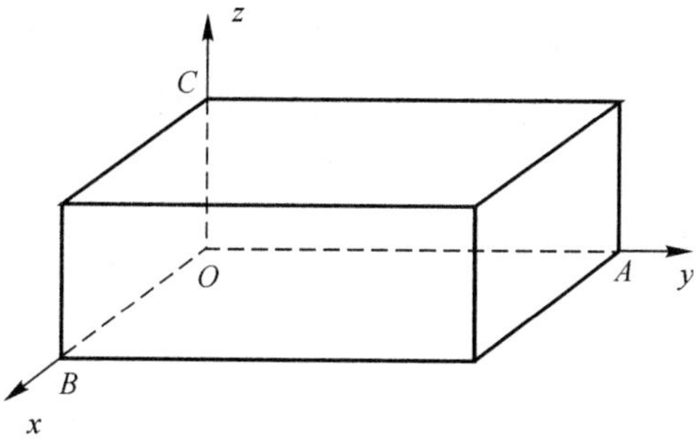

图 3-14　题 3-1 图

3-2　已知条件和习题 3-1 相同。试确定立方体在点 O 处的三根互相垂直的惯量主轴。

3-3　设一刚体相对坐标系 $Ox_1y_1z_1$ 的惯量矩阵为 $[J]=\mathrm{diag}[2\quad 3\quad 4]\mathrm{kg\cdot m^2}$。现将该坐标系绕过原点 O 并沿 $\boldsymbol{i}+\boldsymbol{j}+\boldsymbol{k}$ 方向的轴线按正向旋转 $\theta=\pi/2$，到达坐标系 $Ox_2y_2z_2$ 的位置。求刚体相对坐标系 $Ox_2y_2z_2$ 的惯量矩阵。

3-4　一均质圆锥体的高为 h，底面半径为 r，质量为 m。求该圆锥体对其上任意一条母线的转动惯量。

3-5　设某刚体绕定点 O 运动的规律为 $\psi=2t$(rad)，$\theta=t+\pi/6$(rad)，$\varphi=3t$(rad)，这里 ψ、θ、φ 为刚体的连体坐标系 $Oxyz$ 相对固定坐标系 $Ox_0y_0z_0$ 的欧拉角。该刚体相对连体坐标

系 $Oxyz$ 的惯量矩阵为

$$[J]=\begin{bmatrix}20 & -10 & 0\\ -10 & 30 & 0\\ 0 & 0 & 40\end{bmatrix}(\mathrm{kg\cdot m^2})$$

(1) 求在 $t=\dfrac{\pi}{6}(\mathrm{s})$ 时刚体对点 O 的动量矩和动能；

(2) 确定刚体在点 O 处的惯量主轴坐标系。

3-6　如图 3-15 所示，一飞轮可近似地看成质量为 m、半径为 R 的均质薄圆盘。飞轮在转轴上有安装误差：虽然轴 AB 通过飞轮的质心，但与它的对称轴成夹角 α。飞轮转动的角速度为 ω，求轴承 A 和轴承 B 的动压力。

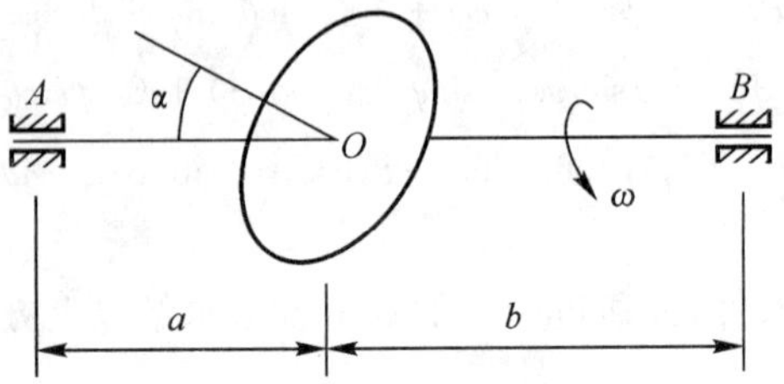

图 3-15　题 3-6 图

3-7　如图 3-16 所示，两根相同的均质细杆在中点刚接成十字形刚体。每根杆长为 $2l$，质量为 m。刚体通过球铰链 O 悬挂于天花板而处于静止。现在端点 A 施加一与轴 z 正向同向的已知冲量 $\boldsymbol{S}$，试求冲击结束时刚体的角速度。

3-8　如图 3-17 所示，质量为 m、半径为 r 的均质薄圆盘与长度为 l、质量不计的刚性细杆 O_0O_1 构成一复摆，圆盘可以绕细杆转动，而细杆又可以绕固定轴 O_0z 转动，不计轴承摩擦，试以 θ 和 φ 为广义坐标列写出圆盘的运动微分方程（θ 为细杆绕固定轴 O_0z 的转角，φ 为圆盘绕细杆的转角）。

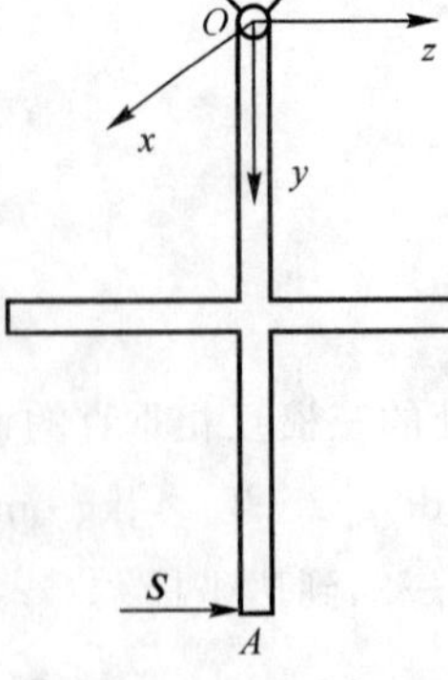

图 3-16　题 3-7 图

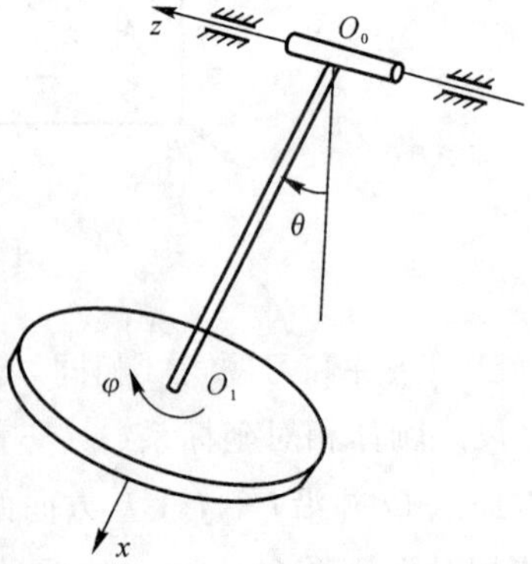

图 3-17　题 3-8 图

3-9　如图 3-18 所示，一陀螺系统由可绕铅直固定轴 Oz_0 转动的正方形框架 $OABC$ 和可绕轴 OB 转动的均质圆盘组成。正方形框架的四条边均可看作质量为 m_1、长度为 l 的均质细杆。圆盘的质量为 m_2、半径为 r。作用在框架和转子上的驱动力矩分别为 L_1 和 L_2，试建立陀螺系统的运动微分方程。不计各轴承处的摩擦。

3-10　如图 3-19 所示，质量为 m、半径为 R 的均质圆盘与刚杆 OC 相连，C 为圆盘的中心，O 为球铰链，刚杆 OC 垂直盘面，设刚杆 OC 以匀角速度 Ω 绕铅垂轴 OA 转动，从而带动圆盘在水平面上作纯滚动。杆 OC 的长度为 l，点 O 至水平面距离为 h。试求在接触点 B 处的动压力的大小。

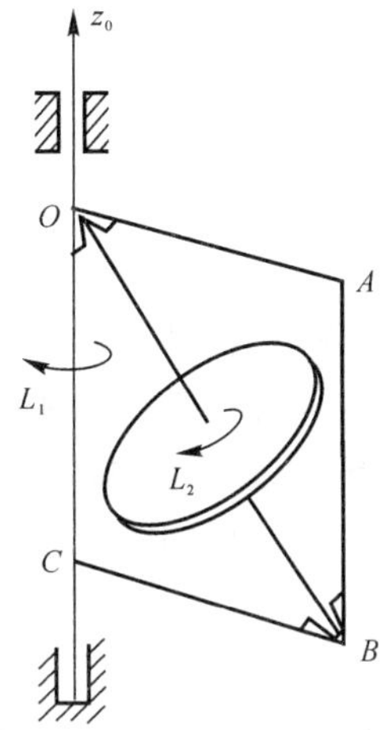

图 3-18　题 3-9 图

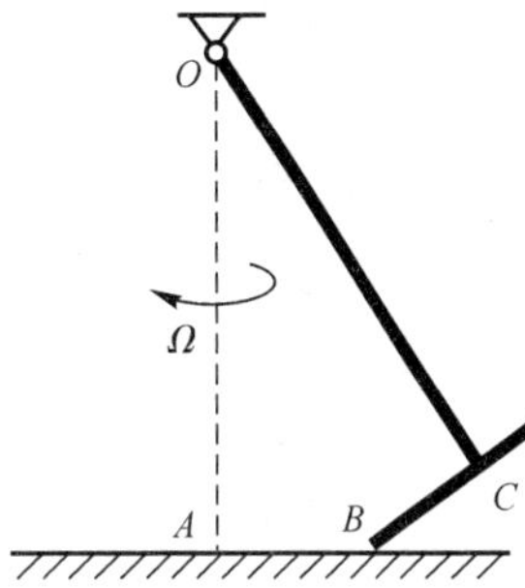

图 3-19　题 3-10 图

3-11　如图 3-20 所示，十字形刚体的质量为 $m=10$ kg，可看作由两根长度均为 $l=0.5$ m 的均质细杆在中点刚接而成。刚体在空间作一般运动，已知在某瞬时刚体的角速度为 $\boldsymbol{\omega}=2\boldsymbol{i}+3\boldsymbol{j}+4\boldsymbol{k}$(rad/s)，这时刚体受一力偶 $\boldsymbol{L}=4\boldsymbol{i}-3\boldsymbol{j}-5\boldsymbol{k}$(N·m) 的作用，$\boldsymbol{i}$、$\boldsymbol{j}$、$\boldsymbol{k}$ 为连体坐标系 $Cxyz$ 的坐标轴单位矢。试求此时刚体的角加速度。

3-12　如图 3-21 所示，一质量为 m、半径为 r 的均质圆球在粗糙的固定水平面上纯滚动，试建立该球的运动微分方程。

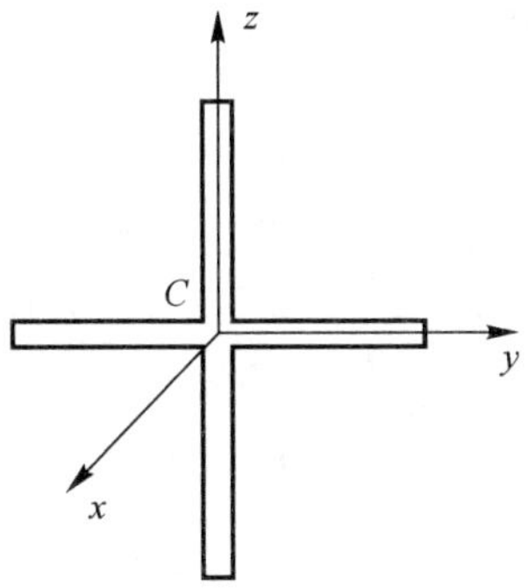

图 3-20　题 3-11 图

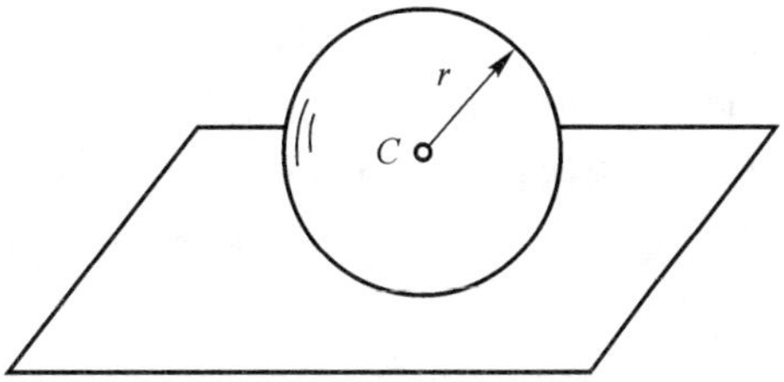

图 3-21　题 3-12 图

第 4 章　多刚体系统动力学

由多个刚体通过某种联系所组成的系统称为**多刚体系统**。在工程实际中，有不少机械系统（如机器人、陀螺系统、曲柄滑块机构等）可以看作多刚体系统，因此研究多个刚体系统的动力学具有重要的实际意义。从大的方面来说，多刚体系统动力学的研究包含两个方面的问题：①如何建立多刚体系统的动力学方程；②如何求解多刚体系统的动力学方程。前一问题属于多刚体系统动力学的建模问题，而后一问题可归结为微分方程（或微分代数混合方程）的数值求解问题，有关微分方程的数值求解问题将在第 6 章中加以介绍。本章将主要针对前一个问题，介绍几种常用的建立多刚体系统动力学方程的方法。

尽管原则上可以直接应用经典分析动力学理论（本书第 1 章内容）和单刚体动力学理论（本书第 2 章和第 3 章内容）来建立任意多刚体系统的动力学方程，但随着系统内刚体数目和自由度的增多以及刚体之间联系状况的复杂化，动力学方程的推导过程会变得极其烦琐。为了克服这一障碍，人们针对多刚体系统的特点，逐步提出了多刚体系统动力学建模的多种方法，这些方法的风格虽然不尽相同，但其共同特点是将经典力学原理与现代计算技术相结合，形成易于面向计算机的、高效的规格化的建模方法。本章将依次介绍多刚体系统动力学建模的几种常用方法——凯恩方法、罗伯森-维滕堡方法和希林方法。

4.1　多刚体系统的分类

在多刚体系统中，各相邻刚体之间的联系称为铰。从某一刚体 B_i 出发，经过一系列刚体和铰可以到达另一刚体 B_j，且涉及的每个刚体和铰均只通过一次，则称这些刚体和铰的集合为由刚体 B_i 到刚体 B_j 的一条**通路**。如果多刚体系统中的任意两个刚体之间仅有一条通路存在，则称该多刚体系统为**树形系统**；如果多刚体系统中的某两个刚体之间存在一条以上的通路，则称该多刚体系统为**非树形系统**；例如图 4－1 所示的系统为树形系统，而图 4－2 所示的系统则为非树形系统。

对于非树形系统来说，可以解除系统中的某些铰的约束（如解除图 4－2 中的刚体 B_j 和 B_k 之间铰的约束），然后在被解除的铰的约束处代之以相应的约束力来表示，这样原非树形系统就会等效地转化为树形系统来处理。所以在多刚体系统的动力学研究中，树形系统的动力学研究占有重要的基础地位。

多刚体系统通常还可分为两类：一类是系统中有某个刚体与一运动规律为已知的刚体（称为零刚体，记作为 B_0）相连（相铰接），这类系统称为**有根系统**；另一类是系统中没有任何一个刚体同运动规律为已知的其他刚体相连，这类系统称为**无根系统**。如具有固定基座的机械手可看作有根系统，而空间运行的卫星则为无根系统。对于无根系统，也可将同参考坐标系相固连的刚体看作零刚体，并认为系统中的某一刚体以假想的虚铰与零刚体相连，这样无根系统和有根系统又可在形式上取得一致。

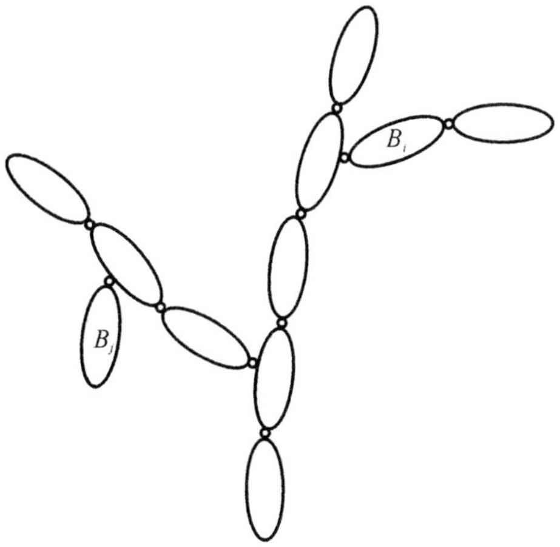

图 4-1　树形系统

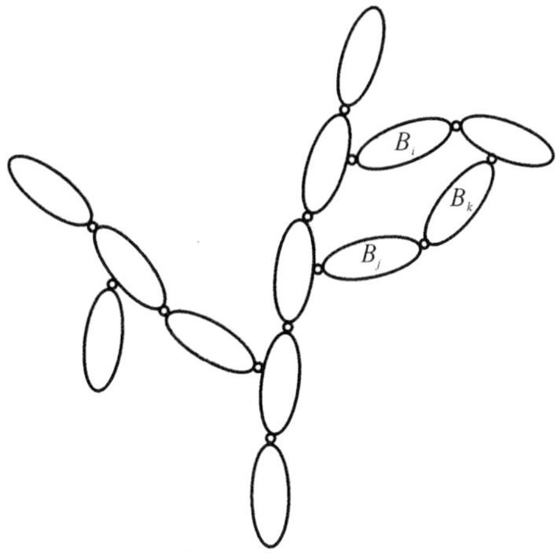

图 4-2　非树形系统

基于以上的分类准则，可以将多刚体系统分类为

- 多刚体系统
  - 有根系统
    - 有根树形系统
    - 有根非树形系统
  - 无根系统
    - 无根树形系统
    - 无根非树形系统

4.2　凯恩方法

下面介绍多刚体系统动力学建模的**凯恩方法**[2,4]。

设某一受理想约束的多刚体系统（以下简称系统）由 n 个刚体 $B_i(i=1,2,\cdots,n)$ 组成，系统的自由度为 k。选取 k 个独立的广义速率 $u_s(s=1,2,\cdots,k)$ 描述系统的速度状态，则刚体 B_i 上的任一质点 $P_{ij}(j=1,2,\cdots)$ 的速度 $\boldsymbol{v}_{ij}$、刚体 B_i 的质心 C_i 的速度 $\boldsymbol{v}_{C_i}$ 以及刚体 B_i 的角速度 $\boldsymbol{\omega}_i$ 均可表示为广义速率的线性组合形式（参见 1.10 节的内容），即

$$\boldsymbol{v}_{ij}=\sum_{s=1}^{k}\boldsymbol{v}_{ij}^{(s)}u_s+\boldsymbol{v}_{ij}^{(t)} \tag{4.2.1}$$

$$\boldsymbol{v}_{Ci}=\sum_{s=1}^{k}\boldsymbol{v}_{C_i}^{(s)}u_s+\boldsymbol{v}_{C_i}^{(t)} \tag{4.2.2}$$

$$\boldsymbol{\omega}_i=\sum_{s=1}^{k}\boldsymbol{\omega}_i^{(s)}u_s+\boldsymbol{\omega}_i^{(t)} \tag{4.2.3}$$

式中 u_s 前的系数就是相应的偏速度（或偏角速度）。根据刚体上任意两点的速度之间的关系式，有

$$\boldsymbol{v}_{ij}=\boldsymbol{v}_{C_i}+\boldsymbol{\omega}_i\times\boldsymbol{\rho}_{ij} \tag{4.2.4}$$

式中 $\boldsymbol{\rho}_{ij}$ 为点 P_{ij} 相对点 C_i 的矢径。将式(4.2.1) ～ 式(4.2.3) 代入式(4.2.4)，整理后得到

$$\sum_{s=1}^{k}(\boldsymbol{v}_{ij}^{(s)}-\boldsymbol{v}_{C_i}^{(s)}-\boldsymbol{\omega}_i^{(s)}\times\boldsymbol{\rho}_{ij})u_s+\boldsymbol{v}_{ij}^{(t)}-\boldsymbol{v}_{C_i}^{(t)}-\boldsymbol{\omega}_i^{(t)}\times\boldsymbol{\rho}_{ij}=\boldsymbol{0} \tag{4.2.5}$$

取变分，得到

$$\sum_{s=1}^{k}(\boldsymbol{v}_{ij}^{(s)}-\boldsymbol{v}_{C_i}^{(s)}-\boldsymbol{\omega}_i^{(s)}\times\boldsymbol{\rho}_{ij})\delta u_s=\boldsymbol{0} \tag{4.2.6}$$

考虑到 $\delta u_s(s=1,2,\cdots,k)$ 是互相独立的，故由式(4.2.6)可以得到

$$\boldsymbol{v}_{ij}^{(s)}=\boldsymbol{v}_{C_i}^{(s)}+\boldsymbol{\omega}_i^{(s)}\times\boldsymbol{\rho}_{ij}\quad(s=1,2,\cdots,k) \tag{4.2.7}$$

用 $\overline{F}_{s}(s=1,2,\cdots,k)$ 表示系统的广义主动力，用 $\overline{F}_{is}(s=1,2,\cdots,k)$ 表示刚体 B_i 的广义主动力，则有

$$\overline{F}_s=\sum_{i=1}^{n}\overline{F}_{is}\quad(s=1,2,\cdots,k) \tag{4.2.8}$$

下面来建立 $\overline{F}_{is}$ 的表达式。根据广义主动力的定义，有

$$\overline{F}_{is}=\sum\boldsymbol{F}_{ij}\cdot\boldsymbol{v}_{ij}^{(s)} \tag{4.2.9}$$

式中 $\boldsymbol{F}_{ij}$ 表示作用在刚体 B_i 上的任一质点 $P_{ij}(j=1,2,\cdots)$ 上的主动力。将式(4.2.7)代入式(4.2.9)后，得到

$$\overline{F}_{is}=\Big(\sum_{j}\boldsymbol{F}_{ij}\Big)\cdot\boldsymbol{v}_{ij}^{(s)}+\Big(\sum_{j}\boldsymbol{\rho}_{ij}\times\boldsymbol{F}_{ij}\Big)\cdot\boldsymbol{\omega}_{ij}^{(s)} \tag{4.2.10}$$

分别用 $\boldsymbol{F}_i$ 和 $\boldsymbol{L}_i$ 表示作用在刚体 B_i 上的主动力系的主矢和该力系对质心 C_i 的主矩，则有

$$\boldsymbol{F}_i=\sum_{j}\boldsymbol{F}_{ij} \tag{4.2.11}$$

$$\boldsymbol{L}_i=\sum_{j}\boldsymbol{\rho}_{ij}\times\boldsymbol{F}_{ij} \tag{4.2.12}$$

考虑到式(4.2.11)和式(4.2.12)两式后，式(4.2.10)可以改写为

$$\overline{F}_{is}=\boldsymbol{F}_i\cdot\boldsymbol{v}_{C_i}^{(s)}+\boldsymbol{L}_i\cdot\boldsymbol{\omega}_i^{(s)} \tag{4.2.13}$$

这就是刚体的广义主动力的计算公式。将该式代入式(4.3.8)，得到系统的广义主动力的表达式为

$$\overline{F}_s=\sum_{i=1}^{n}(\boldsymbol{F}_i\cdot\boldsymbol{v}_{C_i}^{(s)}+\boldsymbol{L}_i\cdot\boldsymbol{\omega}_i^{(s)})\quad(s=1,2,\cdots,k) \tag{4.2.14}$$

将式(4.2.14)合写成矩阵形式，即为

$$\overline{\boldsymbol{F}}=\underline{\boldsymbol{V}}\cdot\underline{\boldsymbol{F}}+\underline{\boldsymbol{W}}\cdot\underline{\boldsymbol{L}} \tag{4.2.15}$$

式中

$$\overline{\boldsymbol{F}}=[\overline{F}_1\quad\overline{F}_2\quad\cdots\quad\overline{F}_k]^{\mathrm{T}} \tag{4.2.16}$$

$$\underline{\boldsymbol{V}}=\begin{bmatrix}\boldsymbol{v}_{C_1}^{(1)} & \boldsymbol{v}_{C_2}^{(1)} & \cdots & \boldsymbol{v}_{C_n}^{(1)}\\ \boldsymbol{v}_{C_1}^{(2)} & \boldsymbol{v}_{C_2}^{(2)} & \cdots & \boldsymbol{v}_{C_n}^{(2)}\\ \vdots & \vdots & & \vdots\\ \boldsymbol{v}_{C_1}^{(k)} & \boldsymbol{v}_{C_2}^{(k)} & \cdots & \boldsymbol{v}_{C_n}^{(k)}\end{bmatrix} \tag{4.2.17}$$

$$\underline{\boldsymbol{F}}=[\boldsymbol{F}_1\quad\boldsymbol{F}_2\quad\cdots\quad\boldsymbol{F}_n]^{\mathrm{T}} \tag{4.2.18}$$

$$\underline{\boldsymbol{W}}=\begin{bmatrix}\boldsymbol{\omega}_1^{(1)} & \boldsymbol{\omega}_2^{(1)} & \cdots & \boldsymbol{\omega}_n^{(1)}\\ \boldsymbol{\omega}_1^{(2)} & \boldsymbol{\omega}_2^{(2)} & \cdots & \boldsymbol{\omega}_n^{(2)}\\ \vdots & \vdots & & \vdots\\ \boldsymbol{\omega}_1^{(k)} & \boldsymbol{\omega}_2^{(k)} & \cdots & \boldsymbol{\omega}_n^{(k)}\end{bmatrix} \tag{4.2.19}$$

$$\underline{L}=[L_1 \quad L_2 \quad \cdots \quad L_n]^{\mathrm{T}} \tag{4.2.20}$$

式(4.2.15)即为系统的广义主动力列阵的表达式。

下面来建立系统的广义惯性力列阵的表达式。用 $\bar{F}_{is}^*(s=1,2,\cdots,k)$ 表示系统的广义惯性力，用 $\bar{F}_{is}^*(s=1,2,\cdots,k)$ 表示刚体 B_i 的广义惯性力，则有

$$\bar{F}_s^*=\sum_{i=1}^{n}\bar{F}_{is}^* \quad (s=1,2,\cdots,k) \tag{4.2.21}$$

根据广义惯性力的定义，有

$$\bar{F}_{is}^*=-\sum_j m_{ij}\boldsymbol{a}_{ij}\cdot\boldsymbol{v}_{ij}^{(s)} \tag{4.2.22}$$

式中 m_{ij} 和 $\boldsymbol{a}_{ij}$ 分别表示刚体 B_i 上任一质点 $P_{ij}(j=1,2,\cdots)$ 的质量和加速度。将式(4.2.7)代入式(4.2.22)后，得到

$$\bar{F}_{is}^*=\left(-\sum_j m_{ij}\boldsymbol{a}_{ij}\right)\cdot\boldsymbol{v}_{C_i}^{(s)}+\left(-\sum_j\boldsymbol{\rho}_{ij}\times m_{ij}\boldsymbol{a}_{ij}\right)\cdot\boldsymbol{\omega}_i^{(s)} \tag{4.2.23}$$

分别用 $\boldsymbol{F}_i^*$ 和 $\boldsymbol{L}_i^*$ 表示刚体 B_i 的惯性力系的主矢和该力系对质心 C_i 的主矩，则有

$$\boldsymbol{F}_i^*=-\sum_j m_{ij}\boldsymbol{a}_{ij}=-M_i\boldsymbol{a}_{C_i} \tag{4.2.24}$$

$$\boldsymbol{L}_i^*=-\sum_j\boldsymbol{\rho}_{ij}\times m_{ij}\boldsymbol{a}_{ij} \tag{4.2.25}$$

式中 M_i 和 $\boldsymbol{a}_{C_i}$ 分别表示刚体 B_i 的质量和刚体 B_i 的质心 C_i 的加速度。考虑到式(4.2.24)和式(4.2.25)两式后，式(4.2.23)可以改写为

$$\bar{F}_{is}^*=\boldsymbol{F}_i^*\cdot\boldsymbol{v}_{C_i}^{(s)}+\boldsymbol{L}_i^*\cdot\boldsymbol{\omega}_i^{(s)} \tag{4.2.26}$$

现在来看 $\boldsymbol{L}_i^*$ 的表达式(4.2.25)，显然，直接利用该式计算 $\boldsymbol{L}_i^*$ 是很不方便的，下面推导一种计算 $\boldsymbol{L}_i^*$ 的便捷的表达式。

根据刚体上任意两点的加速度间的关系式，有

$$\boldsymbol{a}_{ij}=\boldsymbol{a}_{C_i}+\boldsymbol{\varepsilon}_i\times\boldsymbol{\rho}_{ij}+\boldsymbol{\omega}_i\times(\boldsymbol{\omega}_i\times\boldsymbol{\rho}_{ij}) \tag{4.2.27}$$

式中 $\boldsymbol{\varepsilon}_i$ 表示刚体 B_i 的角加速度。将式(4.2.27)代入式(4.2.25)，整理后得到

$$\boldsymbol{L}_i^*=-\left(\sum_j m_{ij}\boldsymbol{\rho}_{ij}\right)\times\boldsymbol{a}_{C_i}+\sum_j m_{ij}\boldsymbol{\rho}_{ij}\times(\boldsymbol{\rho}_{ij}\times\boldsymbol{\varepsilon}_{ij})+\sum_j m_{ij}\boldsymbol{\rho}_{ij}\times[\boldsymbol{\omega}_i\times(\boldsymbol{\rho}_{ij}\times\boldsymbol{\omega}_i)] \tag{4.2.28}$$

考虑到

$$\sum_j m_{ij}\boldsymbol{\rho}_{ij}=\boldsymbol{0} \tag{4.2.29a}$$

$$\boldsymbol{\rho}_{ij}\times[\boldsymbol{\omega}_i\times(\boldsymbol{\rho}_{ij}\times\boldsymbol{\omega}_i)]=\boldsymbol{\omega}_i\times[\boldsymbol{\rho}_{ij}\times(\boldsymbol{\rho}_{ij}\times\boldsymbol{\omega}_i)] \tag{4.2.29b}$$

后，式(4.2.28)可改写为

$$\boldsymbol{L}_i^*=\sum_j m_{ij}\boldsymbol{\rho}_{ij}\times(\boldsymbol{\rho}_{ij}\times\boldsymbol{\varepsilon}_i)+\sum_j m_{ij}\boldsymbol{\omega}_i\times[\boldsymbol{\rho}_{ij}\times(\boldsymbol{\rho}_{ij}\times\boldsymbol{\omega}_i)] \tag{4.2.30}$$

设坐标系 $C_ix_iy_iz_i$ 为刚体 B_i 的质心连体坐标系，将矢量式(4.3.30)写成在坐标系 $C_ix_iy_iz_i$ 中的矩阵形式，则有

$$\{L_i^*\}=\left(\sum_j m_{ij}[\tilde{\rho}_{ij}]^2\right)\{\varepsilon_i\}+[\tilde{\omega}_i]\left(\sum_j m_{ij}[\tilde{\rho}_{ij}]^2\right)\{\omega_i\} \tag{4.2.31}$$

式中 $\{L_i^*\}$、$\{\omega_i\}$、$\{\varepsilon_i\}$ 分别表示矢量 $\boldsymbol{L}_i^*$、$\boldsymbol{\omega}_i$ 和 $\boldsymbol{\varepsilon}_i$ 在坐标系 $C_ix_iy_iz_i$ 中的坐标列阵，$[\tilde{\rho}_{ij}]$、$[\tilde{\omega}_i]$ 分别表示矢量 $\boldsymbol{\rho}_{ij}$ 和 $\boldsymbol{\omega}_i$ 在坐标系 $C_ix_iy_iz_i$ 中的坐标方阵。考虑到刚体 B_i 相对其质心连体坐

标系 $C_ix_iy_iz_i$ 的惯量矩阵 $[J_i]=-\sum_j m_{ij}[\tilde{\rho}_{ij}]^2$，这样式(4.2.31)可以写为

$$\{L_i^*\}=-[J_i]\{\varepsilon_i\}-[\tilde{\omega}_i][J_i]\{\omega_i\} \tag{4.2.32}$$

设 $\boldsymbol{e}_{i1}$、$\boldsymbol{e}_{i2}$ 和 $\boldsymbol{e}_{i3}$ 是坐标系 $C_ix_iy_iz_i$ 的坐标轴单位矢，引入矢量矩阵

$$\underline{\boldsymbol{e}_i}=[\boldsymbol{e}_{i1}\quad \boldsymbol{e}_{i2}.\ \ \boldsymbol{e}_{i3}] \tag{4.2.33}$$

后，可以将矢量 $\boldsymbol{L}_i^*$ 表达为

$$\boldsymbol{L}_i^*=\underline{\boldsymbol{e}_i}\{L_i^*\}=-\underline{\boldsymbol{e}_i}([J_i]\{\varepsilon_i\}+[\tilde{\omega}_i][J_i]\{\omega_i\}) \tag{4.2.34}$$

这就是刚体的惯性力系的对其质心的主矩的表达式。可以用此式来计算 $\boldsymbol{L}_i^*$。

将式(4.2.24)和式(4.2.34)代入式(4.2.26)，得到

$$\bar{F}_{is}^*=-M_i\boldsymbol{v}_{C_i}^{(s)}\cdot\boldsymbol{a}_{C_i}-\boldsymbol{\omega}_i^{(s)}\cdot\underline{\boldsymbol{e}_i}([J_i]\{\varepsilon_i\}+[\tilde{\omega}_i][J_i]\{\omega_i\}) \tag{4.2.35}$$

这就是刚体的广义惯性力的计算公式。再将该式代入式(5.2.21)后，得到系统的广义惯性力的表达式为

$$\bar{F}_s^*=-\sum_{i=1}^{n}M_i\boldsymbol{v}_{C_i}^{(s)}\cdot\boldsymbol{a}_{C_i}-\sum_{i=1}^{n}\boldsymbol{\omega}_i^{(s)}\cdot\underline{\boldsymbol{e}_i}([J_i]\{\varepsilon_i\}+[\tilde{\omega}_i][J_i]\{\omega_i\})\quad(s=1,2,\cdots,k) \tag{4.2.36}$$

将式(4.2.36)合写成矩阵形式，即为

$$\bar{\boldsymbol{F}}^*=\underline{\boldsymbol{V}}\cdot\underline{\boldsymbol{F}^*}+\underline{\boldsymbol{W}}\cdot\underline{\boldsymbol{L}^*} \tag{4.2.37}$$

式中

$$\bar{\boldsymbol{F}}^*=\begin{bmatrix}\bar{F}_1^*\\ \bar{F}_2^*\\ \vdots\\ \bar{F}_k^*\end{bmatrix} \tag{4.2.38}$$

$$\underline{\boldsymbol{F}^*}=-\begin{bmatrix}M_1\boldsymbol{a}_{C_1}\\ M_2\boldsymbol{a}_{C_2}\\ \vdots\\ M_n\boldsymbol{a}_{C_n}\end{bmatrix} \tag{4.2.39}$$

$$\underline{\boldsymbol{L}^*}=\begin{bmatrix}\underline{\boldsymbol{e}_1}([J_1]\{\varepsilon_1\}+[\tilde{\omega}_1][J_1]\{\omega_1\})\\ \underline{\boldsymbol{e}_2}([J_2]\{\varepsilon_2\}+[\tilde{\omega}_2][J_2]\{\omega_2\})\\ \vdots\\ \underline{\boldsymbol{e}_n}([J_n]\{\varepsilon_n\}+[\tilde{\omega}_n][J_n]\{\omega_n\})\end{bmatrix} \tag{4.2.40}$$

式(4.2.37)就是系统的广义惯性力列阵的表达式。

将凯恩方程 $\bar{F}_s+\bar{F}_s^*=0(s=1,2,\cdots,k)$ 合写成矩阵形式，即为

$$\bar{\boldsymbol{F}}+\bar{\boldsymbol{F}}^*=\boldsymbol{0} \tag{4.2.41}$$

将式(4.2.15)和式(4.2.37)代入式(4.2.41)后，得到

$$\underline{\boldsymbol{V}}\cdot(\underline{\boldsymbol{F}}+\underline{\boldsymbol{F}^*})+\underline{\boldsymbol{W}}\cdot(\underline{\boldsymbol{L}}+\underline{\boldsymbol{L}^*})=\boldsymbol{0} \tag{4.2.42}$$

这就是利用凯恩方法所建立的受理想约束的多刚体系统的动力学方程。该方程共包含 k 个互相独立的标量方程。

下面以一个简单的平面二刚体系统的动力学建模为例来说明凯恩方法的应用。

例 4.1　如图 4-3 所示，两根长度均为 $2l$、质量均为 m 的均质细杆通过光滑柱铰 A 相连，细杆 OA 和天花板通过光滑柱铰 O 相连。试利用凯恩方法建立此系统的动力学方程。

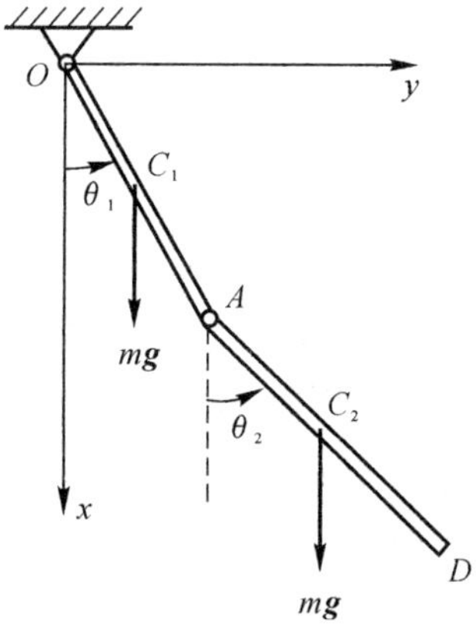

图 4-3　例 4.1 图

解　该系统是一个二自由度的受有理想约束完整系统，其广义速率选取为

$$u_1 = \dot{\theta}_1 \tag{1}$$

$$u_2 = \dot{\theta}_2 \tag{2}$$

式中 θ_1、θ_2 分别为杆 OA 和杆 AD 相对铅垂线的夹角。建立如图 4-3 所示的固定直角坐标系 $Oxyz$，则杆 OA 和杆 AD 的质心坐标分别为

$$x_{C_1} = l\cos\theta_1 \tag{3}$$

$$y_{C_1} = l\cos\theta_1 \tag{4}$$

$$x_{C_2} = l(2\cos\theta_1 + \cos\theta_2) \tag{5}$$

$$y_{C_2} = l(2\cos\theta_1 + \cos\theta_2) \tag{6}$$

用 $\boldsymbol{i}$、$\boldsymbol{j}$、$\boldsymbol{k}$ 表示坐标系 $Oxyz$ 的坐标轴单位矢，则杆 OA 的质心 C_1 的速度 $\boldsymbol{v}_{C_1}$ 以及杆 AD 的质心 C_2 的速度 $\boldsymbol{v}_{C_2}$ 可分别表达为

$$\boldsymbol{v}_{C_1} = \dot{x}_{C_1}\boldsymbol{i} + \dot{y}_{C_1}\boldsymbol{j} = l(\cos\theta_1\boldsymbol{j} - \sin\theta_1\boldsymbol{i})u_1 \tag{7}$$

$$\boldsymbol{v}_{C_2} = \dot{x}_{C_2}\boldsymbol{i} + \dot{y}_{C_2}\boldsymbol{j} = 2l(\cos\theta_1\boldsymbol{j} - \sin\theta_1\boldsymbol{i})u_1 + l(\cos\theta_2\boldsymbol{j} - \sin\theta_2\boldsymbol{i})u_2 \tag{8}$$

由式(7) 和式(8) 两式可以得到相应的偏速度为

$$\boldsymbol{v}_{C_1}^{(1)} = l(\cos\theta_1\boldsymbol{j} - \sin\theta_1\boldsymbol{i}) \tag{9}$$

$$\boldsymbol{v}_{C_1}^{(2)} = \boldsymbol{0} \tag{10}$$

$$\boldsymbol{v}_{C_2}^{(1)} = 2l(\cos\theta_1\boldsymbol{j} - \sin\theta_1\boldsymbol{i}) \tag{11}$$

$$\boldsymbol{v}_{C_2}^{(2)} = l(\cos\theta_2\boldsymbol{j} - \sin\theta_2\boldsymbol{i}) \tag{12}$$

由此得到

$$\underline{\boldsymbol{V}} = \begin{bmatrix} \boldsymbol{v}_{C_1}^{(1)} & \boldsymbol{v}_{C_2}^{(1)} \\ \boldsymbol{v}_{C_1}^{(2)} & \boldsymbol{v}_{C_2}^{(2)} \end{bmatrix} = \begin{bmatrix} l(\cos\theta_1\boldsymbol{j} - \sin\theta_1\boldsymbol{i}) & 2l(\cos\theta_1\boldsymbol{j} - \sin\theta_1\boldsymbol{i}) \\ \boldsymbol{0} & l(\cos\theta_2\boldsymbol{j} - \sin\theta_2\boldsymbol{i}) \end{bmatrix} \tag{12}$$

杆 OA 和杆 AD 的角速度分别为

$$\boldsymbol{\omega}_1 = \boldsymbol{k}u_1 \tag{13}$$

$$\boldsymbol{\omega}_2 = \boldsymbol{k}u_2 \tag{14}$$

由此可以得到相应的偏角速度为

$$\boldsymbol{\omega}_1^{(1)} = \boldsymbol{k} \tag{15}$$

$$\boldsymbol{\omega}_1^{(2)} = \boldsymbol{0} \tag{16}$$

$$\boldsymbol{\omega}_2^{(1)} = \boldsymbol{0} \tag{17}$$

$$\boldsymbol{\omega}_2^{(2)} = \boldsymbol{k} \tag{18}$$

由此得到

$$\underline{\boldsymbol{W}} = \begin{bmatrix} \boldsymbol{\omega}_1^{(1)} & \boldsymbol{\omega}_2^{(1)} \\ \boldsymbol{\omega}_1^{(2)} & \boldsymbol{\omega}_2^{(2)} \end{bmatrix} = \begin{bmatrix} \boldsymbol{k} & \boldsymbol{0} \\ \boldsymbol{0} & \boldsymbol{k} \end{bmatrix} \tag{19}$$

由于系统所受的主动力就是两根杆的重力，因此有

$$\underline{\boldsymbol{F}} = \begin{bmatrix} mg\boldsymbol{i} \\ mg\boldsymbol{i} \end{bmatrix} \tag{20}$$

$$\underline{\boldsymbol{L}} = \begin{bmatrix} \boldsymbol{0} \\ \boldsymbol{0} \end{bmatrix} \tag{21}$$

将式(7) 和式(8) 分别对时间求导数，得到点 C_1 和点 C_2 的加速度分别为

$$\boldsymbol{a}_{C_1} = \dot{\boldsymbol{v}}_{C_1} = -l(\dot{u}_1\sin\theta_1 + u_1^2\cos\theta_1)\boldsymbol{i} + l(\dot{u}_1\cos\theta_1 - u_1^2\sin\theta_1)\boldsymbol{j} \tag{22}$$

$$\begin{aligned} \boldsymbol{a}_{C_2} = \dot{\boldsymbol{v}}_{C_2} = & -l(2\dot{u}_1\sin\theta_1 + 2u_1^2\cos\theta_1 + \dot{u}_2\sin\theta_2 + u_2^2\cos\theta_2)\boldsymbol{i} + \\ & l(2\dot{u}_1\cos\theta_1 - 2u_1^2\sin\theta_1 + \dot{u}_2\cos\theta_2 - u_2^2\sin\theta_2)\boldsymbol{j} \end{aligned} \tag{23}$$

由此得到

$$\begin{aligned} \underline{\boldsymbol{F}^*} = & \begin{bmatrix} m\boldsymbol{a}_{C_1} \\ m\boldsymbol{a}_{C_2} \end{bmatrix} = \\ & -m\begin{bmatrix} -l(\dot{u}_1\sin\theta_1 + u_1^2\cos\theta_1)\boldsymbol{i} + l(\dot{u}_1\cos\theta_1 - u_1^2\sin\theta_1)\boldsymbol{j} \\ -l(2\dot{u}_1\sin\theta_1 + 2u_1^2\cos\theta_1 + \dot{u}_2\sin\theta_2 + u_2^2\cos\theta_2)\boldsymbol{i} + l(2\dot{u}_1\cos\theta_1 - 2u_1^2\sin\theta_1 + \dot{u}_2\cos\theta_2 - u_2^2\sin\theta_2)\boldsymbol{j} \end{bmatrix} \end{aligned} \tag{24}$$

将式(13) 和式(14) 分别对时间求导数，得到杆 OA 和杆 AD 的角加速度分别为

$$\boldsymbol{\varepsilon}_1 = \dot{\boldsymbol{\omega}}_1 = \boldsymbol{k}\dot{u}_1 \tag{25}$$

$$\boldsymbol{\varepsilon}_2 = \dot{\boldsymbol{\omega}}_2 = \boldsymbol{k}\dot{u}_2 \tag{26}$$

考虑到杆 OA 和杆 AD 都作平面运动，故有

$$\underline{\boldsymbol{L}^*} = -\begin{bmatrix} \dfrac{1}{12}m(2l)^2\boldsymbol{\varepsilon}_1 \\ \dfrac{1}{12}m(2l)^2\boldsymbol{\varepsilon}_2 \end{bmatrix} = -\frac{1}{3}ml^2\boldsymbol{k}\begin{bmatrix} \dot{u}_1 \\ \dot{u}_2 \end{bmatrix} \tag{27}$$

将式(12)、式(19)、式(20)、式(21)、式(24) 和式(27) 代入方程式(4.2.42)，整理后得到

$$\left.\begin{aligned} 16l\dot{u}_1 + 6l\dot{u}_2\cos(\theta_1 - \theta_2) + 6lu_2^2\sin(\theta_1 - \theta_2) + 9g\sin\theta_1 = 0 \\ 6l\dot{u}_1\cos(\theta_1 - \theta_2) + 4l\dot{u}_2 - 6lu_1^2\sin(\theta_1 - \theta_2) + 3g\sin\theta_2 = 0 \end{aligned}\right\} \tag{28}$$

将式(1) 和式(2) 代入方程式(28) 后，得到以 θ_1 和 θ_2 为广义坐标的系统的运动微分方程为

$$\left.\begin{aligned} 16l\ddot{\theta}_1 + 6l\ddot{\theta}_2\cos(\theta_1 - \theta_2) + 6l\dot{\theta}_2^2\sin(\theta_1 - \theta_2) + 9g\sin\theta_1 = 0 \\ 6l\ddot{\theta}_1\cos(\theta_1 - \theta_2) + 4l\ddot{\theta}_2 - 6l\dot{\theta}_1^2\sin(\theta_1 - \theta_2) + 3g\sin\theta_2 = 0 \end{aligned}\right\} \tag{29}$$

本例的推演过程表明，对于刚体数目较少的简单系统来说，应用凯恩方法建模并不比应用拉格朗日方程等经典方法更为方便。但是对于由大量刚体组成的复杂系统的建模来说，将凯恩方法与计算机符号运算相结合，方可显示出这种方法的优越性。

4.3　罗伯森-维滕堡方法

罗伯森与维滕堡[5-6] 提出了一种建立多刚体系统动力学方程的普遍方法，这种方法后来被称为**罗伯森-维滕堡方法**。该法的特点是应用图论中的一些概念来描述多刚体系统的结构，选用系统中各对相邻刚体之间的相对定位参数作为描述系统位形的广义坐标，最终导出适用于任意结构类型的多刚体系统的动力学方程。下面就来介绍这种方法。

1. 多刚体系统结构的图论描述

多刚体系统的结构（即系统中各刚体的联系及分布状况）可用如下的几何图来描述：将各刚体以各对应的顶点 $B_i(i=1,2,\cdots)$ 来表示，联系刚体与刚体之间的铰用图中对应的顶点与顶点之间的有向弧 $O_j(j=1,2,\cdots)$ 来表示，显然，这样所得到的图可以用来描述多刚体系统中各刚体的联系及分布状况，故称之为**多刚体系统的结构图**。如图 4-4 所示的多刚体系统，其结构图如图 4 - 5 所示。

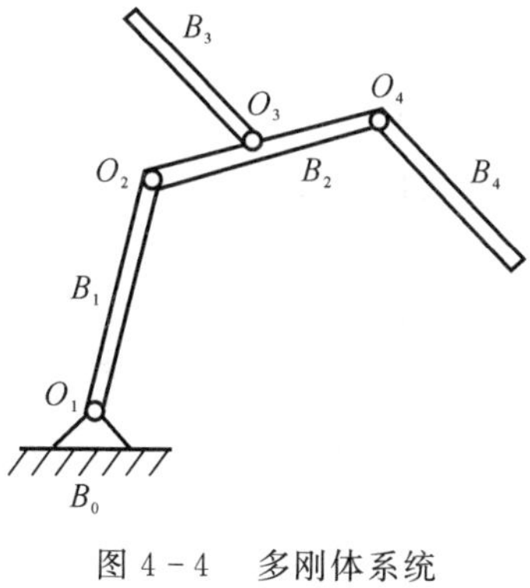

图 4 - 4　多刚体系统

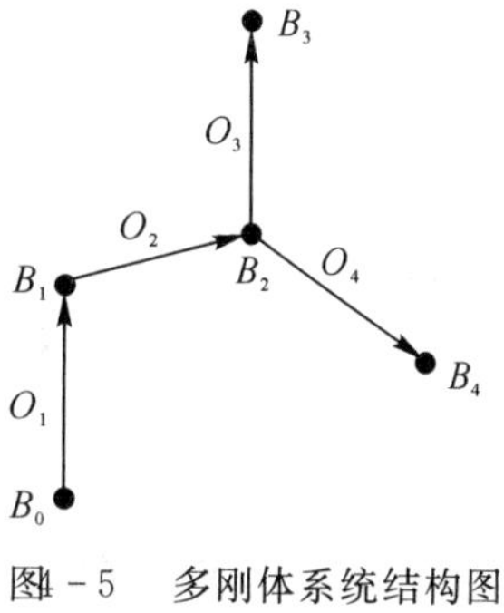

图4 - 5　多刚体系统结构图

考虑有 n 个刚体 $B_i(i=1,2,\cdots,n)$ 和 n 个铰 $O_j(j=1,2,\cdots,n)$ 所组成的树形多刚体系统，若刚体 B_j 位于刚体 B_i 至刚体 B_0 的通路上，则称刚体 B_j 刚体 B_i 的**内侧刚体**。在刚体 B_i 的内侧刚体中，直接与刚体 B_i 相联系的那个刚体称为刚体 B_i 的**内接刚体**，其联系铰称为刚体 B_i 的**内接铰**。在树形多刚体系统的结构图中，采用如下的规则对刚体和铰进行编号[6]：

（1）各刚体与其内接铰有相同的序号；

（2）各刚体的序号大于其内接刚体的序号；

（3）表示铰的有向弧由内侧指向外侧。

在树形多刚体系统的结构图中，采用此规则编号后，任意铰 O_j 的外接刚体的序号也为 j，铰 O_j 的内接刚体的序号 i 为 j 的整标函数 $i(j)$，且有 $i(j)<j$。

图 4 - 5 中刚体和铰的编号正是采用以上规则进行编号的。

2. 关联矩阵和通路矩阵

为了对树形多刚体系统的结构进行数学描述，特引入**关联矩阵**和**通路矩阵**的概念。关联

矩阵 $\boldsymbol{S}=[S_{ij}]$ 的元素定义为

$$S_{ij}=\begin{cases}1 & (\text{铰 } O_j \text{ 与刚体 } B_i \text{ 关联且以 } B_i \text{ 为起点})\\ -1 & (\text{铰 } O_j \text{ 与刚体 } B_i \text{ 关联且以 } B_i \text{ 为终点})\\ 0 & (\text{铰 } O_j \text{ 与刚体 } B_i \text{ 无关联})\end{cases}$$

通路矩阵 $\boldsymbol{T}=[T_{ji}]$ 的元素定义为

$$T_{ij}=\begin{cases}1 & (\text{铰 } O_j \text{ 位于 } B_0 \text{ 至 } B_i \text{ 的通路上,其指向 } B_0)\\ -1 & (\text{铰 } O_j \text{ 位于 } B_0 \text{ 至 } B_i \text{ 的通路上,其背向 } B_0)\\ 0 & (\text{铰 } O_j \text{ 不位于 } B_0 \text{ 至 } B_i \text{ 的通路上})\end{cases}$$

树形多刚体系统中刚体和铰采用规则标号后,其关联矩阵 $\boldsymbol{S}$ 和通路矩阵 $\boldsymbol{T}$ 具有以下性质:

(1) $\boldsymbol{S}$ 和 $\boldsymbol{T}$ 均为上三角矩阵,且主对角线元素均为 -1;

(2) 除第一列外,$\boldsymbol{S}$ 的每一列另含有元素 1;

(3) $\boldsymbol{T}$ 的第一行元素均为 -1;

(4) $\boldsymbol{S}$ 和 $\boldsymbol{T}$ 互为逆矩阵。

例 4.2 试写出图 4-5 所示的多刚体系统的关联矩阵和通路矩阵。

解 根据关联矩阵和通路矩阵中元素的定义,可以写出图 4-5 所示的树形多刚体系统的关联矩阵和通路矩阵分别为

$$\boldsymbol{S}=\begin{bmatrix}-1 & 1 & 0 & 0\\ 0 & -1 & 1 & 1\\ 0 & 0 & -1 & 0\\ 0 & 0 & 0 & -1\end{bmatrix} \tag{1}$$

$$\boldsymbol{T}=\begin{bmatrix}-1 & -1 & -1 & -1\\ 0 & -1 & -1 & -1\\ 0 & 0 & -1 & 0\\ 0 & 0 & 0 & -1\end{bmatrix} \tag{2}$$

3. 多刚体系统动力学建模的罗伯森-维滕堡方法

在建立多刚体系统的动力学方程之前,需要预先对多刚体系统进行运动学分析,以便得到一些有用的数学公式。

研究由 n 个刚体 $B_k(k=1,2,\cdots,n)$ 和 n 个单自由度的转动铰 $O_j(j=1,2,\cdots,n)$ 所组成的有根树形多刚体系统(以下简称系统)。选取铰 O_j 关联的外侧刚体 B_j 相对其内侧刚体 $B_{i(j)}$ 的转角 $q_j(j=1,2,\cdots,n)$ 作为广义坐标,这样系统的广义坐标列阵为

$$\boldsymbol{q}=[q_1 \quad q_2 \quad \cdots \quad q_n]^{\mathrm{T}} \tag{4.3.1}$$

(1) 系统中各刚体的绝对角速度和绝对角加速度的广义坐标形式的表达式。

刚体 B_j 相对刚体 $B_{i(j)}$ 的角速度 $\boldsymbol{\omega}_j^{\mathrm{r}}$ 和角加速度 $\boldsymbol{\varepsilon}_j^{\mathrm{r}}$ 分别为

$$\boldsymbol{\omega}_j^{\mathrm{r}}=\boldsymbol{e}_j\dot{q}_j \quad (j=1,2,\cdots,n) \tag{4.3.2}$$

$$\boldsymbol{\varepsilon}_j^{\mathrm{r}}=\boldsymbol{e}_j\ddot{q}_j \quad (j=1,2,\cdots,n) \tag{4.3.3}$$

式中 $\boldsymbol{e}_j$ 表示铰 O_j 的转轴基矢量。

引入记号

$$\underline{\boldsymbol{\omega}}^{\mathrm{r}}=[\boldsymbol{\omega}_1^{\mathrm{r}} \quad \boldsymbol{\omega}_2^{\mathrm{r}} \quad \cdots \quad \boldsymbol{\omega}_n^{\mathrm{r}}]^{\mathrm{T}} \tag{4.3.4}$$

$$\underline{\boldsymbol{e}}=\mathrm{diag}(\boldsymbol{e}_1,\boldsymbol{e}_2,\cdots,\boldsymbol{e}_n) \tag{4.3.5}$$

$$\underline{\boldsymbol{\varepsilon}}^{\mathrm{r}}=[\boldsymbol{\varepsilon}_1^{\mathrm{r}} \quad \boldsymbol{\varepsilon}_2^{\mathrm{r}} \quad \cdots \quad \boldsymbol{\varepsilon}_n^{\mathrm{r}}]^{\mathrm{T}} \tag{4.3.6}$$

后，可将式(4.3.2)和式(4.3.3)分别综合为矩阵形式，即

$$\boldsymbol{\omega}^{\mathrm{r}}=\underline{\boldsymbol{e}}\dot{\boldsymbol{q}} \tag{4.3.7}$$

$$\underline{\boldsymbol{\varepsilon}}^{\mathrm{r}}=\underline{\boldsymbol{e}}\ddot{\boldsymbol{q}} \tag{4.3.8}$$

根据角速度合成定理，系统中任意刚体 $B_k(k=1,2,\cdots,n)$ 的绝对角速度 $\boldsymbol{\omega}_k$（指刚体 B_k 相对于惯性参考系 $O_0x_0y_0z_0$ 的角速度）等于 B_0 的绝对角速度 $\boldsymbol{\omega}_0$ 加上 B_0 至 B_k 的通路上各邻接刚体之间的所有相对角速度。利用通路矩阵的概念，可得

$$\boldsymbol{\omega}_k=\boldsymbol{\omega}_0-\sum_{j=1}^{n}T_{jk}\boldsymbol{\omega}_j^{\mathrm{r}} \quad (k=1,2,\cdots,n) \tag{4.3.9}$$

将式(4.3.9)对时间求绝对导数，得到

$$\boldsymbol{\varepsilon}_k=\boldsymbol{\varepsilon}_0-\sum_{j=1}^{n}T_{jk}(\boldsymbol{\varepsilon}_j^{\mathrm{r}}+\boldsymbol{\omega}_{i(j)}\times\boldsymbol{\omega}_j^{\mathrm{r}}) \quad (k=1,2,\cdots,n) \tag{4.3.10}$$

考虑到

$$\boldsymbol{\omega}_{i(j)}=\boldsymbol{\omega}_j-\boldsymbol{\omega}_j^{\mathrm{r}} \quad (j=1,2,\cdots,n) \tag{4.3.11}$$

后，式(4.3.10)又可写为

$$\boldsymbol{\varepsilon}_k=\boldsymbol{\varepsilon}_0-\sum_{j=1}^{n}T_{jk}(\boldsymbol{\varepsilon}_j^{\mathrm{r}}+\boldsymbol{\omega}_j\times\boldsymbol{\omega}_j^{\mathrm{r}}) \quad (k=1,2,\cdots,n) \tag{4.3.12}$$

引入记号

$$\underline{\boldsymbol{\omega}}=[\boldsymbol{\omega}_1 \quad \boldsymbol{\omega}_2 \quad \cdots \quad \boldsymbol{\omega}_n]^{\mathrm{T}} \tag{4.3.13}$$

$$\mathbf{1}_n=[1 \quad 1 \quad \cdots \quad 1]^{\mathrm{T}} \tag{4.3.14}$$

$$\underline{\boldsymbol{\varepsilon}}=[\boldsymbol{\varepsilon}_1 \quad \boldsymbol{\varepsilon}_2 \quad \cdots \quad \boldsymbol{\varepsilon}_n]^{\mathrm{T}} \tag{4.3.15}$$

$$\underline{\underline{\boldsymbol{\omega}}}^{\mathrm{r}}=\mathrm{diag}(\boldsymbol{\omega}_1^{\mathrm{r}},\ \boldsymbol{\omega}_2^{\mathrm{r}},\ \cdots,\ \boldsymbol{\omega}_n^{\mathrm{r}}) \tag{4.3.17}$$

后，可将式(4.3.9)和式(4.3.12)分别综合为矩阵形式，即

$$\underline{\boldsymbol{\omega}}=\boldsymbol{\omega}_0\mathbf{1}_n-\boldsymbol{T}^{\mathrm{T}}\boldsymbol{\omega}^{\mathrm{r}} \tag{4.3.18}$$

$$\underline{\boldsymbol{\varepsilon}}=\boldsymbol{\varepsilon}_0\mathbf{1}_n-\boldsymbol{T}^{\mathrm{T}}\underline{\boldsymbol{\varepsilon}}^{\mathrm{r}}+\boldsymbol{T}^{\mathrm{T}}(\underline{\underline{\boldsymbol{\omega}}}^{\mathrm{r}}\times\underline{\boldsymbol{\omega}}) \tag{4.3.19}$$

将式(4.3.7)代入式(4.3.18)后，得到系统内各刚体绝对角速度的广义坐标形式的表达式为

$$\underline{\boldsymbol{\omega}}=\underline{\boldsymbol{\alpha}}\dot{\boldsymbol{q}}+\boldsymbol{\omega}_0\mathbf{1}_n \tag{4.3.20}$$

式中

$$\underline{\boldsymbol{\alpha}}=-\boldsymbol{T}^{\mathrm{T}}\underline{\boldsymbol{e}} \tag{4.3.21}$$

将式(4.3.2)代入式(4.3.17)后，得到

$$\underline{\underline{\boldsymbol{\omega}}}^{\mathrm{r}}=\boldsymbol{e}\tilde{\dot{\boldsymbol{q}}} \tag{4.3.22}$$

式中

$$\tilde{\dot{\boldsymbol{q}}}=\mathrm{diag}(\dot{q}_1,\ \dot{q}_2,\ \cdots,\ \dot{q}_n) \tag{4.3.22a}$$

将式(4.3.8)、式(4.3.20)和式(4.3.22)代入式(4.3.19)，整理后得到系统内各刚体绝对角加速度的广义坐标形式的表达式为

$$\underline{\boldsymbol{\varepsilon}}=\underline{\boldsymbol{\alpha}}\ddot{\boldsymbol{q}}+\underline{\boldsymbol{\beta}} \tag{4.3.23}$$

式中

$$\underline{\boldsymbol{\beta}}=\boldsymbol{T}^{\mathrm{T}}\underline{\boldsymbol{e}}\times(\widetilde{\dot{\boldsymbol{q}}\underline{\boldsymbol{\alpha}}}+\boldsymbol{\omega}_0\boldsymbol{E})\dot{\boldsymbol{q}}+\boldsymbol{\varepsilon}_0\boldsymbol{1}_n \tag{4.3.24}$$

这里 $\boldsymbol{E}$ 为 n 阶的单位矩阵。

(2) 系统中各刚体质心的绝对速度和绝对加速度的广义坐标形式的表达式。

在推导刚体质心的速度和加速度的广义坐标形式的表达式之前，需先引出两个重要的概念 —— 体铰矢量和通路矢量。

从系统中任意刚体 B_i 的质心 O_{Ci} 向任意铰 O_j 作有向线段 $\boldsymbol{c}_{ij}$，称为**体铰矢量**。关联矩阵元素 S_{ij} 与体铰矢量 $\boldsymbol{c}_{ij}$ 的乘积称为**加权体铰矢量**，记作

$$\boldsymbol{C}_{ij}=S_{ij}\boldsymbol{c}_{ij}\quad(i,j=1,2,\cdots,n) \tag{4.3.25}$$

以 $\boldsymbol{C}_{ij}(i,j=1,2,\cdots,n)$ 为元素的 n 阶矢量方阵 $\underline{\boldsymbol{C}}$ 称为**体铰矢量矩阵**。考虑到关联矩阵 $\boldsymbol{S}$ 为上三角矩阵，因此体铰矢量矩阵 $\underline{\boldsymbol{C}}$ 也为上三角矩阵。

定义

$$\underline{\boldsymbol{D}}=-\underline{\boldsymbol{C}}\boldsymbol{T} \tag{4.3.26}$$

为**通路矢量矩阵**。由于 $\underline{\boldsymbol{C}}$ 和 $\boldsymbol{T}$ 均为上三角矩阵，因此 $\underline{\boldsymbol{D}}$ 也为上三角矩阵，其元素 $\boldsymbol{d}_{ij}(i,j=1,2,\cdots,n)$ 称为**通路矢量**。容易证明

$$\boldsymbol{d}_{ij}=\begin{cases}\boldsymbol{0} & (i>j)\\ -\boldsymbol{c}_{ii} & (i=j)\\ -\boldsymbol{c}_{ii}+\boldsymbol{c}_{ik} & (i<k,\text{且 } B_i \text{ 在 } B_j \text{ 至 } B_0 \text{ 的通路上})\\ \boldsymbol{0} & (i<j,\text{且 } B_i \text{ 不在 } B_j \text{ 至 } B_0 \text{ 的通路上})\end{cases} \tag{4.3.27}$$

式中铰 O_k 在 B_i 至 B_j 的通路上，且与 B_i 相关联。

引入通路矢量的概念后，任意刚体 B_j 的质心 O_{Cj} 的绝对矢径 $\boldsymbol{r}_j$（指 O_{Cj} 相对于惯性参考系 $Ox_0y_0z_0$ 的矢径）可表示为

$$\boldsymbol{r}_j=\sum_{i=1}^{n}\boldsymbol{d}_{ij}+\boldsymbol{R}\quad(j=1,2,\cdots,n) \tag{4.3.28}$$

式中 $\boldsymbol{R}$ 表示铰 O_1 的绝对矢径。将式(4.3.28) 对时间求绝对导数，得到

$$\dot{\boldsymbol{r}}_j=\sum_{i=1}^{n}\dot{\boldsymbol{d}}_{ij}+\dot{\boldsymbol{R}}\quad(j=1,2,\cdots,n) \tag{4.3.29}$$

由式(4.3.27) 容易证明

$$\dot{\boldsymbol{d}}_{ij}=\boldsymbol{\omega}_i\times\boldsymbol{d}_{ij}\quad(i,j=1,2,\cdots,n) \tag{4.3.30}$$

将式(4.3.30) 代入式(4.3.29)，得到

$$\dot{\boldsymbol{r}}_j=-\sum_{i=1}^{n}(\boldsymbol{d}_{ij}\times\boldsymbol{\omega}_i)+\dot{\boldsymbol{R}}\quad(j=1,2,\cdots,n) \tag{4.3.31}$$

再对时间求绝对导数，得到

$$\ddot{\boldsymbol{r}}_j=-\sum_{i=1}^{n}(\boldsymbol{d}_{ij}\times\boldsymbol{\varepsilon}_i)+\sum_{i=1}^{n}[\boldsymbol{\omega}_i\times(\boldsymbol{\omega}_i\times\boldsymbol{d}_{ij})]+\ddot{\boldsymbol{R}}\quad(j=1,2,\cdots,n) \tag{4.3.32}$$

引入记号

$$\underline{\boldsymbol{r}}=[\boldsymbol{r}_1\quad\boldsymbol{r}_2\quad\cdots\quad\boldsymbol{r}_n]^{\mathrm{T}} \tag{4.3.33}$$

$$\boldsymbol{\eta}_j=\sum_{i=1}^{n}[\boldsymbol{\omega}_i\times(\boldsymbol{\omega}_i\times\boldsymbol{d}_{ij})]+\ddot{\boldsymbol{R}}\quad(j=1,2,\cdots,n)\tag{4.3.34}$$

$$\underline{\boldsymbol{\eta}}=[\boldsymbol{\eta}_1\quad\boldsymbol{\eta}_2\quad\cdots\quad\boldsymbol{\eta}_n]^{\mathrm{T}}\tag{4.3.35}$$

后，可将式(4.3.28)、式(4.3.31) 和式(4.3.32) 分别综合为矩阵形式，即

$$\underline{\boldsymbol{r}}=\underline{\boldsymbol{D}}^{\mathrm{T}}\boldsymbol{1}_n+\boldsymbol{R}\boldsymbol{1}_n\tag{4.3.36}$$

$$\dot{\underline{\boldsymbol{r}}}=-\underline{\boldsymbol{D}}^{\mathrm{T}}\times\underline{\boldsymbol{\omega}}+\dot{\boldsymbol{R}}\boldsymbol{1}_n\tag{4.3.37}$$

$$\ddot{\underline{\boldsymbol{r}}}=-\underline{\boldsymbol{D}}^{\mathrm{T}}\times\underline{\boldsymbol{\varepsilon}}+\underline{\boldsymbol{\eta}}\tag{4.3.38}$$

将式(4.3.20) 和式(4.3.23) 分别代入式(4.3.37) 和式(4.3.38) 后，得到系统内各刚体质心的绝对速度和绝对加速度的广义坐标形式的表达式为

$$\underline{\boldsymbol{r}}=\underline{\boldsymbol{H}}\dot{\boldsymbol{q}}+\underline{\boldsymbol{h}}\tag{4.3.39}$$

$$\ddot{\underline{\boldsymbol{r}}}=\underline{\boldsymbol{H}}\ddot{\boldsymbol{q}}+\underline{\boldsymbol{\sigma}}\tag{4.3.40}$$

式中

$$\underline{\boldsymbol{H}}=-\underline{\boldsymbol{D}}^{\mathrm{T}}\times\boldsymbol{\alpha}\tag{4.3.41}$$

$$\underline{\boldsymbol{h}}=\boldsymbol{\omega}_0\times\underline{\boldsymbol{D}}^{\mathrm{T}}\boldsymbol{1}_n+\dot{\boldsymbol{R}}\boldsymbol{1}_n\tag{4.3.42}$$

$$\underline{\boldsymbol{\sigma}}=-\underline{\boldsymbol{D}}^{\mathrm{T}}\times\underline{\boldsymbol{\beta}}+\underline{\boldsymbol{\eta}}\tag{4.3.43}$$

(3) 系统的动力学方程。

设系统中刚体 $B_k(k=1,2,\cdots,n)$ 的质量和中心惯量张量分别为 m_k 和 $\boldsymbol{J}_k$，系统外物体作用于刚体 B_k 的主动力系的主矢和对质心 O_{C_k} 的主矩分别为 $\boldsymbol{F}_k$ 和 $\boldsymbol{L}_k$，刚体 B_k 的虚角位移矢量为 $\delta\boldsymbol{\pi}_k$，刚体 $B_{i(k)}$ 通过转动铰 O_k 作用于刚体 B_k 的驱动力矩为 $\boldsymbol{M}_k$，设 $\boldsymbol{M}_k$ 在铰 O_k 的转轴基矢量 $\boldsymbol{e}_k$ 方向上的投影为 M_k（即 $M_k=\boldsymbol{M}_k\cdot\boldsymbol{e}_k$），若不计各转动铰的摩擦，则根据动力学普遍方程，有

$$\sum_{k=1}^{n}\{(\boldsymbol{F}_k-m_k\ddot{\boldsymbol{r}}_k)\cdot\delta\boldsymbol{r}_k+[\boldsymbol{L}_k-\boldsymbol{J}_k\cdot\boldsymbol{\varepsilon}_k-\boldsymbol{\omega}_k\times(\boldsymbol{J}_k\cdot\boldsymbol{\omega}_k)]\cdot\delta\boldsymbol{\pi}_k\}+\sum_{k=1}^{n}(M_k\delta q_k)=0\tag{4.3.44}$$

写成矩阵形式，即为

$$(\delta\underline{\boldsymbol{r}})^{\mathrm{T}}\cdot(\underline{\boldsymbol{F}}-\boldsymbol{m}\ddot{\underline{\boldsymbol{r}}})+(\delta\underline{\boldsymbol{\pi}})^{\mathrm{T}}\cdot(\underline{\boldsymbol{L}}-\underline{\boldsymbol{J}}\cdot\underline{\boldsymbol{\varepsilon}}-\underline{\boldsymbol{\Gamma}})+(\delta\boldsymbol{q})^{\mathrm{T}}\boldsymbol{M}=\boldsymbol{0}\tag{4.3.45}$$

式中

$$\underline{\boldsymbol{F}}=[\boldsymbol{F}_1\quad\boldsymbol{F}_2\quad\cdots\quad\boldsymbol{F}_n]_{\mathrm{T}}\tag{4.3.46}$$

$$\boldsymbol{m}=\mathrm{diag}(m_1,m_2,\cdots,m_n)\tag{4.3.47}$$

$$\delta\underline{\boldsymbol{\pi}}=[\delta\boldsymbol{\pi}_1\quad\delta\boldsymbol{\pi}_2\quad\cdots\quad\delta\boldsymbol{\pi}_{\mathrm{n}}]^{\mathrm{T}}\tag{4.3.48}$$

$$\underline{\boldsymbol{L}}=[\boldsymbol{L}_1\quad\boldsymbol{L}_2\quad\cdots\quad\boldsymbol{L}_n]^{\mathrm{T}}\tag{4.3.49}$$

$$\underline{\boldsymbol{J}}=\mathrm{diag}(\boldsymbol{J}_1,\boldsymbol{J}_2,\cdots,\boldsymbol{J}_n)\tag{4.3.50}$$

$$\underline{\boldsymbol{\Gamma}}=[\boldsymbol{\omega}_1\times(\boldsymbol{J}_1\cdot\boldsymbol{\omega}_1)\quad\boldsymbol{\omega}_2\times(\boldsymbol{J}_2\cdot\boldsymbol{\omega}_2)\quad\cdots\quad\boldsymbol{\omega}_n\times(\boldsymbol{J}_n\cdot\boldsymbol{\omega}_n)]^{\mathrm{T}}\tag{4.3.51}$$

$$\boldsymbol{M}=[M_1\quad M_2\quad\cdots\quad M_n]^{\mathrm{T}}\tag{4.3.52}$$

由式(4.3.20) 和式(4.3.39) 可分别得到

$$\delta\underline{\boldsymbol{\pi}}=\underline{\boldsymbol{\alpha}}\delta\boldsymbol{q}\tag{4.3.53}$$

$$\delta\underline{\boldsymbol{r}}=\underline{\boldsymbol{H}}\delta\boldsymbol{q}\tag{4.3.54}$$

将式(4.3.23)、式(4.3.40)、式(4.3.53) 和式(4.3.54) 代入方程式(4.3.45)，整理后得到

$$(\delta \boldsymbol{q})^{\mathrm{T}}(\boldsymbol{A}\ddot{\boldsymbol{q}}-\boldsymbol{B})=0 \tag{4.3.55}$$

式中

$$\boldsymbol{A}=\underline{\boldsymbol{H}}^{\mathrm{T}}\cdot m\underline{\boldsymbol{H}}+\underline{\boldsymbol{\alpha}}^{\mathrm{T}}\cdot\underline{\boldsymbol{J}}\cdot\underline{\boldsymbol{\alpha}} \tag{4.3.56}$$

$$\boldsymbol{B}=\underline{\boldsymbol{H}}^{\mathrm{T}}\cdot(\underline{\boldsymbol{F}}-m\underline{\boldsymbol{\sigma}})+\underline{\boldsymbol{\alpha}}^{\mathrm{T}}\cdot(\underline{\boldsymbol{L}}-\underline{\boldsymbol{J}}\cdot\underline{\boldsymbol{\beta}}-\underline{\boldsymbol{\Gamma}})+\boldsymbol{M} \tag{4.3.57}$$

由于 $\delta\boldsymbol{q}$ 是独立的(即 $\delta q_1,\delta q_2,\cdots,\delta q_n$ 之间是相互独立的),因此由式(4.3.55)可推出

$$\boldsymbol{A}\ddot{\boldsymbol{q}}=\boldsymbol{B} \tag{4.3.58}$$

这就是以广义坐标所描述的多刚体系统的动力学方程。此方程由罗伯森和维滕堡导出,所以也叫**罗伯森-维滕堡方程**。方程中的矩阵 $\boldsymbol{A}$ 为 $n\times n$ 的对称矩阵,矩阵 $\boldsymbol{B}$ 为 $n\times 1$ 的矩阵。在系统的结构、各刚体的惯量参数、各铰在刚体上的分布位置、各铰的驱动力矩和其他作用在系统上的主动力的变化规律都确定后,矩阵 $\boldsymbol{A}$ 仅是关于广义坐标的函数 $\boldsymbol{A}=\boldsymbol{A}(\boldsymbol{q})$,而矩阵 $\boldsymbol{B}$ 是关于广义坐标和广义速度的函数 $\boldsymbol{B}=\boldsymbol{B}(\boldsymbol{q},\dot{\boldsymbol{q}})$。

下面以一个简单的多刚体系统的动力学建模为例来说明罗伯森-维滕堡方法的应用。

例 4.3 如图 4-6 所示的系统由两个刚体 B_1、B_2 和两个光滑柱铰 O_1、O_2 构成。试用罗伯森-维滕堡方法建立该系统的动力学方程。设刚体 $B_i(i=1,2)$ 的质量为 m_i、质心为点 O_{C_i},坐标系 $O_ix_iy_iz_i$ 为刚体 B_i 在点 O_i 处的惯量主轴坐标系,刚体 B_i 对轴 x_i、y_i、z_i 的转动惯量分别为 J_{ix}、J_{iy} 和 J_{iz},柱铰 O_i 的驱动力矩为 $\boldsymbol{M}_i$,其中柱铰 O_1 的轴线沿铅直方向,柱铰 O_2 的轴线沿水平方向且垂直于刚体 B_2 的中轴线,轴 x_1 与柱铰 O_2 的轴线平行,坐标系 $O_0x_0y_0z_0$ 是同基座相固连的惯性参考系。其他尺寸如图 4-6 所示。

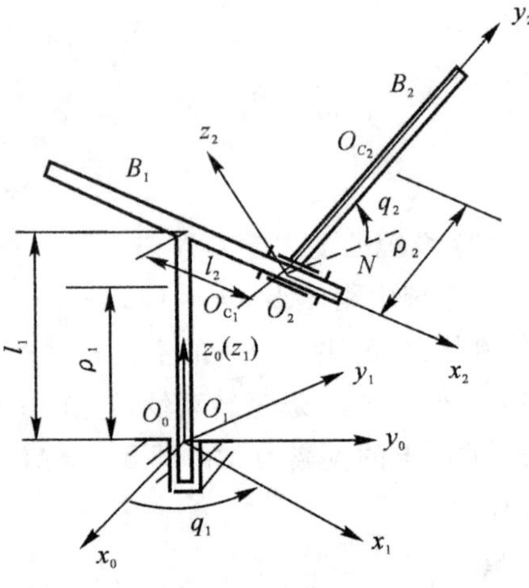

图 4-6 例 4.3 图

解 该系统的自由度为 2,广义坐标列阵取为

$$\boldsymbol{q}=\begin{bmatrix}q_1\\q_2\end{bmatrix} \tag{1}$$

其中 q_1 为轴 x_1 相对轴 x_0 的夹角,q_2 为轴 y_2 相对轴 y_1 的夹角。

下面应用罗伯森-维滕堡方法列写该系统的动力学方程,为此需首先写出以下符号的表达式:

$$\boldsymbol{S}=\begin{bmatrix}-1 & 1\\0 & -1\end{bmatrix} \tag{2}$$

$$\boldsymbol{T}=\begin{bmatrix}-1 & -1\\0 & -1\end{bmatrix} \tag{3}$$

$$\underline{\boldsymbol{C}}=\begin{bmatrix}\rho_1\boldsymbol{k}_1 & l_2\boldsymbol{i}_1+(l_1-\rho_1)\boldsymbol{k}_1\\\boldsymbol{0} & \rho_2\boldsymbol{j}_2\end{bmatrix} \tag{4}$$

$$\underline{\boldsymbol{D}}=-\underline{\boldsymbol{C}}\boldsymbol{T}=\begin{bmatrix}\rho_1\boldsymbol{k}_1 & l_2\boldsymbol{i}_1+l_1\boldsymbol{k}_1\\\boldsymbol{0} & \rho_2\boldsymbol{j}_2\end{bmatrix} \tag{5}$$

$$\underline{e}=\begin{bmatrix}\boldsymbol{k}_1 & \boldsymbol{0}\\ \boldsymbol{0} & \boldsymbol{i}_2\end{bmatrix} \tag{6}$$

$$\underline{\boldsymbol{\alpha}}=-\boldsymbol{T}^{\mathrm{T}}\underline{e}=\begin{bmatrix}\boldsymbol{k}_1 & \boldsymbol{0}\\ \boldsymbol{k}_1 & \boldsymbol{i}_2\end{bmatrix} \tag{7}$$

$$\boldsymbol{\omega}_0=\boldsymbol{0} \tag{8}$$

$$\underline{\boldsymbol{\omega}}=\underline{\boldsymbol{\alpha}}\dot{\boldsymbol{q}}+\boldsymbol{\omega}_0\boldsymbol{1}_2=\begin{bmatrix}\dot{q}_1\boldsymbol{k}_1\\ \dot{q}_1\boldsymbol{k}_1+\dot{q}_2\boldsymbol{i}_2\end{bmatrix} \tag{9}$$

$$\boldsymbol{\varepsilon}_0=0 \tag{10}$$

$$\tilde{\dot{\boldsymbol{q}}}=\begin{bmatrix}\dot{q}_1 & 0\\ 0 & \dot{q}_2\end{bmatrix} \tag{11}$$

$$\underline{\boldsymbol{\beta}}=\boldsymbol{T}^{\mathrm{T}}\underline{e}\times(\tilde{\dot{\boldsymbol{q}}}\underline{\boldsymbol{\alpha}}+\boldsymbol{\omega}_0\boldsymbol{E})\dot{\boldsymbol{q}}+\boldsymbol{\varepsilon}_0\boldsymbol{1}_2=\begin{bmatrix}\boldsymbol{0}\\ \dot{q}_1\dot{q}_2\boldsymbol{j}_1\end{bmatrix} \tag{12}$$

$$\underline{\boldsymbol{H}}=-\underline{\boldsymbol{D}}^{\mathrm{T}}\times\underline{\boldsymbol{\alpha}}=\begin{bmatrix}\boldsymbol{0} & \boldsymbol{0}\\ l_2\boldsymbol{j}_1-\rho_2\cos q_2\boldsymbol{i}_1 & \rho_2\boldsymbol{k}_2\end{bmatrix} \tag{13}$$

$$\ddot{\boldsymbol{R}}=\boldsymbol{0} \tag{14}$$

$$\boldsymbol{\eta}_1=\sum_{i=1}^{2}[\boldsymbol{\omega}_i\times(\boldsymbol{\omega}_i\times\boldsymbol{d}_{i1})]+\ddot{\boldsymbol{R}}=\boldsymbol{0} \tag{15}$$

$$\boldsymbol{\eta}_1=\sum_{i=1}^{2}[\boldsymbol{\omega}_i\times(\boldsymbol{\omega}_i\times\boldsymbol{d}_{i2})]+\ddot{\boldsymbol{R}}=\dot{q}_1(\rho_2\dot{q}_2\cos q_2-l_2\dot{q}_1)\boldsymbol{i}_1-\rho_2\cos q_2(\dot{q}_1^2+\dot{q}_2^2)\boldsymbol{j}_1-\rho_2\dot{q}_2^2\sin q_2\boldsymbol{k}_1 \tag{16}$$

$$\underline{\boldsymbol{\eta}}=\begin{bmatrix}\boldsymbol{\eta}_1\\ \boldsymbol{\eta}_2\end{bmatrix}=\begin{bmatrix}\boldsymbol{0}\\ \dot{q}_1(\rho_2\dot{q}_2\cos q_2-l_2\dot{q}_1)\boldsymbol{i}_1-\rho_2\cos q_2(\dot{q}_1^2+\dot{q}_2^2)\boldsymbol{j}_1-\rho_2\dot{q}_2^2\sin q_2 k_1\end{bmatrix} \tag{17}$$

$$\underline{\boldsymbol{\sigma}}=-\underline{\boldsymbol{D}}^{\mathrm{T}}\times\underline{\boldsymbol{\beta}}+\underline{\boldsymbol{\eta}}=-\begin{bmatrix}\boldsymbol{0}\\ l_2\dot{q}_1^2\boldsymbol{i}_1+\rho_2\cos q_2(\dot{q}_1^2+\dot{q}_2^2)\boldsymbol{j}_1+\rho_2\dot{q}_2^2\sin q_2\boldsymbol{k}_1\end{bmatrix} \tag{18}$$

$$\boldsymbol{m}=\begin{bmatrix}m_1 & 0\\ 0 & m_2\end{bmatrix} \tag{19}$$

$$\underline{\boldsymbol{J}}=\begin{bmatrix}\boldsymbol{J}_1 & \boldsymbol{0}\\ \boldsymbol{0} & \boldsymbol{J}_2\end{bmatrix} \tag{20}$$

$$\boldsymbol{A}=\underline{\boldsymbol{H}}^{\mathrm{T}}\cdot\boldsymbol{m}\underline{\boldsymbol{H}}+\underline{\boldsymbol{\alpha}}^{\mathrm{T}}\cdot\underline{\boldsymbol{J}}\cdot\underline{\boldsymbol{\alpha}}=$$
$$\begin{bmatrix}m_2(l_2^2+\rho_2^2\cos^2 q_2)+J_{1z}+J_{2y}\sin^2 q_2+(J_{2z}-m_2\rho_2^2)\cos^2 q_2 & -m_2l_2\rho_2\sin q_2\\ -m_2l_2\rho_2\sin q_2 & J_{2x}\end{bmatrix} \tag{21}$$

$$\underline{\boldsymbol{F}}=\begin{bmatrix}-m_1g\boldsymbol{k}_1\\ -m_2g\boldsymbol{k}_1\end{bmatrix} \tag{22}$$

$$\boldsymbol{L}=\begin{bmatrix}\boldsymbol{0}\\ \boldsymbol{0}\end{bmatrix} \tag{23}$$

$$\underline{\boldsymbol{\Gamma}} = \begin{bmatrix} \boldsymbol{\omega}_1 \times (\boldsymbol{J}_1 \cdot \boldsymbol{\omega}_1 \\ \boldsymbol{\omega}_2 \times (\boldsymbol{J}_2 \cdot \boldsymbol{\omega}_2) \end{bmatrix} =$$

$$\begin{bmatrix} \mathbf{0} \\ (J_{2z} - J_{2y} - m_2\rho_2^2)\dot{q}_1^2 \sin q_2 \cos q_2 \boldsymbol{i}_1 + [J_{2x} - J_{2y}\sin^2 q_2 - (J_{2z} - m_2\rho_2^2)\cos^2 q_2 - m_2\rho_2^2]\dot{q}_1\dot{q}_2\boldsymbol{j}_1 + (J_{2y} - J_{2z} + m_2\rho_2^2)\dot{q}_1\dot{q}_2 \sin q_2 \cos q_2 \boldsymbol{k}_1 \end{bmatrix} \tag{24}$$

$$\boldsymbol{M} = \begin{bmatrix} M_1 \\ M_2 \end{bmatrix} \tag{25}$$

$$\boldsymbol{B} = \underline{\boldsymbol{H}}^{\mathrm{T}} \cdot (\underline{\boldsymbol{F}} - \boldsymbol{m}\underline{\boldsymbol{\sigma}}) + \underline{\boldsymbol{\alpha}}^{\mathrm{T}} \cdot (\underline{\boldsymbol{L}} - \underline{\boldsymbol{J}} \cdot \underline{\boldsymbol{\beta}} - \underline{\boldsymbol{\Gamma}}) + \boldsymbol{M} =$$
$$\begin{bmatrix} m_2 l_2 \rho_2 \dot{q}_2^2 \cos q_2 - (J_{2y} - J_{2z} + m_2\rho_2^2)\dot{q}_1\dot{q}_2 \sin(2q_2) + M_1 \\ -m_2\rho_2(g + \rho_2\dot{q}_1^2 \sin q_2)\cos q_2 + \dfrac{1}{2}(J_{2y} - J_{2z} + m_2\rho_2^2)\dot{q}_1^2 \sin(2q_2) + M_2 \end{bmatrix} \tag{26}$$

最后将式(21) 和式(26) 代入方程式(4.3.58)，整理后得到系统的动力学方程为

$$\left.\begin{aligned} &[m_2(l_2^2 + \rho_2^2 \cos q_2) + J_{1z} + J_{2y}\sin^2 q_2 + (J_{2z} - m_2\rho_2^2)\cos^2 q_2]\ddot{q}_1 - m_2 l_2 \rho_2 \sin q_2 \ddot{q}_2 = \\ &\quad m_2 l_2 \rho_2 \dot{q}_2^2 \cos q_2 - (J_{2y} - J_{2z} + m_2\rho_2^2)\dot{q}_1\dot{q}_2 \sin(2q_2) + M_1 \\ &2m_2 l_2 \rho_2 \sin q_2 \ddot{q}_1 - 2J_{2x}\ddot{q}_2 = 2m_2\rho_2(g + \rho_2\dot{q}_1^2 \sin q_2)\cos q_2 - (J_{2y} - J_{2z} + m_2\rho_2^2)\dot{q}_1^2 \sin(2q_2) - 2M_2 \end{aligned}\right\} \tag{27}$$

4.4 希林方法

希林[7-8] 基于牛顿-欧拉方程建立了受理想约束的多刚体系统的动力学方程。下面介绍希林的建模方法。

设某一多刚体系统由 N 个刚体所组成，共受有 s 个完整约束(即 s 个完整约束方程)。因此该系统的自由度为 $n=6N-s$。选广义坐标 $\boldsymbol{q}=[q_1 \quad q_2 \quad \cdots \quad q_n]^{\mathrm{T}}$ 确定系统的位形。系统的运动学分析如下：

设坐标系 $O_0x_0y_0z_0$ 为描述系统运动的惯性参考系，坐标系 $O_ix_iy_iz_i$ 为刚体 B_i 的中心惯量主轴坐标系，这样点 O_i(刚体 B_i 的质心) 的矢径在坐标系 $O_0x_0y_0z_0$ 中的坐标列阵 $\boldsymbol{r}_i$ 以及坐标系 $O_ix_iy_iz_i$ 相对坐标系 $O_0x_0y_0z_0$ 的方向余弦矩阵 $\boldsymbol{C}_i$ 均可表示成关于广义坐标 $\boldsymbol{q}$ 和时间 t 的函数，即

$$\boldsymbol{r}_i = \boldsymbol{r}_i(\boldsymbol{q}, t) \quad (i=1,2,\cdots,N) \tag{4.4.1}$$

$$\boldsymbol{C}_i = \boldsymbol{C}_i(\boldsymbol{q}, t) \quad (i=1,2,\cdots,N) \tag{4.4.2}$$

将式(4.4.1) 对时间求导数后，得到点 O_i 的绝对速度在坐标系 $O_0x_0y_0z_0$ 中的坐标列阵

$$\boldsymbol{v}_i = \dot{\boldsymbol{r}}_i = \boldsymbol{H}_i(\boldsymbol{q}, t)\dot{\boldsymbol{q}} + \bar{\boldsymbol{v}}_i(\boldsymbol{q}, t) \quad (i=1,2,\cdots,N) \tag{4.4.3}$$

式中

$$\boldsymbol{H}_i(\boldsymbol{q}, t) = \frac{\partial \boldsymbol{r}_i}{\partial \boldsymbol{q}} \quad (i=1,2,\cdots,N) \tag{4.4.4}$$

$$\bar{\boldsymbol{v}}_i(\boldsymbol{q}, t) = \frac{\partial \boldsymbol{r}_i}{\partial t} \quad (i=1,2,\cdots,N) \tag{4.4.5}$$

将式(4.4.3) 对时间求导数后，得到点 O_i 的绝对加速度在坐标系 $O_0x_0y_0z_0$ 中的坐标列阵

$$\boldsymbol{a}_i=\dot{\boldsymbol{v}}_i=\boldsymbol{H}_i(\boldsymbol{q},t)\ddot{\boldsymbol{q}}+\boldsymbol{K}_i(\boldsymbol{q},\dot{\boldsymbol{q}},t)\dot{\boldsymbol{q}}+\bar{\boldsymbol{a}}_i(\boldsymbol{q},\dot{\boldsymbol{q}},t)\quad(i=1,2,\cdots,N)\tag{4.4.6}$$

式中

$$\boldsymbol{K}_i(\boldsymbol{q},\dot{\boldsymbol{q}},t)=\frac{\mathrm{d}\boldsymbol{H}_i(\boldsymbol{q},t)}{\mathrm{d}t}\quad(i=1,2,\cdots,N)\tag{4.4.7}$$

$$\bar{\boldsymbol{a}}_i(\boldsymbol{q},\dot{\boldsymbol{q}},t)=\frac{\mathrm{d}\bar{\boldsymbol{v}}_i(\boldsymbol{q},t)}{\mathrm{d}t}\quad(i=1,2,\cdots,N)\tag{4.4.8}$$

设刚体 B_i 的绝对角速度在坐标系 $O_ix_iy_iz_i$ 中的坐标列阵为 $\boldsymbol{\omega}_i$，则有[见式(2.12.21)]

$$\boldsymbol{\omega}_i=\begin{Bmatrix}c_{13}^i\dot{c}_{12}^i+c_{23}^i\dot{c}_{22}^i+c_{33}^i\dot{c}_{32}^i\\c_{11}^i\dot{c}_{13}^i+c_{21}^i\dot{c}_{23}^i+c_{31}^i\dot{c}_{33}^i\\c_{12}^i\dot{c}_{11}^i+c_{22}^i\dot{c}_{21}^i+c_{32}^i\dot{c}_{31}^i\end{Bmatrix}\quad(i=1,2,\cdots,N)\tag{4.4.9}$$

其中 c_{jk}^i 表示矩阵 $\boldsymbol{C}_i$ 的第 j 行、第 k 列元素($j,k=1,2,3$)，由式(4.4.2)可以得到

$$c_{jk}^i=c_{jk}^i(\boldsymbol{q},t)\quad(i=1,2,\cdots,N)\quad(j,k=1,2,3)\tag{4.4.10}$$

将式(4.4.10)对时间求导数，得到

$$\dot{c}_{jk}^i=\boldsymbol{D}_{jk}^i(\boldsymbol{q},t)\dot{\boldsymbol{q}}+e_{jk}^i(\boldsymbol{q},t)\quad(i=1,2,\cdots,N)\quad(j,k=1,2,3)\tag{4.4.11}$$

式中

$$\boldsymbol{D}_{jk}^i(\boldsymbol{q},t)=\frac{\partial c_{jk}^i(\boldsymbol{q},t)}{\partial\boldsymbol{q}}\quad(i=1,2,\cdots,N)\quad(j,k=1,2,3)\tag{4.4.12}$$

$$e_{jk}^i(\boldsymbol{q},t)=\frac{\partial c_{jk}^i(\boldsymbol{q},t)}{\partial t}\quad(i=1,2,\cdots,N)\quad(j,k=1,2,3)\tag{4.4.13}$$

将式(4.4.10)和式(4.4.11)代入式(4.4.9)后，得到

$$\boldsymbol{\omega}_i=\boldsymbol{A}_i(\boldsymbol{q},t)\dot{\boldsymbol{q}}+\bar{\boldsymbol{\omega}}_i(\boldsymbol{q},t)\quad(i=1,2,\cdots,N)\tag{4.4.14}$$

式中

$$\boldsymbol{A}_i(\boldsymbol{q},t)=\begin{bmatrix}c_{13}^i(\boldsymbol{q},t)\boldsymbol{D}_{12}^i(\boldsymbol{q},t)+c_{23}^i(\boldsymbol{q},t)\boldsymbol{D}_{22}^i(\boldsymbol{q},t)+c_{33}^i(\boldsymbol{q},t)\boldsymbol{D}_{32}^i(\boldsymbol{q},t)\\c_{11}^i(\boldsymbol{q},t)\boldsymbol{D}_{13}^i(\boldsymbol{q},t)+c_{21}^i(\boldsymbol{q},t)\boldsymbol{D}_{23}^i(\boldsymbol{q},t)+c_{31}^i(\boldsymbol{q},t)\boldsymbol{D}_{33}^i(\boldsymbol{q},t)\\c_{11}^i(\boldsymbol{q},t)\boldsymbol{D}_{11}^i(\boldsymbol{q},t)+c_{22}^i(\boldsymbol{q},t)\boldsymbol{D}_{21}^i(\boldsymbol{q},t)+c_{32}^i(\boldsymbol{q},t)\boldsymbol{D}_{31}^i(\boldsymbol{q},t)\end{bmatrix}\quad(i=1,2,\cdots,N)\tag{4.4.15}$$

$$\bar{\boldsymbol{\omega}}_i(\boldsymbol{q},t)=\begin{bmatrix}c_{13}^i(\boldsymbol{q},t)e_{12}^i(\boldsymbol{q},t)+c_{23}^i(\boldsymbol{q},t)e_{22}^i(\boldsymbol{q},t)+c_{33}^i(\boldsymbol{q},t)e_{32}^i(\boldsymbol{q},t)\\c_{11}^i(\boldsymbol{q},t)e_{13}^i(\boldsymbol{q},t)+c_{21}^i(\boldsymbol{q},t)e_{23}^i(\boldsymbol{q},t)+c_{31}^i(\boldsymbol{q},t)e_{33}^i(\boldsymbol{q},t)\\c_{12}^i(\boldsymbol{q},t)e_{11}^i(\boldsymbol{q},t)+c_{22}^i(\boldsymbol{q},t)e_{21}^i(\boldsymbol{q},t)+c_{32}^i(\boldsymbol{q},t)e_{31}^i(\boldsymbol{q},t)\end{bmatrix}\quad(i=1,2,\cdots,N)\tag{4.4.16}$$

将式(4.4.14)对时间求导数，得到

$$\dot{\boldsymbol{\omega}}_i=\boldsymbol{A}_i(\boldsymbol{q},t)\ddot{\boldsymbol{q}}+\boldsymbol{G}_i(\boldsymbol{q},\dot{\boldsymbol{q}},t)\dot{\boldsymbol{q}}+\bar{\boldsymbol{\varepsilon}}_i(\boldsymbol{q},\dot{\boldsymbol{q}},t)\quad(i=1,2,\cdots,N)\tag{4.4.17}$$

式中

$$\boldsymbol{G}_i(\boldsymbol{q},\dot{\boldsymbol{q}},t)=\frac{\mathrm{d}\boldsymbol{A}_i(\boldsymbol{q},t)}{\mathrm{d}t}\quad(i=1,2,\cdots,N)\tag{4.4.18}$$

$$\bar{\boldsymbol{\varepsilon}}_i(\boldsymbol{q},\dot{\boldsymbol{q}},t)=\frac{\mathrm{d}\bar{\boldsymbol{\omega}}_i(\boldsymbol{q},t)}{\mathrm{d}t}\quad(i=1,2,\cdots,N)\tag{4.4.19}$$

系统的动力学分析如下：

根据牛顿-欧拉方程(刚体的空间一般运动微分方程)列写出刚体 B_i 的动力学方程

$$\left.\begin{aligned} m_i\boldsymbol{a}_i &= \boldsymbol{F}_i^{\mathrm{a}} + \boldsymbol{F}_i^{\mathrm{c}} \\ \boldsymbol{J}_i\dot{\boldsymbol{\omega}}_i + \tilde{\boldsymbol{\omega}}_i\boldsymbol{J}_i\boldsymbol{\omega}_i &= \boldsymbol{L}_i^{\mathrm{a}} + \boldsymbol{L}_i^{\mathrm{c}} \end{aligned}\right\} \quad (i=1,2,\cdots,N) \tag{4.4.20}$$

式中 m_i 为刚体 B_i 的质量,$\boldsymbol{J}_i$ 为刚体 B_i 相对坐标系 $O_ix_iy_iz_i$ 的惯量矩阵,$\boldsymbol{F}_i^{\mathrm{a}}$ 表示作用在刚体 B_i 上的主动力系的主矢在坐标系 $O_0x_0y_0z_0$ 中的坐标列阵,$\boldsymbol{L}_i^{\mathrm{a}}$ 表示作用在刚体 B_i 上的主动力系对点 O_i 的主矩在坐标系 $O_ix_iy_iz_i$ 中的坐标列阵,$\boldsymbol{F}_i^{\mathrm{c}}$ 表示作用在刚体 B_i 上的约束力系的主矢在坐标系 $O_0x_0y_0z_0$ 中的坐标列阵,$\boldsymbol{L}_i^{\mathrm{c}}$ 表示作用在刚体 B_i 上的约束力系对点 O_i 的主矩在坐标系 $O_ix_iy_iz_i$ 中的坐标列阵,$\tilde{\boldsymbol{\omega}}_i$ 表示刚体 B_i 的绝对角速度在坐标系 $O_ix_iy_iz_i$ 中的坐标方阵,由式(4.4.14)可以得到

$$\tilde{\boldsymbol{\omega}}_i = \tilde{\boldsymbol{\omega}}_i(\boldsymbol{q},\dot{\boldsymbol{q}},t) \quad (i=1,2,\cdots,N) \tag{4.4.21}$$

引入记号

$$\hat{\boldsymbol{m}}_i = \mathrm{diag}[m_i\boldsymbol{E},\boldsymbol{J}_i] \quad (i=1,2,\cdots,N) \tag{4.4.22}$$

$$\hat{\boldsymbol{a}}_i = \begin{Bmatrix} \boldsymbol{a}_i \\ \dot{\boldsymbol{\omega}}_i \end{Bmatrix} \quad (i=1,2,\cdots,N) \tag{4.4.23}$$

$$\boldsymbol{R}_i(\boldsymbol{q},\dot{\boldsymbol{q}},t) = \mathrm{diag}[\boldsymbol{0}_{3\times3},\boldsymbol{\omega}_i(\boldsymbol{q},\dot{q},t)] \quad (i=1,2,\cdots,N) \tag{4.4.24}$$

$$\hat{\boldsymbol{J}}_i = \mathrm{diag}[\boldsymbol{0}_{3\times3},\boldsymbol{J}_i] \quad (i=1,2,\cdots,N) \tag{4.4.25}$$

$$\hat{\boldsymbol{\omega}}_i = \begin{Bmatrix} \boldsymbol{0}_{3\times1} \\ \boldsymbol{\omega}_i \end{Bmatrix} \quad (i=1,2,\cdots,N) \tag{4.4.26}$$

$$\hat{\boldsymbol{F}}_i^{\mathrm{a}} = \begin{Bmatrix} \boldsymbol{F}_i^{\mathrm{a}} \\ \boldsymbol{L}_i^{\mathrm{a}} \end{Bmatrix} \quad (i=1,2,\cdots,N) \tag{4.4.27}$$

$$\hat{\boldsymbol{F}}_i^{\mathrm{c}} = \begin{Bmatrix} \boldsymbol{F}_i^{\mathrm{c}} \\ \boldsymbol{L}_i^{\mathrm{c}} \end{Bmatrix} \quad (i=1,2,\cdots,N) \tag{4.4.28}$$

后,则方程式(4.4.20)可以写为

$$\hat{\boldsymbol{m}}_i\hat{\boldsymbol{a}}_i + \boldsymbol{R}_i(\boldsymbol{q},\dot{\boldsymbol{q}},t)\hat{\boldsymbol{J}}_i\hat{\boldsymbol{\omega}}_i = \hat{\boldsymbol{F}}_i^{\mathrm{a}} + \hat{\boldsymbol{F}}_i^{\mathrm{c}} \quad (i=1,2,\cdots,N) \tag{4.4.29}$$

将式(4.4.6)和式(4.4.17)代入式(4.4.23),得到

$$\hat{\boldsymbol{a}}_i = \hat{\boldsymbol{H}}_i(\boldsymbol{q},t)\ddot{\boldsymbol{q}} + \hat{\boldsymbol{K}}_i(\boldsymbol{q},\dot{\boldsymbol{q}},t)\dot{\boldsymbol{q}} + \boldsymbol{h}_i(\boldsymbol{q},\dot{\boldsymbol{q}},t) \quad (i=1,2,\cdots,N) \tag{4.4.30}$$

式中

$$\hat{\boldsymbol{H}}_i(\boldsymbol{q},t) = \begin{bmatrix} \boldsymbol{H}_i(\boldsymbol{q},t) \\ \boldsymbol{A}_i(\boldsymbol{q},t) \end{bmatrix} \quad (i=1,2,\cdots,N) \tag{4.4.31}$$

$$\hat{\boldsymbol{K}}_i(\boldsymbol{q},\dot{\boldsymbol{q}},t) = \begin{bmatrix} \boldsymbol{K}_i(\boldsymbol{q},\dot{\boldsymbol{q}},t) \\ \boldsymbol{G}_i(\boldsymbol{q},\dot{\boldsymbol{q}},t) \end{bmatrix} \quad (i=1,2,\cdots,N) \tag{4.4.32}$$

$$\boldsymbol{h}_i(\boldsymbol{q},\dot{\boldsymbol{q}},t) = \begin{Bmatrix} \bar{\boldsymbol{a}}_i(\boldsymbol{q},\dot{\boldsymbol{q}},t) \\ \bar{\boldsymbol{\varepsilon}}_i(\boldsymbol{q},\dot{\boldsymbol{q}},t) \end{Bmatrix} \quad (i=1,2,\cdots,N) \tag{4.4.33}$$

将式(4.4.14)代入式(4.4.26),得到

$$\hat{\boldsymbol{\omega}}_i = \hat{\boldsymbol{A}}_i(\boldsymbol{q},t)\dot{\boldsymbol{q}} + \boldsymbol{p}_i(\boldsymbol{q},t) \quad (i=1,2,\cdots,N) \tag{4.4.34}$$

式中

$$\hat{\boldsymbol{A}}_i(\boldsymbol{q},t)=\begin{bmatrix}\boldsymbol{0}_{3\times3}\\ \boldsymbol{A}_i(\boldsymbol{q},t)\end{bmatrix}\quad(i=1,2,\cdots,N)\tag{4.4.35}$$

$$\boldsymbol{p}_i(\boldsymbol{q},t)=\begin{Bmatrix}\boldsymbol{0}_{3\times1}\\ \bar{\boldsymbol{\omega}}_i(\boldsymbol{q},t)\end{Bmatrix}\quad(i=1,2,\cdots,N)\tag{4.4.36}$$

将式(4.4.30)和式(4.4.34)代入方程式(4.4.29)，得到

$$\begin{aligned}&\hat{\boldsymbol{m}}_i\hat{\boldsymbol{H}}_i(\boldsymbol{q},t)\ddot{\boldsymbol{q}}+[\hat{\boldsymbol{m}}_i\hat{\boldsymbol{K}}_i(\boldsymbol{q},\dot{\boldsymbol{q}},t)+\boldsymbol{R}_i(\boldsymbol{q},\dot{\boldsymbol{q}},t)\hat{\boldsymbol{J}}_i\hat{\boldsymbol{A}}_i(\boldsymbol{q},t)]\dot{\boldsymbol{q}}+\hat{\boldsymbol{m}}_i\boldsymbol{h}_i(\boldsymbol{q},\dot{\boldsymbol{q}},t)+\\&\boldsymbol{R}_i(\boldsymbol{q},\dot{\boldsymbol{q}},t)\hat{\boldsymbol{J}}_i\boldsymbol{p}_i(\boldsymbol{q},t)=\hat{\boldsymbol{F}}_i^{\mathrm{a}}+\hat{\boldsymbol{F}}_i^{\mathrm{c}}\quad(i=1,2,\cdots,N)\end{aligned}\tag{4.4.37}$$

引入记号

$$\hat{\boldsymbol{M}}=\mathrm{diag}[\hat{\boldsymbol{m}}_1,\hat{\boldsymbol{m}}_2,\cdots,\hat{\boldsymbol{m}}_N]\tag{4.4.38}$$

$$\hat{\boldsymbol{H}}(\boldsymbol{q},t)=\begin{bmatrix}\hat{\boldsymbol{H}}_1(\boldsymbol{q},t)\\ \hat{\boldsymbol{H}}_2(\boldsymbol{q},t)\\ \vdots\\ \hat{\boldsymbol{H}}_N(\boldsymbol{q},t)\end{bmatrix}\tag{4.4.39}$$

$$\hat{\boldsymbol{K}}(\boldsymbol{q},\dot{\boldsymbol{q}},t)=\begin{Bmatrix}[\hat{\boldsymbol{m}}_1\hat{\boldsymbol{K}}_1(\boldsymbol{q},\dot{\boldsymbol{q}},t)+\boldsymbol{R}_1(\boldsymbol{q},\dot{\boldsymbol{q}},t)\hat{\boldsymbol{J}}_1\hat{\boldsymbol{A}}_1(\boldsymbol{q},t)]\dot{\boldsymbol{q}}+\hat{\boldsymbol{m}}_1\boldsymbol{h}_1(\boldsymbol{q},\dot{\boldsymbol{q}},t)+\boldsymbol{R}_1(\boldsymbol{q},\dot{\boldsymbol{q}},t)\hat{\boldsymbol{J}}_1\boldsymbol{p}_1(\boldsymbol{q},t)\\ [\hat{\boldsymbol{m}}_2\hat{\boldsymbol{K}}_2(\boldsymbol{q},\dot{\boldsymbol{q}},t)+\boldsymbol{R}_2(\boldsymbol{q},\dot{\boldsymbol{q}},t)\hat{\boldsymbol{J}}_2\hat{\boldsymbol{A}}_2(\boldsymbol{q},t)]\dot{\boldsymbol{q}}+\hat{\boldsymbol{m}}_2\boldsymbol{h}_2(\boldsymbol{q},\dot{\boldsymbol{q}},t)+\boldsymbol{R}_2(\boldsymbol{q},\dot{\boldsymbol{q}},t)\hat{\boldsymbol{J}}_2\boldsymbol{p}_2(\boldsymbol{q},t)\\ \vdots\\ [\hat{\boldsymbol{m}}_N\hat{\boldsymbol{K}}_N(\boldsymbol{q},\dot{\boldsymbol{q}},t)+\boldsymbol{R}_N(\boldsymbol{q},\dot{\boldsymbol{q}},t)\hat{\boldsymbol{J}}_N\hat{\boldsymbol{A}}_N(\boldsymbol{q},t)]\dot{\boldsymbol{q}}+\hat{\boldsymbol{m}}_N\boldsymbol{h}_N(\boldsymbol{q},\dot{\boldsymbol{q}},t)+\boldsymbol{R}_N(\boldsymbol{q},\dot{\boldsymbol{q}},t)\hat{\boldsymbol{J}}_N\boldsymbol{p}_N(\boldsymbol{q},t)\end{Bmatrix}\tag{4.4.40}$$

$$\hat{\boldsymbol{F}}^{\mathrm{a}}=\begin{Bmatrix}\hat{\boldsymbol{F}}_1^{\mathrm{a}}\\ \hat{\boldsymbol{F}}_2^{\mathrm{a}}\\ \vdots\\ \hat{\boldsymbol{F}}_N^{\mathrm{a}}\end{Bmatrix}\tag{4.4.41}$$

$$\hat{\boldsymbol{F}}^{\mathrm{c}}=\begin{Bmatrix}\hat{\boldsymbol{F}}_1^{\mathrm{c}}\\ \hat{\boldsymbol{F}}_2^{\mathrm{c}}\\ \vdots\\ \hat{\boldsymbol{F}}_N^{\mathrm{c}}\end{Bmatrix}\tag{4.4.42}$$

后，可以将方程式(4.4.37)合写为

$$\hat{\boldsymbol{M}}\hat{\boldsymbol{H}}(\boldsymbol{q},t)\ddot{\boldsymbol{q}}+\hat{\boldsymbol{K}}(\boldsymbol{q},\dot{\boldsymbol{q}},t)=\hat{\boldsymbol{F}}^{\mathrm{a}}+\hat{\boldsymbol{F}}^{\mathrm{c}}\tag{4.4.43}$$

此处 $\hat{\boldsymbol{M}}$ 为 $6N\times6N$ 阶的对角线矩阵，$\hat{\boldsymbol{H}}(\boldsymbol{q},t)$ 为 $6N\times n$ 阶矩阵，$\hat{\boldsymbol{K}}(\boldsymbol{q},\dot{\boldsymbol{q}},t)$、$\hat{\boldsymbol{F}}^{\mathrm{a}}$、$\hat{\boldsymbol{F}}^{\mathrm{c}}$ 均为 $6N\times1$ 阶矩阵。为了消去未知的约束力列阵 $\hat{\boldsymbol{F}}^{\mathrm{c}}$，需要利用理想约束的性质。设系统所受的约束均为理想约束，这样就有

$$\sum_{i=1}^{N}(\delta\boldsymbol{r}_i^{\mathrm{T}}\boldsymbol{F}_i^{\mathrm{c}}+\delta\boldsymbol{\theta}_i^{\mathrm{T}}\boldsymbol{L}_i^{\mathrm{c}})=0\tag{4.4.44}$$

引入记号

$$\delta\hat{\boldsymbol{r}}^{\mathrm{T}}=[\delta\boldsymbol{r}_1^{\mathrm{T}}\quad\delta\boldsymbol{\theta}_1^{\mathrm{T}}\quad\delta\boldsymbol{r}_2^{\mathrm{T}}\quad\delta\boldsymbol{\theta}_2^{\mathrm{T}}\quad\cdots\quad\delta\boldsymbol{r}_N^{\mathrm{T}}\quad\delta\boldsymbol{\theta}_N^{\mathrm{T}}]\tag{4.4.45}$$

后，式(4.4.44)可以写为

$$\delta\hat{\boldsymbol{r}}^{\mathrm{T}}\hat{\boldsymbol{F}}^{\mathrm{c}}=0 \tag{4.4.46}$$

分别由式(4.4.3)和式(4.4.14)知

$$\delta\boldsymbol{r}_i=\boldsymbol{H}_i(\boldsymbol{q},t)\delta\boldsymbol{q}\quad(i=1,2,\cdots,N) \tag{4.4.47}$$

$$\delta\boldsymbol{\theta}_i=\boldsymbol{A}_i(\boldsymbol{q},t)\delta\boldsymbol{q}\quad(i=1,2,\cdots,n) \tag{4.4.48}$$

将式(4.4.47)和式(4.4.48)代入式(4.4.45)后，得到

$$\delta\hat{\boldsymbol{r}}^{\mathrm{T}}=\delta\boldsymbol{q}^{\mathrm{T}}\hat{\boldsymbol{H}}^{\mathrm{T}}(\boldsymbol{q},t) \tag{4.4.49}$$

将式(4.4.49)代入式(4.4.46)，得

$$\delta\boldsymbol{q}^{\mathrm{T}}\hat{\boldsymbol{H}}^{\mathrm{T}}(\boldsymbol{q},t)\hat{\boldsymbol{F}}^{\mathrm{c}}=0 \tag{4.4.50}$$

考虑到各广义坐标的变分 $\delta q_j(j=1,2,\cdots,n)$ 是互相独立的，因此由式(4.4.50)可得到

$$\hat{\boldsymbol{H}}^{\mathrm{T}}(\boldsymbol{q},t)\hat{\boldsymbol{F}}^{\mathrm{c}}=\boldsymbol{0} \tag{4.4.51}$$

由此可知，如果将方程式(4.4.43)的两端左乘矩阵 $\hat{\boldsymbol{H}}^{\mathrm{T}}(\boldsymbol{q},t)$ 后，可同时达到以下两个目的：① 消去未知的约束力；② 使方程式的数目减少到与系统的自由度数相同。为此，将方程式(4.4.43)的两端左乘矩阵 $\hat{\boldsymbol{H}}^{\mathrm{T}}(\boldsymbol{q},t)$，得到

$$\boldsymbol{M}(\boldsymbol{q},t)\ddot{\boldsymbol{q}}+\boldsymbol{K}(\boldsymbol{q},\dot{\boldsymbol{q}},t)=\boldsymbol{Q} \tag{4.4.52}$$

式中

$$\boldsymbol{M}(\boldsymbol{q},t)=\hat{\boldsymbol{H}}^{\mathrm{T}}(\boldsymbol{q},t)\hat{\boldsymbol{M}}\hat{\boldsymbol{H}}(\boldsymbol{q},t) \tag{4.4.53}$$

$$\boldsymbol{K}(\boldsymbol{q},\dot{\boldsymbol{q}},t)=\hat{\boldsymbol{H}}^{\mathrm{T}}(\boldsymbol{q},t)\hat{\boldsymbol{K}}(\boldsymbol{q},\dot{\boldsymbol{q}},t) \tag{4.4.54}$$

$$\boldsymbol{Q}=\hat{\boldsymbol{H}}^{\mathrm{T}}(\boldsymbol{q},t)\hat{\boldsymbol{F}}^{\mathrm{a}} \tag{4.4.55}$$

方程式(4.4.52)就是希林所建立的受理想约束的多刚体系统(完整系统)的动力学方程——**希林方程**。由式(4.4.53)可以看出系统的质量矩阵 $\boldsymbol{M}(\boldsymbol{q},t)$ 为一对称矩阵。

为了能在计算机上获得多刚体系统动力学方程的显式表达式，希林等人还编写了基于计算机符号运算的多刚体系统的动力学方程的推导程序——NEWEUL[8]。

习　　题

4-1　试用凯恩方法导出刚体的空间一般运动微分方程。

4-2　如图4-7所示，一根质量为 m_1、长度为 l 的均质细杆 OA 通过球铰链悬挂于天花板上，细杆 OA 上套有一个质量为 m_2 的滑块 D，滑块与杆的 O 端以原长为 l_0、刚度系数为 k 的弹簧相连。不计球铰链 O 的摩擦、滑块 D 与杆 OA 之间的摩擦，试用凯恩方法建立系统的运动微分方程。(图4-7中坐标系 $Ox_0y_0z_0$ 为固定坐标系，轴 z_0 铅直向下，坐标系 $Ox_1y_1z_1$ 为杆 OA 在点 O 处的惯量主轴坐标系，坐标系 $Cx_2y_2z_2$ 为滑块 D 在其质心 C_2 处的惯量主轴坐标系，且轴 x_2、y_2、z_2 分别与轴 x_1、y_1、z_1 的指向相同，滑块 D 对轴 x_2、y_2、z_2 的转动惯量分别为 J_1、J_2 和 J_3。)

4-3　试用罗伯森-维滕堡方法建立例4.1所研究的系统的运动微分方程。

4-4　试用罗伯森-维滕堡方法建立习题3-8所讨论的系统的运动微分方程。

4-5　如图4-8所示，一个质量为 m_1、半径为 R 的均质圆盘同一根质量为 m_2、长度为 l 的均质细杆在盘心处铰接(柱铰)，圆盘被放置于粗糙的水平面上，并可沿水平面作纯滚动，不计

滚动摩阻及铰链摩擦，试用希林方法建立系统的运动微分方程。

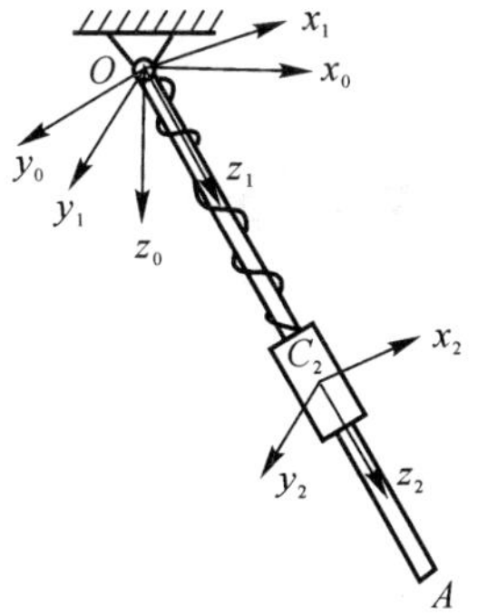

图 4-7　题 4-2 图

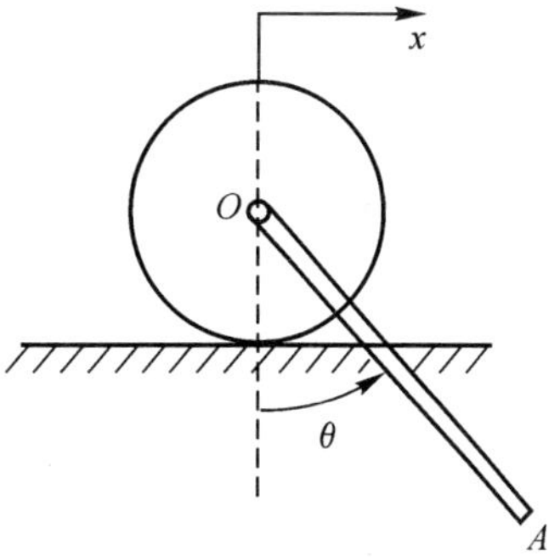

图 4-8　题 4-5 图

4-6　用希林方法建立习题 1-4 所研究的系统的运动微分方程。

第 5 章　运动稳定性基础

在工程上，出于完成各种工作的需要，人们设计出各式各样的系统，为了使所设计出的系统能够准确地执行给定的工作，人们要求这些系统必须按照所需要的某种规律运动（或取一定静止形态）。另外，系统在运行过程中，不可避免地会受到各种干扰。这样，在干扰后，系统的运动能否回复到所需要的运动形态，即所需要的运动是否稳定，无疑是一个十分重要的问题。可以说，运动的稳定性也意味着运动的可实现性。因此，对运动稳定性的认识和研究具有极其重要的实际意义。自俄国数学力学大师李雅普诺夫创立运动稳定性学科以来，运动稳定性理论及其应用遍及诸多领域并得到了不断的发展。本章将介绍运动稳定性的基本概念和判断系统运动稳定性的一些基本理论及方法。

5.1　运动稳定性的基本概念

运动稳定性的概念首先起源于人们对于最简单的运动形态——静止的稳定性认识。以如图 5-1 所示的摆杆为例进行说明：该摆杆有两个静止位置——位置 OA 和位置 OA'。其中位置 OA 是稳定的，因为处于这一位置的摆杆，即使受到一轻微的扰动，摆杆也将始终在此位置附近运动而不会远离。而对于处在位置 OA' 的摆杆来说，则情况有所不同。因为处在该位置的摆杆无论使受到一个多么小的扰动，它都将会远远偏离这一位置，所以位置 OA' 是不稳定的。人们从类似的现象中逐步归纳出一个通俗的关于静止的稳定性概念 —— 处于静止状态的系统受到轻微扰动后，若仍然能在原静止位置附近运动，则称原静止位置是稳定的；否则称原静止位置是不稳定的。

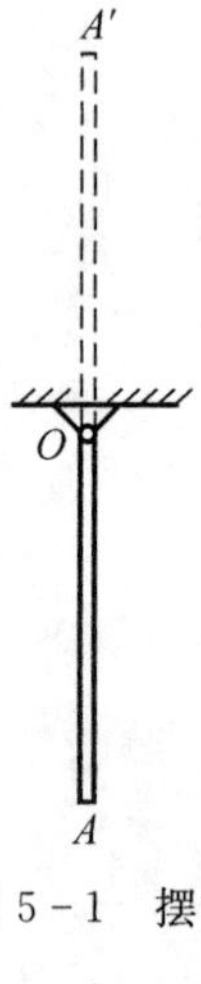

图 5-1　摆杆

考虑某炮弹沿理想轨道 A 的运动（见图 5-2）。炮弹在运动中因突然受到气流的扰动而偏离理想轨道 A，沿另一条轨道 B 运动。如果在后续运动中，炮弹总是在轨道 A 的附近（即轨道 B 是轨道 A 的小邻域内的一条曲线），那么称炮弹沿理想轨道 A 的运动是稳定的；反之，若炮弹受到扰动后，将沿远离轨道 A 的 C 轨道运动，那么称炮弹沿理想轨道 A 的运动是不稳定的。

一般情况下，运动的稳定性往往不具有直观性。图 5-3 给出两个简单的实例，其中图 5-3(a) 是一个由弹簧支承的倒立摆，其静止的稳定性与弹簧的刚度 k、摆球的质量 m 和摆长 l 有关；图 5-3(b) 是一个直立陀螺，轴的下端以球铰链与基座相连。陀螺绕其直立对称轴以角速度 ω 旋转运动的稳定性与角速度 ω 的大小有关。以上两个例子的稳定性条件都需要进行严密的理论研究才能得到。

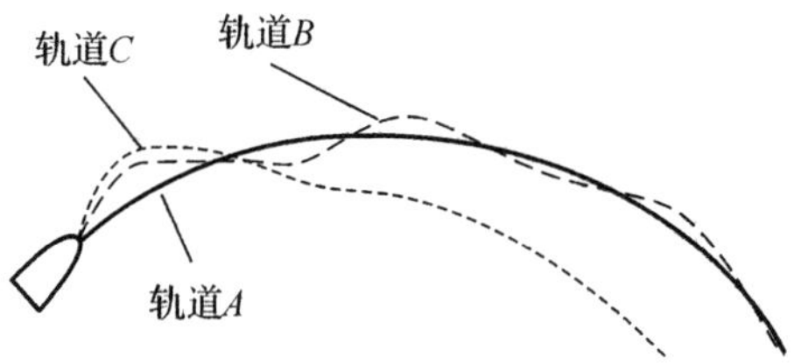

图 5-2　炮弹运动

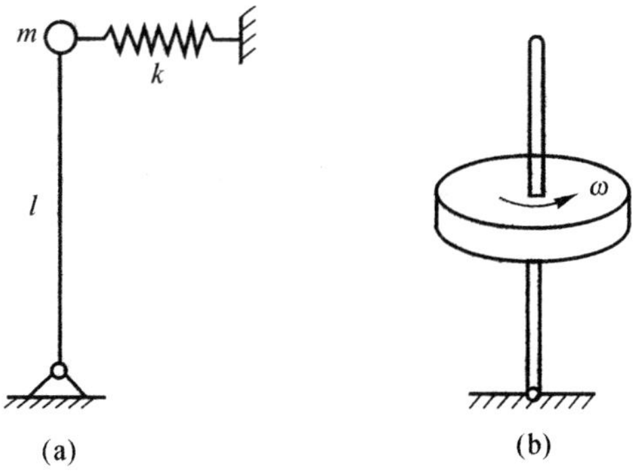

图 5-3　倒立摆和直立陀螺

为了对系统运动的稳定性进行科学的研究，必须事先给出关于运动稳定性的严格定义，在此基础上建立各种判别运动稳定性的定理。下面从数学角度给出运动稳定性的严格定义。

1. 运动稳定性的定义

设某系统的运动微分方程为

$$\dot{\boldsymbol{x}}=\boldsymbol{f}(t,\boldsymbol{x})\quad(\boldsymbol{x}\in\mathbf{R}^n,\boldsymbol{f}(t,\boldsymbol{x})\in\mathbf{C}[\boldsymbol{I}\times\mathbf{R}^n,\mathbf{R}^n])\tag{5.1.1}$$

由初始条件 $\boldsymbol{x}(t_0)=\boldsymbol{x}_0$ 确定的特解

$$\boldsymbol{x}(t)=\boldsymbol{x}(t,\boldsymbol{x}_0,t_0)\tag{5.1.2}$$

代表系统的一个具体运动。随着初始条件的不同，方程式(5.1.1)有不同的特解，即系统具有不同的运动。现在来考察系统的某一具体运动

$$\boldsymbol{x}=\boldsymbol{g}(t)\tag{5.1.3}$$

的稳定性。称这个运动为**给定运动**。

设在初始时刻 t_0，系统受到干扰而由状态 $\boldsymbol{x}_0[\boldsymbol{x}_0=\boldsymbol{g}(t_0)]$ 变成 $\bar{\boldsymbol{x}}_0$。由条件 $\boldsymbol{x}(t_0)=\bar{\boldsymbol{x}}_0$ 所确定的运动

$$\boldsymbol{x}(t)=\boldsymbol{x}(t,\bar{\boldsymbol{x}}_0,t_0)\tag{5.1.4}$$

称为给定运动 $\boldsymbol{x}=\boldsymbol{g}(t)$ 的**受扰运动**。

在以下的叙述中将用到**向量的范数**这一概念，通常某一向量 $\boldsymbol{x}$ 的范数 $\|\boldsymbol{x}\|$ 取为

$$\|\boldsymbol{x}\|=\sqrt{x_1^2+x_1^2+\cdots+x_n^2}\tag{5.1.5}$$

或

$$\|\boldsymbol{x}\|=\max\{|x_1|,|x_2|,\cdots,|x_n|\}\tag{5.1.6}$$

式中 $\boldsymbol{x}=(x_1,x_2,\cdots,x_n)^{\mathrm{T}}$。

定义 1　若给定任意小的正数 ε，存在正数 $\delta=\delta(\varepsilon,t_0)$，对于给定运动 $\boldsymbol{x}=\boldsymbol{g}(t)$ 的一切受扰运动 $\boldsymbol{x}(t)=\boldsymbol{x}(t,\bar{\boldsymbol{x}}_0,t_0)$，只要其初始状态满足 $\|\bar{\boldsymbol{x}}_0-\boldsymbol{g}(t_0)\|\leqslant\delta$，则对所有 $t\geqslant t_0$，均有

$$\|\boldsymbol{x}(t)-\boldsymbol{g}(t)\|<\varepsilon\tag{5.1.7}$$

成立，那么称给定运动 $\boldsymbol{x}=\boldsymbol{g}(t)$ 是**稳定的**[或者说方程式(5.1.1)的特解 $\boldsymbol{x}=\boldsymbol{g}(t)$ 是稳定的]。

定义 2　若给定运动 $\boldsymbol{x}=\boldsymbol{g}(t)$ 是稳定的，且有

$$\lim_{t\to\infty}\boldsymbol{x}(t)=\boldsymbol{g}(t)\tag{5.1.8}$$

那么称给定运动 $\boldsymbol{x}=\boldsymbol{g}(t)$ 是**渐近稳定的**[或者说方程式(5.1.1)的特解 $\boldsymbol{x}=\boldsymbol{g}(t)$ 是渐近稳定的]。

定义 3 若存在正数 ε，对任意小的正数 δ，存在受扰运动 $\boldsymbol{x}(t)=\boldsymbol{x}(t,\bar{\boldsymbol{x}}_0,t_0)$，当其初始状态满足 $\|\bar{\boldsymbol{x}}_0-\boldsymbol{g}(t_0)\|\leqslant\delta$ 时，存在时刻 $t_1>t_0$，满足

$$\|\boldsymbol{x}(t_1)-\boldsymbol{g}(t_1)\|\geqslant\varepsilon \tag{5.1.9}$$

那么称给定运动 $\boldsymbol{x}=\boldsymbol{g}(t)$ 是**不稳定的**[或者说方程式(5.1.1)的特解 $\boldsymbol{x}=\boldsymbol{g}(t)$ 是不稳定的]。

2. 扰动方程

将受扰运动 $\boldsymbol{x}(t)=\boldsymbol{x}(t,\bar{\boldsymbol{x}}_0,t_0)$ 与给定运动 $\boldsymbol{x}=\boldsymbol{g}(t)$ 作差，记为

$$\boldsymbol{y}(t)=\boldsymbol{x}(t)-\boldsymbol{g}(t) \tag{5.1.10}$$

称 $\boldsymbol{y}=\boldsymbol{y}(t)$ 为给定运动 $\boldsymbol{x}=\boldsymbol{g}(t)$ 的**扰动**。因给定运动和受扰运动都是系统运动微分方程式(5.1.1)的解，所以可得到给定运动的**扰动方程**，即 $\boldsymbol{y}(t)$ 应满足的微分方程

$$\dot{\boldsymbol{y}}=\dot{\boldsymbol{x}}-\dot{\boldsymbol{g}}(t)=\boldsymbol{f}(t,\boldsymbol{x})-\boldsymbol{f}(t,\boldsymbol{g}(t))=\boldsymbol{f}(t,\boldsymbol{g}(t)+\boldsymbol{y})-\boldsymbol{f}(t,\boldsymbol{g}(t)) \tag{5.1.11}$$

引入记号

$$\boldsymbol{F}(t,\boldsymbol{y})=\boldsymbol{f}(t,\boldsymbol{g}(t)+\boldsymbol{y})-\boldsymbol{f}(t,\boldsymbol{g}(t)) \tag{5.1.12}$$

则给定运动 $\boldsymbol{x}=\boldsymbol{g}(t)$ 的扰动方程式(5.1.11)又可写为

$$\dot{\boldsymbol{y}}=\boldsymbol{F}(t,\boldsymbol{y}) \tag{5.1.13}$$

由式(5.1.12)可知 $\boldsymbol{F}(t,\boldsymbol{y})$ 满足条件

$$\boldsymbol{F}(t,\boldsymbol{0})\equiv\boldsymbol{0} \tag{5.1.14}$$

显然，，给定运动 $\boldsymbol{x}=\boldsymbol{g}(t)$[即方程式(5.1.1)的特解 $\boldsymbol{x}=\boldsymbol{g}(t)$]等价地对应于方程式(5.1.13)的零解。

利用扰动变量 $\boldsymbol{y}(t)$，可将定义1、定义2、定义3分别改述为

定义 1* 若给定任意小的正数 ε，存在正数 $\delta=\delta(\varepsilon,t_0)$，只要给定运动 $\boldsymbol{x}=\boldsymbol{g}(t)$ 的初始扰动 $\boldsymbol{y}_0$ 满足 $\|\boldsymbol{y}_0\|\leqslant\delta$，则对所有 $t\geqslant t_0$，均有

$$\|\boldsymbol{y}(t)\|<\varepsilon \tag{5.1.15}$$

成立，那么称给定运动 $\boldsymbol{x}=\boldsymbol{g}(t)$ 是**稳定的**[或者说方程式(5.1.13)的零解是稳定的]。

定义 2* 若给定运动 $\boldsymbol{x}=\boldsymbol{g}(t)$ 是稳定的[或者说方程式(5.1.13)的零解是稳定的]，且有

$$\lim_{t\to\infty}\boldsymbol{y}(t)=\boldsymbol{0} \tag{5.1.16}$$

那么称给定运动 $\boldsymbol{x}=\boldsymbol{g}(t)$ 是**渐近稳定的**[或者说方程式(5.1.13)的零解是渐近稳定的]。

定义 3* 若存在正数 ε，对任意小的正数 δ，当给定运动 $\boldsymbol{x}=\boldsymbol{g}(t)$ 的初始扰动 $\boldsymbol{y}_0$ 满足 $\|\boldsymbol{y}_0\|\leqslant\delta$ 时，存在时刻 $t_1>t_0$，满足

$$\|\boldsymbol{y}(t_1)\|\geqslant\varepsilon \tag{5.1.17}$$

那么称给定运动 $\boldsymbol{x}=\boldsymbol{g}(t)$ 是**不稳定的**[或者说方程式(5.1.13)的零解是不稳定的]。

注意：定义1*与定义1、定义2*与定义2、定义3*与定义3是等价的，只不过是表述方式不同而已。另外，由定义1*、定义2*、定义3*可以看出，系统的某一给定运动的稳定性等价于这个给定运动的扰动方程的零解的稳定性。

3. 运动稳定性定义的几何解释

运动稳定性的定义比较抽象，为了帮助读者更好地理解它，下面应用扰动变量对运动稳定

性的定义作出几何解释：

在以扰动变量为基的相空间内，分别以原点为球心作 $|\boldsymbol{y}|=\varepsilon$（$\varepsilon$ 为任意小的正数）的球面 S_ε 和 $|\boldsymbol{y}|=\delta(\delta=\delta(\varepsilon,t_0))$ 的球面 S_δ。如果从球面 S_δ 上和该球面内出发的每一条相轨迹永远被限制在球面 S_ε 内（如图 5-4 中的曲线 a），则给定运动 $\boldsymbol{x}=\boldsymbol{g}(t)$ 是稳定的；如果给定运动 $\boldsymbol{x}=\boldsymbol{g}(t)$ 是稳定的，且从球面 S_δ 上和该球面内出发的每一条相轨迹都渐近地趋向原点（如图 5-4 中的曲线 b），则给定运动 $\boldsymbol{x}=\boldsymbol{g}(t)$ 是渐近稳定的；如果不论球面 S_δ 的半径多么小，总有一条从球面 S_δ 上或该球面内出发的相轨迹达到或越出球面 S_ε（如图 5-4 中的曲线 c），则给定运动 $\boldsymbol{x}=\boldsymbol{g}(t)$ 是不稳定的。

4. 运动稳定性定义的几点说明

以上所述的运动稳定性（稳定、渐近稳定及不稳定）的定义最早由俄国数学力学大师李雅普诺夫所建立，因此，也被称为李雅普诺夫意义下的运动稳定性定义。这种定义有以下特点：

(1) 局部性。限于在给定运动的邻域中研究受扰运动变量（或者说是限于在原点邻域中研究扰动变量），且这个邻域可以是很小的。

(2) 同时性。将受扰运动与给定运动相比较时，是按同时刻的值比较的，如 $\|\boldsymbol{x}(t)-\boldsymbol{g}(t)\|<\varepsilon$ 中，t 是相同的。

(3) 初扰性。受扰运动是由初始扰动引起的，在初始扰动后，系统不再受到扰动。

例 5.1　如图 5-5 所示，一质量为 m 的小球通过刚度为 k 的弹簧悬挂于固定天花板上。试确定小球的平衡位置，并分析小球的平衡状态的稳定性。

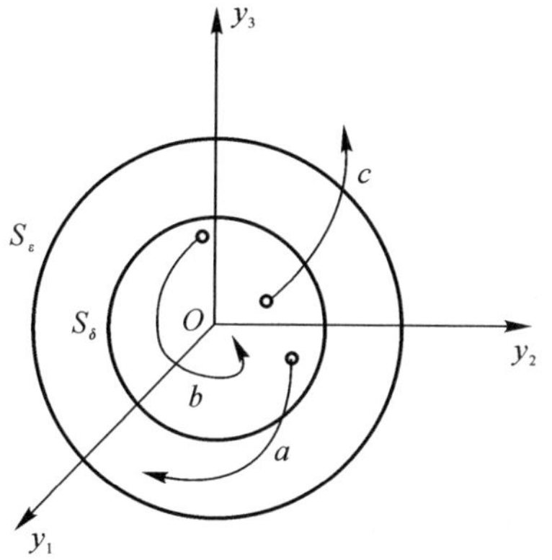

图 5-4　相轨迹

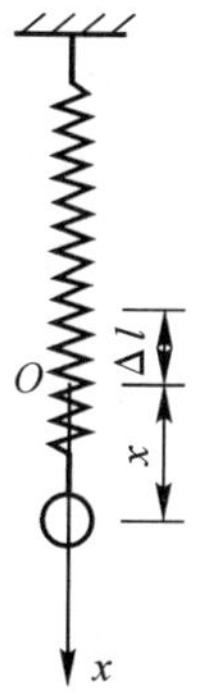

图 5-5　例 5.1 图

解　当小球处于平衡位置时，弹簧的伸长量为

$$\Delta l=\frac{mg}{k} \tag{1}$$

以小球的平衡位置 O 为原点建立一维坐标系 Ox，其中轴 x 铅直向下。根据牛顿第二定律，可以建立小球的运动微分方程为

$$\ddot{x}+\omega^2 x=0 \tag{2}$$

式中

$$\omega=\sqrt{\frac{k}{m}} \tag{3}$$

方程式(2) 为二阶微分方程，为了研究其零解 $x=0$(即小球平衡状态) 的稳定性，需将方程式(2) 转化为一阶形式。为此，令

$$x_1 = x \tag{4}$$

$$x_2 = \dot{x} \tag{5}$$

这样方程式(2) 可转化为一阶微分方程组

$$\left.\begin{aligned} \dot{x}_1 &= x_2 \\ \dot{x}_2 &= -\omega^2 x_1 \end{aligned}\right\} \tag{6}$$

现在来研究小球的平衡状态(是一种给定运动)

$$\left.\begin{aligned} x_1 &= 0 \\ x_2 &= 0 \end{aligned}\right\} \tag{7}$$

的稳定性。设在初时刻 $t=0$ 时，小球的平衡状态受到干扰而变为

$$\left.\begin{aligned} x_1(0) &= x_{10} \\ x_2(0) &= x_{20} \end{aligned}\right\} \tag{8}$$

这样小球平衡状态的受扰运动即为方程式(6) 满足初始条件式(8) 的解。由此可以求得小球平衡状态的受扰运动为

$$\left.\begin{aligned} x_1(t) &= x_{10}\cos\omega t + \frac{x_{20}}{\omega}\sin\omega t \\ x_2(t) &= x_{20}\cos\omega t - \omega x_{10}\sin\omega t \end{aligned}\right\} \tag{9}$$

于是小球平衡状态的扰动为

$$\left.\begin{aligned} y_1(t) &= x_1(t) - 0 = x_{10}\cos\omega t + \frac{x_{20}}{\omega}\sin\omega t \\ y_2(t) &= x_2(t) - 0 = x_{20}\cos\omega t - \omega x_{10}\sin\omega t \end{aligned}\right\} \tag{10}$$

小球平衡状态的初始扰动为

$$\left.\begin{aligned} y_{10} &= y_1(0) = x_{10} \\ y_{20} &= y_2(0) = x_{20} \end{aligned}\right\} \tag{11}$$

这样式(10) 又可写为

$$\left.\begin{aligned} y_1(t) &= y_{10}\cos\omega t + \frac{y_{20}}{\omega}\sin\omega t \\ y_2(t) &= y_{20}\cos\omega t - \omega y_{10}\sin\omega t \end{aligned}\right\} \tag{12}$$

显然

$$\left.\begin{aligned} |y_1(t)| &\leqslant |y_{10}| + \frac{|y_{20}|}{\omega} \\ |y_2(t)| &\leqslant |y_{20}| + \omega|y_{10}| \end{aligned}\right\} \tag{13}$$

设 ε 为给定的任意小的正数，要保证

$$\left.\begin{aligned} |y_1(t)| &< \varepsilon \\ |y_2(t)| &< \varepsilon \end{aligned}\right\} \tag{14}$$

只需初始扰动满足

$$\left.\begin{aligned} |y_{10}| + \frac{|y_{20}|}{\omega} &< \varepsilon \\ |y_{20}| + \omega|y_{10}| &< \varepsilon \end{aligned}\right\} \tag{15}$$

而要使不等式组(15) 成立,只需以下不等式组成立:

$$\left.\begin{aligned}&|y_{10}|\leqslant\delta\\&|y_{20}|\leqslant\delta\\&\delta+\frac{\delta}{\omega}<\varepsilon\\&\delta+\omega\delta<\varepsilon\end{aligned}\right\}\tag{16}$$

不等式组(16) 又等价于以下不等式组:

$$\left.\begin{aligned}&|y_{10}|\leqslant\delta\\&|y_{20}|\leqslant\delta\\&\delta<\min\left(\frac{\varepsilon}{\omega+1},\frac{\omega\varepsilon}{\omega+1}\right)\end{aligned}\right\}\tag{17}$$

显然,若取 $\delta=\frac{1}{2}\cdot\min\left(\frac{\varepsilon}{\omega+1},\frac{\omega\varepsilon}{\omega+1}\right)$,$|y_{10}|\leqslant\delta$,$|y_{20}|\leqslant\delta$ 时,可以保证不等式组(17) 成立,进而也就可以保证不等式组(14) 成立。也就是说,对于给定的任意小的正数 ε,存在正数 $\delta=\frac{1}{2}\cdot\min\left(\frac{\varepsilon}{\omega+1},\frac{\omega\varepsilon}{\omega+1}\right)$,只要满足 $|y_{10}|\leqslant\delta$,$|y_{20}|\leqslant\delta$,则对所有 $t\geqslant 0$,均有 $|y_1(t)|<\varepsilon$ 和 $|y_2(t)|<\varepsilon$ 成立。因此,小球的平衡状态是稳定的。

5.2　系统的分类

研究系统的给定运动的稳定性问题,大体上有两类方法:一类是直接按照 5.1 节中的定义来判定系统的给定运动的稳定性。但应用此法时,需要预先求出系统运动微分方程的通解。因此,该方法在应用上受到很大制约(大多数系统的运动微分方程是非线性的或者是时变线性的,这种微分方程的通解一般无法求得)。另一类是不求系统运动微分方程的通解,而是根据系统运动微分方程的具体形式来定性地判断其解的形态,从而确定系统的某种给定运动的稳定性。

研究一般系统

$$\dot{\boldsymbol{x}}=\boldsymbol{f}(t,\boldsymbol{x})\qquad(\boldsymbol{x}\in\mathbf{R}^n,\boldsymbol{f}(t,\boldsymbol{x})\in\mathbf{C}[\boldsymbol{I}\times\mathbf{R}^n,\mathbf{R}^n])\tag{5.2.1}$$

的给定运动的稳定性问题是十分困难的。为了能够针对系统的不同特征进行分门别类的研究,需要按系统的不同特征进行分类。

1. 定常系统和非定常系统

按照系统运动微分方程式(5.2.1) 的右端是否显含时间 t,可将系统分为:

(1) **定常系统**:$\dot{\boldsymbol{x}}=\boldsymbol{f}(\boldsymbol{x})$。

(2) **非定常系统**:$\dot{\boldsymbol{x}}=\boldsymbol{f}(t,\boldsymbol{x})$。

2. 线性系统和非线性系统

按照系统运动微分方程式(5.2.1) 的右端函数 $\boldsymbol{f}(t,\boldsymbol{x})$ 是否是关于 $\boldsymbol{x}$ 的线性函数,可将系统分为:

(1) **线性系统**:函数 $\boldsymbol{f}(t,\boldsymbol{x})$ 是关于 $\boldsymbol{x}$ 的线性函数,如 $\boldsymbol{f}(t,\boldsymbol{x})=\boldsymbol{A}(t)\boldsymbol{x}+\boldsymbol{b}(t)$。

(2) **非线性系统**:函数 $\boldsymbol{f}(t,\boldsymbol{x})$ 是关于 $\boldsymbol{x}$ 的非线性函数。

3. 线性系统的分类

线性系统的运动微分方程一般形如

$$\dot{\boldsymbol{x}} = \boldsymbol{A}(t)\boldsymbol{x} + \boldsymbol{b}(t) \tag{5.2.2}$$

按照 $\boldsymbol{b}(t)$ 是否恒等于 $\boldsymbol{0}$,可以将线性系统分为非齐次线性系统和齐次线次性系统。如果 $\boldsymbol{b}(t) \neq \boldsymbol{0}$,则称系统(5.2.2) 为非齐次线性系统;如果 $\boldsymbol{b}(t) \equiv \boldsymbol{0}$,则系统(5.2.2) 变为

$$\dot{\boldsymbol{x}} = \boldsymbol{A}(t)\boldsymbol{x} \tag{5.2.3}$$

称系统(5.2.3) 为**齐次线性系统**[或者称为对应于系统(5.2.2) 的齐次线性系统]。

综合以上所述的系统分类法,可以将系统分类为

- 系统
  - 线性系统
    - 齐线次性系统
      - 定常齐次线性系统:$\dot{\boldsymbol{x}} = \boldsymbol{A}\boldsymbol{x}$
      - 非定常齐次线性系统:$\dot{\boldsymbol{x}} = \boldsymbol{A}(t)\boldsymbol{x}$
    - 非齐次线性系统
      - 定常非齐次线性系统:$\dot{\boldsymbol{x}} = \boldsymbol{A}\boldsymbol{x} + \boldsymbol{b}$
      - 非定常非齐次线性系统:$\dot{\boldsymbol{x}} = \boldsymbol{A}(t)\boldsymbol{x} + \boldsymbol{b}(t)$
  - 非线性系统
    - 定常非线性系统:$\dot{\boldsymbol{x}} = \boldsymbol{f}(x)$
    - 非定常非线性系统:$\dot{\boldsymbol{x}} = \boldsymbol{f}(t, x)$

5.3 线性系统稳定性的性质

相对非线性系统的运动稳定性研究而言,线性系统的运动稳定性研究较为简单。其中的原因之一是线性系统的运动稳定性具有其独特的性质,下面就来介绍这些性质。

性质 1 同一线性系统的所有给定运动的稳定性都相同(即要么都稳定要么都不稳定)。

证明 现在来考察线性系统

$$\dot{\boldsymbol{x}} = \boldsymbol{A}(t)\boldsymbol{x} + \boldsymbol{b}(t) \tag{5.3.1}$$

的任一给定运动

$$\boldsymbol{x} = \boldsymbol{g}(t) \tag{5.3.2}$$

的稳定性问题。为此,设此运动的任一受扰运动为 $\boldsymbol{x}(t) = \boldsymbol{x}(t, \bar{\boldsymbol{x}}_0, t_0)$,这样给定运动 $\boldsymbol{x} = \boldsymbol{g}(t)$ 的扰动为

$$\boldsymbol{y} = \boldsymbol{x}(t) - \boldsymbol{g}(t) \tag{5.3.3}$$

代入式(5.3.1) 后,得到给定运动 $\boldsymbol{x} = \boldsymbol{g}(t)$ 的扰动方程为

$$\dot{\boldsymbol{y}} = \boldsymbol{A}(t)\boldsymbol{y} \tag{5.3.4}$$

显然,方程式(5.3.4) 与给定运动 $\boldsymbol{x} = \boldsymbol{g}(t)$ 的具体形式无关。也就是说,同一线性系统的所有给定运动的扰动方程都是一样的。因此,同一线性系统的所有给定运动的稳定性都等价于同一扰动方程的零解的稳定性,即同一线性系统的所有给定运动的稳定性都相同。证毕。

这是线性系统所具有的独特性质。因此,可以用"某线性系统是稳定的或不稳定的"来代替"某线性系统的某种给定运动是稳定的或不稳定的"这种说法。

对于非线性系统而言,不同的给定运动所对应的扰动方程一般是不同的,每个扰动方程的零解稳定性只等价于这个扰动方程所对应的那个给定运动的稳定性。因此,非线性系统的不同给定运动的稳定性不一定相同。所以不能笼统地说"非线性系统是稳定的或不稳定的"。

性质 2　非齐次线性系统的稳定性与它所对应的齐次线性系统的稳定性相同。

证明　前面已推导出非齐次线性系统(5.3.1) 的任一给定运动的扰动方程均为方程式(5.3.4),同理也可以推导出齐次线性系统 $\dot{\boldsymbol{x}}=\boldsymbol{A}(t)\boldsymbol{x}$ 的任一给定运动的扰动方程也均为方程式(5.3.4),因此,非齐次线性系统的稳定性与它所对应的齐次线性系统的稳定性相同。证毕。

根据性质 2,如果知道了某一齐次线性系统的稳定性,那么与这一齐次线性系统所对应的所有非齐次线性系统的稳定性就都搞清楚了。因此,在研究线性系统的稳定性时,只需研究齐次线性系统的稳定性就可以了。

5.4　定常线性齐次系统的稳定性

本节将讨论定常线性齐次系统

$$\dot{\boldsymbol{x}}=\boldsymbol{A}\boldsymbol{x} \tag{5.4.1}$$

的稳定性问题。在讨论这个问题之前,首先介绍一下微分方程式(5.4.1) 的解的形态。

1. 常系数线性齐次微分方程的通解

微分方程式(5.4.1) 属于常系数线性齐次微分方程,这种微分方程的通解可表达为[9]

$$\boldsymbol{x}=\boldsymbol{\Phi}(t)\boldsymbol{C} \tag{5.4.2}$$

其中 $\boldsymbol{C}$ 为常列阵,$\boldsymbol{\Phi}(t)$ 为方程式(5.4.1) 的标准基解矩阵,用矩阵指数表达即为

$$\boldsymbol{\Phi}(t)=\exp\,(\boldsymbol{A}t) \tag{5.4.3}$$

下面介绍一下矩阵指数的定义:对与任一 $n\times n$ 阶的矩阵 $\boldsymbol{B}$ 来说,其矩阵指数 $\exp\boldsymbol{B}$ 定义为

$$\exp\boldsymbol{B}=\boldsymbol{E}+\boldsymbol{B}+\frac{1}{2!}\boldsymbol{B}^2+\cdots+\frac{1}{m!}\boldsymbol{B}^m+\cdots \tag{5.4.4}$$

根据矩阵指数的定义,可以证明以下等式成立:

$$\exp\begin{bmatrix} a_1 & & & \\ & a_2 & & \\ & & \ddots & \\ & & & a_n \end{bmatrix}=\begin{bmatrix} e^{a_1} & & & \\ & e^{a_2} & & \\ & & \ddots & \\ & & & e^{a_n} \end{bmatrix} \tag{5.4.5}$$

$$\exp\begin{bmatrix} A_1 & & & \\ & A_2 & & \\ & & \ddots & \\ & & & A_n \end{bmatrix}=\begin{bmatrix} \exp A_1 & & & \\ & \exp A_2 & & \\ & & \ddots & \\ & & & \exp A_n \end{bmatrix} \tag{5.4.6}$$

$$\exp\begin{bmatrix} 0 & 1 & & & \\ & \ddots & \ddots & & \\ & & \ddots & \ddots & \\ & & & \ddots & 1 \\ & & & & 0 \end{bmatrix}t=\begin{bmatrix} 1 & t & \frac{1}{2!}t^2 & \cdots & \frac{1}{(n-1)!}t^{n-1} \\ & \ddots & \ddots & \ddots & \vdots \\ & & \ddots & \ddots & \frac{1}{2!}t^2 \\ & & & \ddots & t \\ & & & & 1 \end{bmatrix} \tag{5.4.7}$$

$$\exp\begin{bmatrix} a & 1 & & \\ & \ddots & \ddots & \\ & & \ddots & \ddots \\ & & & \ddots & 1 \\ & & & & a \end{bmatrix} t = \mathrm{e}^{at}\begin{bmatrix} 1 & t & \frac{1}{2!}t^2 & \cdots & \frac{1}{(n-1)!}t^{n-1} \\ & \ddots & \ddots & \ddots & \vdots \\ & & \ddots & \ddots & \frac{1}{2!}t^2 \\ & & & & \\ & & & \ddots & t \\ & & & & 1 \end{bmatrix} \tag{5.4.8}$$

现在来看方程式(5.4.1)的常系数矩阵 $\boldsymbol{A}$,设该矩阵有 k 个互异的特征根 $\lambda_1,\lambda_2,\cdots,\lambda_k(1\leqslant k\leqslant n, n$ 为矩阵 $\boldsymbol{A}$ 的阶数),它们的重数分别为 $n_1,n_2,\cdots,n_k$,称为相应特征根的**代数重数**,显然,$\sum_{i=1}^{k} n_i = n$。根据矩阵理论[10],必存在非奇异矩阵 $\boldsymbol{T}$,使得

$$\boldsymbol{T}^{-1}\boldsymbol{A}\boldsymbol{T} = \boldsymbol{J} \tag{5.4.9}$$

其中 $\boldsymbol{J}$ 具有约当标准型,即

$$\boldsymbol{J} = \begin{bmatrix} \boldsymbol{J}_1 & & & \\ & \boldsymbol{J}_2 & & \\ & & \ddots & \\ & & & \boldsymbol{J}_k \end{bmatrix} = \bigoplus_{i=1}^{k} \boldsymbol{J}_i \tag{5.4.10}$$

式中“$\oplus$”称为矩阵的**直和**,$\boldsymbol{J}_i$ 为 $n_i \times n_i$ 矩阵,形如

$$\boldsymbol{J}_i = \begin{bmatrix} \boldsymbol{J}_{i1} & & & \\ & J_{i2} & & \\ & & \ddots & \\ & & & J_{im_i} \end{bmatrix} = \bigoplus_{p=1}^{m_i} \boldsymbol{J}_{ip} \quad (i=1,2,\cdots,k) \tag{5.4.11}$$

$$\boldsymbol{J}_{ip} = \begin{bmatrix} \lambda_i & 1 & & \\ & \ddots & \ddots & \\ & & \ddots & 1 \\ & & & \lambda_i \end{bmatrix} \quad (p=1,2,\cdots,m_i) \tag{5.4.12}$$

其中 $\boldsymbol{J}_{ip}$ 为 $n_{ip}\times n_{ip}$ 阵($\sum_{p=1}^{m_i} n_{ip} = n_i$)。$\boldsymbol{J}_{ip}$ 称为对应于特征根 λ_i 的约当块,共有 m_i 个($1\leqslant m_i \leqslant n_i$),数 m_i 称为特征根 λ_i 的**几何重数**。若 $m_i = n_i$,则 $\boldsymbol{J}_i$ 成为对角线矩阵,其对角线元素均为 λ_i。

令式(5.4.4)中的 $\boldsymbol{B}=\boldsymbol{A}t$,得到 $\exp(\boldsymbol{A}t)$ 的表达式,再将此表达式代入式(5.4.3),从而得到方程式(5.4.1)的标准基解矩阵 $\boldsymbol{\Phi}(t)$ 的表达式为

$$\boldsymbol{\Phi}(t) = \boldsymbol{E} + \boldsymbol{A}t + \frac{1}{2!}\boldsymbol{A}^2 t^2 + \cdots + \frac{1}{m!}\boldsymbol{A}^m t^m + \cdots \tag{5.4.13}$$

式(5.4.9)可化为

$$\boldsymbol{A} = \boldsymbol{T}\boldsymbol{J}\boldsymbol{T}^{-1} \tag{5.4.14}$$

将式(5.4.14)代入式(5.4.13)后,得到

$$\boldsymbol{\Phi}(t)=\boldsymbol{T}\left(\boldsymbol{E}+\boldsymbol{J}t+\frac{1}{2!}\boldsymbol{J}^2t^2+\cdots+\frac{1}{m!}\boldsymbol{J}^mt^m+\cdots\right)\boldsymbol{T}^{-1}=\boldsymbol{T}\cdot\exp(\boldsymbol{J}t)\cdot\boldsymbol{T}^{-1} \tag{5.4.15}$$

考虑到矩阵 $\boldsymbol{J}$ 的表达式(5.4.10) 后，应用式(5.4.6)，有

$$\exp(\boldsymbol{J}t)=\bigoplus_{i=1}^{k}\exp(\boldsymbol{J}_it) \tag{5.4.16}$$

同理

$$\exp(\boldsymbol{J}_it)=\bigoplus_{p=1}^{m_i}\exp(\boldsymbol{J}_{ip}t) \tag{5.4.17}$$

将式(5.4.17) 代入式(5.4.16)，得

$$\exp(\boldsymbol{J}t)=\bigoplus_{i=1}^{k}\bigoplus_{p=1}^{m_i}\exp(\boldsymbol{J}_{ip}t) \tag{5.4.18}$$

考虑到矩阵 $\boldsymbol{J}_{ip}$ 的表达式(5.4.12) 后，应用式(5.4.8)，有

$$\exp(\boldsymbol{J}_{ip}t)=\mathrm{e}^{\lambda_it}\begin{bmatrix}1 & t & \frac{1}{2!}t^2 & \cdots & \frac{1}{(n_{ip}-1)!}t^{n_{ip}-1}\\ & \ddots & \ddots & \ddots & \vdots\\ & & \ddots & \ddots & \frac{1}{2!}t^2\\ & & & \ddots & t\\ & & & & 1\end{bmatrix} \tag{5.4.19}$$

引入 $n_{ip}\times n_{ip}$ 矩阵

$$\boldsymbol{U}_{n_{ip}}=\begin{bmatrix}0 & 1 & & \\ & \ddots & \ddots & \\ & & \ddots & \ddots & \\ & & & \ddots & 1\\ & & & & 0\end{bmatrix} \tag{5.4.20}$$

容易证明

$$\boldsymbol{U}_{n_{ip}}^2=\begin{bmatrix}0 & 0 & 1 & & & \\ & \ddots & \ddots & \ddots & & \\ & & \ddots & \ddots & \ddots & \\ & & & \ddots & \ddots & 1\\ & & & & \ddots & 0\\ & & & & & 0\end{bmatrix},\boldsymbol{U}_{n_{ip}}^3=\begin{bmatrix}0 & 0 & 0 & 1 & & \\ & \ddots & \ddots & \ddots & \ddots & \\ & & \ddots & \ddots & \ddots & 1\\ & & & \ddots & \ddots & 0\\ & & & & \ddots & 0\\ & & & & & 0\end{bmatrix},\cdots,\boldsymbol{U}_{n_{ip}}^{n_{ip}-1}=\begin{bmatrix}0 & \cdots & 0 & 1\\ & \ddots & & 0\\ & & \ddots & \vdots\\ & & & 0\end{bmatrix}$$

$$\boldsymbol{U}_{n_{ip}}^s=\boldsymbol{0}\qquad(s\geqslant n_{ip})$$

因此，式(5.4.19) 可以化为

$$\exp(\boldsymbol{J}_{ip}t)=\mathrm{e}^{\lambda_it}\sum_{r=1}^{n_{ip}}\frac{\boldsymbol{1}}{(r-\boldsymbol{1})!}t^{r-1}\boldsymbol{U}_{n_{ip}}^{r-1} \tag{5.4.21}$$

将式(5.4.21) 代入式(5.4.18)，得

$$\exp(\boldsymbol{J}t)=\bigoplus_{i=1}^{k}\bigoplus_{p=1}^{m_i}\mathrm{e}^{\lambda_it}\sum_{r=1}^{n_{ip}}\frac{1}{(r-1)!}t^{r-1}\boldsymbol{U}_{n_{ip}}^{r-1}=\bigoplus_{i=1}^{k}\left[\bigoplus_{p=1}^{m_i}\sum_{r=1}^{n_{ip}}\frac{1}{(r-1)!}t^{r-1}\boldsymbol{U}_{n_{ip}}^{r-1}\right]\mathrm{e}^{\lambda_it} \tag{5.4.22}$$

引入记号 $n_{i0}=\max\{n_{i1},n_{i2},\cdots,n_{im_i}\}$，并注意到 $\boldsymbol{U}_{n_{ip}}^{s}=\boldsymbol{0}(s\geqslant n_{ip})$，这样上式可化为

$$\exp(\boldsymbol{J}t)=\bigoplus_{i=1}^{k}\left[\bigoplus_{p=1}^{m_i}\sum_{r=1}^{n_{i0}}\frac{1}{(r-1)!}t^{r-1}\boldsymbol{U}_{n_{ip}}^{r-1}\right]e^{\lambda_i t}=\bigoplus_{i=1}^{k}\left[\sum_{r=1}^{n_{i0}}\frac{t^{r-1}}{(r-1)!}\bigoplus_{p=1}^{m_i}\boldsymbol{U}_{n_{ip}}^{r-1}\right]e^{\lambda_i t} \tag{5.4.23}$$

引入记号

$$\boldsymbol{D}_{ir}=\frac{1}{(r-1)!}\bigoplus_{p=1}^{m_i}\boldsymbol{U}_{n_{ip}}^{r-1}\quad(i=1,\cdots,k)\quad(r=1,\cdots,n_{i0}) \tag{5.4.24}$$

于是式(5.4.23) 可写为

$$\exp(\boldsymbol{J}t)=\bigoplus_{i=1}^{k}\left(\sum_{r=1}^{n_{i0}}\boldsymbol{D}_{ir}t^{r-1}\right)e^{\lambda_i t} \tag{5.4.25}$$

引入矩阵 $\boldsymbol{D}_{ir}$ 的扩大矩阵 $\bar{\boldsymbol{D}}_{ir}$，它共有 k 个对角块，其中第 $l(l=1,2,\cdots,i-1,i+1,\cdots,k)$ 个对角块为 $n_l\times n_l$ 的零矩阵，第 i 个对角块为 $\boldsymbol{D}_{ir}$。$\bar{\boldsymbol{D}}_{ir}$ 形如

$$\bar{\boldsymbol{D}}_{ir}=\begin{bmatrix}\boldsymbol{0} & & & & \\ & \ddots & & & \\ & & \boldsymbol{D}_{ir} & & \\ & & & \ddots & \\ & & & & \boldsymbol{0}\end{bmatrix} \tag{5.4.26}$$

显然，矩阵 $\bar{\boldsymbol{D}}_{ir}$ 为 $n\times n$ 矩阵。由式(5.4.26) 可推得

$$\sum_{r=1}^{n_{i0}}\bar{\boldsymbol{D}}_{ir}t^{r-1}=\begin{bmatrix}\boldsymbol{0} & & & & \\ & \ddots & & & \\ & & \sum\limits_{r=1}^{n_{i0}}\boldsymbol{D}_{ir}t^{r-1} & & \\ & & & \ddots & \\ & & & & \boldsymbol{0}\end{bmatrix} \tag{5.4.27}$$

于是

$$\left(\sum_{r=1}^{n_{i0}}\bar{\boldsymbol{D}}_{ir}t^{r-1}\right)e^{\lambda_i t}=\begin{bmatrix}\boldsymbol{0} & & & & \\ & \ddots & & & \\ & & \left(\sum\limits_{r=1}^{n_{i0}}\boldsymbol{D}_{ir}t^{r-1}\right)e^{\lambda_i t} & & \\ & & & \ddots & \\ & & & & \boldsymbol{0}\end{bmatrix} \tag{5.4.28}$$

引入记号

$$\bar{\boldsymbol{F}}_i=\left(\sum_{r=1}^{n_{i0}}\bar{\boldsymbol{D}}_{ir}t^{r-1}\right)e^{\lambda_i t} \tag{5.4.29a}$$

和

$$\boldsymbol{F}_i=\left(\sum_{r=1}^{n_{i0}}\boldsymbol{D}_{ir}t^{r-1}\right)e^{\lambda_i t} \tag{5.4.29b}$$

后，式(5.4.28) 可记为

$$\bar{\boldsymbol{F}}_i=\begin{bmatrix}\boldsymbol{0} & & & & \\ & \ddots & & & \\ & & \boldsymbol{F}_i & & \\ & & & \ddots & \\ & & & & \boldsymbol{0}\end{bmatrix} \tag{5.4.30}$$

即矩阵 $\bar{\boldsymbol{F}}_i$ 为 $\boldsymbol{F}_i$ 的扩大矩阵。于是有

$$\sum_{i=1}^{k}\bar{\boldsymbol{F}}_i=\begin{bmatrix}\boldsymbol{F}_1 & & & \\ & \boldsymbol{F}_2 & & \\ & & \ddots & \\ & & & \boldsymbol{F}_k\end{bmatrix}=\bigoplus_{i=1}^{k}\boldsymbol{F}_i \tag{5.4.31}$$

即

$$\sum_{i=1}^{k}\left(\sum_{r=1}^{n_{i0}}\bar{\boldsymbol{D}}_{ir}t^{r-1}\right)\mathrm{e}^{\lambda_i t}=\bigoplus_{i=1}^{k}\left(\sum_{r=1}^{n_{i0}}\boldsymbol{D}_{ir}t^{r-1}\right)\mathrm{e}^{\lambda_i t} \tag{5.4.32}$$

将式(5.4.32) 同式(5.4.25) 比较后，得到

$$\exp\left(\boldsymbol{J}t\right)=\sum_{i=1}^{k}\left(\sum_{r=1}^{n_{i0}}\bar{\boldsymbol{D}}_{ir}t^{r-1}\right)\mathrm{e}^{\lambda_i t} \tag{5.4.33}$$

将式(5.4.33) 代入式(5.4.15)，得到

$$\boldsymbol{\Phi}(t)=\sum_{i=1}^{k}\boldsymbol{H}_i(t)\mathrm{e}^{\lambda_i t} \tag{5.4.34}$$

式中

$$\boldsymbol{H}_i(t)=\sum_{r=1}^{n_{i0}}\boldsymbol{T}\bar{\boldsymbol{D}}_{ir}\boldsymbol{T}^{-1}t^{r-1} \tag{5.4.35}$$

为 t 的多项式矩阵。

将式(5.4.34) 代入式(5.4.2) 后，得到方程式(5.4.1) 的通解为

$$\boldsymbol{x}=\sum_{i=1}^{k}\boldsymbol{h}_i(t,\boldsymbol{C})\mathrm{e}^{\lambda_i t} \tag{5.4.36}$$

式中

$$\boldsymbol{h}_i(t,\boldsymbol{C})=\boldsymbol{H}_i(t)\boldsymbol{C} \tag{5.4.37}$$

为 t 的多项式列阵。

式(5.4.36) 是将方程式(5.4.1) 的通解按系数矩阵 $\boldsymbol{A}$ 的特征根分解的 k 项和。

2. 定常齐次线性系统的稳定性判别准则

有了方程式(5.4.1) 的通解式(5.4.36) 后，就可以仿照例 5.1 的方法，应用运动稳定性的定义 1*、定义 2* 和定义 3* 得到定常齐次线性系统(5.4.1) 的稳定性判别准则。

准则 1　若矩阵 $\boldsymbol{A}$ 的所有特征根均具有负实部，则系统(5.4.1) 是渐近稳定的。

准则 2　若矩阵 $\boldsymbol{A}$ 的特征根中至少有一个根的实部为正，则系统(5.4.1) 是不稳定的。

准则 3　若矩阵 $\boldsymbol{A}$ 的实部为零的特征根均为单根，而其余的特征根均有负实部，则系统(5.4.1) 是稳定的，但不是渐近稳定的。

准则 4　若矩阵 $\boldsymbol{A}$ 的所有特征根的实部均为零，且所有这些特征根均为单根，则系统

(5.4.1) 是稳定的，但不是渐近稳定的。

准则 5　若矩阵 $\boldsymbol{A}$ 的实部为零的重特征根的代数重数都等于其几何其重数，而其余的特征根均有负实部，则系统(5.4.1) 是稳定的，但不是渐近稳定的。

准则 6　若矩阵 $\boldsymbol{A}$ 的所有特征根的实部均为零，且其中的重特征根的代数重数都等于其几何重数，则系统(5.4.1) 是稳定的，但不是渐近稳定的。

准则 7　若矩阵 $\boldsymbol{A}$ 的实部为零的重特征根中有代数重数大于其几何重数的，则系统(5.4.1) 是不稳定的。

例 5.2　试判别有阻尼的强迫振动系统

$$\begin{cases} \dot{x}_1 = x_2 \\ \dot{x}_2 = -\omega^2 x_1 - 2\mu x_2 + a\sin pt \end{cases} \quad (0 < \mu < \omega, a > 0, p > 0)$$

的稳定性。

解　原系统可用矩阵形式表达为

$$\dot{\boldsymbol{x}} = \boldsymbol{A}\boldsymbol{x} + \boldsymbol{b}(t) \tag{1}$$

式中

$$\boldsymbol{x} = \begin{bmatrix} x_1 \\ x_2 \end{bmatrix} \tag{2}$$

$$\boldsymbol{A} = \begin{bmatrix} 0 & 1 \\ -\omega^2 & -2\mu \end{bmatrix} \tag{3}$$

$$\boldsymbol{b}(t) = \begin{bmatrix} 0 \\ a\sin pt \end{bmatrix} \tag{4}$$

考虑到系统(1) 的稳定性(即原系统的稳定性) 等价于它所对应的齐次线性系统

$$\dot{\boldsymbol{x}} = \boldsymbol{A}\boldsymbol{x} \tag{5}$$

的稳定性，所以只需判别系统(5) 的稳定性即可。为此，需首先考察系数矩阵 $\boldsymbol{A}$ 的特征根。系数矩阵 $\boldsymbol{A}$ 的特征方程为

$$\det(\lambda \boldsymbol{E} - \boldsymbol{A}) = \begin{vmatrix} \lambda & -1 \\ \omega^2 & \lambda + 2\mu \end{vmatrix} = 0 \tag{6}$$

即

$$\lambda^2 + 2\mu\lambda + \omega^2 = 0 \tag{7}$$

由此求得两个特征根分别为

$$\lambda_1 = -\mu + i\sqrt{\omega^2 - \mu^2}, \quad \lambda_2 = -\mu - i\sqrt{\omega^2 - \mu^2}$$

所以

$$\mathrm{Re}(\lambda_1) = \mathrm{Re}(\lambda_2) = -\mu < 0$$

根据准则 1 可知系统(5) 是渐近稳定的。因此，原系统也是渐近稳定的。

例 5.3　试判别系统

$$\begin{cases} \dot{x}_1 = x_1 - 2x_2 \\ \dot{x}_2 = 5x_1 - x_2 \end{cases}$$

的稳定性。

解　原系统可用矩阵形式表达为

$$\dot{\boldsymbol{x}} = \boldsymbol{A}\boldsymbol{x} \tag{1}$$

式中

$$\boldsymbol{x} = \begin{bmatrix} x_1 \\ x_2 \end{bmatrix} \tag{2}$$

$$\boldsymbol{A} = \begin{bmatrix} 1 & -2 \\ 5 & -1 \end{bmatrix} \tag{3}$$

系数矩阵 A 的特征方程为

$$\det(\lambda \boldsymbol{E} - \boldsymbol{A}) = \begin{vmatrix} \lambda - 1 & 2 \\ -5 & \lambda + 1 \end{vmatrix} = 0 \tag{4}$$

即

$$\lambda^2 + 9 = 0 \tag{5}$$

由此求得两个特征根分别为

$$\lambda_1 = 3i, \qquad \lambda_2 = -3i$$

根据准则 4 可知原系统是稳定的,但不是渐近稳定的。

例 5.4　试判别系统

$$\begin{cases} \dot{x}_1 = -x_2 \\ \dot{x}_2 = x_1 + 2x_2 \\ \dot{x}_3 = -x_4 \\ \dot{x}_4 = -x_1 - x_2 + x_3 + 2x_4 \end{cases}$$

的稳定性。

解　原系统可用矩阵形式表达为

$$\dot{\boldsymbol{x}} = \boldsymbol{A}\boldsymbol{x} \tag{1}$$

式中

$$\boldsymbol{x} = \begin{bmatrix} x_1 \\ x_2 \\ x_3 \\ x_4 \end{bmatrix} \tag{2}$$

$$\boldsymbol{A} = \begin{bmatrix} 0 & -1 & 0 & 0 \\ 1 & 2 & 0 & 0 \\ 0 & 0 & 0 & -1 \\ -1 & -1 & 1 & 2 \end{bmatrix} \tag{3}$$

系数矩阵 $\boldsymbol{A}$ 的特征方程为

$$\det(\lambda \boldsymbol{E} - \boldsymbol{A}) = \begin{vmatrix} \lambda & 1 & 0 & 0 \\ -1 & \lambda - 2 & 0 & 0 \\ 0 & 0 & \lambda & 1 \\ 1 & 1 & -1 & \lambda - 2 \end{vmatrix} = 0 \tag{4}$$

即

$$(\lambda - 1)^4 = 0 \tag{5}$$

由此求得四个特征根为

$$\lambda_1=\lambda_2=\lambda_3=\lambda_4=1$$

根据准则 2 可知原系统是不稳定的。

5.5 具有周期系数的线性齐次系统的稳定性和弗洛凯定理

对于一般的非定常线性齐次系统来说，由于其通解的解析表达式往往无法求得，因此其稳定性研究是非常复杂而困难的。在非定常齐次线性系统的稳定性研究中，具有周期系数的齐次线性系统的稳定性研究是解决的最好的一种。这是因为这种系统的稳定性研究可以通过某种方式转化为定常齐次线性系统的稳定性分析来进行。

在介绍周期系数线性齐次系统的稳定性内容之前，先来看两个有关的重要概念 —— 李雅普诺夫变换和系统的可化性。

对某一非定常线性齐次系统

$$\dot{\boldsymbol{x}}=\boldsymbol{B}(t)\boldsymbol{x} \tag{5.5.1}$$

实施非奇异线性变换

$$\boldsymbol{y}=\boldsymbol{L}(t)\boldsymbol{x} \tag{5.5.2}$$

后，系统(5.5.1) 化为

$$\dot{\boldsymbol{y}}=\boldsymbol{D}(t)\boldsymbol{y} \tag{5.5.3}$$

式中

$$\boldsymbol{D}(t)=[\boldsymbol{L}(t)\boldsymbol{B}(t)+\dot{\boldsymbol{L}}(t)]\boldsymbol{L}^{-1}(t) \tag{5.5.4}$$

需要说明的是：变换后所得到的系统(5.5.3) 和变换前的系统(5.5.1) 的稳定性不一定相同。但是如果非奇异变换矩阵 $\boldsymbol{L}(t)$ 满足条件 —— 当 $t\geqslant 0$ 时，$\boldsymbol{L}(t)$、$\dot{\boldsymbol{L}}(t)$、$\boldsymbol{L}^{-1}(t)$ 有界，则变换后所得到的系统(5.5.3) 和变换前的系统(5.5.1) 的稳定性相同[11]。如果非奇异变换矩阵 $\boldsymbol{L}(t)$ 满足上述条件，则称线性变换式(5.5.2) 称为**李雅普诺夫变换**。也就是说，在李雅普诺夫变换下，线性系统的稳定性得到保持。

若存在某一李雅普诺夫变换，可以将某一非定常齐次线性系统化为定常齐次线性系统，则称原非定常齐次线性系统是**可化的**。显然，如果某一非定常齐次线性系统是可化的，那么就可以将该系统的稳定性研究转化为定常齐次线性系统的稳定性研究来进行。

后面将用到以下结论[11]：

对于任意非奇异矩阵 $\boldsymbol{S}$ 及正数 α，一定存在矩阵 $\boldsymbol{W}$，使得矩阵 $\boldsymbol{S}$ 可以表示为

$$\boldsymbol{S}=\exp(\alpha\boldsymbol{W}) \tag{5.5.5}$$

具有周期系数的齐次线性系统形如

$$\dot{\boldsymbol{x}}=\boldsymbol{A}(t)\boldsymbol{x},\ \boldsymbol{A}(t)=\boldsymbol{A}(t+T) \tag{5.5.6}$$

其中 $T>0$ 为系统的周期。工程技术中的不少运动稳定性研究可以归结为具有周期系数的齐次线性系统的稳定性研究。

设系统(5.5.6) 的标准基解矩阵为 $\boldsymbol{X}(t)$，即 $\boldsymbol{X}(t)$ 是矩阵微分方程

$$\begin{cases}\dot{\boldsymbol{X}}(t)=\boldsymbol{A}(t)\boldsymbol{X}(t)\\ \boldsymbol{X}(0)=\boldsymbol{E}\end{cases} \tag{5.5.7}$$

的解。称代数方程

$$\det\ (\rho \boldsymbol{E} - \boldsymbol{X}(T)) = 0 \tag{5.5.8}$$

为周期系数齐次线性系统(5.5.6)的特征方程。此方程的根(即矩阵 $\boldsymbol{X}(T)$ 的特征根)在系统(5.5.6)的稳定性分析中起着重要的作用。

根据式(5.5.5),可以设

$$\boldsymbol{X}(T) = \exp\ (\boldsymbol{H}T) \tag{5.5.9}$$

即对于非奇异矩阵 $\boldsymbol{X}(T)$ 及周期 T 来说,存在矩阵 $\boldsymbol{H}$,使得式(5.5.9)成立。

可以证明由非奇异矩阵

$$\boldsymbol{L}(t) = \exp\ (\boldsymbol{H}t)\boldsymbol{X}^{-1}(t) \tag{5.5.10}$$

所确定的线性变换是李雅普诺夫变换[11]。

现在来看下面的一个定理。

定理 5-1　周期系数齐次线性系统是可化的。

证明　对周期系数齐次线性系统(5.5.6)作线性变换

$$\boldsymbol{y} = \boldsymbol{L}(t)\boldsymbol{x} \tag{5.5.11}$$

其中 $\boldsymbol{L}(t)$ 按式(5.5.10)定义。这样变换式(5.5.11)为李雅普诺夫变换。下面来看对系统(5.5.6)作变换(5.5.11)后会变成为一个什么样的系统。为此,将式(5.5.11)求导数,得

$$\begin{aligned}\dot{\boldsymbol{y}} &= \dot{\boldsymbol{L}}(t)\boldsymbol{x} + \boldsymbol{L}(t)\dot{\boldsymbol{x}} = \dot{\boldsymbol{L}}(t)\boldsymbol{x} + \boldsymbol{L}(t)\boldsymbol{A}(t)\boldsymbol{x} = [\dot{\boldsymbol{L}}(t) + \boldsymbol{L}(t)\boldsymbol{A}(t)]\boldsymbol{x} = \\ &[\dot{\boldsymbol{L}}(t) + \boldsymbol{L}(t)\boldsymbol{A}(t)]\boldsymbol{L}^{-1}(t)\boldsymbol{y} = [\boldsymbol{H}\exp\ (\boldsymbol{H}t)\boldsymbol{X}^{-1}(t) + \\ &\exp\ (\boldsymbol{H}t)\frac{\mathrm{d}\boldsymbol{X}^{-1}(t)}{\mathrm{d}t} + \exp\ (\boldsymbol{H}t)\boldsymbol{X}^{-1}(t)\boldsymbol{A}(t)]\boldsymbol{X}(t)\exp\ (-\boldsymbol{H}t)\boldsymbol{y}\end{aligned} \tag{5.5.12}$$

将式 $\boldsymbol{X}(t)\boldsymbol{X}^{-1}(t) = \boldsymbol{E}$ 的两端求导数,得

$$\dot{\boldsymbol{X}}(t)\boldsymbol{X}^{-1}(t) + \boldsymbol{X}(t)\frac{\mathrm{d}\boldsymbol{X}^{-1}(t)}{\mathrm{d}t} = \boldsymbol{0} \tag{5.5.13}$$

由此得到

$$\frac{\mathrm{d}\boldsymbol{X}^{-1}(t)}{\mathrm{d}t} = -\boldsymbol{X}^{-1}(t)\dot{\boldsymbol{X}}(t)\boldsymbol{X}^{-1}(t) = -\boldsymbol{X}^{-1}(t)\boldsymbol{A}(t)\boldsymbol{X}(t)\boldsymbol{X}^{-1}(t) = -\boldsymbol{X}^{-1}(t)\boldsymbol{A}(t) \tag{5.5.14}$$

将式(5.5.14)代入式(5.5.12),得到

$$\dot{\boldsymbol{y}} = \boldsymbol{H}\boldsymbol{y} \tag{5.5.15}$$

这就是说,通过李雅普诺夫变换(5.5.11),可以将周期系数齐次线性系统(5.5.6)化为定常齐次线性系统(5.5.15)。因此,周期系数齐次线性系统(5.5.6)是可化的。证毕。

周期系数齐次线性系统的可化性,决定了可以将周期系数齐次线性系统的稳定性研究转化为定常齐次线性系统的稳定性研究来进行。正因为如此,在非定常齐次线性系统的稳定性研究中,周期系数齐次线性系统的稳定性研究是解决得最好的一种。

既然周期系数齐次线性系统(5.5.6)的稳定性等价于定常齐次线性系统(5.5.15)的稳定性,因此,只要知道矩阵 $\boldsymbol{H}$ 的特征根,就可以确定系统(5.5.6)的稳定性了。考虑到矩阵 $\boldsymbol{H}$ 和矩阵 $\boldsymbol{X}(T)$ 之间满足关系式(5.5.9),因此,这两个矩阵的特征根之间必存在某种对应关系。

定理 5-2　矩阵 $\boldsymbol{X}(T)$ 和矩阵 $\boldsymbol{H}$ 的特征根之间存在如下的对应关系,且具有相同的代数

重数与几何重数。

$$\lambda_j = \frac{1}{T}\ln \rho_j \quad (j = 1, 2, \cdots, n) \tag{5.5.16}$$

式中 ρ_j、λ_j 分别为矩阵 $\boldsymbol{X}(T)$ 和矩阵 $\boldsymbol{H}$ 的特征根。

下面仅以矩阵 $\boldsymbol{X}(T)$ 具有 n 个互异的特征根的情况来进行证明。

证明 设矩阵 $\boldsymbol{X}(T)$ 具有 n 个互异的特征根 $\rho_1, \rho_2, \cdots, \rho_n$。于是，每个特征根的代数重数和几何重数都为 1，根据矩阵论[7]知，矩阵 $\boldsymbol{X}(T)$ 相似于对角线矩阵 $\mathrm{diag}[\rho_1, \rho_2, \cdots, \rho_n]$，即存在非奇异矩阵 $\boldsymbol{P}$，使得

$$\boldsymbol{P}^{-1}\boldsymbol{X}(T)\boldsymbol{P} = \begin{bmatrix} \rho_1 & & & \\ & \rho_2 & & \\ & & \ddots & \\ & & & \rho_n \end{bmatrix} = \begin{bmatrix} e^{\ln \rho_1} & & & \\ & e^{\ln \rho_2} & & \\ & & \ddots & \\ & & & e^{\ln \rho_n} \end{bmatrix} = \exp \begin{bmatrix} \ln \rho_1 & & & \\ & \ln \rho_2 & & \\ & & \ddots & \\ & & & \ln \rho_n \end{bmatrix} \tag{5.5.17}$$

令

$$\boldsymbol{Q} = \begin{bmatrix} \frac{1}{T}\ln \rho_1 & & & \\ & \frac{1}{T}\ln \rho_2 & & \\ & & \ddots & \\ & & & \frac{1}{T}\ln \rho_n \end{bmatrix} \tag{5.5.18}$$

则式(5.5.17)可写为

$$\boldsymbol{P}^{-1}\boldsymbol{X}(T)\boldsymbol{P} = \exp(\boldsymbol{Q}T) \tag{5.5.19}$$

于是有

$$\boldsymbol{X}(T) = \boldsymbol{P}\exp(\boldsymbol{Q}T)\boldsymbol{P}^{-1} = \exp(\boldsymbol{P}\boldsymbol{Q}\boldsymbol{P}^{-1}T) \tag{5.5.20}$$

将此式同式(5.5.9)相比较，得

$$\boldsymbol{H} = \boldsymbol{P}\boldsymbol{Q}\boldsymbol{P}^{-1} \tag{5.5.21}$$

即

$$\boldsymbol{Q} = \boldsymbol{P}^{-1}\boldsymbol{H}\boldsymbol{P} \tag{5.5.22}$$

这就是说，矩阵 $\boldsymbol{H}$ 相似于对角线矩阵 $\boldsymbol{Q}$，因此，矩阵 $\boldsymbol{H}$ 的特征根为

$$\lambda_j = \frac{1}{T}\ln \rho_j \quad (j = 1, 2, \cdots, n) \tag{5.5.23}$$

考虑到 $\rho_1, \rho_2, \cdots, \rho_n$ 是互异的，因此，矩阵 $\boldsymbol{H}$ 的特征根 $\lambda_j (j = 1, 2, \cdots, n)$ 也是互异的(即矩阵 $\boldsymbol{H}$ 的每一个特征根的代数重数和几何重数都为 1)。证毕。

现在再来看 λ_j 的实部同 ρ_j 的模之间的关系。

分别用符号 $|\rho_j|$ 和 θ_j 表示 ρ_j 的模和幅角，这样 ρ_j 可表示为

$$\rho_j = |\rho_j| e^{i\theta_j} \tag{5.5.24}$$

将式(5.5.24)代入式(5.5.16)，得

$$\lambda_j = \frac{1}{T}(\ln|\rho_j| + \mathrm{i}\theta_j) \quad (j = 1, 2, \cdots, n) \tag{5.5.25}$$

由此得到 λ_j 的实部为

$$\mathrm{Re}\,\lambda_j = \frac{1}{T}\ln|\rho_j| \quad (j = 1, 2, \cdots, n) \tag{5.5.26}$$

现在作如下讨论：

如果矩阵 $\boldsymbol{X}(T)$ 的所有特征根 $\rho_j(j=1,2,\cdots,n)$ 的模均小于1，则根据式(5.5.26)可知矩阵 $\boldsymbol{H}$ 的所有特征根 $\lambda_j(j=1,2,\cdots,n)$ 的实部均小于0，再根据4.4节的准则1可知定常齐次线性系统(5.5.15)是渐进稳定的，从而也就知道周期系数齐次线性系统(4.5.6)也是渐进稳定的。

归纳以上的讨论，可以得出如下结论(准则 1*)：

准则 1*　如果矩阵 $\boldsymbol{X}(T)$ 的所有特征根的模均小于1，则周期系数齐次线性系统(5.5.6)是渐进稳定的。

同理还可得到如下准则：

准则 2*　如果矩阵 $\boldsymbol{X}(T)$ 的特征根中至少有一个根的模大于1，则周期系数齐次线性系统(5.5.6)是不稳定的。

准则 3*　如果矩阵 $\boldsymbol{X}(T)$ 的模为1的特征根均为单根，而其余特征根的模均小于1，则周期系数齐次线性系统(5.5.6)是稳定的，但不是渐近稳定的。

准则 4*　如果矩阵 $\boldsymbol{X}(T)$ 的所有特征根的模均为1，且所有这些特征根均为单根，则周期系数齐次线性系统(5.5.6)是稳定的，但不是渐近稳定的。

准则 5*　如果矩阵 $\boldsymbol{X}(T)$ 的模为1的重特征根的代数重数都等于其几何其重数，而其余特征根的模均小于1，则周期系数齐次线性系统(5.5.6)是稳定的，但不是渐近稳定的。

准则 6*　如果矩阵 $\boldsymbol{X}(T)$ 的所有特征根的模均为1，且其中的重特征根的代数重数都等于其几何重数，则周期系数齐次线性系统(5.5.6)是稳定的，但不是渐近稳定的。

准则 7*　如果矩阵 $\boldsymbol{X}(T)$ 的模为1的重特征根中有代数重数大于其几何重数的，则周期系数齐次线性系统(5.5.6)是不稳定的。

以上七条准则统称为**弗洛凯定理**(Floquet theorem)。

应用弗洛凯定理判断周期系数齐次线性系统(5.5.6)的稳定性时，关键是是要预先求出矩阵 $\boldsymbol{X}(T)$。$\boldsymbol{X}(T)$ 可以通过求解矩阵微分方程式(5.5.7)得到。比如我们可以利用利用四阶Runge-Kutta法对矩阵微分方程式(5.5.7)进行数值积分(积分区间为 $0 \leqslant t \leqslant T$)，直到求得矩阵 $\boldsymbol{X}(T)$ 为止。$\boldsymbol{X}(T)$ 求出后，再利用求矩阵特征根的算法(如QR法)求得矩阵 $\boldsymbol{X}(T)$ 的所有特征根，最后再应用弗洛凯定理，即可判断出系统(5.5.6)的稳定性。

例 5.5　试判别系统

$$\begin{cases} \dot{x}_1 = x_1(1 + \sin 2t) + x_2\cos 4t + 3\sin 3t \\ \dot{x}_2 = x_1\cos 2t + x_2(2 + \sin 4t) + 2\cos 2t \end{cases}$$

的稳定性。

解　原系统可用矩阵形式表达为

$$\dot{\boldsymbol{x}} = \boldsymbol{A}(t)\boldsymbol{x} + \boldsymbol{b}(t) \tag{1}$$

式中

$$\boldsymbol{x}=\begin{bmatrix}x_1\\x_2\end{bmatrix} \tag{2}$$

$$\boldsymbol{A}(t)=\begin{bmatrix}1+\sin 2t & \cos 4t\\ \cos 2t & 2+\sin 4t\end{bmatrix} \tag{3}$$

$$b(t)=\begin{bmatrix}3\sin 3t\\ 2\cos 2t\end{bmatrix} \tag{4}$$

考虑到系统(1) 的稳定性(即原系统的稳定性) 等价于它所对应的齐次线性系统

$$\dot{\boldsymbol{x}}=\boldsymbol{A}(t)\boldsymbol{x} \tag{5}$$

的稳定性,所以只需判别系统(5) 的稳定性即可。由式(3) 可知

$$\boldsymbol{A}(t)=\boldsymbol{A}(t+\pi) \tag{6}$$

因此,系统(5) 是周期系数齐次线性系统,其周期为 π。为了确定系统(5) 的稳定性,利用四阶 Runge - Kutta 法对矩阵微分方程

$$\left.\begin{aligned}\dot{\boldsymbol{X}}(t)&=\boldsymbol{A}(t)\boldsymbol{X}(t)\\ \boldsymbol{X}(0)&=\boldsymbol{E}\end{aligned}\right\} \tag{7}$$

进行数值积分(积分区间为 $0\leqslant t\leqslant \pi$),直到求得矩阵 $\boldsymbol{X}(\pi)$ 为止,求得的结果为

$$\boldsymbol{X}(\pi)=\begin{bmatrix}20.512\,9 & 24.159\,0\\ -5.915\,6 & 597.122\,2\end{bmatrix} \tag{8}$$

在此基础上,可进一步求得矩阵 $\boldsymbol{X}(\pi)$ 的两个特征根为

$$\rho_1=20.760\,9,\quad \rho_2=596.874\,3$$

于是

$$|\rho_1|=20.760\,9>1,\quad |\rho_2|=596.874\,3>1$$

根据弗洛凯定理可知系统(5) 是不稳定的,因此原系统也是不稳定的。

5.6 定常非线性系统的稳定性和李雅普诺夫稳定性定理

在 5.1 节中曾经指出系统的某一给定运动的稳定性等价于此给定运动的扰动方程的零解的稳定性。因此,下面将重点介绍如何分析扰动方程的零解的稳定性问题。

设某一系统的某一给定运动的扰动方程为

$$\dot{\boldsymbol{x}}=\boldsymbol{f}(\boldsymbol{x}),\quad \boldsymbol{f}(\boldsymbol{0})=\boldsymbol{0} \tag{5.6.1}$$

显然,扰动方程式(5.6.1) 的零解的稳定性问题也就是定常非线性系统(5.6.1) 的原点的稳定性问题。

分析系统(5.6.1) 原点稳定性的一种主要方法是“李雅普诺夫直接法”,在讲述此法时需用到有关函数符号类型的概念。为此,先介绍一下这方面的概念。

1. 函数的符号类型

设实函数 $V(\boldsymbol{x})$ 是 n 维空间原点邻域内的单值连续函数,且 $V(\boldsymbol{0})=0$。

定义 1 如果存在 $a>0$,在区域

$$\boldsymbol{\Omega}:\ \|\boldsymbol{x}\|\leqslant a \tag{5.6.2}$$

内，当 $\boldsymbol{x} \neq 0$ 时，恒有 $V(\boldsymbol{x}) > 0(< 0)$，则称函数 $V(\boldsymbol{x})$ 是**正定的(负定的)**。

定义 2　如果在区域 $\boldsymbol{\Omega}$ 内恒有 $\boldsymbol{V}(\boldsymbol{x}) \geqslant 0(\leqslant 0)$，则称函数 $V(\boldsymbol{x})$ 是半正定的(半负定的)。

定义 3　如果在原点的任意小的邻域内，函数 $V(\boldsymbol{x})$ 既可取得正值，也可取得负值，则称函数 $V(\boldsymbol{x})$ 是变号的。

例如在四维空间内：

函数 $\boldsymbol{V}(x_1, x_2, x_3, x_4) = x_1^2 + 2x_2^2 + 3x_3^2 + 4x_4^4$ 是正定的。

函数 $\boldsymbol{V}(x_1, x_2, x_3, x_4) = \sin(x_1^2 + x_2^2 + x_3^2 + 2x_4^4)$ 是正定的。

函数 $\boldsymbol{V}(x_1, x_2, x_3, x_4) = -2x_1^2 - x_2^2 - 3x_3^2 - 4x_4^4$ 是负定的。

函数 $\boldsymbol{V}(x_1, x_2, x_3, x_4) = x_1^2 + 2x_2^2 + 4x_4^4$ 是半正定的。

函数 $\boldsymbol{V}(x_1, x_2, x_3, x_4) = -\tan(x_1^2 + x_2^2 + x_4^2)$ 是半负定的。

函数 $\boldsymbol{V}(x_1, x_2, x_3, x_4) = x_1^2 + x_2^2 - x_3^2 - x_4^4$ 是变号的。

直接根据以上定义来判断一般复杂函数的符号类型(正定、负定、半正定、半负定、变号)往往是很不方便的。但对于实二次型函数来说，有比较成熟的方法可以判断其符号类型。

n 元实二次型函数的一般形式为

$$V(x_1, x_2, \cdots, x_n) = a_{11}x_1^2 + 2a_{12}x_1x_2 + 2a_{13}x_1x_3 + \cdots + 2a_{1n}x_1x_n + a_{22}x_2^2 + 2a_{23}x_2x_3 + \cdots + 2a_{2n}x_2x_n + \cdots + a_{nn}x_n^2 \tag{5.6.3}$$

如果令

$$\boldsymbol{x} = [x_1 \quad x_2 \quad \cdots \quad x_n]^{\mathrm{T}} \tag{5.6.4}$$

$$\boldsymbol{A} = \begin{bmatrix} a_{11} & a_{12} & \cdots & a_{1n} \\ a_{12} & a_{22} & \cdots & a_{2n} \\ \vdots & \vdots & & \vdots \\ a_{1n} & a_{2n} & \cdots & a_{nn} \end{bmatrix} \tag{5.6.5}$$

则式(5.6.3)可写为

$$V(\boldsymbol{x}) = \boldsymbol{x}^{\mathrm{T}}\boldsymbol{A}\boldsymbol{x} \tag{5.6.6}$$

称实对称矩阵 $\boldsymbol{A}$ 是实二次型函数 $V(x)$ 的矩阵。

如果实二次型函数 $V(\boldsymbol{x}) = \boldsymbol{x}^{\mathrm{T}}\boldsymbol{A}\boldsymbol{x}$ 是正定、半正定、负定、半负定、变号的，则相应地称实对称矩阵 A 是正定、半正定、负定、半负定、变号的。

下面给出实对称矩阵的符号类型的判别定理[12]。

定理 5-3　对实对称矩阵 $\boldsymbol{A}$ 来说：

(1)$\boldsymbol{A}$ 是正定的充分与必要条件是：$\boldsymbol{A}$ 的所有特征根都大于零。

(2)$\boldsymbol{A}$ 是正定的充分与必要条件是：$\boldsymbol{A}$ 的所有顺序主子式

$$a_{11}, \begin{vmatrix} a_{11} & a_{12} \\ a_{12} & a_{22} \end{vmatrix}, \begin{vmatrix} a_{11} & a_{12} & a_{13} \\ a_{12} & a_{22} & a_{23} \\ a_{13} & a_{23} & a_{33} \end{vmatrix}, \cdots, \begin{vmatrix} a_{11} & a_{12} & \cdots & a_{1n} \\ a_{12} & a_{22} & \cdots & a_{2n} \\ \vdots & \vdots & & \vdots \\ a_{1n} & a_{2n} & \cdots & a_{nn} \end{vmatrix}$$

都大于零。

(3)$\boldsymbol{A}$ 是负定的充分与必要条件是：$-\boldsymbol{A}$ 是正定的。

(4)$\boldsymbol{A}$ 是半正定的充分与必要条件是：$\boldsymbol{A}$ 的所有特征根都不小于零。

(5)$\boldsymbol{A}$ 是半正定的充分与必要条件是：$\boldsymbol{A}$ 的所有主子式都不小于零。

(6)$\boldsymbol{A}$ 是半负定的充分与必要条件是：$-\boldsymbol{A}$ 是半正定的。

(7)$\boldsymbol{A}$ 是变号的充分与必要条件是:$\boldsymbol{A}$ 的特征根中既有正根又有负根。

定理 5-3 的证明见文献[12]。

例 5.6 试判别三元实二次型函数

$$V(x_1,x_2,x_3)=3x_1^2+4x_2^2+5x_3^2+4x_1x_2-4x_2x_3$$

的符号类型。

解 $V(x_1,x_2,x_3)$ 的矩阵为

$$\boldsymbol{A}=\begin{bmatrix}3 & 2 & 0\\ 2 & 4 & -2\\ 0 & -2 & 5\end{bmatrix}$$

于是 $\boldsymbol{A}$ 的所有顺序主子式为

$$3>0,\quad \begin{vmatrix}3 & 2\\ 2 & 4\end{vmatrix}=8>0,\quad \begin{vmatrix}3 & 2 & 0\\ 2 & 4 & -2\\ 0 & -2 & 5\end{vmatrix}=28>0$$

因此 $V(x_1,x_2,x_3)$ 是正定的。

下面再介绍一个判断正定函数的方法。

定理 5-4 设函数

$$V(\boldsymbol{x})=V_m(\boldsymbol{x})+w(\boldsymbol{x}) \tag{5.6.7}$$

其中 $V_m(\boldsymbol{x})$ 是实 m 次型函数,实函数 $w(\boldsymbol{x})$ 满足

$$\lim_{\|x\|\to 0}\frac{w(\boldsymbol{x})}{\|\boldsymbol{x}\|^m}=0 \tag{5.6.8}$$

则有如下结论:如果 $V_m(\boldsymbol{x})$ 是正定的(负定的),那么 $V(\boldsymbol{x})$ 也是正定的(负定的)。

定理 5-4 的证明见文献[13]。

2. 李雅普诺夫稳定性定理

设函数 $V=V(\boldsymbol{x})$ 的自变量 $\boldsymbol{x}=\boldsymbol{x}(t)$ 是方程式(5.6.1)的解,则 V 对时间 t 的导数为

$$\dot{V}=\sum_{i=1}^{n}\frac{\partial V}{\partial x_i}\dot{x}_i=\frac{\partial V}{\partial x}\dot{\boldsymbol{x}}=\frac{\partial V}{\partial \boldsymbol{x}}\boldsymbol{f}(\boldsymbol{x}) \tag{5.6.9}$$

式中$\dfrac{\partial V}{\partial \boldsymbol{x}}$表示 V 对 $\boldsymbol{x}$ 的雅可比矩阵,即

$$\frac{\partial V}{\partial \boldsymbol{x}}=\begin{bmatrix}\dfrac{\partial V}{\partial x_1} & \dfrac{\partial V}{\partial x_2} & \cdots & \dfrac{\partial V}{\partial x_n}\end{bmatrix} \tag{5.6.10}$$

由式(5.6.9)所确定的 $\dot{V}$ 称为函数 $V=V(\boldsymbol{x})$ 沿系统(5.6.1)解的导数。

(1) 关于原点的稳定定理。

定理 5-5(李雅普诺夫,1892) 若存在一正(负)定函数 $V(\boldsymbol{x})$,它沿系统(5.6.1)解的导数 $\dot{V}$ 是半负(半正)定的,则系统(5.6.1)的原点是稳定的。

证明 由于存在一正定函数 $V(\boldsymbol{x})$,它沿系统(5.6.1)解的导数 $\dot{V}$ 是半负定的,所以存在 $a>0$,在区域

$$\boldsymbol{\Omega}:\|\boldsymbol{x}\|\leqslant a \tag{5.6.11}$$

内有

$$V(\mathbf{0})=0 \tag{5.6.12}$$

$$V(\boldsymbol{x})>0 \quad (\boldsymbol{x}\neq\mathbf{0}) \tag{5.6.13}$$

$$\dot{V}=\frac{\partial V}{\partial \boldsymbol{x}}\boldsymbol{f}(\boldsymbol{x})\leqslant 0 \tag{5.6.14}$$

任取 ε 满足

$$0<\varepsilon<a \tag{5.6.15}$$

考虑到正定函数 $V(\boldsymbol{x})$ 连续，故 $V(\boldsymbol{x})$ 在封闭曲面 $\|\boldsymbol{x}\|=\varepsilon$ 上有下确界 l，即

$$V(\boldsymbol{x})\big|_{\|x\|=\varepsilon}\geqslant l \tag{5.6.16}$$

又因 $V(\boldsymbol{x})$ 是正定的，所以必有

$$l>0 \tag{5.6.17}$$

设 $\boldsymbol{x}=\boldsymbol{x}(t)$ 是系统(5.6.1)满足初始条件 $\boldsymbol{x}(t_0)=\boldsymbol{x}_0$ 的解。由 $V(\mathbf{0})=0$ 及 $V(\boldsymbol{x})$ 的连续性得知，对于 $l>0$，存在 $\delta=\delta(\varepsilon)>0$，只要 $\|\boldsymbol{x}_0\|<\delta$，就有

$$V(\boldsymbol{x}_0)<l \tag{5.6.18}$$

显然

$$\delta\leqslant\varepsilon \tag{5.6.19}$$

因为假设 $\delta>\varepsilon$ 时，可取 $\|\boldsymbol{x}_0\|=\varepsilon$（从而 $\|\boldsymbol{x}_0\|<\delta$），根据式(5.6.16)可知 $V(\boldsymbol{x}_0)\geqslant l$，这与式(5.6.18)相矛盾。因此式(5.6.19)成立。

下面证明：对任意 $t\geqslant t_0$，恒有

$$\|\boldsymbol{x}(t)\|<\varepsilon \tag{5.6.20}$$

用反证法证明。假定在大于等于 t_0 的各时刻中，时刻 t_1 是使不等式(5.6.20)不成立的第一个时刻，即 $\|\boldsymbol{x}(t_1)\|=\varepsilon$。这样根据式(5.6.16)有

$$V(\boldsymbol{x}(t_1))\geqslant l \tag{5.6.21}$$

考虑到 $\|\boldsymbol{x}_0\|\delta\leqslant\varepsilon$，且时刻 t_1 是使不等式(5.6.20)不成立的第一个时刻（即 $\|\boldsymbol{x}(t_1)\|=\varepsilon$），故当 $t_0\leqslant t\leqslant t_1$ 时，$\|\boldsymbol{x}(t)\|\leqslant\varepsilon$。又考虑到 $\varepsilon<a$，所以 $\boldsymbol{x}(t)$ 必在区域 $\boldsymbol{\Omega}$ 内。再根据式(5.6.14)和式(5.6.18)知

$$V(\boldsymbol{x}(t))\leqslant V(\boldsymbol{x}_0)<l \tag{5.6.22}$$

取 $t=t_1$ 时，则有

$$V(\boldsymbol{x}(t_1))\leqslant V(\boldsymbol{x}_0)<l \tag{5.6.23}$$

式(5.6.23)和式(5.6.21)相矛盾，这说明在大于等于 t_0 的各时刻中，不存在使不等式(5.6.20)不成立的第一个时刻 t_1。亦即对任意 $t\geqslant t_0$，恒有 $\|\boldsymbol{x}(t)\|<\varepsilon$ 成立。于是根据稳定性定义 1^*（见5.1节）知方程式(5.6.1)的零解是稳定的，即系统(5.6.1)的原点是稳定的。证毕。

在定理5-5的证明中，仅就 $V(\boldsymbol{x})$ 是正定、$\dot{V}$ 是半负定的情况进行了论证，关于 $V(\boldsymbol{x})$ 是负定、$\dot{V}$ 是半正定情况的证明从略（后续定理的证明也作如此处理）。

例 5.7　分析单摆的下平衡位置 $\theta=0$，$\dot{\theta}=0$ 的稳定性。

解　根据牛顿第二定律，可以建立起单摆的运动微分方程为

$$\ddot{\theta}+\frac{g}{l}\sin\theta=0 \tag{1}$$

其中 g 为重力加速度，l 为摆长。令 $x_1=\theta, x_2=\dot{\theta}$，则方程式(1) 可化为状态方程

$$\left.\begin{aligned}\dot{x}_1&=x_2\\ \dot{x}_2&=-\frac{g}{l}\sin x_1\end{aligned}\right\} \tag{2}$$

这样单摆的下平衡位置 $\theta=0, \dot{\theta}=0$ 的稳定性即为系统(2) 的原点的稳定性。

取函数

$$V(x_1,x_2)=\frac{1}{2}x_2^2+\frac{g}{l}(1-\cos x_1) \tag{3}$$

显然，$V(0,0)=0$，且函数 $V(x_1,x_2)$ 在正方形区域

$$\Omega: |x_1|\leqslant \pi, |x_2|\leqslant \pi$$

内，满足

$$V(x_1,x_2)>0 \quad (x_1,x_2 \text{ 不全为 } 0)$$

即 $V(x_1,x_2)$ 是正定的。又 $V(x_1,x_2)$ 沿系统(2) 解的导数为

$$\dot{V}=\frac{\partial V}{\partial x_1}\dot{x}_1+\frac{\partial V}{\partial x_2}\dot{x}_2=\frac{g}{l}x_2\sin x_1+x_2\left(-\frac{g}{l}\sin x_1\right)=0 \tag{4}$$

于是根据定理 5-5 知系统(2) 的原点是稳定的。亦即单摆的下平衡位置 $\theta=0, \dot{\theta}=0$ 是稳定的。

例 5.8 如图 5-6 所示，由球 A 和杆 B 组成的倒立摆，杆底部连一刚度为 k 的扭簧，杆的长度为 $2l$，球 A 的质量为 M，杆的质量为 m，试分析倒立摆在竖直位置静止时的稳定性条件。

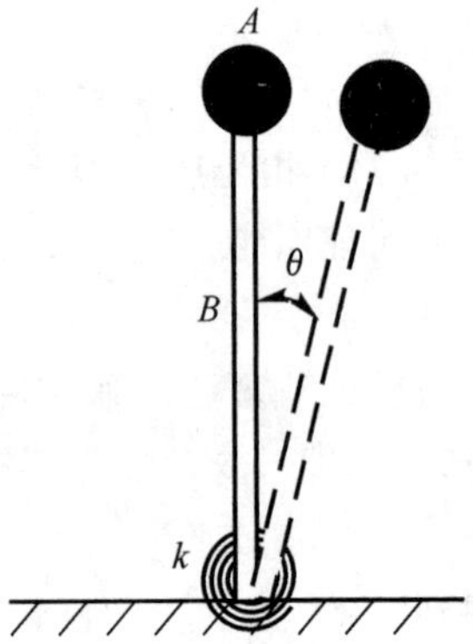

图 5-6 例 5.8 图

解 系统的动能为 $T=\left(2M+\frac{2}{3}m\right)l^2\dot{\theta}^2$，系统的势能为 $U=(m+2M)gl\cos\theta+\frac{1}{2}k\theta^2$。由第二类拉格朗日方程，可建立系统的动力学方程为

$$\left(4M+\frac{4}{3}m\right)l^2\ddot{\theta}+(m+2M)gl\sin\theta+k\theta=0 \tag{1}$$

令 $x_1=\theta, x_2=\dot{\theta}$，则方程式(1) 可化为状态方程

$$\left.\begin{aligned}\dot{x}_1&=x_2\\ \dot{x}_2&=-[(m+2M)gl\sin x_1+kx_1]\Big/\left(4M+\frac{4}{3}m\right)l^2\end{aligned}\right\} \tag{2}$$

取函数

$$V(x_1,x_2)=\left(2M+\frac{2}{3}m\right)l^2x_2^2+(m+2M)gl(\cos x_1-1)+\frac{1}{2}kx_1^2$$

为判断其在零点的正定性，将其按泰勒公式展开为

$$V(x_1,x_2)=\left(2M+\frac{2}{3}m\right)l^2\dot{\theta}^2+\frac{1}{2}[-(m+2M)gl+k]\theta^2+\Delta(\theta^3) \tag{3}$$

由式(3)，当 $k>(m+2M)gl$ 时，在零点小邻域内，$V(x_1,x_2)$ 正定，且由方程式(2) 可得，$\dot{V}(x_1,x_2)=0$，因此，当 $k>(m+2M)gl$ 时，倒立摆在竖直位置是稳定的。

例 5.9　如图 5-7 所示，半径为 r 的圆环管绕垂直轴以匀角速度 Ω 转动，质量为 m 的小球 P 可在管内无摩擦地滑动，试求小球的稳定位置及稳定性。

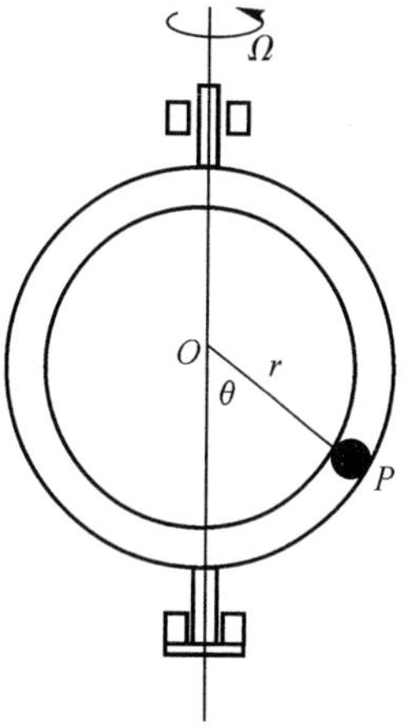

图 5-7　例 5.9 图

解　以小球 P 与圆心 O 连线相对垂直轴的偏角 θ 为广义坐标，系统为带有非定常约束的单自由度系统，可由第二类拉格朗日方程建立其运动微分方程。

系统的动能和势能分别为 $T=\frac{1}{2}mr^2(\dot{\theta}^2+\Omega^2\sin^2\theta)$ 和 $V=-mgr\cos\theta$，代入第二类拉格朗日方程后，得到小球的运动微分方程为

$$\ddot{\theta}+\left(\frac{g}{r}-\Omega^2\cos\theta\right)\sin\theta=0 \tag{1}$$

将该方程写为一阶微分方程组

$$\left.\begin{aligned}\dot{\theta}&=\omega\\ \dot{\omega}&=-\left(\frac{g}{r}-\Omega^2\cos\theta\right)\sin\theta\end{aligned}\right\} \tag{2}$$

令 $\dot{\theta}=\dot{\omega}=0$，可导出小球的三个平衡位置：

$$\theta_{s1}=0,\quad \theta_{s2}=\arccos\left(\frac{g}{r\Omega^2}\right),\quad \theta_{s3}=\pi,\quad \omega_s=0 \tag{3}$$

1) 考察平衡点 $\theta_s=\theta_{s1}$，$\omega_s=0$ 的稳定性。

取函数

$$V=\frac{1}{2}mr^2(\dot{\theta}^2-\Omega^2\sin^2\theta)-mgr\cos\theta+mgr$$

为判断其在零点的正定性，将其泰勒展开为

$$V=\frac{1}{2}mr^2\dot{\theta}^2+\frac{1}{2}mr^2\theta^2\left(\frac{g}{r}-\Omega^2\right)+\Delta(\theta^3)$$

当 $\Omega<\sqrt{g/r}$ 时，V 是正定的，且由式(2)，$\dot{V}=0$，因此，当 $\Omega<\sqrt{g/r}$ 时，平衡点 $\theta_s=\theta_{s1}$，$\omega_s=0$ 是稳定的。

2) 考察平衡点 $\theta_s=\theta_{s2}$，$\omega_s=0$ 的稳定性。

取函数

$$V=\frac{1}{2}mr^2(\dot{\theta}^2-\Omega^2\sin^2\theta)-mgr\cos\theta+\frac{1}{2}m\frac{r^2\Omega^4+g^2}{\Omega^2}$$

为判断其在 $\theta_s=\theta_{s2}$，$\omega_s=0$ 邻域内的正定性，将其泰勒展开为

$$V=\frac{1}{2}mr^2\dot{\theta}^2+\frac{1}{2}m\frac{r^2\Omega^4-g^2}{\Omega^2}(\theta-\theta_{s2})^2+\Delta((\theta-\theta_{s2})^3)$$

当 $\Omega>\sqrt{g/r}$ 时，V 是正定的，且由式(2)，$\dot{V}=0$，因此，当 $\Omega>\sqrt{g/r}$ 时，平衡点 $\theta_s=\theta_{s2}$，$\omega_s=0$ 是稳定的。

注意：1) 关于函数 V 的选取，一般选取为系统的哈密顿函数与其在稳定点值之差，由此，可保证其导数必然为零。因此，只需判断函数 V 的正定性即可。

2) 关于系统的不稳定条件，在例 5.12 中给出。

(2) 关于原点的渐近稳定定理。

定理 5-6(李雅普诺夫,1892)　若存在一正(负)定函数 $V(\boldsymbol{x})$,它沿系统(5.6.1)解的导数 $\dot{V}$ 是负(正)定的,则系统(5.6.1)的原点是渐近稳定的。

证明　由于 $\dot{V}$ 是负定的,因此它必然也是半负定的。又考虑到 $V(\boldsymbol{x})$ 是正定的,于是根据定理 5-5 知系统(5.6.1)的原点是稳定的。即对于给定的任意小的正数 ε,存在正数 $\delta=\delta(\varepsilon, t_0)$,使得当 $\| \boldsymbol{x}_0 \| \delta$ 时,由 $\boldsymbol{x}_0$ 出发的系统(5.6.1)的解 $\boldsymbol{x}(t)$,满足

$$\| \boldsymbol{x}(t) \| < \varepsilon \quad (\text{对于一切 } t \geqslant t_0) \tag{5.6.24}$$

为了证明系统(5.6.1)的原点是渐近稳定的,还需证明

$$\lim_{t\to\infty} \boldsymbol{x}(t) = \boldsymbol{0} \tag{5.6.25}$$

用反证法证明。为此,假设

$$\lim_{t\to\infty} \boldsymbol{x}(t) \neq \boldsymbol{0} \tag{5.6.26}$$

由于 $\dot{V}$ 是负定的,故正定函数 $V(\boldsymbol{x})$ 沿解 $\boldsymbol{x}(t)$ 单调下降,又考虑到式(5.6.26)后,有

$$\lim_{t\to\infty} V(\boldsymbol{x}(t)) = l^* > 0 \tag{5.6.27}$$

$$V(\boldsymbol{x}(t)) > l^* \quad (t \geqslant t_0) \tag{5.6.28}$$

由于 $V(\boldsymbol{x})$ 是正定的,以上条件表明:必存在 $\alpha > 0$,使解 $\boldsymbol{x}(t)$ 位于区域

$$\boldsymbol{B}: \| \boldsymbol{x} \| > \alpha \tag{5.6.29}$$

中。又考虑到 $-\dot{V}$ 是正定的,故存在常数 $l_0 > 0$,使得在区域 $\boldsymbol{B}$ 中,有

$$-\dot{V} > l_0 \tag{5.6.30}$$

这样的 l_0 是存在的,如可取 $-\dot{V}$ 在封闭曲面 $\| \boldsymbol{x} \| = \alpha$ 上的有下确界作为 l_0,于是正定函数 $-\dot{V}$ 在区域 $\boldsymbol{B}$ 中必满足 $-\dot{V} > l_0$。

现在来看 $V(\boldsymbol{x})$ 沿解 $\boldsymbol{x}(t)$ 的变化。积分

$$\frac{\mathrm{d}V(\boldsymbol{x}(t))}{\mathrm{d}t} = \dot{V} \tag{5.6.31}$$

得到

$$V(\boldsymbol{x}(t)) - V(\boldsymbol{x}_0) = \int_{t_0}^{t} \dot{V} \mathrm{d}t \tag{5.6.32}$$

从而有

$$V(\boldsymbol{x}(t)) = V(\boldsymbol{x}_0) + \int_{t_0}^{t} \dot{V} \mathrm{d}t \leqslant V(\boldsymbol{x}_0) + \int_{t_0}^{t} (-l_0) \mathrm{d}t = V(\boldsymbol{x}_0) - l_0(t - t_0) \tag{5.6.33}$$

该式表明,当 $t \to \infty$ 时,$V(\boldsymbol{x}(t)) \to -\infty$,这就与式(5.6.27)相矛盾。所以原假设式(5.6.26)不正确,即式(5.6.25)成立。所以系统(5.6.1)的原点是渐近稳定的。证毕。

例 5.10　研究系统

$$\left.\begin{aligned} \dot{x}_1 &= -x_1 + x_2 \\ \dot{x}_2 &= -x_1 - x_2 - x_1^2 x_2 \end{aligned}\right\} \tag{1}$$

的原点稳定性。

解　构造函数

$$V(x_1, x_2) = \frac{1}{2}(x_1^2 + x_2^2) \tag{2}$$

显然,函数 $V(x_1, x_2)$ 是正定的,该函数沿系统(1)解的导数为

$$\dot{V}=\frac{\partial V}{\partial x_1}\dot{x}_1+\frac{\partial V}{\partial x_2}\dot{x}_2=x_1(-x_1+x_2)+x_2(-x_1-x_2-x_1^2x_2)=-x_1^2-x_2^2-x_1^2x_2^2 \quad (3)$$

显然，$\dot{V}$ 是负定的。根据定理 5－6 可知系统(1) 的原点是渐近稳定的。

(3) 关于原点的不稳定定理。

定理 5－7(切达耶夫，1934)　如果存在这样的函数 $V(x)$，使得

1) 在区域

$$\boldsymbol{\Omega}_a: \|\boldsymbol{x}\| \leqslant a \tag{5.6.34}$$

内是单值连续的；

2) 在原点的任意小邻域内存在 $V(\boldsymbol{x})>0$ 的区域；

3) 沿系统(5.6.1) 解的导数 $\dot{V}$ 在 $V(\boldsymbol{x})>0$ 的区域上的一切点取正值。

那么系统(5.6.1) 的原点不稳定。

证明从略。

以下两条定理可以看作是定理 5－7 的推论。

定理 5－8(李雅普诺夫，1892)　若在原点的邻域内，存在一单值连续函数 $V(\boldsymbol{x})$，它沿系统(5.6.1) 解的导数 $\dot{V}$ 是正定的(负定的)，而 $V(\boldsymbol{x})$ 本身不是半负定的(半正定的)，则系统(5.6.1) 的原点不稳定。

证明　由于 $V(\boldsymbol{x})$ 不是半负定的，因此，在原点的任意小邻域内存在 $V(\boldsymbol{x})>0$ 的区域，又 $V(\boldsymbol{x})$ 在原点的邻域内单值连续，且 $V(\boldsymbol{x})$ 沿系统(5.6.1) 解的导数 $\dot{V}$ 是是正定的。于是满足定理 5－7 的全部条件，从而系统(5.6.1) 的原点不稳定。

定理 5－9(李雅普诺夫，1892)　若在原点的邻域内，存在一单值连续函数 $V(\boldsymbol{x})$，它沿系统(5.6.1) 解的导数 $\dot{V}$ 可表示为

$$\dot{V}(\boldsymbol{x})=\lambda V(\boldsymbol{x})+w(\boldsymbol{x}) \tag{5.6.35}$$

其中 $\lambda>0, w(\boldsymbol{x})\geqslant 0$，而 $V(\boldsymbol{x})$ 不是半负定的，则系统(5.6.1) 的原点不稳定。

证明　由于 $V(\boldsymbol{x})$ 不是半负定的，因此，在原点的任意小邻域内存在 $V(\boldsymbol{x})>0$ 的区域，即满足定理 5－7 的条件 2)。又根据式(5.6.35) 知，在 $V(\boldsymbol{x})>0$ 的区域上，有 $\dot{V}(\boldsymbol{x})>0$，即满足定理 5－7 的条件 3)。又 $V(\boldsymbol{x})$ 在原点的邻域内单值连续，即满足定理 5－7 的条件 1)。由于满足定理 5－7 的所有条件，因此系统(5.6.1) 的原点不稳定。

5.7　李雅普诺夫第一近似理论

在 5.6 节中介绍了研究系统(5.6.1) 的原点稳定性的直接法。下面将再介绍一种研究该系统原点稳定性的方法 —— 李雅普诺夫第一近似法。

将方程式(5.6.1) 的右端函数 $\boldsymbol{f}(\boldsymbol{x})$ 在原点附近展开为泰勒级数，得

$$\boldsymbol{f}(\boldsymbol{x})=\boldsymbol{A}\boldsymbol{x}+\bar{\boldsymbol{f}}(\boldsymbol{x}) \tag{5.7.1}$$

式中

$$\boldsymbol{A}=\left.\frac{\partial \boldsymbol{f}(\boldsymbol{x})}{\partial \boldsymbol{x}}\right|_{\boldsymbol{x}=0} \tag{5.7.2}$$

$\bar{\boldsymbol{f}}(\boldsymbol{x})$ 表示函数 $\boldsymbol{f}(\boldsymbol{x})$ 在原点附近的泰勒展开式中的所有高次项(大于一次项) 之和。

将式(5.7.1) 代如方程式(5.6.1)，得到

$$\dot{\boldsymbol{x}}=\boldsymbol{A}\boldsymbol{x}+\overline{\boldsymbol{f}}(\boldsymbol{x}) \tag{5.7.3}$$

如果略去高次项 $\overline{\boldsymbol{f}}(\boldsymbol{x})$,便得到非线性系统(5.6.1)(即非线性系统(5.7.3))的线性化系统

$$\dot{\boldsymbol{x}}=\boldsymbol{A}\boldsymbol{x} \tag{5.7.4}$$

称系统(5.7.4)为非线性系统(5.6.1)的**第一次近似系统**。

在满足某些条件时,可根据定常齐次线性系统(5.7.4)的稳定性来判别非线性系统(5.6.1)的原点的稳定性。有以下定理(证明从略):

定理 5-10(李雅普诺夫,1892) 如果系统(5.6.1)的第一次近似系统(5.7.4)的系数矩阵 $\boldsymbol{A}$ 的所有特征根均有负实部,则系统(5.6.1)的原点是渐近稳定的。

定理 5-11(李雅普诺夫,1892) 如果系统(5.6.1)的第一次近似系统(5.7.4)的系数矩阵 $\boldsymbol{A}$ 的特征根中至少有一个根的实部为正,则系统(5.6.1)的原点不稳定。

定理 5-11(李雅普诺夫,1892) 如果系统(5.6.1)的第一次近似系统(5.7.4)的系数矩阵 $\boldsymbol{A}$ 的特征根中有实部为零的根,而其余特征根的实部为负,则系统(5.6.1)的原点稳定性取决于高次项 $\overline{\boldsymbol{f}}(\boldsymbol{x})$,即可能稳定,也可能不稳定。

以上三个定理称为**李雅普诺夫第一近似理论**。应用该理论确定非线性系统的原点稳定性的方法称为**李雅普诺夫第一近似法**。在应用该方法时,要特别注意在临界情形(第一次近似系统的系数矩阵的特征根中有实部为零的根,而其余特征根的实部为负的情形)下,不能根据第一次近似系统的稳定性来判别原非线性系统的原点稳定性。那么,在临界情形下原非线性系统的原点稳定性如何判断呢?主要仍然是利用上一节所述的稳定性分析的直接法来判断。

例 5.11 试研究非线性系统

$$\begin{cases}\dot{x}_1=x_2\\ \dot{x}_2=-x_1-ax_2-x_1^2x_2\end{cases}$$

的原点的稳定性。

解 原非线性系统的第一次近似系统为

$$\dot{\boldsymbol{x}}=\boldsymbol{A}\boldsymbol{x} \tag{1}$$

其中

$$\boldsymbol{x}=[x_1 \quad x_2]^{\mathrm{T}} \tag{2}$$

$$\boldsymbol{A}=\begin{bmatrix}0 & 1\\ -1 & -a\end{bmatrix} \tag{3}$$

列出矩阵 $\boldsymbol{A}$ 的特征方程

$$\begin{vmatrix}\lambda & -1\\ 1 & \lambda+a\end{vmatrix}=\lambda^2+a\lambda+1=0 \tag{4}$$

由此求得矩阵 $\boldsymbol{A}$ 的特征根为

$$\lambda_1=\frac{-a+\sqrt{a^2-4}}{2},\quad \lambda_2=\frac{-a-\sqrt{a^2-4}}{2}$$

当 $a>0$ 时,则有 $\mathrm{Re}(\lambda_1)<0$ 和 $\mathrm{Re}(\lambda_2)<0$,故原非线性系统的原点是渐近稳定的。

当 $a<0$ 时,则有 $\mathrm{Re}(\lambda_1)>0$ 和 $\mathrm{Re}(\lambda_2)>0$,故原非线性系统的原点是不稳定的。

当 $a=0$ 时,则有 $\mathrm{Re}(\lambda_1)=\mathrm{Re}(\lambda_2)=0$,此为临界情形。为此,在 $a=0$ 的情况下,用直接法来判断原非线性系统的原点的稳定性:

构造正定函数

$$V(x_1,x_2)=x_1^2+x_2^2 \tag{5}$$

它沿原非线性系统的解的导数为

$$\dot{V}=\frac{\partial V}{\partial x_1}\dot{x}_1+\frac{\partial V}{\partial x_2}\dot{x}_2=2x_1x_2+2x_2(-x_1-x_1^2x_2)=-2x_1^2x_2^2 \tag{6}$$

显然，$\dot{V}$ 是半负定的，由定理 5－5 知：原非线性系统的原点是稳定的。

例 5.12　如例 5.9 中的系统，试分析系统在三个平衡点的不稳定性条件。

解　由例 5.9 可知，系统的一阶微分方程为

$$\left.\begin{aligned}&\dot{\theta}=\omega\\&\dot{\omega}=-\left(\frac{g}{r}-\Omega^2\cos\theta\right)\sin\theta\end{aligned}\right\} \tag{1}$$

小球存在三个平衡位置：

$$\theta_{s1}=0,\quad \theta_{s2}=\arccos\left(\frac{g}{r\Omega^2}\right),\quad \theta_{s3}=\pi,\quad \omega_s=0 \tag{2}$$

令扰动为 $x_1=\theta-\theta_s$，$x_2=\omega-\omega_s$ 代入方程式(1)，并将方程线性化，导出系统关于 x_1，x_2 的扰动方程为

$$\begin{cases}\dot{x}_1=x_2\\x_2=\left(\Omega^2\cos 2\theta_s-\dfrac{g}{r}\cos\theta_s\right)x_1\end{cases}$$

系统的特征方程为

$$\lambda^2-\left(\Omega^2\cos 2\theta_s-\frac{g}{r}\cos\theta_s\right)=0$$

1) 考察平衡点 $\theta_s=\theta_{s1}$，$\omega_s=0$ 的稳定性。

对于平衡点 $\theta_s=\theta_{s1}$，$\omega_s=0$，特征方程为 $\lambda^2-\left(\Omega^2-\dfrac{g}{r}\right)=0$，当 $\Omega>\sqrt{g/r}$ 时，存在正的特征根，因此是不稳定的。

2) 考察平衡点 $\theta_s=\theta_{s2}$，$\omega_s=0$ 的稳定性。

对于平衡点 $\theta_s=\theta_{s2}$，$\omega_s=0$，特征方程为 $\lambda^2-\left(\dfrac{g^2}{r^2\Omega^2}-\Omega^2\right)=0$，当 $\Omega<\sqrt{g/r}$ 时，存在正的特征根，因此是不稳定的。

3) 考察平衡点 $\theta_s=\theta_{s3}$，$\omega_s=0$ 的稳定性。

对于平衡点 $\theta_s=\theta_{s3}$，$\omega_s=0$，特征方程为 $\lambda^2-\left(\Omega^2+\dfrac{g}{r}\right)=0$，系统总存在正的特征根，因此是不稳定的。

5.8　具有周期的非定常非线性系统的稳定性

一般的非定常非线性系统的稳定性研究是很复杂的。本节只讨论具有周期的非定常非线性系统的原点的稳定性问题。具有周期的非定常非线性系统形如

$$\dot{\boldsymbol{x}}=\boldsymbol{f}(t,\boldsymbol{x}),\quad \boldsymbol{f}(t,\boldsymbol{x})=\boldsymbol{f}(t+T,\boldsymbol{x}) \tag{5.8.1}$$

其中 T 为系统的周期，$T>0$。

设 $\boldsymbol{f}(t,\boldsymbol{0})=\boldsymbol{0}$，下面来研究系统(5.8.1) 的原点的稳定性。将函数 $\boldsymbol{f}(t,\boldsymbol{x})$ 在原点附近展开为泰勒级数，得

$$\boldsymbol{f}(t,\boldsymbol{x})=\boldsymbol{A}(t)\boldsymbol{x}+\overline{\boldsymbol{f}}(t,\boldsymbol{x}) \tag{5.8.2}$$

式中

$$\boldsymbol{A}(t)=\left.\frac{\partial \boldsymbol{f}(t,\boldsymbol{x})}{\partial \boldsymbol{x}}\right|_{\boldsymbol{x}=\boldsymbol{0}} \tag{5.8.3}$$

$\overline{\boldsymbol{f}}(t,\boldsymbol{x})$ 表示函数 $\boldsymbol{f}(t,\boldsymbol{x})$ 在原点附近的为泰勒展开式中的所有高次项(大于一次项) 之和。

将式(5.8.2) 代入方程式(5.8.1)，得到

$$\dot{\boldsymbol{x}}=\boldsymbol{A}(t)\boldsymbol{x}+\overline{\boldsymbol{f}}(t,\boldsymbol{x}) \tag{5.8.4}$$

如果略去高次项 $\overline{\boldsymbol{f}}(t,\boldsymbol{x})$，便得到非线性系统(5.8.1)[即非线性系统(5.8.4)] 的线性化系统

$$\dot{\boldsymbol{x}}=\boldsymbol{A}(t)\boldsymbol{x} \tag{5.8.5}$$

容易证明 $\boldsymbol{A}(t)=\boldsymbol{A}(t+T)$。证明如下：

考虑到

$$\boldsymbol{f}(t,\boldsymbol{x})=\boldsymbol{f}(t+T,\boldsymbol{x}) \tag{5.8.6}$$

故有

$$\frac{\partial \boldsymbol{f}(t,\boldsymbol{x})}{\partial \boldsymbol{x}}=\frac{\partial \boldsymbol{f}(t+T,\boldsymbol{x})}{\partial \boldsymbol{x}} \tag{5.8.7}$$

所以

$$\left.\frac{\partial \boldsymbol{f}(t,\boldsymbol{x})}{\partial \boldsymbol{x}}\right|_{\boldsymbol{x}=\boldsymbol{0}}=\left.\frac{\partial \boldsymbol{f}(t+T,\boldsymbol{x})}{\partial \boldsymbol{x}}\right|_{\boldsymbol{x}=\boldsymbol{0}} \tag{5.8.8}$$

即

$$\boldsymbol{A}(t)=\boldsymbol{A}(t+T) \tag{5.8.9}$$

证毕。由此可知系统(5.8.5) 是具有周期系数的线性系统，这种系统的稳定性的判别方法已在 5.5 节中介绍过。那么能否根据系统(5.8.5) 的稳定性来判别系统(5.8.1) 的原点的稳定性呢？下面的定理回答了这个问题(定常系统的李雅普诺夫第一近理论在这里得到了推广)。

设 $\boldsymbol{X}(t)$ 为系统(5.8.5) 的标准基解矩阵，则有如下定理：

定理 5-12 如果矩阵 $\boldsymbol{X}(T)$ 的所有特征根的模均小于 1，则系统(5.8.1) 的原点是渐进稳定的。

定理 5-13 如果矩阵 $\boldsymbol{X}(T)$ 的特征根中至少有一个根的模大于 1，则系统(5.8.1) 的原点不稳定。

定理 5-14 如果矩阵 $\boldsymbol{X}(T)$ 的特征根中至少有一个根的模等于 1，而其余根的模均小于 1，则系统(5.8.1) 的原点的稳定性取决于高次项 $\overline{\boldsymbol{f}}(t,\boldsymbol{x})$，即可能稳定，也可能不稳定。

上述定理的证明见文献[13]。

定理 5-14 所给定的条件(矩阵 $\boldsymbol{X}(T)$ 的特征根中至少有一个根的模等于 1，而其余根的模均小于 1) 称为临界条件。在临界条件下不能根据系统(5.8.5) 的稳定性来判别系统

(5.8.1) 的原点的稳定性。

例 5.13　试判别系统

$$\begin{cases}\dot{x}_1 = x_1(1+\sin 2t) + x_2\cos 4t + x_2^2(1+\sin 2t) \\ \dot{x}_2 = x_1\cos 2t + x_2(2+\sin 4t) + (x_1^2 + x_1x_2^2)\cos 2t\end{cases}$$

的原点的稳定性。

解　令

$$\boldsymbol{x} = \begin{bmatrix} x_1 \\ x_2 \end{bmatrix} \tag{1}$$

$$\boldsymbol{f}(t,\boldsymbol{x}) = \begin{bmatrix} x_1(1+\sin 2t) + x_2\cos 4t + x_2^2(1+\sin 2t) \\ x_1\cos 2t + x_2(2+\sin 4t) + (x_1^2 + x_1x_2^2)\cos 2t \end{bmatrix} \tag{2}$$

则原系统可用矩阵形式表达为

$$\dot{\boldsymbol{x}} = \boldsymbol{f}(t,\boldsymbol{x}) \tag{3}$$

由式(2) 知

$$\boldsymbol{f}(t,\boldsymbol{x}) = \boldsymbol{f}(t+\pi,\boldsymbol{x}) \tag{4}$$

这样可知系统(3) 是具有周期为 π 的非定常非线性系统。将函数 $\boldsymbol{f}(t,\boldsymbol{x})$ 在原点附近展开为泰勒级数,得

$$\boldsymbol{f}(t,\boldsymbol{x}) = \boldsymbol{A}(t)\boldsymbol{x} + \bar{\boldsymbol{f}}(t,\boldsymbol{x}) \tag{5}$$

式中

$$\boldsymbol{A}(t) = \left.\frac{\partial \boldsymbol{f}(t,\boldsymbol{x})}{\partial \boldsymbol{x}}\right|_{\boldsymbol{x}=0} = \begin{bmatrix} 1+\sin 2t & \cos 4t \\ \cos 2t & 2+\sin 4t \end{bmatrix} \tag{6}$$

$$\bar{\boldsymbol{f}}(t,\boldsymbol{x}) = \begin{bmatrix} x_2^2(1+\sin 2t) \\ (x_1^2 + x_1x_2^2)\cos 2t \end{bmatrix} \tag{7}$$

略去高次项 $\bar{\boldsymbol{f}}(t,\boldsymbol{x})$,便得到系统(3) 的线性化系统为

$$\dot{\boldsymbol{x}} = \boldsymbol{A}(t)\boldsymbol{x} \tag{8}$$

设 $\boldsymbol{X}(t)$ 为系统(8) 的标准基解矩阵,即 $\boldsymbol{X}(t)$ 是矩阵微分方程

$$\begin{cases}\dot{\boldsymbol{X}}(t) = \boldsymbol{A}(t)\boldsymbol{X}(t) \\ \boldsymbol{X}(0) = \boldsymbol{E}\end{cases} \tag{9}$$

的解。可利用四阶 Runge-Kutta 法对矩阵微分方程式(9) 进行数值积分(积分区间为 $0 \leqslant t \leqslant \pi$),直到求得矩阵 $\boldsymbol{X}(\pi)$ 为止,求得的结果为

$$\boldsymbol{X}(\pi) = \begin{bmatrix} 20.5129 & 24.1590 \\ -5.9156 & 597.1222 \end{bmatrix} \tag{8}$$

在此基础上,可进一步求得矩阵 $\boldsymbol{X}(\pi)$ 的两个特征根为

$$\rho_1 = 20.7609, \quad \rho_2 = 596.8743$$

于是

$$|\rho_1| = 20.7609 > 1, \quad |\rho_2| = 596.8743 > 1$$

根据定理 5-13 可知系统(3)(即原系统) 的原点是不稳定的。

习　　题

5-1　一个质量为m的小球通过长为l的细绳系于支座上，支座以匀加速度$\boldsymbol{a}$作直线平动。

(1) 求小球的相对平衡位置；

(2) 列出小球相对平衡位置的扰动方程。

5-2　试确定系统

$$\begin{cases}\dot{x}_1 = x_1 - 3x_2 \\ \dot{x}_2 = 2x_1 + x_2\end{cases}$$

的稳定性。

5-3　试确定系统

$$\begin{cases}\dot{x}_1 = -3x_1 - 3x_2 + 2x_3 \\ \dot{x}_2 = x_1 + x_2 - x_3 \\ \dot{x}_3 = -3x_1 - x_2\end{cases}$$

的稳定性。

5-4　试讨论系统

$$\dddot{x} + \alpha\ddot{x} + \beta\dot{x} + x = t\cos 2t$$

的稳定性。其中α、β为参数。

5-5　如图5-8所示为一放置于光滑水平面上的振动系统，试写出该系统的运动微分方程，并判断其平衡状态的稳定性。

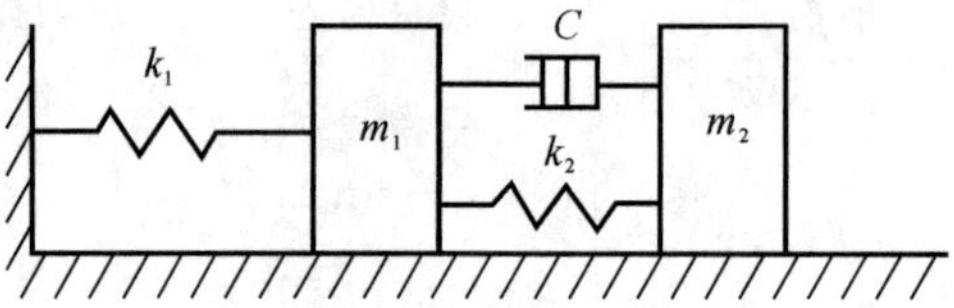

图5-8　题5-5图

5-6　试确定系统

$$\begin{cases}\dot{x}_1 = -x_1\cos 2t - 2x_2 + x_3\sin t \\ \dot{x}_2 = x_1 + x_2\sin 2t - x_3 \\ \dot{x}_3 = -3x_1 - x_2\end{cases}$$

的稳定性。

5-7　试求出ε的一个数值ε_m，使得当$|\varepsilon| \leqslant \varepsilon_m$时，系统

$$\ddot{x} + (1 + \varepsilon\sin t)x = 0$$

稳定。

5-8　试用稳定性分析的直接法判断下列系统的原点的稳定性。

$$\left.\begin{aligned}\dot{x}_1 &= -x_2 - x_1x_2^2 \\ \dot{x}_2 &= x_1 - x_1^2x_2\end{aligned}\right\} \tag{1}$$

$$\left.\begin{aligned}\dot{x}_1 &= mx_2 + \alpha x_1(x_1^2 + x_2^2) \\ \dot{x}_2 &= -mx_1 + \alpha x_2(x_1^2 + x_2^2)\end{aligned}\right\} \tag{2}$$

$$\left.\begin{aligned}\dot{x}_1 &= x_2 + x_1^3 \\ \dot{x}_2 &= x_1 - x_2^3\end{aligned}\right\} \tag{3}$$

$$\left.\begin{aligned}\dot{x}_1 &= \sin(x_1 + x_2) \\ \dot{x}_2 &= \sin(x_1 - x_2)\end{aligned}\right\} \tag{4}$$

5-9　试用李雅普诺夫第一近似法判断下列系统的原点的稳定性。

$$\left.\begin{aligned}\dot{x}_1 &= -x_1 + x_2 \\ \dot{x}_2 &= -x_1 - x_2 + \alpha x_2^3\end{aligned}\right\} \tag{1}$$

$$\left.\begin{aligned}\dot{x}_1 &= x_2 - x_1^3 \\ \dot{x}_2 &= -x_1 + x_2\end{aligned}\right\} \tag{2}$$

5-10　判断系统

$$\begin{cases}\dot{x}_1 = x_2 + x_1^2 + x_1 x_2^2 \\ \dot{x}_2 = -x_1 - x_2^2 + x_1^2 x_2\end{cases}$$

的原点的稳定性。

5-11　如图 5-9 所示，瓦特离心调速器以匀角速度 ω 绕铅直轴 z 转动，飞球 A、B 的质量均为 m，套筒 C 的质量为 M，可沿轴 z 上下移动，飞球 A、B 和套筒 C 均看作质点。各杆长为 l，质量可略去不计，套筒和各铰链外的摩擦均不计。

(1) 试以角 α 为广义坐标建立调速器系统的运动微分方程；

(2) 确定调速器系统的平衡点(即角 α 保持不变情况时的值)；

(3) 判断调速器系统的平衡点的稳定性。

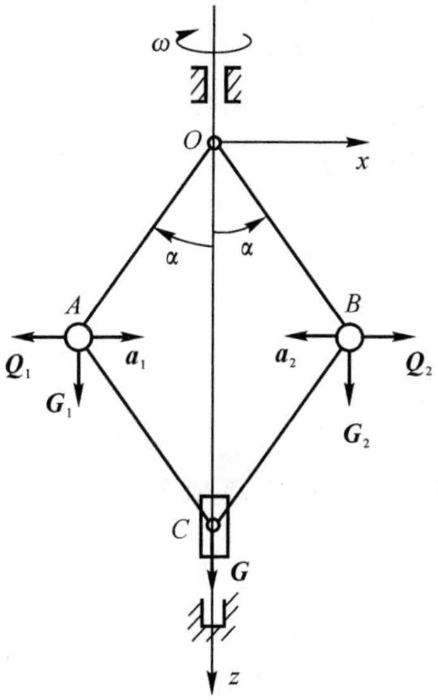

图 5-9　题 5-11 图

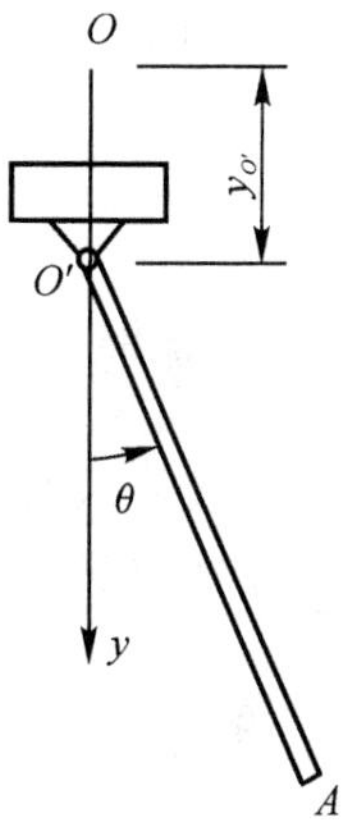

图 5-10　题 5-12 图

5-12　如图 5-10 所示，某一均质复摆的质量 $M=1$ kg，摆长 $l=1$ m，设复摆的铰链中心 O' 沿铅直固定轴 Oy 按规律 $y_{O'}=0.2\sin 4t$(m) 运动，试分析复摆的铅垂位置 $\theta=0$ 的稳定性。

第 6 章　动力学方程的数值求解方法

一般离散系统的动力学方程为一组二阶常微分方程，对此方程组进行求解，可以获得各个广义坐标的时间历程。但是，在科学与工程问题中遇到的常微分方程往往很复杂，在大多数情况下不可能求出解析解。因此，对常微分方程进行数值求解就显得十分重要。

常见的动力学方程的初值问题可以表示为

$$\left.\begin{aligned} q''_i &= g_i(t, q_1, \cdots, q_m, q'_1, \cdots, q'_m) \\ q_i(t_0) &= q_{i0} \\ q'_i(t_0) &= q'_{i0} \end{aligned}\right\} \quad (i=1,2,\cdots,m) \tag{6.1}$$

经过降阶处理后，即设

$$x_1 = q_1, x_2 = q'_1, x_3 = q_2, x_4 = q'_2, \cdots, x_{n-1} = q_m, x_n = q'_m \quad (n=2m)$$

可以将动力学方程的初值问题式(6.1)变为如下形式的一阶常微分方程组的初值问题：

$$\left.\begin{aligned} x'_i &= f_i(t, x_1, x_2, \cdots, x_n) \\ x_i(t_0) &= x_{i0} \end{aligned}\right\} \quad (i=1,2,\cdots,n) \tag{6.2}$$

如无特殊说明，一般认为此初值问题的解存在、唯一且连续依赖于初值条件。

需要说明的是，一阶常微分方程组(6.2)的数值求解格式同一维常微分方程的数值求解格式完全类似，所以可以仿照一维常微分方程的数值求解格式写出高维常微分方程组的数值求解步骤。因此，在下面的叙述中，为简便起见，都以一维常微分方程作为分析对象。

一维常微分方程的初值问题可以表示为

$$\left.\begin{aligned} \frac{\mathrm{d}y}{\mathrm{d}t} &= f(t, y) \\ y(t_0) &= y_0 \end{aligned}\right\} \quad (a \leqslant t \leqslant b) \tag{6.3}$$

所谓数值解法，就是寻求解 $y(t)$ 在一系列离散节点

$$a \leqslant t_0 < t_1 < t_2 < \cdots < t_n < t_{n+1} < \cdots \leqslant b$$

上的近似值 $y_0, y_1, y_2, \cdots, y_n, y_{n+1}, \cdots$，其相邻两个节点的距离 $h_n = t_n - t_{n-1}$ 称为步长，如果节点是等距离的，即 h_n 为常数 h，这时有

$$t_n = t_0 + nh, \quad n = 0,1,2,\cdots$$

此时节点 t_n 所对应的函数值为

$$y_n = y(t_0 + nh), \quad n = 0,1,2,\cdots$$

6.1 Euler 方法

设 $y = y(t)$ 是初值问题(6.3)的解，且 $f(t, y)$ 任意可微，故可以把 $y(t)$ 在 t_n 点进行泰勒级数展开，可以得到

$$y(t_{n+1})=y(t_n)+y'(t_n)(t_{n+1}-t_n)+\frac{1}{2!}y''(t_n)(t_{n+1}-t_n)^2+\cdots \tag{6.1.1}$$

为简便起见，略去此式中的高次项，可以得到

$$y'(t_n)\approx\frac{y(t_{n+1})-y(t_n)}{t_{n+1}-t_n} \tag{6.1.2}$$

进一步可以得到

$$y(t_{n+1})\approx y(t_n)+f(t_n,y(t_n))(t_{n+1}-t_n) \tag{6.1.3}$$

如果为定步长，有

$$y(t_{n+1})\approx y(t_n)+hf(t_n,y(t_n))$$

将 $y(t_n)$ 写成 y_n，则可得到

$$\left.\begin{aligned}y_{n+1}&=y_n+hf(t_n,y_n)\\y_0&=y(t_0)\end{aligned}\right\}\quad n=0,1,2,\cdots \tag{6.1.4}$$

式(6.1.4)称为显式Euler公式。由 y 的初值 y_0，可以递推算出 $y_1,y_2,\cdots$。这种算法由前一个 y 值可以直接计算出后一个 y 值，因此称为显式单步法。显式 Euler 算法具有一阶精度[$O(h^2)$]。

若用向后差商代替导数，即

$$y'(t_{n+1})\approx\frac{y(t_{n+1})-y(t_n)}{h}$$

则可导出另一种计算公式，即

$$y_{n+1}=y_n+hf(t_{n+1},y_{n+1})$$

为了提高精度，可以用中心差商代替微商，即

$$y'(t_n)=\frac{y(t_{n+1})-y(t_{n-1})}{2h}$$

由此可以推出

$$y_{n+1}=y_{n-1}+2hf(t_n,y_n) \tag{6.1.5}$$

可以证明，中点公式(6.1.5)具有二阶精度[$O(h^3)$]。这种算法称为“双步法”。Euler 算法的最高精度只能达到二阶。

6.2　Runge – Kutta 方法

由前面的推导可以看出，增加解在 t_n 点的泰勒展开级数，可以提高解的精度，由此需要计算高阶导数，如

$$\left.\begin{aligned}y'_n&=f(t_n,y_n)\\y''_n&=f'_t(t_n,y_n)+f'_y(t_n,y_n)y'_n\\y'''_n&=f''_{tt}(t_n,y_n)+2f''_{ty}(t_n,y_n)y'_n+f''_{yy}(t_n,y_n)y'_n+f'_y(t_n,y_n)y''_n\\&\cdots\cdots\end{aligned}\right\} \tag{6.2.1}$$

但是，求解各阶导数，对于复杂的函数表达式是很烦琐的。Runge – Kutta 方法将导数值用它邻近的一些点上的函数值来近似表示。

在$[t_n,t_{n+1}]$内，选取一点t_{n+p}：

$$t_{n+p}=t_n+ph \quad (0<p\leqslant 1)$$

将y_{n+1}用x_n与x_{n+p}处的函数值表示，则可得到

$$y_{n+1}=y_n+h[(1-\lambda)k_1+\lambda k_2]$$

其中λ为待定系数，$k_1=f(t_n,y_n)$，$y_{n+p}=y_n+phk_1$，$k_2=f(t_{n+p},y_{n+p})$，这样便有

$$\left.\begin{aligned}&y_{n+1}=y_n+h[(1-\lambda)k_1+\lambda k_2]\\&k_1=f(t_n,y_n)\\&k_2=f(t_n+ph,y_n+phk_1)\end{aligned}\right\}\tag{6.2.2}$$

由于存在λ与p两个参数，因此希望通过选取适当的参数，来达到较高的精度。将k_1与k分别泰勒展开，有

$$\left.\begin{aligned}&k_1=f(t_n,y_n)=y'(t_n)\\&k_2=f(t_n+ph,y_n+phk_1)=\\&\qquad f(t_n,y_n)+ph[f_t(t_n,y_n)+f(t_n,y_n)f_y(t_n,y_n)]+O(h^2)=\\&\qquad y'(t_n)+phy''(t_n)+O(h^2)\end{aligned}\right\}\tag{6.2.3}$$

代入式(6.2.2)得

$$y(t_{n+1})=y(t_n)+hy'(t_n)+\lambda ph^2y''(t_n)+O(h^3)\tag{6.2.4}$$

与泰勒展开式

$$y(t_{n+1})=y(t_n)+hy'(t_n)+\frac{h^2}{2}y''(t_n)+O(h^3)\tag{6.2.5}$$

比较，可以看到，当$\lambda p=\dfrac{1}{2}$时，Runge－Kutta方法具有二阶精度。

为了进一步提高精度，在$[t_n,t_{n+1}]$上可以取多个点，对点的导数值进行加权平均，利用泰勒展开式，比较相应的系数，从而可以确定获得高精度数值解的条件，用来确定权系数的选取。

较常用的三阶Runge－Kutta公式为

$$\left.\begin{aligned}&y_{n+1}=y_n+\frac{h}{6}(k_1+4k_2+k_3)\\&k_1=f(t_n,y_n)\\&k_2=f(t_n+\frac{h}{2},y_n+\frac{h}{2}k_1)\\&k_3=f(t_n+h,y_n+h(2k_2-k_1))\end{aligned}\right\}\tag{6.2.6}$$

经典的四阶Runge－Kutta公式为

$$\left.\begin{aligned}&y_{n+1}=y_n+\frac{h}{6}(k_1+2k_2+2k_3+k_4)\\&k_1=f(t_n,y_n)\\&k_2=f(t_n+\frac{h}{2},y_n+\frac{h}{2}k_1)\\&k_3=f(t_n+\frac{h}{2},y_n+\frac{h}{2}k_2)\\&k_4=f(t_n+h,y_n+hk_3)\end{aligned}\right\}\tag{6.2.7}$$

从理论上讲，可以构造任意高阶的 Runge－Kutta 公式，但实践证明，高于四阶 Runge－Kutta 公式，不但计算量大，而且精确度并不一定高，在实际计算中，四阶 Runge－Kutta 公式是精度及计算量比较理想的公式。

在实际的数值计算过程中，步长 h 越小，解的精度越高。但是，积分步长过小，计算所耗费的时间也越多。因此，对于不同的问题，应当选取不同的积分步长，而且就是对于同一个常微分方程，积分步长也不是固定的，对于变化剧烈的区间需要很细的积分步长，而对于变化比较缓慢的区间，积分步长就可以取得大一些，因此，在常微分方程的求解中，应当采用变步长的 Runge－Kutta 方法。

以四阶 Runge－Kutta 方法为例，从 t_n 出发，先以 h 为步长求出一个近似值，记为 $y_{n+1}^{(h)}$，由于经典四阶 Runge－Kutta 方法局部截断误差为 $O(h^5)$，则有

$$y(t_{n+1})-y_{n+1}^{(h)}\approx c(h^5) \tag{6.2.8}$$

其中 c 与 $y(x)$ 在$[t_n,t_{n+1}]$ 内的值有关。然后将步长 h 折半，取$\dfrac{h}{2}$ 为步长，从 t_n 经过两步到 t_{n+1}，再求一个近似值 $y_{n+1}^{(\frac{h}{2})}$。由于每经过一步的局部截断误差为 $c\left(\dfrac{h}{2}\right)^5$，于是有

$$y(t_{n+1})-y_{n+1}^{(\frac{h}{2})}\approx 2c\left(\frac{h}{2}\right)^5 \tag{6.2.9}$$

比较两式，得到

$$\frac{y(t_{n+1})-y_{n+1}^{(\frac{h}{2})}}{y(t_{n+1})-y_{n+1}^{(h)}}\approx\frac{1}{16}$$

得到事后估计为

$$y(t_{n+1})-y_{n+1}^{(\frac{h}{2})}\approx\frac{1}{15}(y_{n+1}^{(\frac{h}{2})}-y_{n+1}^{(h)}) \tag{6.2.10}$$

若事先给定精度要求 ε，当此式 $|y_{n+1}^{(\frac{h}{2})}-y_{n+1}^{(h)}|<\varepsilon$ 时，则 $y_{n+1}^{(\frac{h}{2})}$ 作为 $y(t_{n+1})$ 的近似值，否则将步长再次折半进行计算，直到 $|y_{n+1}^{(\frac{h}{2})}-y_{n+1}^{(h)}|<\varepsilon$ 为止，这时以最终得到的 $y_{n+1}^{(\frac{h}{2})}$ 作为积分步长。这种方法就是计算过程中自动选择步长的方法，称为变步长方法，可以减少所需的积分时间。

例 6.1　如图 6－1(a) 所示，质量为 m 的质点由无重细绳悬挂，绳长按已知规律 $r=a+b\cos\omega t$ 而变化，由此构成一个球面摆。若 $a=0.1$ m，$b=0.01$ m，$\omega=2$ rad/s，假定初始时，$\theta=\dfrac{4\pi}{3}$，$\dot{\theta}=0$，$\varphi=0$，$\dot{\varphi}=0.01$，试求球面摆的运动。

解　对于这个问题，运用 Lagrange 方程，可以得到其运动微分方程为

$$\left.\begin{aligned}&(a+b\cos\omega t)\ddot{\theta}-2b\omega\dot{\theta}\sin\omega t-(a+b\cos\omega t)\dot{\varphi}^2\sin\theta\cos\theta=g\sin\theta\\&(a+b\cos\omega t)\ddot{\varphi}\sin\theta-2b\omega\dot{\varphi}\sin\omega t\sin\theta+2(a+b\cos\omega t)\dot{\theta}\dot{\varphi}\cos\theta=0\end{aligned}\right\} \tag{1}$$

将方程降阶，即令

$$\theta_1=\theta,\quad\theta_2=\dot{\theta},\quad\varphi_1=\varphi,\quad\varphi_2=\dot{\varphi}$$

则方程式(1) 变为

$$\left.\begin{aligned}&\dot{\theta}_1=\theta_2\\&(a+b\cos\omega t)\dot{\theta}_2-2b\omega\varphi_2\sin\omega t-(a+b\cos\omega t)\varphi_2^2\sin\theta_1\cos\theta_1=g\sin\theta_1\\&\dot{\varphi}_1=\varphi_2\\&(a+b\cos\omega t)\dot{\varphi}_2\sin\theta_1-2b\omega\varphi_2\sin\omega t\sin\theta_1+2(a+b\cos\omega t)\theta_1\varphi_2\cos\theta_1=0\end{aligned}\right\}\qquad(2)$$

采用四阶 Runge - Kutta 方法对方程进行求解，可以得到 θ 角的变化如图 6 - 1(b) 所示。

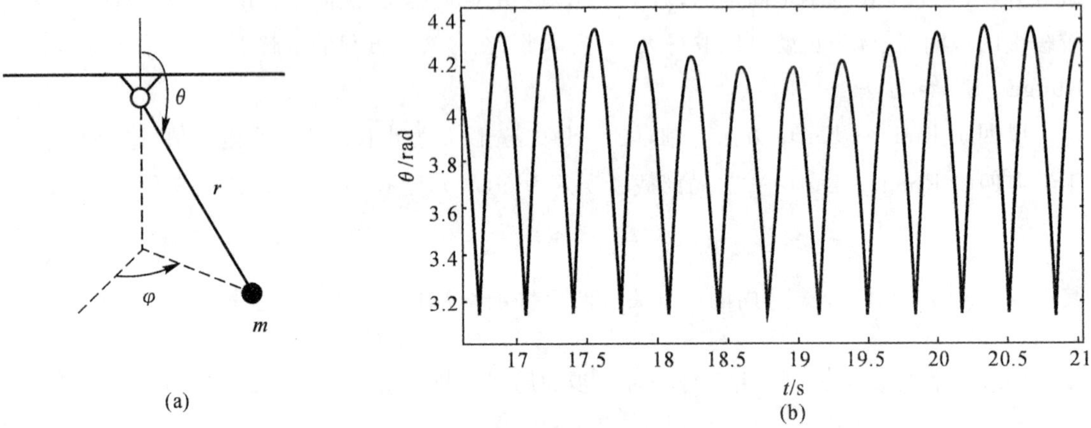

图 6 - 1　例 6.1 图

例 6.2　如图 6 - 2(a) 所示，质点 A 的质量为 $m=0.5$ kg，悬挂在绳子上。绳子的另一端绕在半径为 $r=0.5$ m 的固定圆柱上，构成一个摆。设在平衡的位置时，从圆柱接触点到 A 的绳子长为 $l=1.6$ m，不计绳子的质量，求摆的运动。

解　对于此圆柱摆，按照 Lagrange 方程，推导得到其动力学方程为

$$(l+r\theta)\ddot{\theta}+r^2\dot{\theta}^2+g\sin\theta=0\qquad(1)$$

对方程进行降阶，即令 $\theta_1=\theta$，$\theta_2=\dot{\theta}$，可以得到

$$\left.\begin{aligned}&\dot{\theta}_1=\theta_2\\&(l+r\theta_1)\dot{\theta}_2+r^2\theta_2^2+g\sin\theta_1=0\end{aligned}\right\}\qquad(2)$$

对其采用四阶 Runge - Kutta 求解，可以得到角度 θ_1 与角速度 θ_2 随时间的变化规律。首先选择初始条件 $\theta(0)=\dfrac{\pi}{6}$ rad 和 $\dot{\theta}(0)=0$，得到结果如图 6 - 2(b) 和(c) 所示。

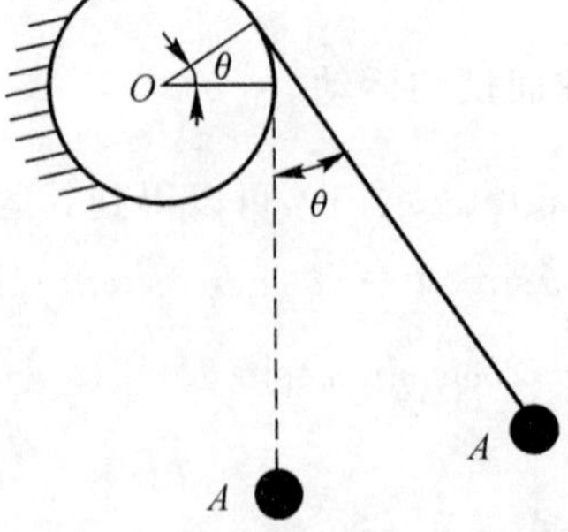

(a)

图 6 - 2　例 6.2 图

然后，选择初始条件 $\theta(0)=\dfrac{5}{6}\pi$ rad 和 $\dot{\theta}(0)=0$，得到结果如图 6-2(d) 和 6-2(e) 所示。

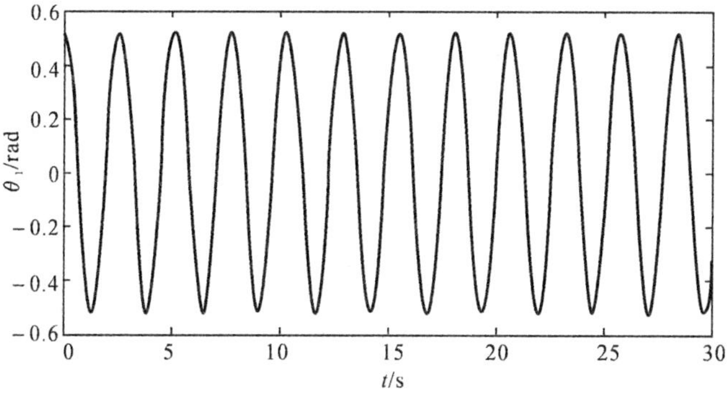

(b)

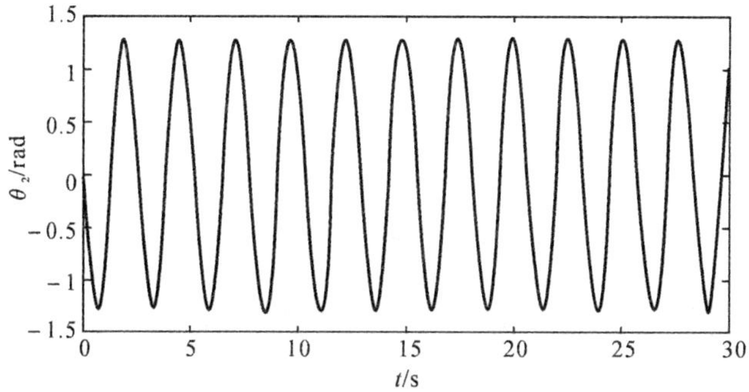

(c)

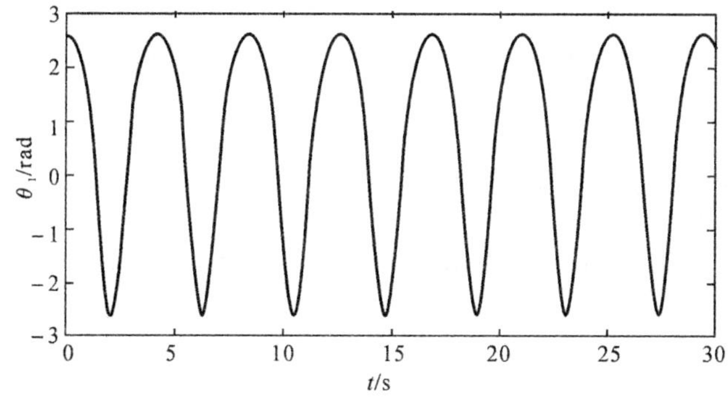

(d)

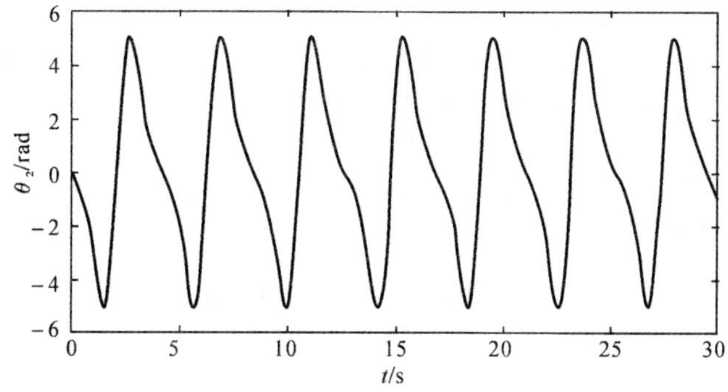

(e)

续图 6-2　例 6.2 图

6.3 Newmark - β 方法

一维二阶常微分方程的初值问题可以表示为

$$\left.\begin{aligned}&\frac{\mathrm{d}^2 y}{\mathrm{d}t^2}=f(t,y)\\&\left.\frac{\mathrm{d}y}{\mathrm{d}t}\right|_{t=t_0}=y_1,\quad y|_{t=t_0}=y_0\end{aligned}\right\}\tag{6.3.1}$$

根据拉格朗日中值定理，将 $t+\Delta t$ 时刻的速度矢量表示为

$$y'_{i+1}=y'_i+y''(\tau)\Delta t\tag{6.3.2}$$

其中 $y''(\tau)$ 是加速度矢量 y'' 在区间 $[t,t+\Delta t]$ 上某点 τ 的值。Newmark - β 方法近似假设 $y''(\tau)=(1-\delta)y''_i+\delta y''_{i+1}$，于是 $t+\Delta t$ 时刻的速度为

$$y'_{i+1}=y'_i+(1-\delta)y''_i\Delta t+\delta y''_{i+1}\Delta t\tag{6.3.3}$$

由在 $t+\Delta t$ 处 y 的泰勒展开可以得到

$$y_{i+1}=y_i+y'_i\Delta t+\frac{1}{2}y''_i\Delta t^2+R_{\mathrm{s}}\tag{6.3.4}$$

其中

$$R_{\mathrm{s}}=\sum_{n=3}^{\infty}\frac{\Delta t^n}{n!}y_i^{(n)}$$

假设

$$R_{\mathrm{s}}=\beta(y''_{i+1}-y''_i)\Delta t^2$$

利用上面的式子，可以得到 $t+\Delta t$ 时刻的速度与加速度的表达式为

$$\left.\begin{aligned}&y'_{i+1}=\frac{\delta}{\beta\Delta t}(y_{i+1}-y_i)+(1-\frac{\delta}{\beta})y'_i+(1-\frac{\delta}{2\beta})y''_i\Delta t\\&y''_{i+1}=\frac{1}{\beta\Delta t^2}(y_{i+1}-y_i)-\frac{1}{\beta\Delta t}y'_i-(\frac{1}{2\beta}-1)y''_i\end{aligned}\right\}\tag{6.3.5}$$

将上面的式子代入系统的运动方程，就可以求出 y_{i+1}。

δ 和 β 是与精度和稳定性有关的参数，当 $\delta>\frac{1}{2}$ 时，将产生算法阻尼，从而使响应出现人为衰减的情况；当 $\delta<\frac{1}{2}$ 时，将产生负阻尼，积分计算过程中响应会逐步增长。因此，通常在计算时取临界情况 $\delta=\frac{1}{2}$ 。

可以证明，当 $\delta\geqslant\frac{1}{2}$，$\beta\geqslant\frac{1}{4}$ 时，Newmark-β 算法是无条件稳定的。需要指出的是，无条件稳定并不能保证微分方程解的精度，无条件稳定指的是微分方程的解与初值的选取无关，同时积分步长的变化不会影响解的性质。但是，如果要取得高的精度，仍然需要减小积分步长，直到满足精度要求。

另外，在计算复杂的微分方程时，使用 Newmark - β 法最后往往需要求解一组非线性代数方程组，这也增加了计算的难度。

例 6.3 如图 6 - 3(a) 所示，双摆由两个质点 A、B 构成，其质量均为 m，中间用两根长度相同的无重刚杆($l=0.5$ m) 相连，悬挂在固定点 O，可以在铅直平面 Oxy 内摆动。假定初始时，$\varphi_1=\frac{\pi}{3}$ rad，$\dot{\varphi}_1=0$，$\varphi_2=0$，$\dot{\varphi}_2=0$，试确定两杆在微幅摆动情况下的运动规律。

解　系统具有两个自由度，记 φ_1、φ_2 为其广义坐标，运用 Lagrange 方程，可以得到双摆的运动方程为

$$\left.\begin{aligned} &ml^2[2\ddot{\varphi}_1+\ddot{\varphi}_2\cos(\varphi_2-\varphi_1)-\dot{\varphi}_2^2\sin(\varphi_2-\varphi_1)]+2mgl\sin\varphi_1=0\\ &ml^2[\ddot{\varphi}_2+\ddot{\varphi}_1\cos(\varphi_2-\varphi_1)+\dot{\varphi}_1^2\sin(\varphi_2-\varphi_1)]+mgl\sin\varphi_2=0 \end{aligned}\right\} \tag{1}$$

在微小运动的情况下，方程可以简化为

$$\left.\begin{aligned} &ml^2(2\ddot{\varphi}_1+\ddot{\varphi}_2)+2mgl\varphi_1=0\\ &ml^2(\ddot{\varphi}_1+\ddot{\varphi}_2)+mgl\varphi_2=0 \end{aligned}\right\} \tag{2}$$

采用 Newmark-β 法进行求解，可以得到 φ_1、φ_2 的响应如图 6-3(b) 和(c) 所示。

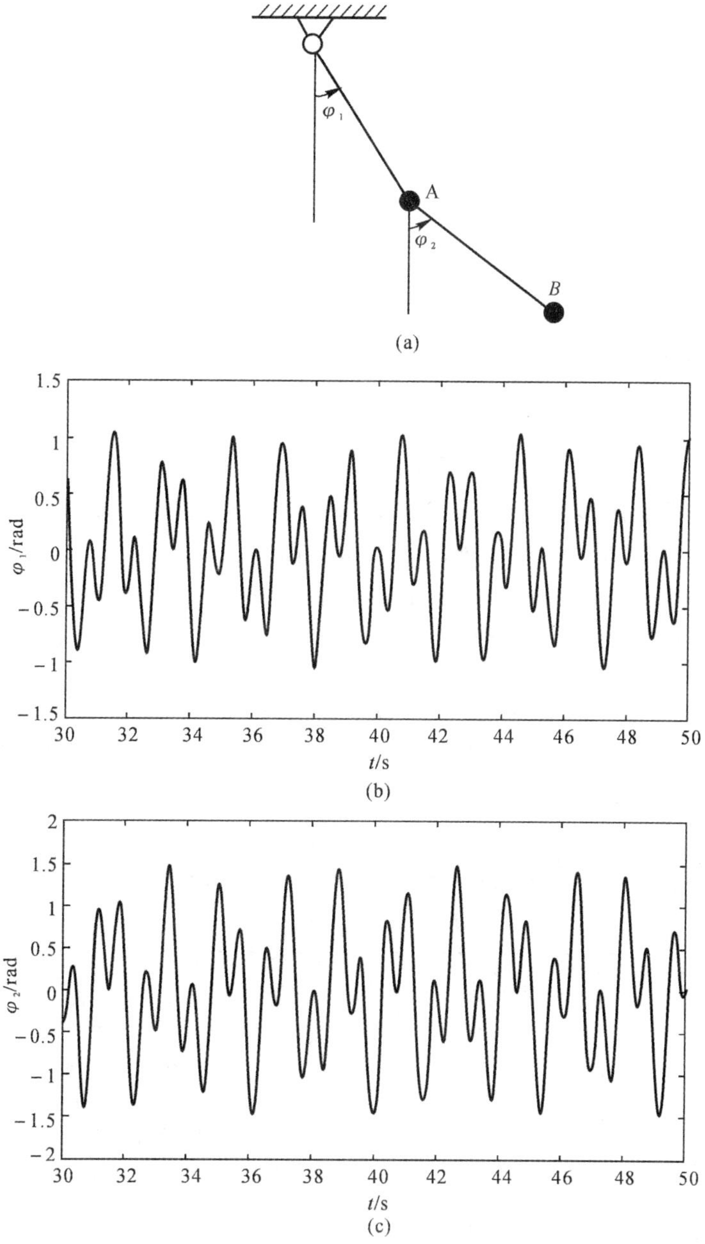

图 6-3　例 6.3

6.4 Gear 方法

描述动力学系统运动的微分方程，往往会出现解中同时带有快变分量与慢变分量的情况。如果它们变化速度相差很大，通常在数学上称这种微分方程为刚性(stiff)方程。在对刚性方程进行数值求解时会遇到很大的困难：对于快变分量，为了保证计算的稳定性，必须使步长很小；而慢变分量又要求在很大的积分区间上求解。这使得求解工作量很大，而且往往会出现很大的误差。

Gear 方法对于刚性常微分方程的初值问题，采用多点插值的方法构造插值多项式表示 y 的导数，具体算法如下：

对于刚性问题

$$\left.\begin{aligned}\frac{\mathrm{d}y}{\mathrm{d}t}&=f(t,y)\\ y(t_0)&=y_0\end{aligned}\right\} \tag{6.4.1}$$

可以假设数值求解的一般形式为

$$\sum_{i=0}^{k}\alpha_i y_{n+i}=h\beta_k f_{n+k} \tag{6.4.2}$$

式中 h 为积分步长，α_i、β_k 为待定系数。

为简单起见，将式(6.4.2) 写为

$$y_{n+k}=\sum_{i=0}^{k-1}\alpha_i y_{n+i}+h\beta_k f_{n+k} \tag{6.4.3}$$

假设初值问题的解是 k 次多项式，则式(6.4.3) 必须对 k 次和低于 k 次的多项式解的初值问题给出精确解，由此可以推导得到不同 k 时的系数 α_i 与 β_k。

Gear 算法的精度是 k 阶的。已经证明，当 $k\leqslant 6$ 时 Gear 算法是刚性稳定的；而当 $k>6$ 时 Gear 算法不是刚性稳定的，因此一般只使用 6 阶以下的 Gear 算法求解刚性问题。

表 6.1 列出了 1 ～ 6 阶 Gear 算法的公式。

表 6.1　k 阶 Gear 算法公式

k	公式
1	$y_{n+1}=y_n+hf_{n+1}$
2	$y_{n+2}=\frac{4}{3}y_{n+1}-\frac{1}{3}y_n+\frac{2}{3}hf_{n+2}$
3	$y_{n+3}=\frac{18}{11}y_{n+2}-\frac{9}{11}y_{n+1}+\frac{2}{11}y_n+\frac{6}{11}hf_{n+3}$
4	$y_{n+4}=\frac{48}{25}y_{n+3}-\frac{36}{25}y_{n+2}+\frac{16}{25}y_{n+1}-\frac{3}{25}y_n+\frac{12}{25}hf_{n+4}$
5	$y_{n+5}=\frac{300}{137}y_{n+4}-\frac{300}{137}y_{n+3}+\frac{200}{137}y_{n+2}-\frac{75}{137}y_{n+1}+\frac{12}{137}y_n+\frac{60}{137}hf_{n+5}$
6	$y_{n+6}=\frac{360}{147}y_{n+5}-\frac{450}{147}y_{n+4}+\frac{400}{147}y_{n+3}-\frac{225}{147}y_{n+2}+\frac{72}{147}y_{n+1}-\frac{10}{147}y_n+\frac{60}{147}hf_{n+6}$

习　　题

6－1　采用介绍的四种数值方法，求解单摆的自由运动响应问题，比较各种算法，特别是 Runge－Kutta 方法与 Newmark－β 法求解过程的不同。

6－2　如图 6－4 所示，一根长为 $a=0.5$ m，质量为 $m=0.5$ kg 的均匀细杆 OA 铰接在刚体 B 上，刚体 B 以匀角速度 $\omega=2\pi$ rad/s 绕铅垂轴转动。设在初始时刻 $\varphi=\frac{\pi}{3}$ rad，$\dot{\varphi}=0$，试求杆在 0 ～ 5 s 内的运动。

6－3　如图 6－5 所示，椭圆摆由一质量为 $m_1=0.5$ kg 的滑块 A 和一质量为 $m_2=0.25$ kg 的小球 B 用长为 $l=40$ cm、质量不计的刚杆铰接而成，不计摩擦，写出椭圆摆的运动微分方程。假定在初始时刻 $x=\dot{x}=0$，$\varphi=\frac{\pi}{3}$ rad，$\dot{\varphi}=0$，用数值方法求解椭圆摆在 0 ～ 5 s 内的运动。

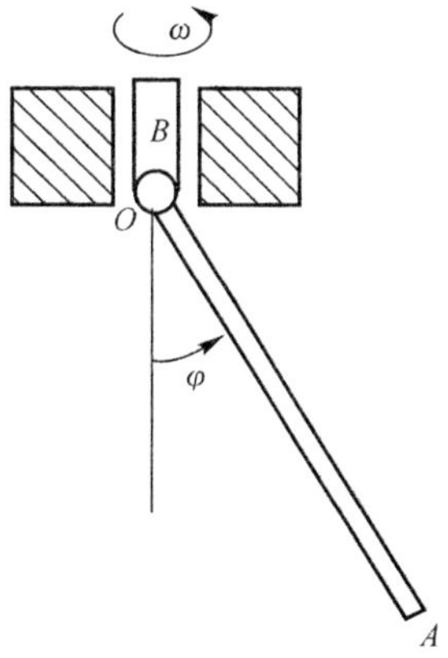

图 6－4　题 6－2 图

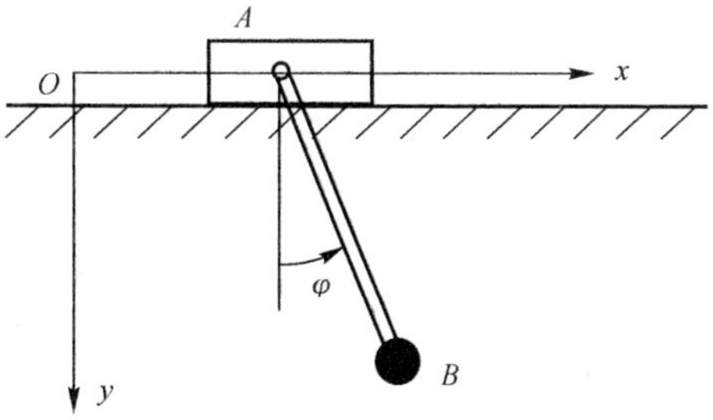

图 6－5　题 6－3 图

6－4　如图 6－6 所示，直径为 40 cm，厚度为 5 cm 的铁质圆盘在粗糙的水平面上纯滚动，假定其初始角速度为 π rad/s，写出其运动微分方程，并采用 Runge－Kutta 方法求解（积分区间：0 ～ 10 s）。

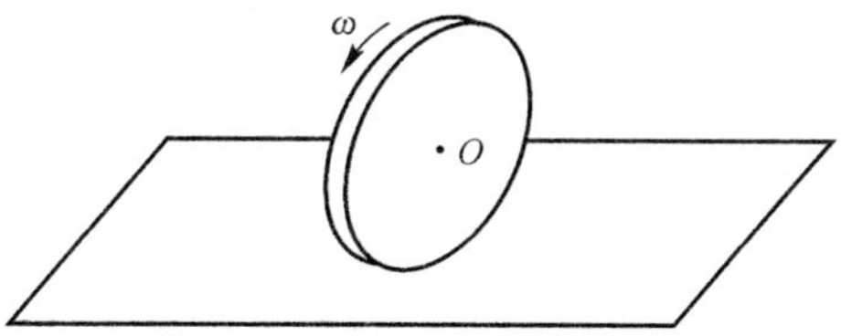

图 6－6　题 6－4 图

6－5　用 Gear 方法求解下列刚性问题的数值解（积分区域：$0 \leqslant t \leqslant 10$）。

$$\begin{cases} y'_1 = 0.01 - [1 + (y_1 + 1\,000)(y_1 + 1)](0.01 + y_1 + y_2) \\ y'_2 = 0.01 - (1 + y_2^2)(0.01 + y_1 + y_2) \end{cases}$$

初始条件为 $\begin{cases} y_1(0) = 0 \\ y_2(0) = 0 \end{cases}$。

第 7 章　陀螺动力学专题

广义而言，高速旋转的刚体统称为**陀螺**。大到航空发动机的涡轮转子，小至儿童抽打的玩具陀螺都是具体的实例。高速旋转的刚体（即陀螺）具有三个主要的运动特性：定轴性、进动性和章动性。多年来，工程技术人员利用陀螺的这些特性，解决了一些重要的实际问题。

陀螺动力学理论起源于天体力学的研究，并在天体运动研究中早已获得应用。在现代导航技术中，人们利用高速旋转陀螺的定轴性和其抗干扰能力强的优点，将陀螺仪用作一些军用飞行器和舰船的导航指示器。因此，研究陀螺的运动规律和特性，具有重要的实际意义。陀螺动力学是应用定点运动的刚体和框架陀螺模型来建立陀螺的运动微分方程并研究它的一般运动规律的一门学科，构建和发展这门学科的主要目的在于研究陀螺的动力学特性及其重要应用。本章不系统地介绍陀螺动力学的全部内容，只介绍其中的基础专题内容。

7.1　框架陀螺的定位

实际陀螺仪的种类繁多，归纳起来可分为两种基本类型：三自由度陀螺和二自由度陀螺。相对而言，三自由度陀螺应用更加广泛。三自由度陀螺的典型结构如图 7－1 所示，其中的陀螺体是一个安装在万向支架中的圆轮状对称转子Ⅲ，转子装在万向支架内环Ⅱ的轴承上，并相对于内环绕对称轴 Oz_3 高速自转。内环 Ⅱ 安装在万向支架外环 Ⅰ 的的轴承上，并可以相对于外环绕内环轴Ox_2 旋转。外环 Ⅰ 则安装在固定基座或运动载体的轴承上，并可以相对于基座或载体绕外环轴 Oy_1 旋转。具有上述结构的陀螺也称为**框架陀螺**，它在陀螺仪实用理论中被广泛地采用为陀螺模型。由于自转轴 Oz_3、内环轴Ox_2 和外环轴 Oy_1 的交点就是固定点 O（相对于陀螺仪壳体的固定点），因此，三自由度陀螺的力学模型实则为定点运动的刚体。值得注意的是，在框架陀螺的结构设计上一般需满足：陀螺转子的自转轴垂直于内环轴，且内环轴又垂直于外环轴。

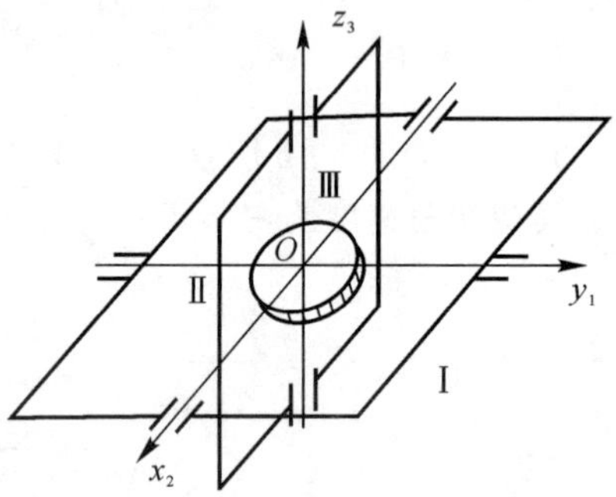

图 7－1　框架陀螺

为了确定陀螺的空间位置，特引入以下四套坐标系：① 转子坐标系 $Ox_3y_3z_3$，该坐标系固连于陀螺转子，且轴 Oz_3 为陀螺转子的自转轴（见图 7－1）；② 内环坐标系 $Ox_2y_2z_2$（也称赖柴轴系），该坐标系固连于内环，且轴 Ox_2 为内环轴，轴 Oz_2 重合于陀螺转子的自转轴 Oz_3；③ 外

环坐标系 $Ox_1y_1z_1$，该坐标系固连于外环，且轴 Oy_1 为外环轴，轴 Ox_1 重合于内环轴 Ox_2；④ 陀螺仪壳体坐标系 $Ox_0y_0z_0$，该坐标系固连于陀螺仪壳体，且轴 Oy_0 重合于外环轴 Oy_1。

引入广义坐标 α、β 和 φ，分别表示外环相对壳体的转角、内环相对外环的转角和转子相对内环的转角。这样上述四套坐标系（分别代表壳体、外环、内环和转子）之间的相对位置关系可形象地表述为

$$Ox_0y_0z_0 \xrightarrow{Oy_0,\alpha} Ox_1y_1z_1 \xrightarrow{Ox_1,\beta} Ox_2y_2z_2 \xrightarrow{Oz_2,\varphi} Ox_3y_3z_3$$

代表上述三次转动的方向余弦矩阵分别为

$$[C^{01}]=\begin{bmatrix}\cos\alpha & 0 & \sin\alpha\\ 0 & 1 & 0\\ -\sin\alpha & 0 & \cos\alpha\end{bmatrix} \tag{7.1.1}$$

$$[C^{12}]=\begin{bmatrix}1 & 0 & 0\\ 0 & \cos\beta & -\sin\beta\\ 0 & \sin\beta & \cos\beta\end{bmatrix} \tag{7.1.2}$$

$$[C^{23}]=\begin{bmatrix}\cos\varphi & -\sin\varphi & 0\\ \sin\varphi & \cos\varphi & 0\\ 0 & 0 & 1\end{bmatrix} \tag{7.1.3}$$

内环相对陀螺仪壳体的位置可用 α 和 β 联合描述，也可用内环坐标系 $Ox_2y_2z_2$（赖柴轴系）相对陀螺仪壳体坐标系 $Ox_0y_0z_0$ 的方向余弦矩阵来描述，该矩阵的表达式为

$$[C^{02}]=[C^{01}][C^{12}]=\begin{bmatrix}\cos\alpha & \sin\alpha\sin\beta & \sin\alpha\cos\beta\\ 0 & \cos\beta & -\sin\beta\\ -\sin\alpha & \cos\alpha\sin\beta & \cos\alpha\cos\beta\end{bmatrix} \tag{7.1.4}$$

在陀螺仪理论中，如何确定陀螺转子自转轴的方向问题是一个至关重要的问题。由式(7.1.4)第三列可以看出陀螺转子的自转轴 Oz_3（即轴 Oz_2）在陀螺仪壳体坐标系 $Ox_0y_0z_0$ 中的三个方向余弦为 $\sin\alpha\cos\beta$、$-\sin\beta$ 和 $\cos\alpha\cos\beta$，即沿陀螺转子自转轴的单位矢 $\boldsymbol{n}$ 在陀螺仪壳体坐标系 $Ox_0y_0z_0$ 中的坐标列阵为

$$\{n\}_0=\begin{Bmatrix}\sin\alpha\cos\beta\\ -\sin\beta\\ \cos\alpha\cos\beta\end{Bmatrix} \tag{7.1.5}$$

转子相对陀螺仪壳体的位置可用 α、β 和 φ 联合描述，也可用转子坐标系 $Ox_3y_3z_3$ 相对陀螺仪壳体坐标系 $Ox_0y_0z_0$ 的方向余弦矩阵来描述，该矩阵的表达式为

$$[C^{03}]=[C^{02}][C^{23}]=$$

$$\begin{bmatrix}\cos\alpha\cos\varphi+\sin\alpha\sin\beta\sin\varphi & -\cos\alpha\sin\varphi+\sin\alpha\sin\beta\cos\varphi & \sin\alpha\cos\beta\\ \cos\beta\sin\varphi & \cos\beta\cos\varphi & -\sin\beta\\ -\sin\alpha\cos\varphi+\cos\alpha\sin\beta\sin\varphi & \sin\alpha\sin\varphi+\cos\alpha\sin\beta\cos\varphi & \cos\alpha\cos\beta\end{bmatrix} \tag{7.1.6}$$

7.2 陀螺的运动微分方程

1. 陀螺运动微分方程

陀螺的运动微分方程可由第二类拉格朗日方程导出。如 7.1 节中所述，引入广义坐标 α、β 和 φ 分别表示陀螺仪外环相对壳体的转角、内环相对外环的转角和转子相对内环的转角，这样根据第二类拉格朗日方程，有

$$\left.\begin{aligned}\frac{\mathrm{d}}{\mathrm{d}t}\left(\frac{\partial T}{\partial \dot{\alpha}}\right)-\frac{\partial T}{\partial \alpha}=M_{y_0}\\ \frac{\mathrm{d}}{\mathrm{d}t}\left(\frac{\partial T}{\partial \dot{\beta}}\right)-\frac{\partial T}{\partial \beta}=M_{x_1}\\ \frac{\mathrm{d}}{\mathrm{d}t}\left(\frac{\partial T}{\partial \dot{\varphi}}\right)-\frac{\partial T}{\partial \varphi}=M_{z_2}\end{aligned}\right\} \tag{7.2.1}$$

式中 M_{y_0}、M_{x_1} 和 M_{z_2} 分别表示作用在陀螺上的外力（包括摩擦阻力）对于轴 y_0、轴 x_1 和轴 z_2 的主矩。如果忽略内、外环的质量，则陀螺的动能等于转子（陀螺转子）的动能，考虑到转子的运动属于刚体的定点运动，故其动能可表达为

$$T=\frac{1}{2}\{\omega\}^{\mathrm{T}}[J]\{\omega\} \tag{7.2.2}$$

式中 $\{\omega\}$ 表示转子的绝对角速度为 $\boldsymbol{\omega}$ 在转子坐标系 $Ox_3y_3z_3$ 中的坐标列阵，$[J]$ 表示转子相对转子坐标系 $Ox_3y_3z_3$ 的惯量矩阵。

如前所述，式(7.1.6) 给出了转子坐标系 $Ox_3y_3z_3$ 相对壳体坐标系 $Ox_0y_0z_0$（固定坐标系）的方向余弦矩阵的表达式，由该式可进一步写出该方向余弦矩阵的各元素的表达式，再将这些表达式代入刚体角速度与方向余弦矩阵元素之间的关系式 (2.12.21) 中，可以得到

$$\{\omega\}=\begin{Bmatrix}\dot{\beta}\cos\varphi+\dot{\alpha}\cos\beta\sin\varphi\\ -\dot{\beta}\sin\varphi+\dot{\alpha}\cos\beta\cos\varphi\\ \dot{\varphi}-\dot{\alpha}\sin\beta\end{Bmatrix} \tag{7.2.3}$$

考虑到陀螺转子为轴对称刚体，转子坐标系 $Ox_3y_3z_3$ 又是转子在点 O 处的惯量主轴坐标系，因此，转子相对转子坐标系 $Ox_3y_3z_3$ 的惯量矩阵形如

$$[J]=\begin{bmatrix}J_e & 0 & 0\\ 0 & J_e & 0\\ 0 & 0 & J_p\end{bmatrix} \tag{7.2.4}$$

式中 J_e 和 J_p 分别表示转子对轴 $Ox_3(Oy_3)$ 和 Oz_3 的转动惯量。将式(7.2.3) 和式(7.2.4) 代入式(7.2.2) 后，得到转子的动能表达式为

$$T=\frac{1}{2}[J_e(\dot{\beta}^2+\dot{\alpha}^2\cos^2\beta)+J_p(\dot{\varphi}-\dot{\alpha}\sin\beta)^2] \tag{7.2.5}$$

将此式代入方程式(7.2.1) 中，经符号运算后，得到

$$\left.\begin{aligned}&J_e(\ddot{\alpha}\cos\beta-2\dot{\alpha}\dot{\beta}\sin\beta)\cos\beta-\frac{\mathrm{d}}{\mathrm{d}t}[J_p(\dot{\varphi}-\dot{\alpha}\sin\beta)\sin\beta]=M_{y_0}\\&J_e(\ddot{\beta}+\dot{\alpha}^2\sin\beta\cos\beta)+J_p(\dot{\varphi}-\dot{\alpha}\sin\beta)\dot{\alpha}\cos\beta=M_{x_1}\\&\frac{\mathrm{d}}{\mathrm{d}t}[J_p(\dot{\varphi}-\dot{\alpha}\sin\beta)]=M_{z_2}\end{aligned}\right\}\tag{7.2.6}$$

在稳态运行下，作用在转子上的摩擦阻力矩完全可由驱动力矩补偿，所以有 $M_{z2}=0$。因此，方程组式(7.2.6) 的第三式变为

$$J_p(\dot{\varphi}-\dot{\alpha}\sin\beta)=\text{const}=H\tag{7.2.7}$$

该式表明：转子在绝对运动中对于自转轴的动量矩保持不变，或者说，转子的绝对角速度在自转轴上的投影 $\omega_{z_2}=\dot{\varphi}-\dot{\alpha}\sin\beta$ 保持不变。式中的 H 也简称为转子的**动矩**。由于通常 $|\dot{\varphi}|\gg|\dot{\alpha}|$，因此，转子的动矩也可以近似地表达为 $H=J_p\dot{\varphi}$。

将式(7.2.7) 代入方程组式(7.2.6) 的第一、二式，并考虑到 $M_{y_0}=M_{y_1}$（因为固定轴 Oy_0 总是重合于外环轴 Oy_1）后，得到

$$\left.\begin{aligned}&[J_e(\ddot{\alpha}\cos\beta-2\dot{\alpha}\dot{\beta}\sin\beta)-H\dot{\beta}]\cos\beta=M_{y_1}\\&J_e(\ddot{\beta}+\dot{\alpha}^2\sin\beta\cos\beta)+H\dot{\alpha}\cos\beta=M_{x_1}\end{aligned}\right\}\tag{7.2.8}$$

从形式上来看，方程式(7.2.8) 是关于陀螺仪内、外环转角的微分方程。鉴于陀螺仪转子自转轴的位置（方位）可以由内外环的转角来联合描述，因此，方程式(7.2.8) 实际上就是陀螺转子自转轴的运动微分方程。在陀螺仪运动中，由于人们往往只关注转子的自转轴的运动情况，因此，方程(7.2.8) 也被笼统地称为**陀螺运动微分方程**。

2. 陀螺运动的技术方程和进动方程

在实用的陀螺仪装置中，内环转角 β 以及内外环的角速度 $\dot{\beta}$、$\dot{\alpha}$ 都很小。因此，方程式(7.2.8) 中的 $\cos\beta\approx1$，该方程中带有因子 $\dot{\alpha}^2$ 和 $\dot{\alpha}\dot{\beta}$ 的项都可以认为是二阶微量，所以可以忽略不计。这样陀螺运动微分方程式(7.2.8) 就可以进一步简化为

$$\left.\begin{aligned}J_e\ddot{\alpha}-H\dot{\beta}=M_{y_1}\\J_e\ddot{\beta}+H\dot{\alpha}=M_{x_1}\end{aligned}\right\}\tag{7.2.9}$$

该式就是线性化的陀螺运动微分方程，也称为**陀螺运动的技术方程**，简称**技术方程**。

如果在方程式(7.2.9) 中再略去数值较小的惯性项 $J_e\ddot{\alpha}$ 和 $J_e\ddot{\beta}$，便得

$$\left.\begin{aligned}-H\dot{\beta}=M_{y_1}\\H\dot{\alpha}=M_{x_1}\end{aligned}\right\}\tag{7.2.10}$$

该组方程反映了高速旋转陀螺的主要特性之一——**进动性**。即陀螺受外力矩 M_{y_1} 作用时，内环产生绕轴 Ox_1 的进动角速度 $\dot{\beta}=-M_{y_1}/H$；陀螺受外力矩 M_{x_1} 作用时，外环产生绕轴 Oy_1 的进动角速度 $\dot{\alpha}=M_{x_1}/H$。因此，方程式(7.2.10) 称为**陀螺运动的进动方程**，简称**进动方程**。

陀螺运动的技术方程和进动方程在陀螺仪工程技术中被广泛地应用，因此，这两组方程的建立具有极其重要的工程实用价值。

7.3 框架陀螺动力学

在上一节中,建立陀螺运动微分方程时,没有计入框架(陀螺仪内、外环) 质量的影响。在实际陀螺装置中,往往必须计入其框架质量对于陀螺仪运动的影响,这就形成了所谓框架陀螺动力学。

1. 计入框架质量影响的陀螺运动微分方程

下面仍然沿用第二类拉格朗日方程式(7.2.1) 建立考虑框架质量影响的陀螺运动微分方程。如果计入框架的质量影响,则陀螺仪系统的动能可表达为

$$T = T_1 + T_2 + T_3 \tag{7.3.1}$$

式中 T_1、T_2 和 T_3 分别表示陀螺仪外环、内环和转子的动能。

考虑到外环作定轴转动,因此,外环的动能可表达为

$$T_1 = \frac{1}{2} J_1 \dot{\alpha}^2 \tag{7.3.2}$$

式中 J_1 表示外环对于外环轴 Oy_0 的转动惯量。

内环的运动属于刚体的定点运动,故其动能可表达为

$$T_2 = \frac{1}{2} \{\omega_2\}^{\mathrm{T}} [J_2] \{\omega_2\} \tag{7.3.3}$$

式中 $\{\omega_2\}$ 表示内环的绝对角速度为 $\boldsymbol{\omega}_2$ 在内环坐标系 $Ox_2y_2z_2$ 中的坐标列阵,$[J_2]$ 表示内环相对内环坐标系 $Ox_2y_2z_2$ 的惯量矩阵。在 7.1 节中,曾经给出了内环坐标系 $Ox_2y_2z_2$ 相对固定坐标系 $Ox_0y_0z_0$ 的方向余弦矩阵的表达式(7.1.4),由该式可进一步写出该方向余弦矩阵的各元素的表达式,再将这些表达式代入体角速度与方向余弦矩阵元素之间的关系式(2.12.21) 中,可以得到

$$\{\omega_2\} = \begin{Bmatrix} \dot{\beta} \\ \dot{\alpha}\cos\beta \\ -\dot{\alpha}\sin\beta \end{Bmatrix} \tag{7.3.4}$$

考虑到内环坐标系 $Ox_2y_2z_2$ 是内环在点 O 处的惯量主轴坐标系,因此,内环相对内环坐标系 $Ox_2y_2z_2$ 的惯量矩阵形如

$$[J_2] = \begin{bmatrix} J_{x_2} & 0 & 0 \\ 0 & J_{y_2} & 0 \\ 0 & 0 & J_{z_2} \end{bmatrix} \tag{7.3.5}$$

式中 J_{x_2}、J_{y_2} 和 J_{z_2} 分别表示内环对轴 Ox_2、Oy_2 和 Oz_2 的转动惯量。将式(7.3.4) 和式(7.3.5) 代入式(7.3.3) 后,得到

$$T_2 = \frac{1}{2}(J_{x_2}\dot{\beta}^2 + J_{y_2}\dot{\alpha}^2\cos^2\beta + J_{z_2}\dot{\alpha}^2\sin^2\beta) \tag{7.3.6}$$

在 7.2 节中,曾经给出了转子动能的表达式(7.2.5),即

$$T_3 = \frac{1}{2}[J_{\mathrm{e}}(\dot{\beta}^2 + \dot{\alpha}^2\cos^2\beta) + J_{\mathrm{p}}(\dot{\varphi} - \dot{\alpha}\sin\beta)^2] \tag{7.3.7}$$

将式(7.3.2)、式(7.3.6)和式(7.3.7)一同代入式(7.3.1)中，得到陀螺仪系统的动能为

$$T=\frac{1}{2}\{[J_1+(J_e+J_{y_2})\cos^2\beta+(J_p+J_{z_2})\sin^2\beta]\dot{\alpha}^2+ (J_e+J_{x_2})\dot{\beta}^2+J_p(\dot{\varphi}^2-2\dot{\varphi}\dot{\alpha}\sin\beta)\} \tag{7.3.8}$$

最后将式(7.3.8)代入方程式(7.2.1)中，经符号运算后，得到

$$[J_1+(J_e+J_{y_2})\cos^2\beta+J_{z_2}\sin^2\beta]\ddot{\alpha}+(J_{z_2}-J_e-J_{y_2})\dot{\alpha}\dot{\beta}\sin 2\beta- J_p(\ddot{\varphi}-\ddot{\alpha}\sin\beta-\dot{\alpha}\dot{\beta}\cos\beta)\sin\beta-J_p(\dot{\varphi}-\dot{\alpha}\sin\beta)\dot{\beta}\cos\beta=M_{y_0} \tag{7.3.9}$$

$$(J_e+J_{x_2})\ddot{\beta}-\frac{1}{2}(J_{z_2}-J_e-J_{y_2})\dot{\alpha}^2\sin 2\beta+J_p(\dot{\varphi}-\dot{\alpha}\sin\beta)\dot{\alpha}\cos\beta=M_{x_1} \tag{7.3.10}$$

$$J_p(\ddot{\varphi}-\ddot{\alpha}\sin\beta-\dot{\alpha}\dot{\beta}\cos\beta)=M_{z_2} \tag{7.3.11}$$

式(7.3.9)～式(7.3.11)就构成了框架陀螺的运动微分方程。

2. 框架陀螺运动微分方程的简化

方程组式(7.3.9)、式(7.3.10)、式(7.3.11)形式复杂，而且又是非线性的，应用起来极不方便，因此，有必要加以简化。

首先来看方程式(7.3.11)，该方程可以等价地改写为

$$\frac{\mathrm{d}}{\mathrm{d}t}[J_p(\dot{\varphi}-\dot{\alpha}\sin\beta)]=M_{z_2} \tag{7.3.12}$$

在陀螺仪正常使用中，作用在转子上的摩擦阻力矩完全可由驱动力矩补偿，即有 $M_{z_2}=0$，这样上式可积分为

$$J_p(\dot{\varphi}-\dot{\alpha}\sin\beta)=\text{const}=H=J_p\omega_{z_2} \tag{7.3.13}$$

该式表明：转子的动矩 H 保持不变，或者说，转子的绝对角速度在自转轴上的投影 $\omega_{z_2}=\dot{\varphi}-\dot{\alpha}\sin\beta$ 保持不变。

将式(7.3.13)代入式(7.3.9)和式(7.3.10)后，分别得到

$$[J_1+(J_e+J_{y_2})\cos^2\beta+J_{z_2}\sin^2\beta]\ddot{\alpha}+(J_{z_2}-J_e-J_{y_2})\dot{\alpha}\dot{\beta}\sin 2\beta-J_p\omega_{z_2}\dot{\beta}\cos\beta=M_{y_0} \tag{7.3.14}$$

$$(J_e+J_{x_2})\ddot{\beta}-\frac{1}{2}(J_{z_2}-J_e-J_{y_2})\dot{\alpha}^2\sin 2\beta+J_p\omega_{z_2}\dot{\alpha}\cos\beta=M_{x_1} \tag{7.3.15}$$

在陀螺仪正常工作中，转子自转的角速度远高于内、外环的角速度，即 $|\dot{\varphi}|\gg|\dot{\alpha}|$ 和 $|\dot{\varphi}|\gg|\dot{\beta}|$，这样就有 $|\omega_{z_2}|\gg|\dot{\alpha}|$ 和 $|\omega_{z_2}|\gg|\dot{\beta}|$，所以式(7.3.14)和式(7.3.15)中包含因子 $\dot{\alpha}\dot{\beta}$ 和 $\dot{\alpha}^2$ 的项与包含因子 $\omega_{z_2}\dot{\beta}$ 和 $\omega_{z_2}\dot{\alpha}$ 的项相比可以略去不计。这样式(7.3.14)和式(7.3.15)可以分别简化为

$$[J_1+(J_e+J_{y_2})\cos^2\beta+J_{z_2}\sin^2\beta]\ddot{\alpha}-H\dot{\beta}\cos\beta=M_{y_0} \tag{7.3.16}$$

$$(J_e+J_{x_2})\ddot{\beta}+H\dot{\alpha}\cos\beta=M_{x_1} \tag{7.3.17}$$

式(7.3.16)和式(7.3.17)就构成了简化后的陀螺运动微分方程，该方程还可进一步简化。在实际使用的三自由度陀螺中，内环转角 β 的变化幅度很小，即有 $\beta\approx\beta_0$，因此，式(7.3.16)中方括号内的总转动惯量可以近似地认为是常量。引入记号

$$\left.\begin{aligned} I_1 &= J_1 + (J_e + J_{y_2})\cos^2\beta_0 + J_{z_2}\sin^2\beta_0 \\ I_2 &= J_e + J_{x_2} \end{aligned}\right\} \tag{7.3.18}$$

这样式(7.3.16)和式(7.3.17)可分别简写为

$$I_1\ddot{\alpha} - H\dot{\beta}\cos\beta = M_{y_0} \tag{7.3.19}$$

$$I_2\ddot{\beta} + H\dot{\alpha}\cos\beta = M_{x_1} \tag{7.3.20}$$

最后,在实用中总是保持 $\beta \approx \beta_0 = 0$,即 $\cos\beta \approx 1$,又考虑到 $M_{y_0} = M_{y_1}$(因为固定轴 Oy_0 总是重合于外环轴 Oy_1),于是,方程式(7.3.19)和式(7.3.20)可以线性化为

$$\left.\begin{aligned} I_1\ddot{\alpha} - H\dot{\beta} &= M_{y_1} \\ I_2\ddot{\beta} + H\dot{\alpha} &= M_{x_1} \end{aligned}\right\} \tag{7.3.21}$$

这就是在陀螺实用理论中得到广泛应用的**框架陀螺的技术方程**。该方程与不考虑框架质量影响的陀螺技术方程式(7.2.9)相比较,两者的差别仅在转动惯量上。在框架陀螺的技术方程中,总转动惯量可以由式(7.3.18)进一步简写为

$$\left.\begin{aligned} I_1 &= J_1 + J_e + J_{y_2} \\ I_2 &= J_e + J_{x_2} \end{aligned}\right\} \tag{7.3.22}$$

例 7.1 假定在框架陀螺仪的内、外环轴承上都存在黏滞阻尼,外环轴承和内环轴承所产生的黏滞阻尼力矩分别为 $M_{y1} = -\mu_1\dot{\alpha}$ 和 $M_{x1} = -\mu_2\dot{\beta}$,式中 μ_1 和 μ_2 分别为外环轴承和内环轴承的黏滞阻尼力矩系数。设框架陀螺的初始运动状态为 $\alpha(0)=0,\beta(0)=0,\varphi(0)=0,\dot{\alpha}(0)=0,\dot{\beta}(0)=\Omega_2$ 和 $\dot{\varphi}(0)=\Omega_3$,试确定自转轴的运动规律。

解 根据题意知,外环轴承和内环轴承所产生的黏滞阻尼力矩的表达式分别为 $M_{y1} = -\mu_1\dot{\alpha}$ 和 $M_{x1} = -\mu_2\dot{\beta}$,将这两个表达式代入框架陀螺的技术方程式(7.3.21)中,得到

$$\left.\begin{aligned} I_1\ddot{\alpha} - H\dot{\beta} &= -\mu_1\dot{\alpha} \\ I_2\ddot{\beta} + H\dot{\alpha} &= -\mu_2\dot{\beta} \end{aligned}\right\} \tag{1}$$

应用式(7.3.13),可以写出陀螺转子的动矩为

$$H = J_p(\dot{\varphi} - \dot{\alpha}\sin\beta) = H_0 = J_p[\dot{\varphi}(0) - \dot{\alpha}(0)\sin\beta(0)] = J_p\Omega_3 \tag{2}$$

将此式代入方程式(1)中,得到

$$\left.\begin{aligned} I_1\ddot{\alpha} + \mu_1\dot{\alpha} - J_p\Omega_3\dot{\beta} &= 0 \\ I_2\ddot{\beta} + J_p\Omega_3\dot{\alpha} + \mu_2\dot{\beta} &= 0 \end{aligned}\right\} \tag{4}$$

方程组(4)属于二阶常系数线性齐次微分方程组,容易求得该方程组的通解为

$$\left.\begin{aligned} \alpha &= e^{-nt}(C_1\cos\omega t + C_2\sin\omega t) + C_3 \\ \beta &= \frac{e^{-nt}[(\mu_1 C_1 - nI_1C_1 + \omega I_1 C_2)\cos\omega t + (\mu_1 C_2 - nI_1C_2 - \omega I_1 C_1)\sin\omega t] + \mu_1 C_3}{J_p\Omega_3} + C_4 \end{aligned}\right\} \tag{6}$$

式中 $n = \dfrac{1}{2}\left(\dfrac{\mu_1}{I_1} + \dfrac{\mu_2}{I_2}\right)$,$\omega = \dfrac{\sqrt{4I_1I_2J_p^2\Omega_3^2 - (I_1\mu_2 - I_2\mu_1)^2}}{2I_1I_2}$,$C_1$、$C_2$、$C_3$ 和 C_4 均为积分常数,它们可由初始条件来确定。将初始条件 $\alpha(0)=0,\beta(0)=0,\dot{\alpha}(0)=0$ 和 $\dot{\beta}(0)=\Omega_2$ 代入式(6)及其对时间的导数中,然后联立解得

$$C_1=-\frac{J_p\Omega_2\Omega_3}{I_1(n^2+\omega^2)},\quad C_2=-\frac{nJ_p\Omega_2\Omega_3}{\omega I_1(n^2+\omega^2)},\quad C_3=\frac{J_p\Omega_2\Omega_3}{I_1(n^2+\omega^2)},\quad C_4=0 \tag{7}$$

将式(7) 代入式(6) 后,得到

$$\left.\begin{aligned}\alpha&=\frac{J_p\Omega_2\Omega_3}{I_1(n^2+\omega^2)}\left[1-e^{-nt}\left(\cos\omega t+\frac{n}{\omega}\sin\omega t\right)\right]\\ \beta&=\frac{\Omega_2}{I_1(n^2+\omega^2)}\left\{\mu_1-e^{-nt}\left[\mu_1\cos\omega t+\left(\mu_1\frac{n}{\omega}-nI_1\frac{n}{\omega}-\omega I_1\right)\sin\omega t\right]\right\}\end{aligned}\right\} \tag{8}$$

这就是自转轴的运动规律(自转轴的位置可以由广义坐标 α 和 β 来描述)。

由式(8) 可以看出:当 $t\to\infty$ 时,$\alpha\to\frac{J_p\Omega_2\Omega_3}{I_1(n^2+\omega^2)}$,$\beta\to\frac{\Omega_2\mu_1}{I_1(n^2+\omega^2)}$。这表明自转轴最后稳定在 $\alpha_1=\frac{J_p\Omega_2\Omega_3}{I_1(n^2+\omega^2)}$ 和 $\beta_1=\frac{\Omega_2\mu_1}{I_1(n^2+\omega^2)}$ 所描述的位置上。

3. 自由陀螺自转轴的运动及其自转轴位置的稳定性

不受任何外力矩作用的陀螺称为**自由陀螺**。设一高速运转的自由陀螺,其运动规律为 $\alpha=0,\beta=0,\dot{\varphi}=\Omega_3$,该陀螺受某一冲击后,内、外环获得了一定的角速度,其运动状态(冲击结束时的运动状态) 变为

$$\left.\begin{aligned}\alpha(0)&=0\\ \beta(0)&=0\\ \dot{\alpha}(0)&=\Omega_1\\ \dot{\beta}(0)&=\Omega_2\end{aligned}\right\} \tag{7.3.23}$$

这里圆括号中的“0” 代表冲击结束的时刻。下面确定冲击结束后自转轴的运动规律。

冲击结束后自由陀螺的技术方程式(7.3.21) 变为

$$\left.\begin{aligned}I_1\ddot{\alpha}-H\dot{\beta}&=0\\ I_2\ddot{\beta}+H\dot{\alpha}&=0\end{aligned}\right\} \tag{7.3.24}$$

由于自转轴的位置可由 α 和 β 这两个广义坐标来联合描述,因此,冲击结束后自转轴的运动规律就是方程式(7.3.24) 的满足初始条件(7.3.23) 的解。容易求得该解为

$$\left.\begin{aligned}\alpha&=\sqrt{\frac{I_1\Omega_1}{H}\cdot\frac{I_2\Omega_1}{H}+\left(\frac{I_2\Omega_2}{H}\right)^2}\sin\left[\frac{H}{\sqrt{I_1I_2}}t-\arctan\left(\frac{\Omega_2}{\Omega_1}\sqrt{\frac{I_2}{I_1}}\right)\right]+\frac{I_2\Omega_2}{H}\\ \beta&=\sqrt{\frac{I_1\Omega_2}{H}\cdot\frac{I_2\Omega_2}{H}+\left(\frac{I_1\Omega_1}{H}\right)^2}\sin\left[\frac{H}{\sqrt{I_1I_2}}t+\arctan\left(\frac{\Omega_1}{\Omega_2}\sqrt{\frac{I_1}{I_2}}\right)\right]-\frac{I_1\Omega_1}{H}\end{aligned}\right\} \tag{7.3.25}$$

由该式可以看出:冲击结束后内、外环的转动都表现为高频微幅(因为 H 很大) 的简谐振动,进而自转轴的运动也表现为一种高频微幅的抖动。下面接着分析冲击结束后自转轴的近似位置(方位)。

由于转子高速旋转($\dot{\varphi}$ 很大),因此,有 $H\gg I_1\Omega_1$,$H\gg I_2\Omega_1$,$H\gg I_2\Omega_2$ 和 $H\gg I_1\Omega_2$,即有

$$\frac{I_1\Omega_1}{H}\approx 0 \tag{7.3.26}$$

$$\frac{I_2\Omega_1}{H}\approx 0 \tag{7.3.27}$$

$$\frac{I_2\Omega_2}{H}\approx 0 \tag{7.3.28}$$

$$\frac{I_1\Omega_2}{H}\approx 0 \tag{7.3.29}$$

将式(7.3.26) ～ 式(7.3.29) 代入式(7.3.25) 后，得到冲击结束后外环和内环的转角为

$$\left.\begin{aligned}\alpha\approx 0\\ \beta\approx 0\end{aligned}\right\} \tag{7.3.30}$$

该式表明：冲击结束后内外环几乎没有发生转动，因此，自转轴的位置(方位) 也几乎没有发生变化。也就是说，自转轴原有的位置是稳定的。可见，高速自转的三自由度自由陀螺仪受到外界冲击作用后，具有极大的反抗冲击的能力，并力图保持自转轴的方位不变，这种特性即为**陀螺仪的定轴性**。

7.4 陀螺仪在飞行器姿态测定中的应用

陀螺的定轴性原理是指高速自转的三自由度陀螺的自转轴在惯性空间下具有保持恒定方向的特性。应用这一原理可以测定飞行器的姿态。

1. 飞行器的姿态角

如图 7-2 所示，坐标系 $O_ex_ey_ez_e$ 是用于描述飞行器姿态(方位) 的地理坐标系，其中轴 O_ez_e 为地垂线。坐标系 $Ox_4y_4z_4$ 为固连于飞行器上的坐标系，称为**机体坐标系**。其中轴 Ox_4 为飞行器纵轴；轴 Oz_4 为飞行器竖轴。坐标系 $Ox_1y_1z_1$ 为辅助坐标系，其各坐标轴的指向与地理坐标系 $O_ex_ey_ez_e$ 的各坐标轴的指向始终相同。显然，机体坐标系 $Ox_4y_4z_4$ 相对辅助坐标系 $Ox_1y_1z_1$ 的运动可以看作绕点 O 的定点运动(即机体坐标系相对辅助坐标系的运动具有三个自由度)，因此，从辅助坐标系 $Ox_1y_1z_1$ 到机体坐标系 $Ox_4y_4z_4$ 的位置变化可以假想地通过如下的"三二一转动" 来实现：

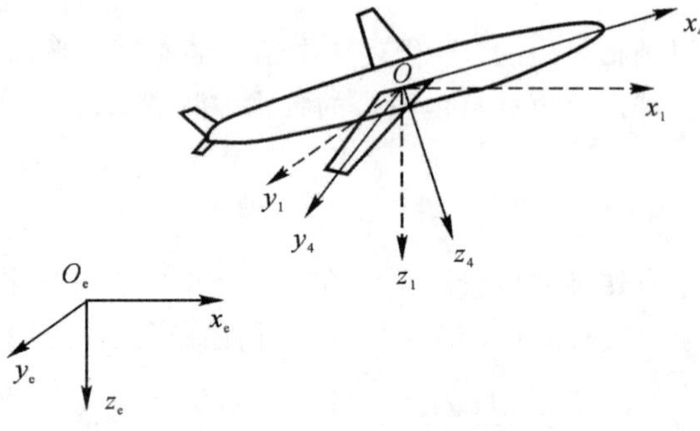

图 7-2　坐标系

$$Ox_1y_1z_1 \xrightarrow{Oz_1,\psi} Ox_2y_2z_2 \xrightarrow{Oy_2,\gamma} Ox_3y_3z_3 \xrightarrow{Ox_3,\theta} Ox_4y_4z_4$$

以上三个转角 ψ、γ 和 θ 分别称为飞行器的**航向角**、**俯仰角**和**倾斜角**。这三个角联合起来就可以描述飞行器的姿态，故这三个角总称为飞行器的**姿态角**。代表上述三次转动的方向余弦矩阵分别为

$$[C^{12}]=\begin{bmatrix}\cos\psi & -\sin\psi & 0\\ \sin\psi & \cos\psi & 0\\ 0 & 0 & 1\end{bmatrix} \tag{7.4.1}$$

$$[C^{23}]=\begin{bmatrix}\cos\gamma & 0 & \sin\gamma\\ 0 & 1 & 0\\ -\sin\gamma & 0 & \cos\gamma\end{bmatrix}\tag{7.4.2}$$

$$[C^{34}]=\begin{bmatrix}1 & 0 & 0\\ 0 & \cos\theta & -\sin\theta\\ 0 & \sin\theta & \cos\theta\end{bmatrix}\tag{7.4.3}$$

飞行器的姿态可用机体坐标系 $Ox_4y_4z_4$ 相对地理坐标系 $O_ex_ey_ez_e$ 的方向余弦矩阵来描述，容易写出该矩阵的表达式为

$$[C^{e4}]=[C^{14}]=[C^{12}][C^{23}][C^{34}]=$$

$$\begin{bmatrix}\cos\psi\cos\gamma & \cos\psi\sin\gamma\sin\theta-\cos\theta\sin\psi & \sin\psi\sin\theta+\cos\psi\cos\theta\sin\gamma\\ \cos\gamma\sin\psi & \cos\psi\cos\theta+\sin\psi\sin\gamma\sin\theta & \cos\theta\sin\psi\sin\gamma-\cos\psi\sin\theta\\ -\sin\gamma & \cos\gamma\sin\theta & \cos\gamma\cos\theta\end{bmatrix}\tag{7.4.4}$$

由式(7.4.4)第三行可以看出地垂线 O_ez_e 在机体坐标系 $Ox_4y_4z_4$ 中的三个方向余弦为 $-\sin\gamma$、$\cos\gamma\sin\theta$ 和 $\cos\gamma\cos\theta$，即沿地垂线 O_ez_e 的单位矢 $\boldsymbol{\tau}$ 在机体坐标系 $Ox_4y_4z_4$ 中的坐标列阵为

$$\{\tau\}_4=\begin{Bmatrix}-\sin\gamma\\ \cos\gamma\sin\theta\\ \cos\gamma\cos\theta\end{Bmatrix}\tag{7.4.5}$$

2. 飞行器姿态角的测定

应用陀螺的定轴性原理，可以利用安装在飞行器上面的陀螺仪来测量飞行器的姿态角。为此，按照以下两种方案安装陀螺仪：

方案(1)：安装陀螺仪时，使得陀螺仪壳体坐标系 $Ox_0y_0z_0$（该坐标系见 7.1 节所述）的坐标轴 Ox_0 和 Oy_0 分别与机体坐标轴 Oy_4 和 Ox_4 的指向相同和相反。陀螺仪转子的自转轴跟踪地垂线 O_ez_e。

在上述安装方案下，陀螺仪壳体坐标系 $Ox_0y_0z_0$ 相对机体坐标系 $Ox_4y_4z_4$ 的方向余弦矩阵为

$$[C^{40}]=\begin{bmatrix}0 & -1 & 0\\ 1 & 0 & 0\\ 0 & 0 & 1\end{bmatrix}\tag{7.4.6}$$

沿陀螺转子自转轴的单位矢 $\boldsymbol{n}$ 在机体坐标系 $Ox_4y_4z_4$ 中的坐标列阵可表达为

$$\{n\}_4=[C^{40}]\{n\}_0\tag{7.4.7}$$

将式(7.1.5)和式(7.4.6)代入式(7.4.7)后，得到

$$\{n\}_4=\begin{Bmatrix}\sin\beta\\ \sin\alpha\cos\beta\\ \cos\alpha\cos\beta\end{Bmatrix}\tag{7.4.8}$$

前面已导出沿地垂线 O_ez_e 的单位矢 $\boldsymbol{\tau}$ 在机体坐标系 $Ox_4y_4z_4$ 中的坐标列阵为

$$\{\tau\}_4=\begin{Bmatrix}-\sin\gamma\\ \cos\gamma\sin\theta\\ \cos\gamma\cos\theta\end{Bmatrix}\tag{7.4.9}$$

由于陀螺仪转子的自转轴跟踪地垂线 O_eZ_e，因此，式(7.4.8) 与式(7.4.9) 相等，即有

$$\left.\begin{aligned}-\sin\gamma&=\sin\beta\\ \cos\gamma\sin\theta&=\sin\alpha\cos\beta\end{aligned}\right\}\tag{7.4.10}$$

其中尚有第三个关系式，因为它不是独立的，故未写出。

解方程组(7.4.10)，得到

$$\left.\begin{aligned}\gamma&=-\beta\\ \theta&=\alpha\end{aligned}\right\}\tag{7.4.11}$$

这个结论十分明显，即按方案(1) 安装陀螺仪，测得的内环转角的负值等于飞行器的俯仰角；外环转角等于飞行器的倾斜角。实用中，按此方案装设的仪表即为陀螺地平仪。为了还能测出飞行器的航向角 ψ，可以将陀螺仪按如下所述的方案(2) 安装。

方案(2)：安装陀螺仪时，使得陀螺仪壳体坐标系 $Ox_0y_0z_0$ 的坐标轴 Ox_0 和 Oy_0 分别与机体坐标轴 Oy_4 和 Oz_4 的指向相同。陀螺仪转子的自转轴跟踪地理坐标轴 O_ex_e。在此方案下，陀螺仪壳体坐标系 $Ox_0y_0z_0$ 相对机体坐标系 $Ox_4y_4z_4$ 的方向余弦矩阵为

$$[C^{40}]=\begin{bmatrix}0&0&1\\1&0&0\\0&1&0\end{bmatrix}\tag{7.4.12}$$

沿陀螺转子自转轴的单位矢 $\boldsymbol{n}$ 在机体坐标系 $Ox_4y_4z_4$ 中的坐标列阵可表达为

$$\{\boldsymbol{n}\}_4=[C^{40}]\{\boldsymbol{n}\}_0\tag{7.4.13}$$

将式(7.1.5) 和式(7.4.12) 代入式(7.4.13) 后，得到

$$\{\boldsymbol{n}\}_4=\begin{Bmatrix}\cos\alpha\cos\beta\\ \sin\alpha\cos\beta\\ -\sin\beta\end{Bmatrix}\tag{7.4.14}$$

由式(7.4.4) 第一行可以看出沿地理坐标轴 O_ex_e 的单位矢 $\boldsymbol{b}$ 在机体坐标系 $Ox_4y_4z_4$ 中的坐标列阵为

$$\{\boldsymbol{b}\}_4=\begin{Bmatrix}\cos\psi\cos\gamma\\ \cos\psi\sin\gamma\sin\theta-\cos\theta\sin\psi\\ \sin\psi\sin\theta+\cos\psi\cos\theta\sin\gamma\end{Bmatrix}\tag{7.4.15}$$

由于陀螺仪转子的自转轴跟踪地理坐标轴 O_ex_e，因此，式(7.4.14) 与(7.4.15) 相等，故有

$$\cos\psi=\frac{\cos\alpha\cos\beta}{\cos\gamma}\tag{7.4.16}$$

$$\cos\psi\sin\gamma\sin\theta-\cos\theta\sin\psi=\sin\alpha\cos\beta\tag{7.4.17}$$

$$\sin\psi\sin\theta+\cos\psi\cos\theta\sin\gamma=-\sin\beta\tag{7.4.18}$$

式(7.4.17) − 式(7.4.18) × $\tan\theta$，得

$$\sin\psi=-\cos\theta(\sin\alpha\cos\beta+\tan\theta\sin\beta)\tag{7.4.18}$$

考虑到在方案(1) 下，已测得飞行器的俯仰角 γ 和倾斜角 θ，在此基础上，可应用式

(7.4.16) 和式(7.4.18) 分别计算出 $\cos\psi$ 和 $\sin\psi$ 的值，最后，据此可以得到飞行器的航向角 ψ 的具体数值。总之，将两套陀螺仪分别按照方案(1) 和方案(2) 安装，再根据两套陀螺仪的内、外环转角就可以最终确定出飞行器的姿态角。

习　　题

7-1　如图 7-3 所示，极转动惯量和赤道转动惯量分别为 J_p 和 J_e 的飞轮以高速 ω 绕自转轴 Ox 旋转。当飞轮作偏航 ψ 及俯仰 γ 的微幅摆动时，其重心 O 保持不动。设对飞轮自转轴的驱动力矩和阻力矩相互平衡，对偏航和俯仰的恢复力矩分别为 $-k_1\psi$ 和 $-k_2\gamma$，试写出飞轮的运动微分方程。

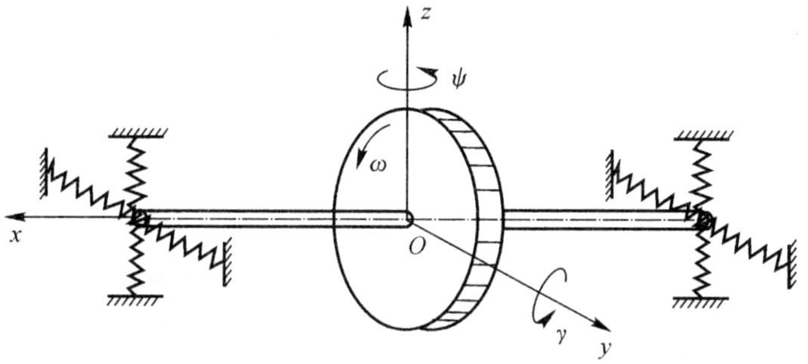

图 7-3　题 7-1 图

7-2　轴对称刚体可自由地绕固定点旋转，刚体的极转动惯量和赤道转动惯量分别为 J_p 和 J_e。当刚体高速旋转时，可得技术方程式(7.2.9)。今作用在刚体上的摩擦力矩为 $M_{x1}=-k\dot{\beta}$，$M_{y1}=-k\dot{\alpha}$，试分析陀螺轴的运动。当 $t=0$ 时，$\alpha=\alpha_0$，$\beta=\beta_0$，$\dot{\alpha}=\Omega_1$，$\dot{\beta}=\Omega_2$。

7-3　试写出如图 7-4 所示陀螺相对于动参考系 $Oxyz$ 的运动微分方程。该参考系以匀角速度 ω_0 绕 Oz 轴转动，坐标系 $O\xi\eta\zeta$ 与陀螺相固连，是陀螺在点 O 处的惯量主轴坐标系。陀螺相对于参考系 $Oxyz$ 的位置用坐标系 $O\xi\eta\zeta$ 相对参考系 $Oxyz$ 的欧拉角 ψ、θ、φ 描述，设陀螺重为 G，重心 C 到支点 O 的距离为 l，陀螺对其对称轴 $O\zeta$ 的转动惯量为 J_1，对轴 $O\xi$ 和轴 $O\eta$ 的转动惯量均为 J_2，不计摩擦。

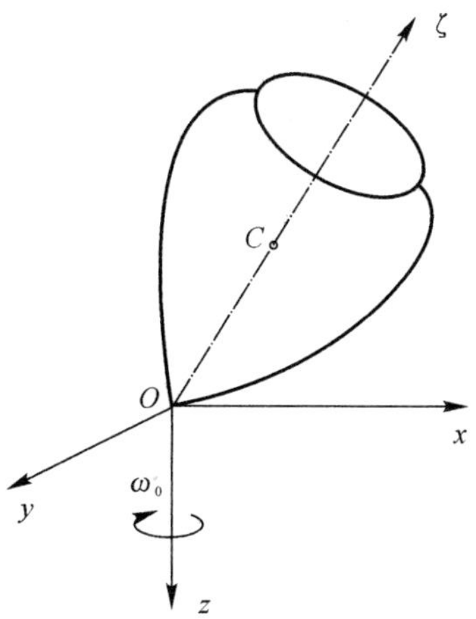

图 7-4　题 7-3 图

7-4　如图7-5所示，陀螺摆的支点O固定在载体上，载体以匀速度$\boldsymbol{v}$沿地球表面的大圆弧运动。设摆的极转动惯量为J_1，过点O并垂直于对称轴的转动惯量为J_2，摆重为G，重心到点O的距离为l，支点处的摩擦不计，试写出摆的微小偏离的运动微分方程，并指出摆的动平衡位置。

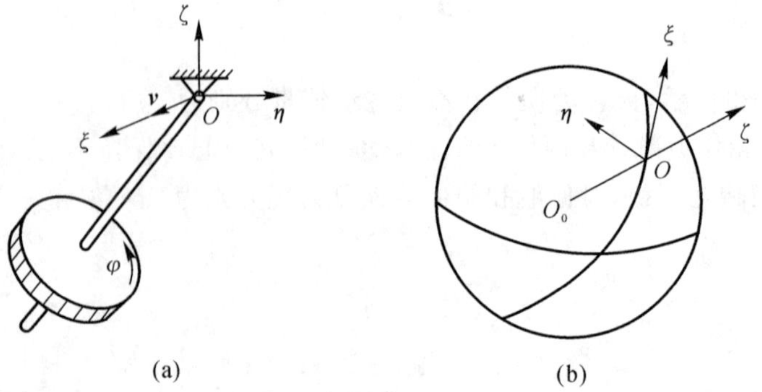

图7-5　题7-4图

7-5　设万向支架中的陀螺仪，其外环固定在当地子午面(经线平面)内，并随地球一起绕地轴转动，其内环可自由地绕铅垂轴转动，转子轴Oz位于水平面内，不计内环轴承的摩擦。试证：当转子高速旋转时，由于地球的自转，陀螺轴将沿着当地的经线方向。

7-6　陀螺仪在载体中按照如图7-6所示形式安装，试求载体的航向角ψ、俯仰角γ和倾斜角θ与陀螺仪的内、外环转角β、α之间的关系。

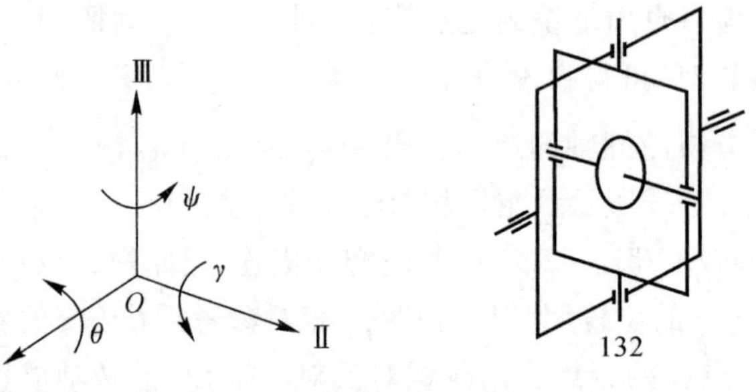

图7-6　题7-6图

第8章 航天器动力学专题

航天器动力学主要研究航天器在空间环境下的运动规律，包括研究航天器质心的运动规律和航天器绕质心转动的运动规律。前者属于航天器轨道动力学的研究范畴，后者属于航天器姿态动力学的研究内容。本章并不介绍航天器动力学的全部内容，只介绍其中的基础专题内容，具体包括：①航天器轨道动力学的二体问题和多体问题；②单、双自旋航天器姿态动力学；③重力梯度稳定航天器姿态动力学；④具有柔性附件的航天器姿态动力学。

8.1 航天器轨道动力学的二体问题和多体问题

1. 二体问题

研究两个质点仅在彼此间万有引力作用下的运动问题称为二体问题。二体问题是航天器轨道动力学的基础问题。

如图8-1所示，空间的两个质量为m_1和m_2的质点A和B分别代表某一航天器和该航天器附近的某一星体。下面研究质点A仅在质点B万有引力作用下绕质点B的轨道运动问题(二体问题)。为此，建立惯性坐标系$Oxyz$，图中：$\boldsymbol{r}_1$和$\boldsymbol{r}_2$分别表示质点A(航天器)的矢径和质点B(星体)的矢径，$\boldsymbol{r}$表示由质点B到质点A的有向线段。显然，在任一瞬时$\boldsymbol{r}_1$、$\boldsymbol{r}_2$和$\boldsymbol{r}$之间满足关系

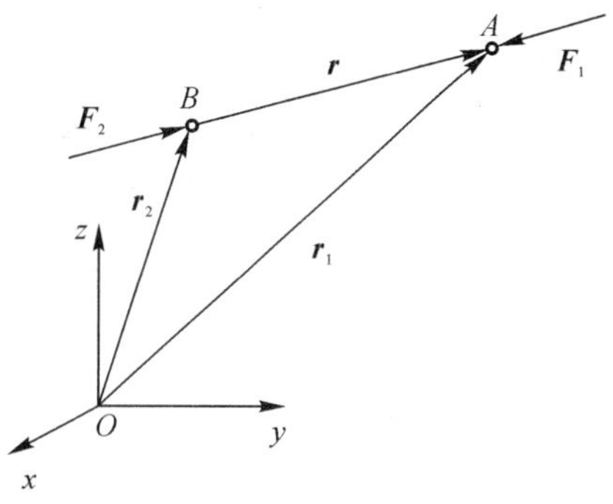

图8-1 二体问题

$$\boldsymbol{r}=\boldsymbol{r}_1-\boldsymbol{r}_2 \tag{8.1.1}$$

将此式两边对时间求二阶导数后，再在两边同乘以m_1m_2，得到

$$m_1m_2\ddot{\boldsymbol{r}}=m_2m_1\ddot{\boldsymbol{r}}_1-m_1m_2\ddot{\boldsymbol{r}}_2 \tag{8.1.2}$$

根据牛顿第二定律和第三定律，有

$$m_1\ddot{\boldsymbol{r}}_1=\boldsymbol{F}_1 \tag{8.1.3}$$

$$m_2\ddot{\boldsymbol{r}}_2=\boldsymbol{F}_2=-\boldsymbol{F}_1 \tag{8.1.4}$$

将式(8.1.3)和式(8.1.4)代入式(8.1.2)后，得到

$$m_1m_2\ddot{\boldsymbol{r}}=(m_1+m_2)\boldsymbol{F}_1 \tag{8.1.5}$$

即

$$\ddot{\boldsymbol{r}}-\frac{m_1+m_2}{m_1m_2}\boldsymbol{F}_1=0 \tag{8.1.6}$$

应用万有引力定律，有

$$\boldsymbol{F}_1=\frac{Gm_1m_2}{r^2}\left(-\frac{\boldsymbol{r}}{r}\right)=-\frac{Gm_1m_2}{r^3}\boldsymbol{r} \tag{8.1.7}$$

式中 G 为万有引力常量，$G\approx 6.67\times 10^{-11}\,\mathrm{N\cdot m^2/kg^2}$。将式(8.1.7)代入式(8.1.6)后，得到

$$\ddot{\boldsymbol{r}}+\frac{\mu}{r^3}\boldsymbol{r}=\boldsymbol{0} \tag{8.1.8}$$

式中

$$\mu=G(m_1+m_2) \tag{8.1.9}$$

式(8.1.8)就是二体问题中的质点 A(航天器)绕质点 B(星体)的运动微分方程。下面采用矢量法研究该方程。用矢量 $\boldsymbol{r}$ 叉乘式(8.1.8)，得到

$$\boldsymbol{r}\times\ddot{\boldsymbol{r}}=\boldsymbol{0} \tag{8.1.10}$$

即

$$\frac{\mathrm{d}}{\mathrm{d}t}(\boldsymbol{r}\times\dot{\boldsymbol{r}})=\boldsymbol{0} \tag{8.1.11}$$

此式可积分为

$$\boldsymbol{r}\times\dot{\boldsymbol{r}}=\mathrm{const}=\boldsymbol{h} \tag{8.1.12}$$

定义 $\boldsymbol{h}=\boldsymbol{r}\times\dot{\boldsymbol{r}}$ 为**单位质量的动量矩**。式(8.1.12)说明：**在二体问题中，单位质量的动量矩 $\boldsymbol{h}$ 保持不变**。由此提供了三个运动积分。由于矢量 $\boldsymbol{h}$ 既垂直于矢量 $\boldsymbol{r}$，又垂直于矢量 $\dot{\boldsymbol{r}}$，因此，矢量 $\boldsymbol{h}$ 垂直于质点 A 绕质点 B 运动的轨道平面。考虑到矢量 $\boldsymbol{h}$ 在惯性空间下的方向保持不变，所以质点 A 绕质点 B 运动的轨道平面必然是在惯性空间下的固定平面。由式(8.1.12)可以看出，矢量 $\boldsymbol{h}$ 可由相应的初始条件确定，即有

$$\boldsymbol{h}=\boldsymbol{r}(0)\times\dot{\boldsymbol{r}}(0) \tag{8.1.13}$$

将式(8.1.8)叉乘矢量 $\boldsymbol{h}$，得到

$$\ddot{\boldsymbol{r}}\times\boldsymbol{h}=-\frac{\mu}{r^3}\boldsymbol{r}\times\boldsymbol{h} \tag{8.1.14}$$

即

$$\frac{\mathrm{d}}{\mathrm{d}t}(\dot{\boldsymbol{r}}\times\boldsymbol{h})=-\frac{\mu}{r^3}\boldsymbol{r}\times(\boldsymbol{r}\times\dot{\boldsymbol{r}}) \tag{8.1.15}$$

根据三个矢量的叉乘公式 $\boldsymbol{a}\times(\boldsymbol{b}\times\boldsymbol{c})=(\boldsymbol{a}\cdot\boldsymbol{c})\boldsymbol{b}-(\boldsymbol{a}\cdot\boldsymbol{b})\boldsymbol{c}$，推得

$$\boldsymbol{r}\times(\boldsymbol{r}\times\dot{\boldsymbol{r}})=(\boldsymbol{r}\cdot\dot{\boldsymbol{r}})\boldsymbol{r}-(\boldsymbol{r}\cdot\boldsymbol{r})\dot{\boldsymbol{r}}=r\dot{r}\boldsymbol{r}-r^2\dot{\boldsymbol{r}} \tag{8.1.16}$$

将此式代入式(8.1.15)，得到

$$\frac{\mathrm{d}}{\mathrm{d}t}(\dot{\boldsymbol{r}}\times\boldsymbol{h})=\mu\left(\frac{1}{r}\dot{\boldsymbol{r}}-\frac{\dot{r}}{r^2}\boldsymbol{r}\right)=\mu\,\frac{\mathrm{d}}{\mathrm{d}t}\left(\frac{1}{r}\boldsymbol{r}\right) \tag{8.1.17}$$

将此式积分后，得到

$$\dot{\boldsymbol{r}}\times\boldsymbol{h}=\mu\left(\frac{1}{r}\boldsymbol{r}+\boldsymbol{e}\right) \tag{8.1.18}$$

式中 $\boldsymbol{e}$ 为积分常矢量，称为轨道的**偏心率矢量**。这样又提供了三个运动积分。由式(8.1.8)可以看出，偏心率矢量 $\boldsymbol{e}$ 可由相应的初始条件确定，即有

$$\boldsymbol{e}=\frac{1}{\mu}[\dot{\boldsymbol{r}}(0)\times\boldsymbol{h}]-\frac{1}{r(0)}\boldsymbol{r}(0) \tag{8.1.19}$$

将式(8.1.18)与矢量 $\boldsymbol{h}$ 点乘后，得到

$$\boldsymbol{e}\cdot\boldsymbol{h}=0 \tag{8.1.20}$$

这说明矢量 $\boldsymbol{e}$ 垂直于矢量 $\boldsymbol{h}$，因此，矢量 $\boldsymbol{e}$ 位于质点 A 绕质点 B 运动的轨道平面内。又因为该矢量的方向保持不变，所以可以将矢量 $\boldsymbol{e}$ 在轨道平面内的方位作为基准方向来度量矢量 $\boldsymbol{r}$ 的方向。为此，通过质点 B 引出矢量 $\boldsymbol{e}$（见图 8-2），采用矢量 $\boldsymbol{r}$ 与矢量 $\boldsymbol{e}$ 的夹角 θ 来度量矢量 $\boldsymbol{r}$ 在轨道平面内的方向，这样质点 A 在其轨道平面内的位置就可以用极坐标 (r,θ) 来描述。下面就来建立质点 A 绕质点 B 运动轨道的极坐标形式的方程。为此，将矢量 $\boldsymbol{r}$ 与式(8.1.18)点乘，得到

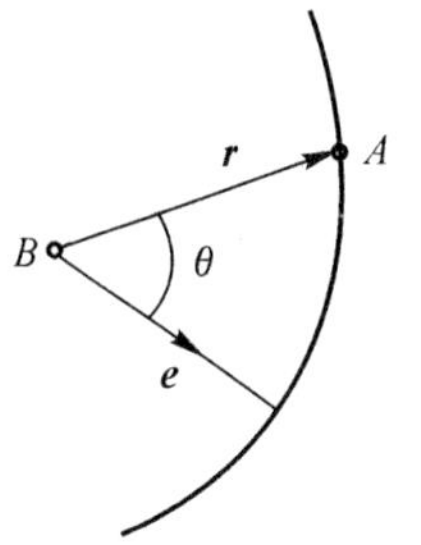

图 8-2　极坐标

$$\boldsymbol{r}\cdot(\dot{\boldsymbol{r}}\times\boldsymbol{h})=\mu\left(\frac{1}{r}\boldsymbol{r}\cdot\boldsymbol{r}+\boldsymbol{r}\cdot\boldsymbol{e}\right) \tag{8.1.21}$$

根据三个矢量的混合积公式 $\boldsymbol{a}\cdot(\boldsymbol{b}\times\boldsymbol{c})=\boldsymbol{c}\cdot(\boldsymbol{a}\times\boldsymbol{b})$，推得

$$\boldsymbol{r}\cdot(\dot{\boldsymbol{r}}\times\boldsymbol{h})=\boldsymbol{h}\cdot(\boldsymbol{r}\times\dot{\boldsymbol{r}})=\boldsymbol{h}\cdot\boldsymbol{h}=h^2 \tag{8.1.22}$$

另外，注意到

$$\boldsymbol{r}\cdot\boldsymbol{r}=r^2 \tag{8.1.23}$$

和

$$\boldsymbol{r}\cdot\boldsymbol{e}=re\cos\theta \tag{8.1.24}$$

将式(8.1.22) ~ 式(8.1.24)代入式(8.1.21)后，得到

$$h^2=\mu r(1+e\cos\theta) \tag{8.1.25}$$

由此解得

$$r=\frac{h^2}{\mu(1+e\cos\theta)} \tag{8.1.26}$$

这就是质点 A 绕质点 B 运动轨道的极坐标形式的方程，由此式可以看出该轨道为圆锥曲线，其中质点 B 是该轨道的焦点之一，e 为轨道的偏心率。当 $e=0$ 时，轨道为圆；当 $0<e<1$ 时，轨道为椭圆；当 $e=1$ 时，轨道为抛物线；当 $e>1$ 时，轨道为双曲线。另外，由式(8.1.26)可以看出：当 $\theta=0$ 时，r 的值最小。这说明：当 r 的值最小时，矢量 $\boldsymbol{r}$ 的方向与矢量 $\boldsymbol{e}$ 的方向相同。称在任意瞬时的矢量 $\boldsymbol{r}$ 与矢量 $\boldsymbol{e}$ 的夹角 θ 为该瞬时的**真近点角**（见图 8-2）。需要说明的是，式(8.1.26)虽然描述了质点 A 绕质点 B 的运动轨道，但该式并没有完全刻画出质点 A 的运动规律。为此，下面将继续研究，推导出能够完全描述质点 A 运动规律的数学模型。

由式(8.1.12)并结合图 8-2，可以推出

$$r^2\dot{\theta}=h \tag{8.1.27}$$

将式(8.1.26)代入式(8.1.27)，得到矢量 $\boldsymbol{r}$ 在轨道平面内转动的角速度为

$$\dot{\theta}=\frac{\mu^2(1+e\cos\theta)^2}{h^3} \tag{8.1.28}$$

分离变量，然后积分，得到

$$t=t_0+\frac{h^3}{\mu^2}\int_0^{\theta}\frac{\mathrm{d}\theta}{(1+e\cos\theta)^2} \tag{8.1.29}$$

式中 t_0 表示 $\theta=0$ 的时刻，称为**过近地点时间**。

单位质量的动量矩 $\boldsymbol{h}$ 确定后，质点 A 绕质点 B 运动的轨道平面也就随之确定了（因为 $\boldsymbol{h}$ 垂直于轨道平面），在此基础上，偏心率矢量 $\boldsymbol{e}$ 在轨道平面内的方位确定后，轨道方程式(8.1.26)和积分式(8.1.29)就完全确定了质点 A 绕质点 B 的运动规律。总之，通过以上分析可以看出：联立式(8.1.13)、式(8.1.19)、式(8.1.26)和式(8.1.29)便构成了描述质点 A 绕质点 B 运动规律的数学模型。

2. 多体问题

二体问题的数学模型具有较简单的公式和获得封闭解的优点，许多物理系统都可用这一模型来描述，如地球和人造地球卫星所组成的系统就可以用二体问题的数学模型来近似描述。虽然如此，仍有若干现象不能用单纯的二体问题的数学模型来描述，因此，多体系统（n 体系统），特别是三体系统运动的研究便具有更为普遍的实际意义。太阳系就是多体系统的典型实例。下面介绍多体问题并研究多体问题的一些有趣的运动特征。

研究多个质点（n 个质点）仅在彼此间万有引力作用下的运动问题称为**多体问题**（n 体问题）。如图 8-3 所示，空间一质点系由 n 个彼此分离的质点 $m_i(i=1,2,\cdots,n)$ 组成，每一个质点代表相应的星体或航天器，设各个质点间仅存在相互的万有引力的作用。下面研究该质点系的运动特征。为此，建立惯性坐标系 $Oxyz$（见图8-3），图中：$\boldsymbol{r}_i$ 表示质点 m_i 的矢径，$\boldsymbol{r}_{ij}$ 表示由质点 m_i 到质点 m_j 的有向线段。根据牛顿第二定律和万有引力定律，可以写出质点 m_i 的矢量形式的运动微分方程为

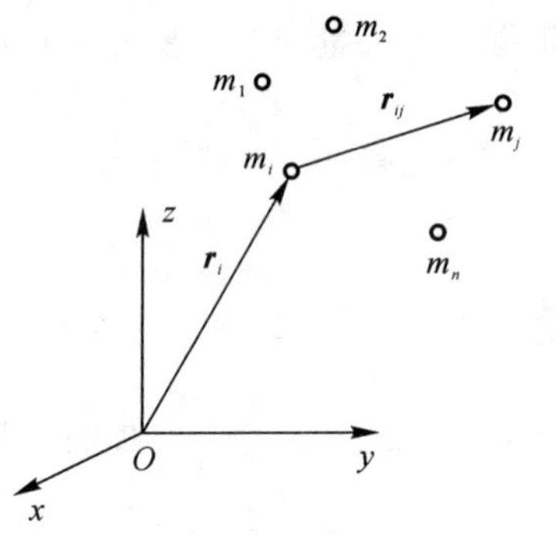

图 8-3　质点系

$$m_i\ddot{\boldsymbol{r}}_i=Gm_i\sum_{\substack{j=1\\ j\neq i}}^{n}\frac{m_j}{r_{ij}^3}\boldsymbol{r}_{ij}\quad(i=1,2,\cdots,n)\tag{8.1.30}$$

该式共包含有 n 个矢量方程，联立这 n 个矢量方程，便形成了所研究质点系（n 体系统）的运动微分方程组。由于该质点系不受外力，因此，该质点系的动量保持不变（动量守恒定理），即有

$$\sum_{i=1}^{n}m_i\dot{\boldsymbol{r}}_i=\boldsymbol{C}_1\tag{8.1.31}$$

将此式积分后，得到

$$\sum_{i=1}^{n}m_i\boldsymbol{r}_i=\boldsymbol{C}_1t+\boldsymbol{C}_2\tag{8.1.32}$$

引入质心的概念后，式(8.1.32)还可写为

$$\boldsymbol{r}_C=\frac{1}{M}(\boldsymbol{C}_1t+\boldsymbol{C}_2)\tag{8.1.33}$$

式中 $\boldsymbol{r}_C=\sum\limits_{i=1}^{n}m_i\boldsymbol{r}_i\Big/\sum\limits_{i=1}^{n}m_i$ 和 $M=\sum\limits_{i=1}^{n}m_i$ 分别表示质点系质心的矢径和质点系的总质量。式(8.1.33)表明：在多体问题中，系统的质心作匀速直线运动或保持静止，即系统的质心运动守恒。

另外，考虑到所研究的质点系（n 体系统）不受外力，因此，该质点系对点 O 的动量矩也保持不变（动量矩守恒定理），即有

$$\boldsymbol{H}_O=\sum_{i=1}^{n}\boldsymbol{r}_i\times m_i\dot{\boldsymbol{r}}_i=\boldsymbol{C}_3 \tag{8.1.34}$$

最后，考虑到所研究的质点系属于保守系统，故该系统的机械能保持不变（机械能守恒定理），即有

$$T+V=C_4 \tag{8.1.35}$$

式中 T 和 V 分别表示系统的动能和万有引力势能，其表达式分别为

$$T=\frac{1}{2}\sum m_i\dot{\boldsymbol{r}}_i\cdot\dot{\boldsymbol{r}}_i \tag{8.1.36}$$

$$V=-\frac{G}{2}\sum_{i=1}^{n}\sum_{\substack{j=1\\j\neq i}}^{n}\frac{m_i m_j}{r_{ij}} \tag{8.1.37}$$

通过以上的分析可以看出：对于多体问题而言，存在代表系统动量守恒、质心运动守恒、动量矩守恒和机械能守恒的运动特征，这些运动特征的表达式分别为式(8.1.31)、式(8.1.33)、式(8.1.34)和式(8.1.35)。其中前三个表达式为矢量形式，第四个表达式为标量形式，因此，这四个表达式总共可以提供十个运动积分。这十个运动积分最早由布劳恩和庞卡莱获得，他们指出，由这些积分不能进一步导出完全表征系统运动的解析解。由此可见，多体问题的一般解析解无法获得。

8.2　自旋航天器姿态动力学

当物体绕自身的某一惯量主轴旋转时，该轴在惯性空间下往往具有某种程度的定向性。早期的许多航天器大都采用这种简单而可靠的被动姿态稳定方式，即自旋稳定方式。采用自旋稳定方式的航天器叫作**自旋航天器**，其旋转轴称为**自旋轴**。

1. 无力矩航天器的姿态运动微分方程及其初积分

如图 8-4 所示为某一在轨运行的航天器（看作刚体），坐标系 $Cxyz$ 为航天器的中心惯量主轴坐标系（该坐标系同航天器相固连）。航天器绕质心 C 的定点运动即为航天器的姿态运动，该运动微分方程可由刚体绕质心的定点运动微分方程式(3.6.12)写出，即为

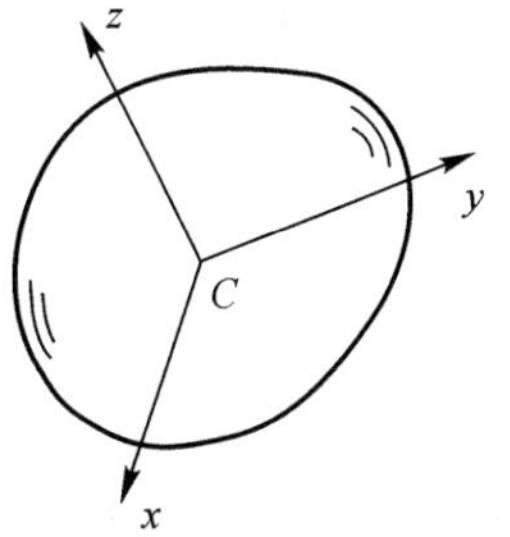

图 8-4　航天器

$$\left.\begin{aligned}J_x\dot{\omega}_x+(J_z-J_y)\omega_y\omega_z&=M_x\\J_y\dot{\omega}_y+(J_x-J_z)\omega_x\omega_z&=M_y\\J_z\dot{\omega}_z+(J_y-J_x)\omega_x\omega_y&=M_z\end{aligned}\right\} \tag{8.2.1}$$

式中 J_x、J_y 和 J_z 分别表示航天器对轴 x、y 和 z 的转动惯量，ω_x、ω_y 和 ω_z 分别表示航天器相对惯性参考系的角速度矢量 $\boldsymbol{\omega}$ 在轴 x、y 和 z 上的投影，M_x、M_y 和 M_z 分别表示作用于航天器上的外力对轴 x、y 和 z 的主矩。如果 $M_x=M_y=M_z=0$ 或 M_x、M_y 和 M_z 都很小以至于都可忽略不计时，则认为航天器处于无力矩的自由状态，这样由式(8.2.1)可以进一步写出无力矩航天器的姿态运动微分方程为

$$\left.\begin{aligned}J_x\dot{\omega}_x+(J_z-J_y)\omega_y\omega_z=0\\J_y\dot{\omega}_y+(J_x-J_z)\omega_x\omega_z=0\\J_z\dot{\omega}_z+(J_y-J_x)\omega_x\omega_y=0\end{aligned}\right\}\tag{8.2.2}$$

微分方程组式(8.2.2)存在若干初积分,具体导出过程如下:依次将式(8.2.2)的各式分别乘以 ω_x、ω_y 和 ω_z 后相加,再积分,得到

$$\frac{1}{2}(J_x\omega_x^2+J_y\omega_y^2+J_z\omega_z^2)=c_1=T\tag{8.2.3}$$

式中 c_1 为积分常量,T 为航天器绕质心定点运动的动能。该式表明:无力矩航天器绕质心定点运动的动能保持不变。初积分式(8.2.3)称为**动能积分**。

将式(8.2.2)的各式分别乘以 $J_x\omega_x$、$J_y\omega_y$ 和 $J_z\omega_z$ 后相加,再积分,得到另一初积分

$$J_x^2\omega_x^2+J_y^2\omega_y^2+J_z^2\omega_z^2=c_2=H^2\tag{8.2.4}$$

式中 c_2 为积分常量,H 为航天器对质心的角动量(动量矩)的模。初积分式(8.2.4)称为**动量矩积分**。

如果用点 P 表示航天器的角速度矢端点,则该点在坐标系 $Cxyz$ 中坐标即为 $(\omega_x,\omega_y,\omega_z)$。这样点 P 既在式(8.2.3)所描述的椭球(该椭球称为**能量椭球**)面上,同时又在式(8.2.4)所描述的椭球(该椭球称为**动量矩椭球**)面上,因此,以上两个椭球面的交线就是航天器的角速度矢端点 P 在坐标系 $Cxyz$ 中的运动轨迹,该轨迹称为**航天器的本体极迹**。图 8-5 定性地画出了在 $J_z>J_y>J_x$ 的情况下,能量椭球上对应于不同初始条件的本体极迹曲线族。

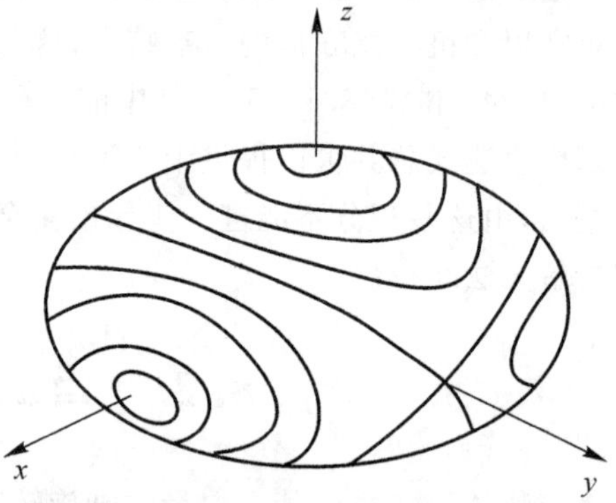

图 8-5　本体极迹

2. 自旋运动的稳定性

显然,方程组(8.2.2)存在以下三组特解:

$$\omega_x=\omega_{x0},\quad \omega_y=0,\quad \omega_z=0\tag{8.2.5}$$

$$\omega_x=0,\quad \omega_y=\omega_{y0},\quad \omega_z=0\tag{8.2.6}$$

$$\omega_x=0,\quad \omega_y=0,\quad \omega_z=\omega_{z0}\tag{8.2.7}$$

式中 ω_{x0}、ω_{y0} 和 ω_{z0} 均为常量。以上三组特解分别代表航天器绕三根中心惯量主轴 $\boldsymbol{x}$、$\boldsymbol{y}$ 和 $\boldsymbol{z}$ 的匀角速转动,且转轴在惯性空间中的方位保持不变。航天器绕中心惯量主轴的匀角速转动称为航天器的**永久转动**或**自旋运动**。下面讨论航天器自旋运动的稳定性,不失一般性,下面仅讨论航天器绕 x 轴的自旋运动的稳定性,即只讨论特解(8.2.5)的稳定性。为此,作特解(8.2.5)的扰动变量

$$\left.\begin{aligned}x_1&=\omega_x-\omega_{x0}\\x_2&=\omega_y\\x_3&=\omega_z\end{aligned}\right\}\tag{8.2.8}$$

并代入方程式(8.2.2)后,得到扰动运动微分方程为

$$\left.\begin{aligned}\dot{x}_1&=\frac{J_y-J_z}{J_x}x_2x_3\\\dot{x}_2&=\frac{J_z-J_x}{J_y}x_3(x_1+\omega_{x0})\\\dot{x}_3&=\frac{J_x-J_y}{J_z}x_2(x_1+\omega_{x0})\end{aligned}\right\}\tag{8.2.9}$$

这样研究航天器绕 x 轴的自旋运动的稳定性问题就等价于研究方程式(8.2.9)的原点的稳定性问题。下面分三种情况讨论。

第一种情况：$J_x>J_y$ 且 $J_x>J_z$。

构造函数

$$\begin{aligned}V(x_1,x_2,x_3)=&(J_xx_1^2+J_yx_2^2+J_zx_3^2+2J_x\omega_{x0}x_1)^2+\\&[J_y(J_x-J_y)x_2^2+J_z(J_x-J_z)x_3^2]\end{aligned}\tag{8.2.10}$$

显然，函数 $V(x_1,x_2,x_3)$ 是正定的，该函数沿方程(8.2.9)的解的导数为

$$\begin{aligned}\dot{V}=&\frac{\partial V}{\partial x_1}\dot{x}_1+\frac{\partial V}{\partial x_2}\dot{x}_2+\frac{\partial V}{\partial x_3}\dot{x}_3=\\&2(J_xx_1^2+J_yx_2^2+J_zx_3^2+2J_x\omega_{x0}x_1)(2J_xx_1+2J_x\omega_{x0})\frac{J_y-J_z}{J_x}x_2x_3+\\&[2(J_xx_1^2+J_yx_2^2+J_zx_3^2+2J_x\omega_{x0}x_1)(2J_yx_2)+2J_y(J_x-J_y)x_2]\frac{J_z-J_x}{J_y}x_3(x_1+\omega_{x0})+\\&[2(J_xx_1^2+J_yx_2^2+J_zx_3^2+2J_x\omega_{x0}x_1)(2J_zx_3)+2J_z(J_x-J_z)x_3]\frac{J_x-J_y}{J_z}x_2(x_1+\omega_{x0})=0\end{aligned}\tag{8.2.11}$$

根据李雅普诺夫稳定性定理(即第 5 章的定理 5－5)可知：在第一种情况下，方程式(8.2.9)的原点是稳定的，即**航天器绕最大转动惯量的那根中心惯量主轴的自旋运动是稳定的**。

第二种情况：$J_x<J_y$ 且 $J_x<J_z$。

构造函数

$$\begin{aligned}V(x_1,x_2,x_3)=&(J_xx_1^2+J_yx_2^2+J_zx_3^2+2J_x\omega_{x0}x_1)^2-\\&[J_y(J_x-J_y)x_2^2+J_z(J_x-J_z)x_3^2]\end{aligned}\tag{8.2.12}$$

显然，函数 $V(x_1,x_2,x_3)$ 是正定的，该函数沿方程(8.2.9)的解的导数为

$$\begin{aligned}\dot{V}=&\frac{\partial V}{\partial x_1}\dot{x}_1+\frac{\partial V}{\partial x_2}\dot{x}_2+\frac{\partial V}{\partial x_3}\dot{x}_3=\\&2(J_xx_1^2+J_yx_2^2+J_zx_3^2+2J_x\omega_{x0}x_1)(2J_xx_1+2J_x\omega_{x0})\frac{J_y-J_z}{J_x}x_2x_3+\\&[2(J_xx_1^2+J_yx_2^2+J_zx_3^2+2J_x\omega_{x0}x_1)(2J_yx_2)-2J_y(J_x-J_y)x_2]\frac{J_z-J_x}{J_y}x_3(x_1+\omega_{x0})+\\&[2(J_xx_1^2+J_yx_2^2+J_zx_3^2+2J_x\omega_{x0}x_1)(2J_zx_3)-2J_z(J_x-J_z)x_3]\frac{J_x-J_y}{J_z}x_2(x_1+\omega_{x0})=0\end{aligned}\tag{8.2.13}$$

根据李雅普诺夫稳定性定理(即第 5 章的定理 5－5)可知：在第二种情况下，方程式(8.2.9)的

原点也是稳定的，即**航天器绕最小转动惯量的那根中心惯量主轴的自旋运动是稳定的**。

第三种情况：$J_x < J_y$ 且 $J_x > J_z$。

构造函数

$$V(x_1,x_2,x_3) = -x_2x_3 \tag{8.2.14}$$

显然，函数 $V(x_1,x_2,x_3)$ 是变号的。该函数沿方程(8.2.9)的解的导数为

$$\dot{V} = \frac{\partial V}{\partial x_1}\dot{x}_1 + \frac{\partial V}{\partial x_2}\dot{x}_2 + \frac{\partial V}{\partial x_3}\dot{x}_3 = -x_3\frac{J_z - J_x}{J_y}x_3(x_1+\omega_{x0}) - x_2\frac{J_x - J_y}{J_z}x_2(x_1+\omega_{x0}) =$$

$$(x_1+\omega_{x0})\left[\frac{J_y - J_x}{J_z}x_2^2 + \frac{J_x - J_z}{J_y}x_3^2\right] \tag{8.2.15}$$

当 $\omega_{x0} > 0$ 时，在原点的足够小的邻域内，有 $\dot{V} \geqslant 0$。由 $x_2 = 0$ 和 $x_3 = 0$ 的两个平面将上述邻域分成四个区域。选择 $x_2 > 0$，$x_3 < 0$ 的区域，在该区域内有 $V > 0$ 与 $\dot{V} > 0$。根据切达耶夫不稳定性定理(即第5章的定理5-7)可知，在第三种情况下，方程(8.2.9)的原点是不稳定的，即**航天器绕中等转动惯量的那根中心惯量主轴的自旋运动是不稳定的**。

总结以上讨论的结果，可以得出航天器自旋运动的稳定性结论如下：**航天器绕最大或最小转动惯量的中心惯量主轴的自旋运动都是稳定的，而航天器绕中等转动惯量的那根中心惯量主轴的自旋运动是不稳定的**。此结论也可以从图8-5所示的本体极迹曲线族中看出来。如该图所示，最大转动惯量的中心惯量主轴 z 和最小转动惯量的中心惯量主轴 x 附近的本体极迹都是封闭的，这说明航天器在绕轴 z 和轴 x 的自旋运动受到小干扰后，只能分别变化到轴 z 和轴 x 附近的封闭的本体极迹上，因而航天器绕轴 z 和轴 x 的自旋运动都是稳定的。中等转动惯量的那根中心惯量主轴 y 附近的本体极迹不是封闭的，因而航天器在绕轴 y 的自旋运动是不稳定的。

3. 轴对称航天器的自由姿态运动

航天器的自由姿态运动是指航天器在无外力矩作用下的姿态运动。下面讨论轴对称航天器的自由姿态运动。

如图8-6所示为某一在轨运行的轴对称航天器(航天器的质量分布相对 z 轴对称)，坐标系 $Cxyz$ 为该航天器的中心惯量主轴坐标系，坐标系 $Cx_0y_0z_0$ 是相对于惯性参考系作平移运动的坐标系(质心平动坐标系)。航天器相对质心平动坐标系 $Cx_0y_0z_0$ 的运动即为航天器的姿态运动。考虑到该航天器的质量相对 z 轴对称，因此，有

$$J_x = J_y = J_\tau \tag{8.2.16}$$

式中 J_τ 称为航天器对横轴的转动惯量。将此式代入方程式(8.2.2)，可得到轴对称航天器的自由姿态运动微分方程为

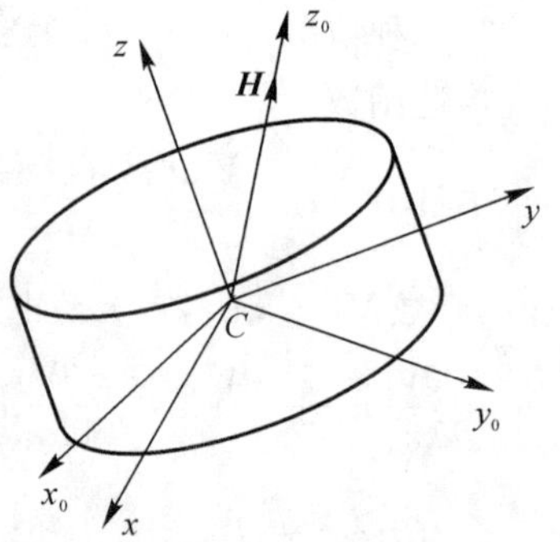

图8-6 轴对称航天器

$$\left.\begin{aligned} J_\tau\dot{\omega}_x + (J_z - J_\tau)\omega_y\omega_z &= 0 \\ J_\tau\dot{\omega}_y + (J_\tau - J_z)\omega_x\omega_z &= 0 \\ J_z\dot{\omega}_z &= 0 \end{aligned}\right\} \tag{8.2.17}$$

式(8.2.17)的第三式可积分为

$$\omega_z = \omega_{z0} \tag{8.2.18}$$

式中 ω_{z0} 为积分常量,由运动的初始条件确定。

将式(8.2.18) 代入式(8.2.17) 的前两式后,得到

$$\left.\begin{aligned} \dot{\omega}_x &= -\Omega\omega_y \\ \dot{\omega}_y &= \Omega\omega_x \end{aligned}\right\} \tag{8.2.19}$$

式中 $\Omega = (J_z/J_\tau - 1)\omega_{z0}$。容易求得微分方程组(8.2.19) 的通解为

$$\omega_x = \omega_\tau \cos(\Omega t + \alpha), \omega_y = \omega_\tau \sin(\Omega t + \alpha) \tag{8.2.20}$$

式中 ω_τ 和 α 是两个积分常量,由运动的初始条件确定。这样轴对称航天器在自由状态下的角速度可表达为

$$\left.\begin{aligned} \omega_x &= \omega_\tau \cos(\Omega t + \alpha) \\ \omega_y &= \omega_\tau \sin(\Omega t + \alpha) \\ \omega_z &= \omega_{z0} \end{aligned}\right\} \tag{8.2.21}$$

式中 ω_τ 也称为航天器的**横向角速度**,它在坐标平面 xCy 内以匀角速度 Ω 绕 z 轴转动。

下面讨论轴对称航天器的自由姿态运动。

根据质点系相对质心的动量矩定理可知:航天器在无外力矩作用的自由状态下,它对质心的动量矩 $\boldsymbol{H}$ 保持不变,即矢量 $\boldsymbol{H}$ 在惯性空间下的大小和方向都保持不变。这样可以把图 8-6 中描述航天器姿态运动的参考系 $Cx_0y_0z_0$ 的轴 z_0 的正向选定为矢量 $\boldsymbol{H}$ 的方向。下面用坐标系 $Cxyz$ 相对参考系 $Cx_0y_0z_0$ 的欧拉角 ψ、θ 和 φ 来描述航天器的姿态。这样矢量 $\boldsymbol{H}$ 在坐标系 $Cxyz$ 中的坐标列阵可表达为

$$\underline{\boldsymbol{H}} = \begin{Bmatrix} H\sin\theta\sin\varphi \\ H\sin\theta\cos\varphi \\ H\cos\theta \end{Bmatrix} \tag{8.2.22}$$

根据刚体对质心的动量矩计算公式(3.6.2),有

$$\underline{\boldsymbol{H}} = \begin{bmatrix} J_x & 0 & 0 \\ 0 & J_y & 0 \\ 0 & 0 & J_z \end{bmatrix} \begin{Bmatrix} \omega_x \\ \omega_y \\ \omega_z \end{Bmatrix} = \begin{Bmatrix} J_x\omega_x \\ J_y\omega_y \\ J_z\omega_z \end{Bmatrix} = \begin{Bmatrix} J_\tau\omega_x \\ J_\tau\omega_y \\ J_z\omega_z \end{Bmatrix} \tag{8.2.23}$$

比较式(8.2.22) 和式(8.2.23) 后,得到

$$\begin{Bmatrix} \omega_x \\ \omega_y \\ \omega_z \end{Bmatrix} = \begin{Bmatrix} H\sin\theta\sin\varphi/J_\tau \\ H\sin\theta\cos\varphi/J_\tau \\ H\cos\theta/J_z \end{Bmatrix} \tag{8.2.24}$$

根据刚体角速度与欧拉角之间的关系式(2.12.35),有

$$\begin{Bmatrix} \dot{\psi} \\ \dot{\theta} \\ \dot{\varphi} \end{Bmatrix} = \begin{bmatrix} \sin\varphi/\sin\theta & \cos\varphi/\sin\theta & 0 \\ \cos\varphi & -\sin\varphi & 0 \\ -\sin\varphi\,\mathrm{ctg}\theta & -\cos\varphi\,\mathrm{ctg}\theta & 1 \end{bmatrix} \begin{Bmatrix} \omega_x \\ \omega_y \\ \omega_z \end{Bmatrix} \tag{8.2.25}$$

将式(8.2.24) 代入此式,得到

$$\dot{\psi} = \frac{H}{J_\tau} \tag{8.2.26}$$

$$\dot{\theta} = 0 \tag{8.2.27}$$

$$\dot{\varphi}=\left(\frac{1}{J_z}-\frac{1}{J_\tau}\right)H\cos\theta \tag{8.2.28}$$

由式(8.2.24)的第三式知

$$H\cos\theta=J_z\omega_z=J_z\omega_{z0} \tag{8.2.29}$$

将此式代入式(8.2.28)后，得到

$$\dot{\varphi}=\left(1-\frac{J_z}{J_\tau}\right)\omega_{z0} \tag{8.2.30}$$

分别将式(8.2.26)、式(8.2.27)和式(8.2.30)进行积分，得到

$$\left.\begin{aligned}\psi&=\frac{H}{J_\tau}t+\psi_0\\ \theta&=\theta_0\\ \varphi&=\left(1-\frac{J_z}{J_\tau}\right)\omega_{z0}t+\varphi_0\end{aligned}\right\} \tag{8.2.31}$$

式中 ψ_0、θ_0 和 φ_0 分别为初始时刻的 ψ、θ 和 φ 之值。式(8.2.31)就是轴对称航天器的自由姿态运动规律。由该式可看出，航天器的章动角 θ 保持不变(即航天器的自转轴 z 与动量矩 $\boldsymbol{H}$ 的夹角保持不变)，航天器的进动和自转均表现为匀速转动。

8.3 双自旋航天器姿态动力学

为了使航天器上的通信天线和观察仪定向，在自旋航天器的基础上又发展出了双自旋航天器。双自旋航天器由转子和平台组成，转子是其中的主体，它绕自旋轴旋转，使得主体(转子)获得必要的自旋姿态运动的稳定性。通信天线和观察仪安放在平台上，平台和转子通过消旋轴承连接，消旋轴承的轴线与转子自旋轴的轴线相重合。

本节以轴对称双自旋航天器为例，讨论其姿态动力学问题。

1. 轴对称双自旋航天器的姿态动力学方程

如图 8-7 所示为一在轨运行的轴对称双自旋航天器，其转子的质心 C_1、平台的质心 C_2 和航天器系统的质心 C 都处在轴承的轴线上。坐标系 $C_1x_1y_1z_1$ 和 $C_2x_2y_2z_2$ 分别为转子和平台的中心惯量主轴坐标系，坐标系 $Cx_3y_3z_3$ 是与转子相固连的坐标系，且轴 Cx_3 和 Cy_3 分别与轴 C_1x_1 和 C_1y_1 的指向相同，坐标系 $Cx_4y_4z_4$ 是与平台相固连的坐标系，且轴 Cx_4 和 Cy_4 分别与轴 C_2x_2 和 C_2y_2 的指向相同，坐标系 $Cx_0y_0z_0$ 是相对于惯性参考系作平移运动的坐标系(质心平动坐标系)。航

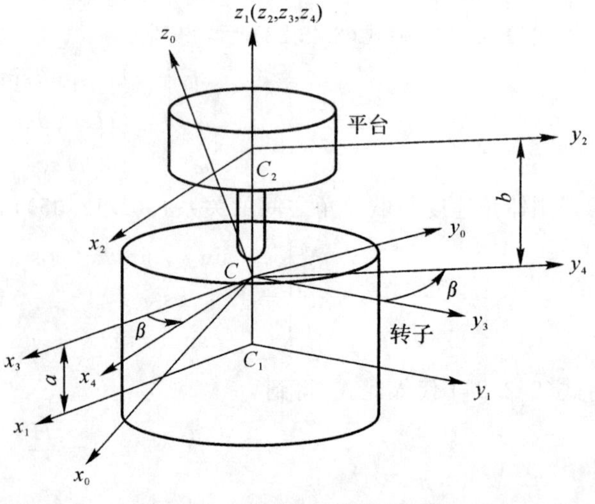

图 8-7 轴对称双自旋航天器

天器相对质心平动坐标系 $Cx_0y_0z_0$ 的运动即为航天器的姿态运动。下面建立该航天器的姿态动力学方程。航天器的姿态动力学方程可由质点系相对质心的动量矩定理导出，根据该定理，有

$$\frac{\mathrm{d}\boldsymbol{H}_C^{\mathrm{r}}}{\mathrm{d}t}=\boldsymbol{M}_C \tag{8.3.1}$$

式中 $\boldsymbol{H}_C^{\mathrm{r}}$ 表示航天器相对质心平动坐标系 $Cx_0y_0z_0$ 的运动中对质心的动量矩，$\boldsymbol{M}_C$ 表示作用于航天器的外力对质心的主矩。根据绝对导数与相对导数之间的关系，有

$$\frac{\mathrm{d}\boldsymbol{H}_C^{\mathrm{r}}}{\mathrm{d}t}=\frac{\tilde{\mathrm{d}}\boldsymbol{H}_C^{\mathrm{r}}}{\mathrm{d}t}+\boldsymbol{\omega}_1\times\boldsymbol{H}_C^{\mathrm{r}} \tag{8.3.2}$$

式中 $\frac{\tilde{\mathrm{d}}\boldsymbol{H}_C^{\mathrm{r}}}{\mathrm{d}t}$ 表示矢量 $\boldsymbol{H}_C^{\mathrm{r}}$ 在动坐标系 $Cx_3y_3z_3$ 中对时间的导数，$\boldsymbol{\omega}_1$ 为转子的绝对角速度（即动坐标系 $Cx_3y_3z_3$ 的绝对角速度）。设航天器处于无外力矩的自由状态，即 $\boldsymbol{M}_C=\boldsymbol{0}$，这样式(8.3.1)可以改写为

$$\frac{\tilde{\mathrm{d}}\boldsymbol{H}_C^{\mathrm{r}}}{\mathrm{d}t}+\boldsymbol{\omega}_1\times\boldsymbol{H}_C^{\mathrm{r}}=\boldsymbol{0} \tag{8.3.3}$$

将矢量式(8.3.3)写成在坐标系 $Cx_3y_3z_3$ 中的矩阵形式，有

$$\{\dot{H}_C^{r}\}_3+[\tilde{\omega}_1]_3\{H_C^{r}\}_3=\begin{Bmatrix}0\\0\\0\end{Bmatrix} \tag{8.3.4}$$

由于所研究的航天器由转子和平台组成，故有

$$\boldsymbol{H}_C^{\mathrm{r}}=\boldsymbol{H}_{1C}^{\mathrm{r}}+\boldsymbol{H}_{2C}^{\mathrm{r}} \tag{8.3.5}$$

式中 $\boldsymbol{H}_{1C}^{\mathrm{r}}$ 和 $\boldsymbol{H}_{2C}^{\mathrm{r}}$ 分别表示转子和平台对相对质心平动坐标系 $Cx_0y_0z_0$ 的运动中各自对点 C 的动量矩。将矢量式(8.3.5)写成在坐标系 $Cx_3y_3z_3$ 中的矩阵形式，有

$$\{H_C^{\mathrm{r}}\}_3=\{H_{1C}^{\mathrm{r}}\}_3+[C^{34}]\{H_{2C}^{\mathrm{r}}\}_4 \tag{8.3.6}$$

其中坐标系 $Cx_4y_4z_4$ 相对坐标系 $Cx_3y_3z_3$ 的方向余弦矩阵可表达为

$$[C^{34}]=\begin{bmatrix}\cos\beta & -\sin\beta & 0\\ \sin\beta & \cos\beta & 0\\ 0 & 0 & 1\end{bmatrix} \tag{8.3.7}$$

式中 β 为平台相对转子的转角。

转子相对质心平动坐标系 $Cx_0y_0z_0$ 的运动中对质心 C 的动量矩矢量 $\boldsymbol{H}_{1C}^{\mathrm{r}}$ 在坐标系 $Cx_3y_3z_3$ 中的坐标列阵可表达为

$$\{H_{1C}^{\mathrm{r}}\}_3=[J_1]_3\{\omega_1\}_3 \tag{8.3.8}$$

式中 $[J_1]_3$ 为转子相对坐标系 $Cx_3y_3z_3$ 的惯量矩阵，$\{\omega_1\}_3$ 为转子的绝对角速度矢量 $\boldsymbol{\omega}_1$ 在坐标系 $Cx_3y_3z_3$ 中的坐标列阵。容易写出 $[J_1]_3$ 的表达式为

$$[J_1]_3=\begin{bmatrix}J_\tau^{(1)}+m_1a^2 & 0 & 0\\ 0 & J_\tau^{(1)}+m_1a^2 & 0\\ 0 & 0 & J_{z_1}^{(1)}\end{bmatrix} \tag{8.3.9}$$

式中 m_1 为转子的质量，a 为线段 CC_1 的长，$J_\tau^{(1)}=J_{x_1}^{(1)}=J_{y_1}^{(1)}$ 为转子对横轴 x_1 或横轴 y_1 的转动惯量，$J_{z_1}^{(1)}$ 为转子对轴 z_1 的转动惯量。

用 $\omega_{x_1}^{(1)}$、$\omega_{y_1}^{(1)}$ 和 $\omega_{z_1}^{(1)}$ 分别表示转子的绝对角速度矢量 $\boldsymbol{\omega}_1$ 在轴 x_1、y_1 和 z_1 上的投影，则列阵 $\{\omega_1\}_3$ 和方阵 $[\tilde{\omega}_1]_3$ 可以分别表达为

$$\{\omega_1\}_3=\begin{Bmatrix}\omega_{x_1}^{(1)}\\ \omega_{y_1}^{(1)}\\ \omega_{z_1}^{(1)}\end{Bmatrix} \tag{8.3.10a}$$

$$[\tilde{\omega}_1]_3=\begin{bmatrix}0 & -\omega_{z_1}^{(1)} & \omega_{y_1}^{(1)}\\ \omega_{z_1}^{(1)} & 0 & -\omega_{x_1}^{(1)}\\ -\omega_{y_1}^{(1)} & \omega_{x_1}^{(1)} & 0\end{bmatrix} \tag{8.3.10b}$$

将式(8.3.9) 和式(8.3.10a) 代入式(8.3.8) 后，得到

$$\{H_{1C}^{\mathrm{r}}\}_3=\begin{Bmatrix}(J_{\tau}^{(1)}+m_1a^2)\,\omega_{x_1}^{(1)}\\ (J_{\tau}^{(1)}+m_1a^2)\,\omega_{y_1}^{(1)}\\ J_{z_1}^{(1)}\omega_{z_1}^{(1)}\end{Bmatrix} \tag{8.3.11}$$

同理可以推出

$$\{H_{2C}^{\mathrm{r}}\}_4=\begin{Bmatrix}(J_{\tau}^{(2)}+m_2b^2)\,\omega_{x_2}^{(2)}\\ (J_{\tau}^{(2)}+m_2b^2)\,\omega_{y_2}^{(2)}\\ J_{z_2}^{(2)}\omega_{z_2}^{(2)}\end{Bmatrix} \tag{8.3.12}$$

式中 m_2 为平台的质量，b 为线段 CC_2 的长，$J_{\tau}^{(2)}=J_{x_2}^{(2)}=J_{y_2}^{(2)}$ 为平台对横轴 x_2 或横轴 y_2 的转动惯量，$J_{z_2}^{(2)}$ 为平台对轴 z_2 的转动惯量，$\omega_{x_2}^{(2)}$、$\omega_{y_2}^{(2)}$ 和 $\omega_{z_2}^{(2)}$ 分别表示平台的绝对角速度矢量 $\boldsymbol{\omega}_2$ 在轴 x_2、y_2 和 z_2 上的投影。

由于平台相对于转子绕 z_2 轴转动，故平台的绝对角速度 $\boldsymbol{\omega}_2$ 可以表达为

$$\boldsymbol{\omega}_2=\boldsymbol{\omega}_1+\dot{\beta}\boldsymbol{k} \tag{8.3.13}$$

式中 $\boldsymbol{k}$ 表示沿 z_2 轴正向的单位矢。将矢量式(8.3.13) 写成在坐标系 $C_2x_2y_2z_2$ 中的矩阵形式，有

$$\begin{Bmatrix}\omega_{x_2}^{(2)}\\ \omega_{y_2}^{(2)}\\ \omega_{z_2}^{(2)}\end{Bmatrix}=\begin{bmatrix}\cos\beta & \sin\beta & 0\\ -\sin\beta & \cos\beta & 0\\ 0 & 0 & 1\end{bmatrix}\begin{Bmatrix}\omega_{x_1}^{(1)}\\ \omega_{y_1}^{(1)}\\ \omega_{z_1}^{(1)}\end{Bmatrix}+\dot{\beta}\begin{bmatrix}0\\ 0\\ 1\end{bmatrix} \tag{8.3.14}$$

即

$$\omega_{x_2}^{(2)}=\omega_{x_1}^{(1)}\cos\beta+\omega_{y_1}^{(1)}\sin\beta \tag{8.3.15a}$$

$$\omega_{y_2}^{(2)}=-\omega_{x_1}^{(1)}\sin\beta+\omega_{y_1}^{(1)}\cos\beta \tag{8.3.15b}$$

$$\omega_{z_2}^{(2)}=\omega_{z_1}^{(1)}+\dot{\beta} \tag{8.3.15c}$$

将式(8.3.15) 代入式(8.3.12) 后，再将所得到的式子连同式(8.3.11) 和式(8.3.7) 一同代入式(8.3.6) 后，得到

$$\{H_C^{\mathrm{r}}\}_3=\begin{Bmatrix}J_{\tau}\omega_{x_1}^{(1)}\\ J_{\tau}\omega_{y_1}^{(1)}\\ J_z\omega_{z_1}^{(1)}+J_{z_2}^{(2)}\dot{\beta}\end{Bmatrix} \tag{8.3.16}$$

式中

$$J_\tau = J_\tau^{(1)} + J_\tau^{(2)} + m_1 a^2 + m_2 b^2 \tag{8.3.17a}$$

$$J_z = J_{z_1}^{(1)} + J_{z_2}^{(2)} \tag{8.3.17b}$$

显然，J_τ 和 J_z 可分别理解为将轴对称双自旋航天器看作一个刚体时，该刚体对于横轴 x_3 和竖轴 z_3 的转动惯量。

将式(8.3.16) 和式(8.3.10b) 代入式(8.3.4) 后，得到

$$\left.\begin{aligned} &J_\tau \dot{\omega}_{x_1}^{(1)} + [(J_z - J_\tau)\omega_{z_1}^{(1)} + J_{z_2}^{(2)}\dot{\beta}]\omega_{y_1}^{(1)} = 0 \\ &J_\tau \dot{\omega}_{y_1}^{(1)} - [(J_z - J_\tau)\omega_{z_1}^{(1)} + J_{z_2}^{(2)}\dot{\beta}]\omega_{x_1}^{(1)} = 0 \\ &J_z \dot{\omega}_{z_1}^{(1)} + J_{z_2}^{(2)}\ddot{\beta} = 0 \end{aligned}\right\} \tag{8.3.18}$$

取转子为研究对象，应用刚体绕质心的定点运动微分方程式(3.6.12) 的第三式，有

$$J_{z_1}^{(1)}\dot{\omega}_{z_1}^{(1)} + (J_{y_1}^{(1)} - J_{x_1}^{(1)})\omega_{x_1}^{(1)}\omega_{y_1}^{(1)} = M_{z_1} \tag{8.3.19}$$

式中 M_{z_1} 为作用于转子上的外力对于轴 z_1 的主矩。设平台的消旋电机对转子的驱动力矩和轴承作用于转子的摩擦力矩恰好平衡，即 $M_{z_1}=0$，又考虑到 $J_{x_1}^{(1)} = J_{y_1}^{(1)}$，这样式(8.3.19) 可以进一步化简为

$$\dot{\omega}_{z_1}^{(1)} = 0 \tag{8.3.20}$$

将此式和式(8.3.18) 联立起来，即构成所研究的轴对称双自旋航天器的姿态动力学方程。

2. 轴对称双自旋航天器的姿态运动

积分式(8.3.20)，得到

$$\omega_{z_1}^{(1)} = \Omega_1 \tag{8.3.21}$$

式中 Ω_1 为积分常量，由运动的初始条件确定。

将式(8.3.20) 代入式(8.3.18) 的第三式，得到

$$\ddot{\beta} = 0 \tag{8.3.22}$$

将此式连续积分两次后，得到

$$\beta = \Omega_2 t + \beta_0 \tag{8.3.23}$$

式中 Ω_2 和 β_0 为积分常量，由运动的初始条件确定。

将式(8.3.21) 和式(8.3.23) 代入式(8.3.18) 的前两式后，得到

$$\left.\begin{aligned} &\dot{\omega}_{x_1}^{(1)} = -k\omega_{y_1}^{(1)} \\ &\dot{\omega}_{y_1}^{(1)} = k\omega_{x_1}^{(1)} \end{aligned}\right\} \tag{8.3.24}$$

式中

$$k = \frac{(J_z - J_\tau)\Omega_1 + J_{z_2}^{(2)}\Omega_2}{J_\tau} \tag{8.3.25}$$

容易求得微分方程组式(8.3.24) 的通解为

$$\omega_{x_1}^{(1)} = \omega_\tau \cos(kt + \alpha), \quad \omega_{y_1}^{(1)} = \omega_\tau \sin(kt + \alpha) \tag{8.3.26}$$

式中 ω_τ 和 α 是两个积分常量，由运动的初始条件确定。把式(8.3.26)、式(8.3.21) 和式(8.3.23) 联写在一起，即可得到所研究的轴对称双自旋航天器的角运动规律为

$$\left.\begin{aligned}\omega_{x_1}^{(1)}&=\omega_\tau\cos(kt+\alpha)\\\omega_{y_1}^{(1)}&=\omega_\tau\sin(kt+\alpha)\\\omega_{z_1}^{(1)}&=\Omega_1\\\beta&=\Omega_2t+\beta_0\end{aligned}\right\}\tag{8.3.26}$$

下面接着讨论轴对称双自旋航天器的姿态运动。

由式(8.3.1)知，在 $\boldsymbol{M}_C=\boldsymbol{0}$ 的情形下(即航天器处于无外力矩的自由状态下)，$\boldsymbol{H}_C^{\mathrm{r}}$ 保持不变，即矢量 $\boldsymbol{H}_C^{\mathrm{r}}$ 在惯性空间下的大小和方向都保持不变。这样可以把图 8-7 中描述航天器姿态运动的参考系 $Cx_0y_0z_0$ 的 z_0 轴的正向选定为矢量 $\boldsymbol{H}_C^{\mathrm{r}}$ 的方向。下面用坐标系 $Cx_3y_3z_3$ 相对参考系 $Cx_0y_0z_0$ 的欧拉角 ψ、θ 和 φ 来描述转子的姿态。这样矢量 $\boldsymbol{H}_C^{\mathrm{r}}$ 在坐标系 $Cx_3y_3z_3$ 中的坐标列阵可表达为

$$\{H_C^{\mathrm{r}}\}_3=\begin{Bmatrix}H_C^{\mathrm{r}}\sin\theta\sin\varphi\\H_C^{\mathrm{r}}\sin\theta\cos\varphi\\H_C^{\mathrm{r}}\cos\theta\end{Bmatrix}\tag{8.3.27}$$

将此式同式(8.3.16)相比较，可得

$$\begin{Bmatrix}\omega_{x_1}^{(1)}\\\omega_{y_1}^{(1)}\\\omega_{z_1}^{(1)}\end{Bmatrix}=\begin{Bmatrix}H_C^{\mathrm{r}}\sin\theta\sin\varphi/J_\tau\\H_C^{\mathrm{r}}\sin\theta\cos\varphi/J_\tau\\(H_C^{\mathrm{r}}\cos\theta-J_{z_2}^{(2)}\dot\beta)/J_z\end{Bmatrix}\tag{8.3.28}$$

根据刚体角速度与欧拉角之间的关系式(2.12.35)，有

$$\begin{Bmatrix}\dot\psi\\\dot\theta\\\dot\varphi\end{Bmatrix}=\begin{bmatrix}\sin\varphi/\sin\theta&\cos\varphi/\sin\theta&0\\\cos\varphi&-\sin\varphi&0\\-\sin\varphi\cot\theta&-\cos\varphi\cot\theta&1\end{bmatrix}\begin{Bmatrix}\omega_{x_1}^{(1)}\\\omega_{y_1}^{(1)}\\\omega_{z_1}^{(1)}\end{Bmatrix}\tag{8.3.29}$$

将式(8.3.28)代入此式，得到

$$\dot\psi=\frac{H_C^{\mathrm{r}}}{J_\tau}\tag{8.3.30}$$

$$\dot\theta=0\tag{8.3.31}$$

$$\dot\varphi=\left(\frac{1}{J_z}-\frac{1}{J_\tau}\right)H_C^{\mathrm{r}}\cos\theta-\frac{J_{z_2}^{(2)}}{J_z}\dot\beta\tag{8.3.32}$$

由(8.3.28)的第三式知

$$H_C^{\mathrm{r}}\cos\theta=J_z\omega_{z_1}^{(1)}+J_{z_2}^{(2)}\dot\beta\tag{8.3.33}$$

将式(8.3.21)和式(8.3.23)代入此式后，再将所得到的式子代入式(8.3.32)，得到

$$\dot\varphi=\left(1-\frac{J_z}{J_\tau}\right)\Omega_1-\frac{J_{z_2}^{(2)}}{J_z}\Omega_2\tag{8.3.34}$$

分别将式(8.3.30)、式(8.3.31)和式(8.3.34)进行积分，得到

$$\left.\begin{aligned}\psi&=\frac{H_C^{\mathrm{r}}}{J_\tau}t+\psi_0\\\theta&=\theta_0\\\varphi&=\left[\left(1-\frac{J_z}{J_\tau}\right)\Omega_1-\frac{J_{z_2}^{(2)}}{J_z}\Omega_2\right]t+\varphi_0\end{aligned}\right\}\tag{8.3.35}$$

式中 ψ_0、θ_0 和 φ_0 分别为初始时刻 ψ、θ 和 φ 的值。式(8.3.35)描述了转子的姿态运动规律，而式(8.3.23)描述了平台相对于转子的转动规律，因此，将这两式联写在一起，即构成所研究的轴对称双自旋航天器的姿态运动规律为

$$\left.\begin{aligned}
&\psi=\frac{H_C^{r}}{J_\tau}t+\psi_0\\
&\theta=\theta_0\\
&\varphi=\left[\left(1-\frac{J_z}{J_\tau}\right)\Omega_1-\frac{J_{z_2}^{(2)}}{J_z}\Omega_2\right]t+\varphi_0\\
&\beta=\Omega_2 t+\beta_0
\end{aligned}\right\}\tag{8.3.36}$$

8.4　重力梯度稳定航天器姿态动力学

航天器在轨运行时，一般要受到空间环境力矩的作用。空间环境力矩主要包括以下四种：重力梯度力矩、气动力矩、地磁力矩和太阳辐射力矩。这些力矩的大小主要取决于航天器运行的轨道高度、航天器的质量分布、几何形状、表面特性、大气密度、航天器上的磁体、太阳活动情况以及航天器的姿态等因素。虽然空间环境力矩一般都很小，但有时它们对航天器的姿态稳定和控制却十分重要。一般来说，中高型轨道(800 km < 轨道高度 < 1 000 km)的航天器所受的主要空间环境力矩为重力梯度力矩和地磁力矩[14]，特别是当整个航天器上的剩余磁矩受到适当控制时，重力梯度力矩成为最重要的环境力矩，这也是靠重力梯度力矩进行姿态稳定的航天器最适合运行的高度。重力梯度稳定是指航天器或自然卫星仅在中心天体引力场作用下具有稳定的平衡姿态，从而能保持对中心天体定向的性质。在自然界中，月球的一面总是朝向地球，就是因为月球受地球引力(重力)梯度力矩的作用而获得了重力梯度稳定。下面首先介绍重力梯度力矩的概念和计算公式。

1. 重力梯度力矩

万有引力定律可以直接用来计算两个质点间的万有引力，可是有些情况下天体和航天器都不能看作质点，因此，在这种情况下就不能直接套用万有引力定律来计算天体对航天器的万有引力。下面将推导出天体对航天器万有引力的主矢和引力对其质心的主矩的计算公式。

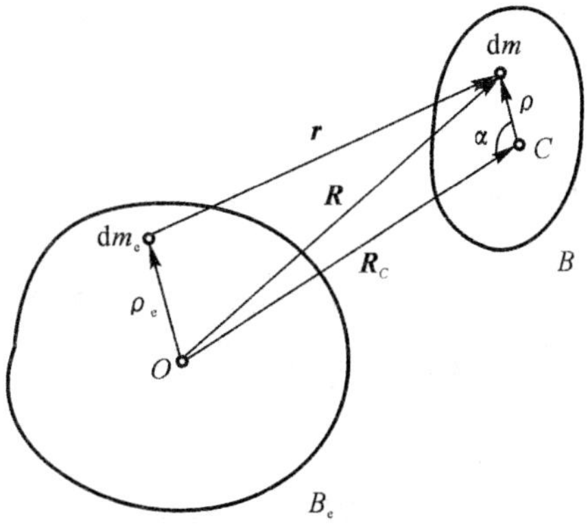

图 8-8　航天器与天体的相对位置

如图 8-8 所示，设航天器 B 在某天体 B_e 的引力场中运动，在 B 和 B_e 上任意各取一质量微元 $\mathrm{d}m$ 和 $\mathrm{d}m_e$，根据万有引力定律，微元 $\mathrm{d}m_e$ 对 $\mathrm{d}m$ 的万有引力 $\mathrm{d}\boldsymbol{f}$ 可表达为

$$\mathrm{d}\boldsymbol{f}=-\frac{G\mathrm{d}m_e\mathrm{d}m}{r^3}\boldsymbol{r}\tag{8.4.1}$$

式中 G 为万有引力常量，$G\approx 6.67\times 10^{-11}\,\mathrm{N\cdot m^2/kg^2}$；$\boldsymbol{r}$ 为微元 $\mathrm{d}m$ 相对 $\mathrm{d}m_e$ 的矢径。天体 B_e

对微元 dm 的总引力 d$\boldsymbol{F}$ 可表达为

$$\mathrm{d}\boldsymbol{F}=\int_{B_{\mathrm{e}}}\mathrm{d}\boldsymbol{f}=-G\mathrm{d}m\int_{B_{\mathrm{e}}}\frac{\boldsymbol{r}}{r^{3}}\mathrm{d}m_{\mathrm{e}} \tag{8.4.2}$$

用符号 $\boldsymbol{F}$ 和 $\boldsymbol{M}_C$ 分别表示天体 B_{e} 对航天器 B 的引力的主矢和引力对其质心 C 的主矩，则有

$$\boldsymbol{F}=\int_{B}\mathrm{d}\boldsymbol{F}=-G\int_{B}\left(\int_{B_{\mathrm{e}}}\frac{\boldsymbol{r}}{r^{3}}\mathrm{d}m_{\mathrm{e}}\right)\mathrm{d}m \tag{8.4.3a}$$

$$\boldsymbol{M}_C=\int_{B}\boldsymbol{\rho}\times\mathrm{d}\boldsymbol{F}=-G\int_{B}\boldsymbol{\rho}\times\left(\int_{B_{\mathrm{e}}}\frac{\boldsymbol{r}}{r^{3}}\mathrm{d}m_{\mathrm{e}}\right)\mathrm{d}m \tag{8.4.3b}$$

式中 $\boldsymbol{\rho}$ 为微元 dm 相对航天器质心 C 的矢径。$\boldsymbol{F}$ 和 $\boldsymbol{M}_C$ 通常也分别被称为**航天器的重力和重力梯度力矩**。由以上两式可以看出，航天器的重力和重力梯度力矩与天体的质量分布、航天器的质量分布、航天器的位置和姿态有关，因此，直接由以上两式计算航天器的重力和重力梯度力矩是非常复杂而烦琐的。为了得到工程上实用而足够精确的算式，下面做一些合理的假设并给出相应的简化计算公式。

假设 1：天体的质量呈球对称分布；

假设 2：天体质心与航天器质心之间的距离远远大于航天器自身的尺寸。

在假设 1 下，式(8.4.3)可化简为

$$\boldsymbol{F}=-Gm_{\mathrm{e}}\int_{B}\frac{\boldsymbol{R}}{R^{3}}\mathrm{d}m \tag{8.4.4}$$

$$\boldsymbol{M}_C=-Gm_{\mathrm{e}}\int_{B}\frac{\boldsymbol{\rho}\times\boldsymbol{R}}{R^{3}}\mathrm{d}m \tag{8.4.5}$$

式中 m_{e} 为天体的质量，$\boldsymbol{R}$ 为微元 dm 相对天体质心 O 的矢径。

由如图 8-8 所示的几何关系，可以看出

$$\boldsymbol{R}=\boldsymbol{R}_C+\boldsymbol{\rho} \tag{8.4.6}$$

式中 $\boldsymbol{R}_C$ 为航天器质心 C 相对天体质心 O 的矢径。根据余弦定理，有

$$R^{2}=R_C^{2}+\rho^{2}-2R_C\rho\cos\alpha=R_C^{2}\left(1+\frac{\rho^{2}}{R_C^{2}}-\frac{2\rho}{R_C}\cos\alpha\right) \tag{8.4.7}$$

由此得到

$$R^{-3}=R_C^{-3}\left(1+\frac{\rho^{2}}{R_C^{2}}-\frac{2\rho}{R_C}\cos\alpha\right)^{-\frac{3}{2}} \tag{8.4.8}$$

根据泰勒公式，有

$$\left(1+\frac{\rho^{2}}{R_C^{2}}-\frac{2\rho}{R_C}\cos\alpha\right)^{-\frac{3}{2}}=1-\frac{3}{2}\left(\frac{\rho^{2}}{R_C^{2}}-\frac{2\rho}{R_C}\cos\alpha\right)+o\left(\frac{\rho^{2}}{R_C^{2}}-\frac{2\rho}{R_C}\cos\alpha\right) \tag{8.4.9a}$$

式中 $o\left(\frac{\rho^{2}}{R_C^{2}}-\frac{2\rho}{R_C}\cos\alpha\right)$ 代表比 $\left(\frac{\rho^{2}}{R_C^{2}}-\frac{2\rho}{R_C}\cos\alpha\right)$ 更高阶的小量。

根据假设 2 可知，ρ/R_C 为小量。在式(8.4.9a)中，略去 ρ/R_C 的二阶和二阶以上的小量，则该式可化简为

$$\left(1+\frac{\rho^{2}}{R_C^{2}}-\frac{2\rho}{R_C}\cos\alpha\right)^{-\frac{3}{2}}\approx1+\frac{3\rho}{R_C}\cos\alpha=1-\frac{3\boldsymbol{\rho}\cdot\boldsymbol{R}_c}{R_C^{2}} \tag{8.4.9b}$$

将此式代入式(8.4.8)后，得到

$$R^{-3}=R_C^{-3}\left(1-\frac{3\boldsymbol{\rho}\cdot\boldsymbol{R}_c}{R_C^2}\right)\tag{8.4.10}$$

将式(8.4.10)和式(8.4.6)代入式(8.4.4)后，得到

$$\boldsymbol{F}=-Gm_{\mathrm{e}}R_C^{-3}\left\{\boldsymbol{R}_C\int_B\mathrm{d}m+\int_B\boldsymbol{\rho}\,\mathrm{d}m-\frac{3}{R_C^2}\left[\boldsymbol{R}_C\left(\int_B\boldsymbol{\rho}\,\mathrm{d}m\cdot\boldsymbol{R}_C\right)+\int_B\boldsymbol{\rho}(\boldsymbol{\rho}\cdot\boldsymbol{R}_C)\mathrm{d}m\right]\right\}\tag{8.4.11}$$

考虑到$\int_B\mathrm{d}m=m$为航天器的质量，$\int_B\boldsymbol{\rho}\,\mathrm{d}m=\boldsymbol{0}$，$\boldsymbol{R}_C=R_C\boldsymbol{i}_C$（$\boldsymbol{i}_C$为沿矢量$\boldsymbol{R}_C$方向的单位矢），这样式(8.4.11)又可化简为

$$\boldsymbol{F}=-\frac{Gm_{\mathrm{e}}m}{R_C^2}\boldsymbol{i}_C+\frac{3Gm_{\mathrm{e}}}{R_C^4}\int_B\boldsymbol{\rho}(\boldsymbol{\rho}\cdot\boldsymbol{i}_C)\mathrm{d}m\tag{8.4.12}$$

将矢量式(8.4.12)写成在航天器的连体坐标系$Cxyz$中的坐标矩阵形式，即为

$$\{F\}=-\frac{Gm_{\mathrm{e}}m}{R_C^2}\{i_C\}+\frac{3Gm_{\mathrm{e}}}{R_C^4}\int_B\{\rho\}\{\rho\}^{\mathrm{T}}\mathrm{d}m\{i_C\}\tag{8.4.13}$$

考虑到此式中的积分项满足

$$\int_B\{\rho\}\{\rho\}^{\mathrm{T}}\mathrm{d}m=\int_B\rho^2[E]\mathrm{d}m-\int_B(\rho^2[E]-\{\rho\}\{\rho\}^{\mathrm{T}})\mathrm{d}m=s[E]-[J_C]\tag{8.4.14}$$

式中$s=\int_B\rho^2\mathrm{d}m$，$[J_C]=\int_B(\rho^2[E]-\{\rho\}\{\rho\}^{\mathrm{T}})\mathrm{d}m$为航天器相对连体坐标系$Cxyz$的惯量矩阵。将式(8.4.14)代入式(8.4.13)后，得到

$$\{F\}=-\frac{Gm_{\mathrm{e}}m}{R_C^2}\{i_C\}+\frac{3Gm_{\mathrm{e}}}{R_C^4}(s[E]-[J_C])\{i_C\}\tag{8.4.15}$$

这就是航天器在质量呈球对称分布的天体的引力场中的重力近似计算公式。下面接着推导重力梯度力矩$\boldsymbol{M}_C$的近似计算公式。

将式(8.4.10)和式(8.4.6)代入式(8.4.5)后，得到

$$\boldsymbol{M}_C=\frac{Gm_{\mathrm{e}}}{R_C^3}\boldsymbol{R}_C\times\left(\int_B\boldsymbol{\rho}\,\mathrm{d}m-\frac{3}{R_C^2}\int_B\boldsymbol{\rho}(\boldsymbol{\rho}\cdot\boldsymbol{R}_C)\mathrm{d}m\right)\tag{8.4.16}$$

考虑到$\int_B\boldsymbol{\rho}\,\mathrm{d}m=\boldsymbol{0}$，因此式(8.4.16)可进一步化简为

$$\boldsymbol{M}_C=-\frac{3Gm_{\mathrm{e}}}{R_C^5}\boldsymbol{R}_C\times\int_B\boldsymbol{\rho}(\boldsymbol{\rho}\cdot\boldsymbol{R}_C)\mathrm{d}m=-\frac{3Gm_{\mathrm{e}}}{R_C^3}\boldsymbol{i}_C\times\int_B\boldsymbol{\rho}(\boldsymbol{\rho}\cdot\boldsymbol{i}_C)\mathrm{d}m\tag{8.4.17}$$

为了便于计算，下面将矢量式(8.4.17)写成在航天器的连体坐标系$Cxyz$中的坐标矩阵形式，即为

$$\{M_C\}=-\frac{3GM_{\mathrm{e}}}{R_C^3}[\tilde{i}_C]\int_B\{\rho\}\{\rho\}^{\mathrm{T}}\mathrm{d}m\{i_C\}\tag{8.4.18}$$

将式(8.4.14)代入式(8.4.18)，得到

$$\{M_C\}=-\frac{3GM_{\mathrm{e}}}{R_C^3}(s[\tilde{i}_C][E]\{i_C\}-[\tilde{i}_C][J_C]\{i_C\})\tag{8.4.19}$$

考虑到$[\tilde{i}_C][E]\{i_C\}=[\tilde{i}_C]\{i_C\}=\mathbf{0}$，因此，式(8.4.19)又可化简为

$$\{M_C\}=\frac{3Gm_e}{R_C^3}[\tilde{i}_C][J_C]\{i_C\} \tag{8.4.20}$$

这就是航天器在质量呈球对称分布的天体的引力场中的重力梯度力矩的近似计算公式。

如果天体为地球，则$Gm_e=\mu=3.986\times10^{14}\ \mathrm{N\cdot m^2/kg}$，这样式(8.4.15)和式(8.4.20)可以分别简写为

$$\{F\}=-\frac{\mu m}{R_C^2}\{i_C\}+\frac{3\mu}{R_C^4}(s[E]-[J_C])\{i_C\} \tag{8.4.21}$$

和

$$\{M_C\}=\frac{3\mu}{R_C^3}[\tilde{i}_C][J_C]\{i_C\} \tag{8.4.22}$$

式(8.4.21)和式(8.4.22)就是航天器在地球引力场中的重力和重力梯度力矩的近似计算公式。这里需要指出，式(8.4.21)右边的第二项所代表的力远远小于第一项所代表的力，因此，第二项往往可以被忽略，这样式(8.4.21)还可以进一步简化为

$$\{F\}=-\frac{\mu m}{R_C^2}\{i_C\} \tag{8.4.23a}$$

同理，也可以写出航天器的重力在固连于地球的坐标系中的坐标列阵的表达式为

$$\{F\}_0=-\frac{\mu m}{R_C^2}\{i_C\}_0 \tag{8.4.23b}$$

例 8.1 如图 8-9 所示，一质量为m、长度为a、宽度为b的均质薄板卫星在地球引力场中运动，假定薄板所在的平面正好是该卫星的轨道平面。地心O_0至薄板质心C的距离为r，薄板的纵向中轴线与地垂线的夹角为θ(θ作为薄板的姿态角)，试求该薄板卫星的重力和重力梯度力矩。

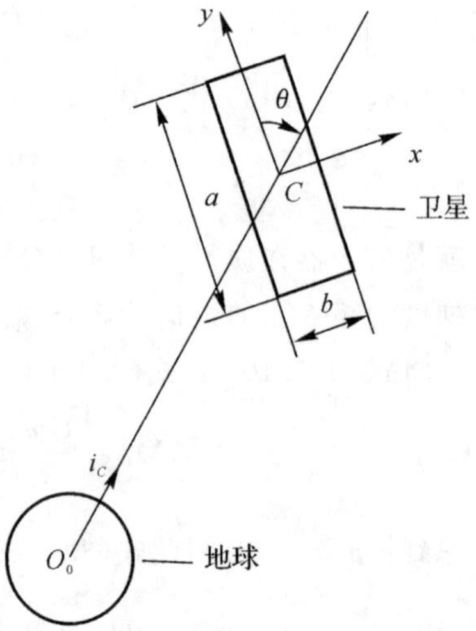

图 8-9 例 8.1 图

解 如图 8-9 所示，以薄板质心C为原点建立固连于薄板的惯量主轴坐标系$Cxyz$，其中x轴和y轴分别重合于薄板的横向中轴线和纵向中轴线。

根据航天器在地球引力场中的重力和重力梯度力矩的近似计算公式式(8.4.23a)和式(8.4.22)，可以写出该薄板卫星的重力和重力梯度力矩在坐标系$Cxyz$中的坐标矩阵形式为

$$\{F\}=-\frac{\mu m}{R_C^2}\{i_C\} \tag{1}$$

$$\{M_C\}=\frac{3\mu}{R_C^3}[\tilde{i}_C][J_C]\{i_C\} \tag{2}$$

根据题意，容易写出以上两式中的部分符号的表达式为

$$R_C=r \tag{3}$$

$$\{i_C\}=\begin{Bmatrix}\sin\theta\\ \cos\theta\\ 0\end{Bmatrix} \tag{4}$$

$$[J_C]=\begin{bmatrix}J_x & 0 & 0\\ 0 & J_y & 0\\ 0 & 0 & J_z\end{bmatrix}=\frac{m}{12}\begin{bmatrix}a^2 & 0 & 0\\ 0 & b^2 & 0\\ 0 & 0 & a^2+b^2\end{bmatrix} \tag{5}$$

将式(3) 和式(4) 代入式(1)，得到薄板卫星的重力在坐标系 $Cxyz$ 中的坐标列阵为

$$\{F\}=-\frac{\mu m}{r^2}\begin{Bmatrix}\sin\theta\\ \cos\theta\\ 0\end{Bmatrix} \tag{6}$$

将式(3) ～ 式(5) 代入式(2)，得到薄板卫星的重力梯度力矩矢在坐标系 $Cxyz$ 中的坐标列阵为

$$\{M_C\}=-\frac{\mu m\sin 2\theta}{8r^3}\begin{Bmatrix}0\\ 0\\ a^2-b^2\end{Bmatrix} \tag{7}$$

由此式可以看出：薄板卫星的重力梯度力矩矢是沿着 z 轴的，或者说重力梯度力矩是作用在薄板平面内的。

2. 计入重力梯度力矩的航天器姿态运动及姿态稳定性

如图 8 - 10 所示，某航天器(看作刚体) 在地球的重力场(引力场) 中运动，$\boldsymbol{F}$ 和 $\boldsymbol{M}_C$ 分别为航天器的重力和重力梯度力矩，点 C 为航天器的质心，坐标系 $O_0x_0y_0z_0$ 是以地心为原点的惯性参考系，$\boldsymbol{i}_C$ 是由地心指向航天器质心的单位矢，坐标系 $Cx_ey_ez_e$ 为航天器的轨道坐标系，其中轴 z_e 指向地心，轴 y_e 垂直轨道平面，其单位矢 $\boldsymbol{j}_e=\boldsymbol{v}\times\boldsymbol{i}_C/|\boldsymbol{v}\times\boldsymbol{i}_C|$($\boldsymbol{v}$ 表示质心C 的速度)，坐标系 $Cxyz$ 为航天器的中心惯量主轴坐标系(同航天器相固连)。假定航天器的轨道运动是已知的，下面讨论航天器的姿态运动及姿态的稳定性。

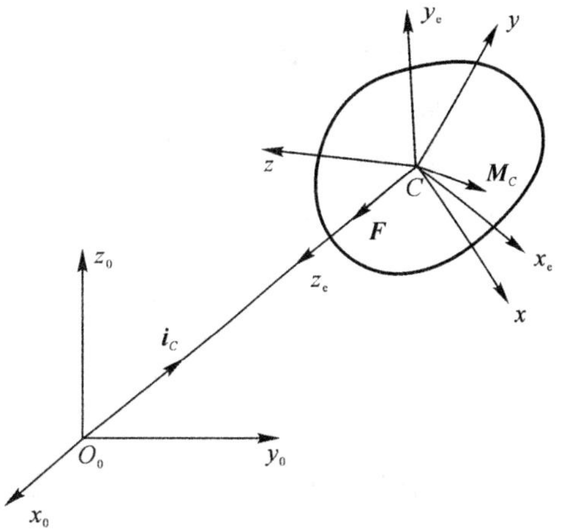

图 8 - 10　地球重力场中的航天器

航天器绕质心 C 的定点运动即为航天器的姿态运动，该运动微分方程可由刚体绕质心的定点运动微分方程式(3.6.12) 写出，即为

$$\left.\begin{aligned}J_x\dot{\omega}_x+(J_z-J_y)\omega_y\omega_z=M_x\\ J_y\dot{\omega}_y+(J_x-J_z)\omega_x\omega_z=M_y\\ J_z\dot{\omega}_z+(J_y-J_x)\omega_x\omega_y=M_z\end{aligned}\right\} \tag{8.4.24}$$

式中 J_x、J_y 和 J_z 分别表示航天器对轴 x、y 和 z 的转动惯量，ω_x、ω_y 和 ω_z 分别表示航天器相

对惯性参考系的角速度矢量$\boldsymbol{\omega}$在轴x、y和z上的投影，M_x、M_y和M_z分别表示航天器的重力梯度力矩$\boldsymbol{M}_C$在轴x、y和z上的投影。

用航天器的连体坐标系$Cxyz$相对轨道坐标系$Cx_ey_ez_e$的卡尔丹角α、β和γ来描述航天器的姿态，这样单位矢$\boldsymbol{i}_C$在坐标系$Cxyz$中的坐标列阵可表达为

$$\{i_C\}=-\begin{Bmatrix}\sin\alpha\sin\gamma-\cos\alpha\sin\beta\cos\gamma\\ \sin\alpha\cos\gamma+\cos\alpha\sin\beta\sin\gamma\\ \cos\alpha\cos\beta\end{Bmatrix} \tag{8.4.25}$$

考虑到坐标系$Cxyz$为航天器的中心惯量主轴坐标系，因此，航天器相对该坐标系的惯量矩阵可表达为

$$[J_C]=\begin{bmatrix}J_x & 0 & 0\\ 0 & J_y & 0\\ 0 & 0 & J_z\end{bmatrix} \tag{8.4.26}$$

将式(8.4.25)和式(8.4.26)代入重力梯度力矩的计算公式(8.4.22)后，得到

$$M_x=\frac{3\mu}{R_C^3}(J_z-J_y)(\sin\alpha\cos\gamma+\cos\alpha\sin\beta\sin\gamma)\cos\alpha\cos\beta \tag{8.4.27a}$$

$$M_y=\frac{3\mu}{R_C^3}(J_x-J_z)(\sin\alpha\sin\gamma-\cos\alpha\sin\beta\cos\gamma)\cos\alpha\cos\beta \tag{8.4.27b}$$

$$M_z=\frac{3\mu}{R_C^3}(J_y-J_x)(\sin\alpha\sin\gamma-\cos\alpha\sin\beta\cos\gamma)(\sin\alpha\cos\gamma+\cos\alpha\sin\beta\sin\gamma) \tag{8.4.27c}$$

将以上三式代入方程式(8.4.24)中，得到

$$\left.\begin{aligned}&J_x\dot{\omega}_x+(J_z-J_y)\omega_y\omega_z=\frac{3\mu}{R_C^3}(J_z-J_y)(\sin\alpha\cos\gamma+\cos\alpha\sin\beta\sin\gamma)\cos\alpha\cos\beta\\ &J_y\dot{\omega}_y+(J_x-J_z)\omega_x\omega_z=\frac{3\mu}{R_C^3}(J_x-J_z)(\sin\alpha\sin\gamma-\cos\alpha\sin\beta\cos\gamma)\cos\alpha\cos\beta\\ &J_z\dot{\omega}_z+(J_y-J_x)\omega_x\omega_y=\frac{3\mu}{R_C^3}(J_y-J_x)(\sin\alpha\sin\gamma-\cos\alpha\sin\beta\cos\gamma)(\sin\alpha\cos\gamma+\\ &\qquad\cos\alpha\sin\beta\sin\gamma)\end{aligned}\right\} \tag{8.4.28}$$

根据角速度合成定理，可以将航天器相对惯性参考系的角速度矢量$\boldsymbol{\omega}$表达为

$$\boldsymbol{\omega}=\boldsymbol{\omega}_e+\boldsymbol{\omega}_r \tag{8.4.29}$$

式中$\boldsymbol{\omega}_e$表示轨道坐标系相对惯性参考系的角速度矢量，$\boldsymbol{\omega}_r$表示航天器相对轨道坐标系的角速度矢量。$\boldsymbol{\omega}_e$可表达为

$$\boldsymbol{\omega}_e=-\omega_e(t)\boldsymbol{j}_e \tag{8.4.30}$$

由于航天器的轨道运动是已知的，因此，式中的$\omega_e(t)$是已知函数。

将式(8.4.30)代入式(8.4.29)后，得到

$$\boldsymbol{\omega}_r=\boldsymbol{\omega}+\omega_e(t)\boldsymbol{j}_e \tag{8.4.31}$$

将上式写成在航天器的连体坐标系$Cxyz$中的坐标矩阵的形式，即为

$$\begin{Bmatrix}\omega_{rx}\\ \omega_{ry}\\ \omega_{rz}\end{Bmatrix}=\begin{Bmatrix}\omega_x\\ \omega_y\\ \omega_z\end{Bmatrix}+\omega_e(t)\begin{Bmatrix}\cos\alpha\sin\gamma+\sin\alpha\sin\beta\cos\gamma\\ \cos\alpha\cos\gamma-\sin\alpha\sin\beta\sin\gamma\\ -\sin\alpha\cos\beta\end{Bmatrix}\tag{8.4.32}$$

应用刚体角速度与欧拉角之间的关系式(2.12.37)，有

$$\begin{Bmatrix}\omega_{rx}\\ \omega_{ry}\\ \omega_{rz}\end{Bmatrix}=\begin{bmatrix}\cos\beta\cos\gamma & \sin\gamma & 0\\ -\cos\beta\sin\gamma & \cos\gamma & 0\\ \sin\beta & 0 & 1\end{bmatrix}\begin{Bmatrix}\dot{\alpha}\\ \dot{\beta}\\ \dot{\gamma}\end{Bmatrix}\tag{8.4.33}$$

由此反解出

$$\begin{Bmatrix}\dot{\alpha}\\ \dot{\beta}\\ \dot{\gamma}\end{Bmatrix}=\begin{bmatrix}\sec\beta\cos\gamma & -\sec\beta\sin\gamma & 0\\ \sin\gamma & \cos\gamma & 0\\ -\tan\beta\cos\gamma & \tan\beta\sin\gamma & 1\end{bmatrix}\begin{Bmatrix}\omega_{rx}\\ \omega_{ry}\\ \omega_{rz}\end{Bmatrix}\tag{8.4.34}$$

将式(8.4.32)代入式(8.4.34)，得到

$$\left.\begin{aligned}\dot{\alpha}=&\{[\omega_x+\omega_e(t)(\cos\alpha\sin\gamma+\sin\alpha\sin\beta\cos\gamma)]\cos\gamma-\\&[\omega_y+\omega_e(t)(\cos\alpha\cos\gamma-\sin\alpha\sin\beta\sin\gamma)]\sin\gamma\}\sec\beta\\ \dot{\beta}=&[\omega_x+\omega_e(t)(\cos\alpha\sin\gamma+\sin\alpha\sin\beta\cos\gamma)]\sin\gamma+\\&[\omega_y+\omega_e(t)(\cos\alpha\cos\gamma-\sin\alpha\sin\beta\sin\gamma)]\cos\gamma\\ \dot{\gamma}=&\{-[\omega_x+\omega_e(t)(\cos\alpha\sin\gamma+\sin\alpha\sin\beta\cos\gamma)]\cos\gamma+\\&[\omega_y+\omega_e(t)(\cos\alpha\cos\gamma-\sin\alpha\sin\beta\sin\gamma)]\sin\gamma\}\tan\beta+\omega_z-\omega_e(t)\sin\alpha\cos\beta\end{aligned}\right\}\tag{8.4.35}$$

将方程式(8.4.28)和式(8.4.35)联立，即构成计入重力梯度力矩的航天器姿态运动微分方程组，该方程组为一组强非线性的常微分方程，一般无法得到解析解，不过在给定初始条件下，应用四阶龙格库塔法可以求出该微分方程组的数值解，进而确定出航天器的姿态运动规律。

下面讨论航天器平面运动的情形。容易验证由方程式(8.4.28)和式(8.4.35)所构成的微分方程组具有以下形式的特解：

$$\omega_x=0\tag{8.4.36a}$$

$$\omega_z=0\tag{8.4.36b}$$

$$\alpha=0\tag{8.4.36c}$$

$$\gamma=0\tag{8.4.36d}$$

$$J_y\dot{\omega}_y=\frac{3\mu}{R_C^3}(J_z-J_x)\sin\beta\cos\beta\tag{8.4.36e}$$

$$\omega_y=\dot{\beta}-\omega_e(t)\tag{8.4.36f}$$

显然，该特解所代表的姿态运动为航天器绕 y 轴的转动且 y 轴重合于 y_e 轴。这种姿态运动表明航天器的总体运动(即航天器相对惯性参考系的运动)是航天器作平行于轨道平面的运动。

将式(8.4.36f)代入式(8.4.36e)，得到

$$J_y\ddot{\beta}+\frac{3\mu}{R_C^3}(J_x-J_z)\sin\beta\cos\beta=J_y\dot{\omega}_e(t) \tag{8.4.37}$$

这是一个二阶的非线性常微分方程，一般无法得到解析解。不过在给定初始条件下，应用四阶龙格库塔法可以求出该微分方程的数值解，进而确定出航天器绕 y 轴（即绕 y_e 轴）的转动规律。

假定航天器的轨道运动为匀速圆周运动，则 R_C 和 ω_e 均为常量，且 $\omega_e^2=\mu/R_C^3$，这样方程式(8.4.37)可化为

$$J_y\ddot{\beta}+3\omega_e^2(J_x-J_z)\sin\beta\cos\beta=0 \tag{8.4.38}$$

这仍然是一个二阶的非线性常微分方程。容易写出该方程的一个首次积分为

$$\frac{1}{2}J_y\dot{\beta}^2+\frac{3}{2}\omega_e^2(J_x-J_z)\sin^2\beta=E \tag{8.4.39}$$

式中 E 为积分常量，由运动的初始条件确定。

由式(8.4.39)可以画出在相平面 β - $\dot{\beta}$ 上的相轨线，如图 8 - 11 所示。

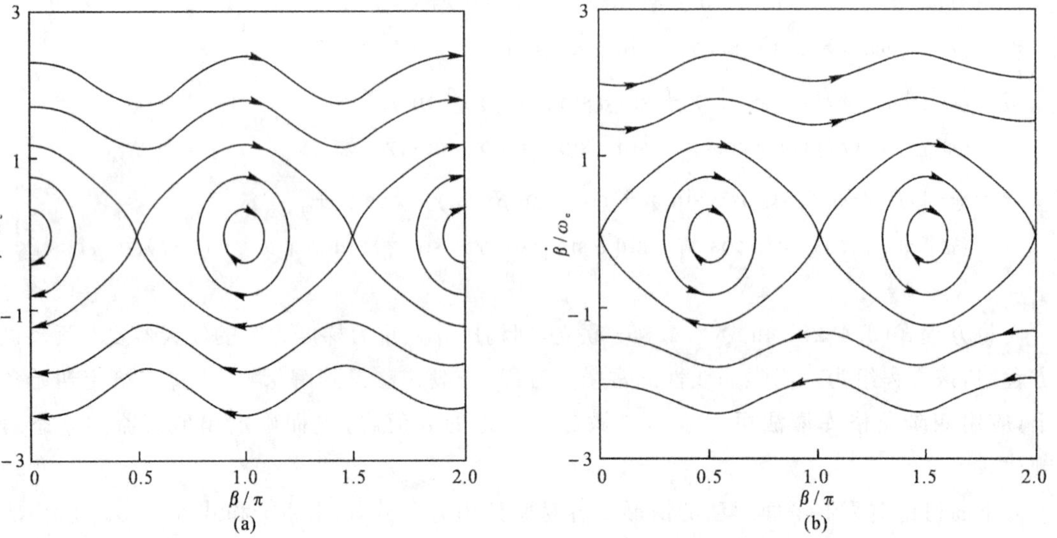

图 8 - 11　相轨线

(a) $J_x>J_z$；(b) $J_x<J_z$

显然，方程式(8.4.38)存在以下特解（平衡点）：$\beta=0$，$\beta=\pi/2$，$\beta=\pi$ 和 $\beta=3\pi/2$，这些特解分别对应于航天器相对轨道坐标系的四个不同的姿态平衡位置。由图 8 - 11(a) 可以看出：当 $J_x>J_z$ 时，平衡位置 $\beta=0$ 和 $\beta=\pi$ 都是稳定的（中心），而平衡位置 $\beta=\pi/2$ 和 $\beta=3\pi/2$ 都是不稳定的（鞍点）。当 $J_x<J_z$ 时，情况正好相反，这一点可以由图 8 - 11(b) 看出，即当 $J_x<J_z$ 时，平衡位置 $\beta=0$ 和 $\beta=\pi$ 都是不稳定的（鞍点），而平衡位置 $\beta=\pi/2$ 和 $\beta=3\pi/2$ 都是稳定的（中心）。总之，**在轨道平面内那根惯量矩较小的中心惯量主轴与当地垂线平行时，航天器相对于轨道坐标系的姿态就是稳定的；两者相垂直时，则不稳定**。工程上可以利用这一性质实现航天器相对于轨道坐标系的姿态稳定（即实现航天器姿态的重力梯度稳定）。

例 8.2　如图 8 - 12 所示，一质量为 m、长度为 a、宽度为 b 的均质薄板卫星绕地球的轨道

运动为匀速圆周运动，其轨道半径为 r，假定薄板所在的平面始终重合于卫星的轨道平面，试以薄板的纵向中轴线与地垂线的夹角 θ 作为薄板的姿态角，建立该薄板卫星的姿态运动微分方程，并求其在位置 $\theta=0$ 附近的微幅摆动规律。

解　如图 8-12 所示，以地心 O_0 为原点建立惯性参考系 $O_0x_0y_0z_0$，其中坐标平面 $x_0O_0y_0$ 为薄板卫星的轨道平面，再以薄板质心 C 为原点建立固连于薄板的惯量主轴坐标系 $Cxyz$，其中 x 轴和 y 轴分别重合于薄板的横向中轴线和纵向中轴线。

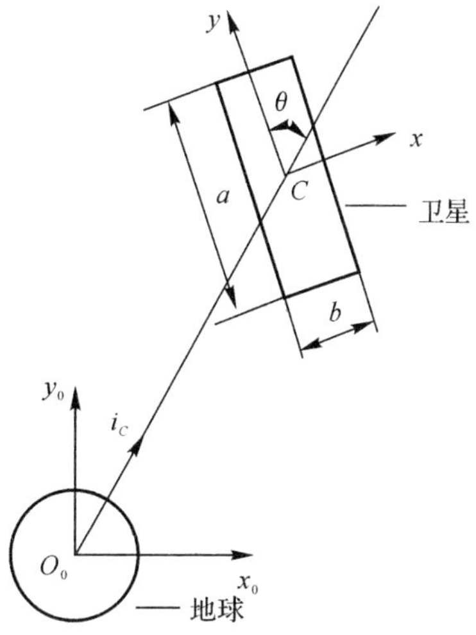

图 8-12　例 8.2 图

由于薄板在其轨道平面内运动，因此，可以对薄板应用刚体的平面运动微分方程，根据此方程可以写出

$$J_z\dot{\omega}=M_{Cz} \tag{1}$$

式中 J_z 为薄板对 z 轴的转动惯量，ω 为薄板的绝对角速度（薄板相对惯性参考系 $O_0x_0y_0z_0$ 的角速度），M_{Cz} 为薄板的重力梯度力矩矢 $\boldsymbol{M}_C$ 在 z 轴上的投影。为了应用方程式(1)，需分别给出 J_z、ω 和 M_{Cz} 的具体表达式，给出如下：

均质薄板对 z 轴的转动惯量可表达为

$$J_z=\frac{1}{12}m(a^2+b^2) \tag{2}$$

根据角速度合成定理，可以把薄板的绝对角速度表达为

$$\omega=\omega_e+\dot{\theta} \tag{3}$$

式中 ω_e 为线段 O_0C 在轨道平面内转动的角速度。将此式对时间求导数，得

$$\dot{\omega}=\ddot{\theta} \tag{4}$$

根据航天器在地球引力场中的重力梯度力矩的近似计算公式(8.4.22)，可以写出该薄板卫星的重力梯度力矩矢 $\boldsymbol{M}_C$ 在坐标系 $Cxyz$ 中的坐标矩阵形式为

$$\{M_C\}=\frac{3\mu}{r^3}[\tilde{i}_C][J_C]\{i_C\} \tag{5}$$

容易写出地心至薄板质心的单位矢 $\boldsymbol{i}_C$ 在坐标系 $Cxyz$ 中的坐标列阵为

$$\{i_C\}=\begin{Bmatrix}\sin\theta\\ \cos\theta\\ 0\end{Bmatrix} \tag{6}$$

薄板相对坐标系 $Cxyz$ 的惯量矩阵可以写为

$$[J_C]=\begin{bmatrix}J_x & 0 & 0\\ 0 & J_y & 0\\ 0 & 0 & J_z\end{bmatrix}=\frac{m}{12}\begin{bmatrix}a^2 & 0 & 0\\ 0 & b^2 & 0\\ 0 & 0 & a^2+b^2\end{bmatrix} \tag{7}$$

将式(6)和式(7)代入式(5)后，得到

$$\{M_C\}=-\frac{\mu m\sin\theta\cos\theta}{4r^3}\begin{Bmatrix}0\\ 0\\ a^2-b^2\end{Bmatrix} \tag{8}$$

由此得到

$$M_{Cz}=-\frac{\mu m(a^2-b^2)\sin\theta\cos\theta}{4r^3} \tag{9}$$

将此式和式(2)、式(4) 一同代入方程式(1) 中,得到

$$\ddot{\theta}+\frac{3\mu(a^2-b^2)}{r^3(a^2+b^2)}\sin\theta\cos\theta=0 \tag{10}$$

这就是薄板卫星的姿态运动微分方程。

当薄板卫星在位置 $\theta=0$ 的附近微幅摆动时,有 $\sin\theta\approx\theta$ 和 $\cos\theta\approx1$,这样方程式(10) 可以线性化为

$$\ddot{\theta}+\frac{3\mu(a^2-b^2)}{r^3(a^2+b^2)}\theta=0 \tag{11}$$

设运动的初始条件为

$$\theta(0)=\theta_0,\quad \dot{\theta}(0)=\Omega_0 \tag{12}$$

容易求得方程式(11) 满足初始条件(12) 的解为

$$\theta=\frac{\Omega_0}{k}\sin kt+\theta_0\cos kt \tag{13}$$

式中

$$k=\sqrt{\frac{3\mu(a^2-b^2)}{r^3(a^2+b^2)}} \tag{14}$$

式(13) 即为薄板卫星在位置 $\theta=0$ 附近的微幅摆动规律。

8.5 带柔性附件的航天器姿态动力学建模

带柔性附件的航天器一般是指由刚性主体和柔性附件所组成的航天器。这类航天器的姿态测量和控制执行机构一般均安装在刚性主体上,而且刚性主体的质量远大于柔性附件的质量。航天器上的柔性附件主要包括柔度较大的细长天线和大跨度的太阳能帆板等构件,由于这类构件容易发生变形,使得经典刚体动力学模型不再适合于描述这种带有柔性附件的航天器的动力学特性。另外,现代航天器对姿态定向精度的要求越来越高,而柔性附件的变形运动又会影响到航天器的姿态稳定性和定向精度,因此,建立更为精准的动力学模型来描述此类航天器的姿态运动和柔性附件的变形运动是完全必要的。

如图 8-13 所示,某在轨运行的航天器由中心刚体和两根完全相同的鞭状天线构成,这两根天线关于中心刚体对称分布。下面以此航天器为例,说明如何建立带柔性附件的航天器的姿态动力学模型。

如图 8-13 所示,坐标系 $O_0x_0y_0z_0$ 是以地心为原点的惯性参考系,其中坐标平面 $x_0O_0z_0$ 为航天器运动的轨道平面,点 C 为中心刚体的质心,坐标系 $Cx_1y_1z_1$ 是相对于惯性参考系 $O_0x_0y_0z_0$ 作平移运动的坐标系,且坐标轴 x_1、y_1 和 z_1 的正向分别与坐标轴 x_0、y_0 和 z_0 的正向相同。坐标系 $Cxyz$ 是同中心刚体相固连的坐标系,其中坐标轴 x 与天线未变形时的轴线相重合,坐标轴 y 的正向与坐标轴 y_1 的正向相同,并且为刚性主体的自旋轴。用符号 w_1 和 w_2 分别表示天线 1 和天线 2 的挠度,其正负号规定如下:规定天线 1 向轴 z 的正向弯曲时,w_1 为正,反之为负;规定天线 2 向轴 z 的负向弯曲时,w_2 为正,反之为负。

假定航天器的轨道运动已知，下面来建立该航天器的姿态动力学模型。

首先取中心刚体为研究对象，受力如图 8-14 所示。图中 $\boldsymbol{F}$ 为中心刚体的重力（忽略重力梯度力矩），$\boldsymbol{\tau}$ 为作用在中心刚体上的控制力矩，$\boldsymbol{N}_i$、$\boldsymbol{Q}_i$ 和 M_i 分别为天线 $i(i=1,2)$ 作用于中心刚体的轴力、剪力和弯矩。

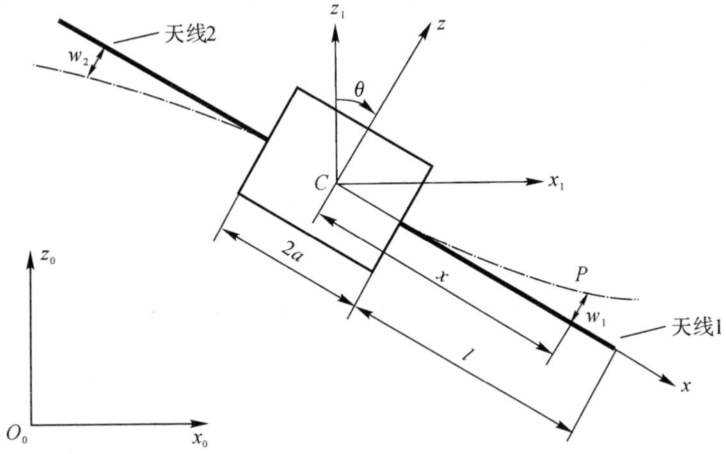

图 8-13　带柔性附件的航天器

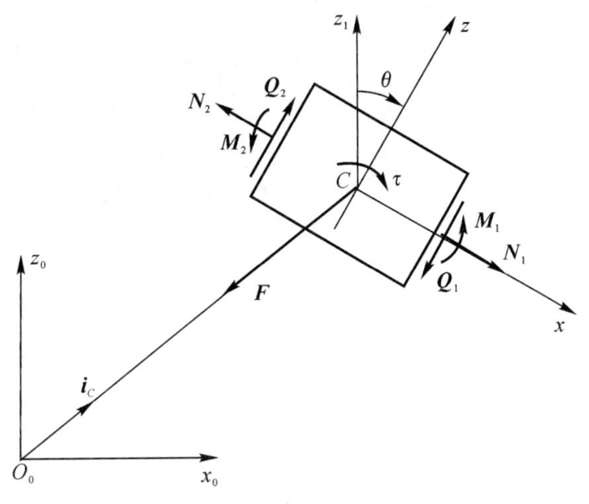

图 8-14　中心刚体的受力

根据刚体的平面运动微分方程，有

$$J_y\ddot{\theta}=\tau+Q_1a-M_1+Q_2a-M_2 \tag{8.5.1}$$

式中 J_y 表示中心刚体对 y 轴的转动惯量，θ 表示轴 z 相对轴 z_1 的转角。

天线 1 作用于中心刚体的弯矩和剪力可分别表达为

$$M_1=EIw''_1(a,t) \tag{8.5.2}$$

$$Q_1=EIw'''_1(a,t) \tag{8.5.3}$$

式中 EI 为天线的抗弯刚度。天线 2 作用于中心刚体的弯矩和剪力可分别表达为

$$M_2=EIw''_2(-a,t) \tag{8.5.4}$$

$$Q_2 = -EIw'''_2(-a,t) \tag{8.5.5}$$

将式(8.5.2) ~ 式(8.5.5) 代入方程式(8.5.1) 后，得到

$$J_y\ddot{\theta} = \tau + aEI[w'''_1(a,t) - w'''_2(-a,t)] - EI[w''_1(a,t) + w''_2(-a,t)] \tag{8.5.6}$$

这就是中心刚体的角运动微分方程，或者说是航天器的姿态运动微分方程。该方程中除了含有姿态运动变量外，还含有有关天线弯曲变形的变量。下面接着来建立描述天线弯曲变形运动的微分方程。为此，在天线 1 上任意截取一微段 $\mathrm{d}x$，画出该微段在任意位置时的受力图(见图 8 - 15)，图中 $\boldsymbol{N}$、$\boldsymbol{Q}$ 和 M 分别为该微段左端面承受的轴力、剪力和弯矩，$\boldsymbol{F}_1$ 为该微段的重力(忽略重力梯度力矩)，点 C_1 为微段的质心，点 P 是微段左端面的形心。对该微段应用质心运动定理的投影形式，有

$$(\rho A\mathrm{d}x)a_{C_1z} = -N\sin\varphi + Q\cos\varphi + \left(N + \frac{\partial N}{\partial x}\mathrm{d}x\right)\sin\left(\varphi + \frac{\partial\varphi}{\partial x}\mathrm{d}x\right) - \left(Q + \frac{\partial Q}{\partial x}\mathrm{d}x\right)\cos\left(\varphi + \frac{\partial\varphi}{\partial x}\mathrm{d}x\right) + \boldsymbol{F}_1\cdot\boldsymbol{k} \tag{8.5.7}$$

式中 ρ 和 A 分别表示天线的密度和横截面积，a_{C_1z} 为微段质心 C_1 的绝对加速度 $\boldsymbol{a}_{C_1}$ 在 z 轴上的投影，φ 表示因天线弯曲变形所导致的微段左端面的弹性转角，$\boldsymbol{k}$ 为沿 z 轴正向的单位矢。

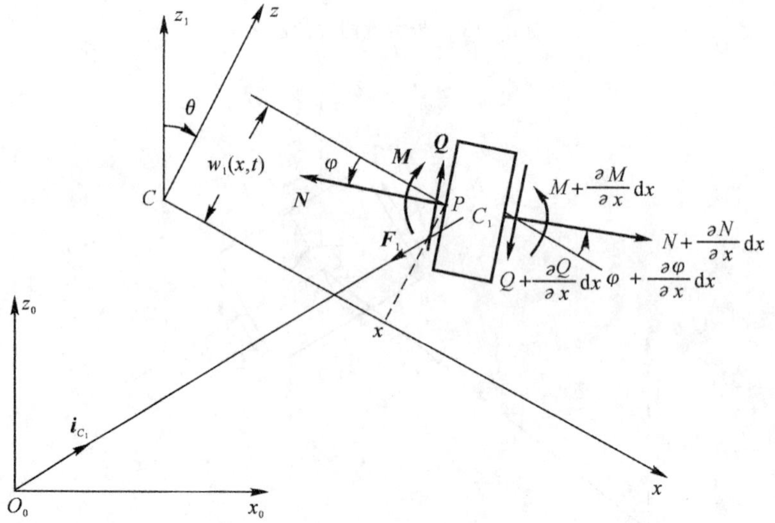

图 8 - 15　天线微段的受力

考虑到点 C_1 和点 P 几乎重合(因为天线微段 $\mathrm{d}x$ 无限之薄)，因此，这两点的绝对加速度几乎相等，即有 $\boldsymbol{a}_{C_1} = \boldsymbol{a}_P$，进而有

$$a_{C_1z} = a_{Pz} = \boldsymbol{a}_P\cdot\boldsymbol{k} \tag{8.5.8}$$

点 P 绝对加速度又可以表达为

$$\boldsymbol{a}_P = \ddot{x}_P\boldsymbol{i}_0 + \ddot{z}_P\boldsymbol{k}_0 \tag{8.5.9}$$

式中 x_P 和 z_P 分别为点 P 在惯性参考系 $O_0x_0z_0$ 中的横坐标和立坐标，$\boldsymbol{i}_0$ 和 $\boldsymbol{k}_0$ 分别为沿 x_0 轴和 z_0 轴正向的单位矢。将此式代入式(8.5.8) 后，得到

$$a_{C_1z} = (\ddot{x}_P\boldsymbol{i}_0 + \ddot{z}_P\boldsymbol{k}_0)\cdot\boldsymbol{k} = \ddot{x}_P\sin\theta + \ddot{z}_P\cos\theta \tag{8.5.10}$$

根据如图 8 - 13 所示的几何关系，容易写出

$$x_P = x_C + x\cos\theta + w_1\sin\theta \tag{8.5.11}$$

$$z_P = z_C - x\sin\theta + w_1\cos\theta \tag{8.5.12}$$

式中 x_C 和 z_C 分别表示中心刚体的质心 C 在惯性参考系 $O_0x_0z_0$ 中的横坐标和立坐标。将式(8.5.11) 和式(8.5.12) 代入式(8.5.10) 后，得到

$$a_{C_1z} = \ddot{x}_C\sin\theta + \ddot{z}_C\cos\theta - \ddot{\theta}x + \ddot{w}_1(x,t) - \dot{\theta}^2 w_1(x,t) \tag{8.5.13}$$

下面接着来考察微段的重力 $\boldsymbol{F}_1$，根据式(8.4.23b)，可以写出 $\boldsymbol{F}_1$ 在坐标系 $O_0x_0y_0z_0$ 中的坐标列阵为

$$\{F_1\}_0 = -\frac{\mu\rho A\,\mathrm{d}x}{R_{C_1}^2}\{i_{C_1}\}_0 \tag{8.5.14}$$

式中 R_{C_1} 表示地心 O_0 至微段质心 C_1 的距离，$\{i_{C_1}\}_0$ 表示由点 O_0 指向点 C_1 的单位矢 i_{C_1} 在坐标系 $O_0x_0y_0z_0$ 中的坐标列阵。由于地心至航天器质心的距离远远大于航天器的自身尺寸，因此，有

$$1/R_{C_1}^2 \approx 1/R_C^2,\quad \{i_{C_1}\}_0 \approx \{i_C\}_0 \tag{8.5.15}$$

式中 R_C 表示地心 O_0 至中心刚体质心 C 的距离，$\{i_C\}_0$ 表示由点 O_0 指向点 C 的单位矢 i_C 在坐标系 $O_0x_0y_0z_0$ 中的坐标列阵。将式(8.5.15) 代入式(8.5.14)，得到

$$\{F_1\}_0 = -\frac{\mu\rho A\,\mathrm{d}x}{R_C^2}\{i_C\}_0 \tag{8.5.16}$$

这样 $\boldsymbol{F}_1 \cdot \boldsymbol{k}$ 可以表达为

$$\boldsymbol{F}_1 \cdot \boldsymbol{k} = -\frac{\mu\rho A\,\mathrm{d}x}{R_C^2}\{k\}_0^{\mathrm{T}}\{i_C\}_0 \tag{8.5.17}$$

容易写出列阵 $\{k\}_0$ 和 $\{i_C\}_0$ 的表达式分别为

$$\{k\}_0 = \begin{Bmatrix} \sin\theta \\ 0 \\ \cos\theta \end{Bmatrix} \tag{8.5.18}$$

和

$$\{i_C\}_0 = \frac{1}{R_C}\begin{Bmatrix} x_C \\ 0 \\ z_C \end{Bmatrix} \tag{8.5.19}$$

将式(8.5.18) 和式(8.5.19) 代入式(8.5.17) 后，得到

$$\boldsymbol{F}_1 \cdot \boldsymbol{k} = -\frac{\mu\rho A(x_C\sin\theta + z_C\cos\theta)\,\mathrm{d}x}{R_C^3} \tag{8.5.20}$$

下面接着来考察微段左端面承受的弯矩 M 和剪力 $\boldsymbol{Q}$(见图 8－15)。根据伯努利-欧拉方程，有

$$M = EIw''_1(x,t) \tag{8.5.21}$$

这样剪力 Q 可表达为

$$Q = \frac{\partial M}{\partial x} = EIw'''_1(x,t) \tag{8.5.22}$$

在天线 1 的小变形情形下，其横截面弹性转角 φ(见图 8－15) 为小量，故有

$$\sin \varphi \approx \varphi \tag{8.5.23a}$$

$$\cos \varphi \approx 1 \tag{8.5.23b}$$

$$\sin\left(\varphi + \frac{\partial \varphi}{\partial x}\mathrm{d}x\right) \approx \varphi + \frac{\partial \varphi}{\partial x}\mathrm{d}x \tag{8.5.23c}$$

$$\cos\left(\varphi + \frac{\partial \varphi}{\partial x}\mathrm{d}x\right) \approx 1 \tag{8.5.23d}$$

$$\varphi \approx w'_1(x,t) \tag{8.5.24}$$

将式(8.5.13)、式(8.5.17)、式(8.5.22)和式(8.5.23)代入方程式(8.5.7)后，略去 $\mathrm{d}x$ 的二阶微量项，化简得到

$$\rho A[\ddot{x}_C \sin\theta + \ddot{z}_C \cos\theta - \ddot{\theta}x + \ddot{w}_1(x,t) - \dot{\theta}^2 w_1(x,t)] = -EIw_1^{(4)}(x,t) + \frac{\partial(N\varphi)}{\partial x} - \frac{\mu\rho A(x_C \sin\theta + z_C\cos\theta)}{R_C^3} \tag{8.5.25}$$

式中 $\frac{\partial(N\varphi)}{\partial x}$ 表示天线1的轴向内力 N 对天线1的弯曲变形运动所产生的影响。在天线1的小变形情形下，有

$$N \approx \overline{N} \tag{8.5.26}$$

式中 $\overline{N}$ 表示将天线1看作刚性直梁时，坐标为 x 处的梁内轴向力。当把天线1看作刚性直梁时，取坐标为 x 处的横截面到自由端的这一段刚性梁为研究对象，该段梁的受力如图8-16所示，图中 $\overline{\boldsymbol{Q}}$ 和 $\overline{M}$ 分别为该段梁的左端面承受的剪力和弯矩，$\boldsymbol{F}_2$ 为该段梁的重力(忽略重力梯度力矩)，点 C_2 为该段梁的质心。对该段梁应用质心运动定理的投影形式，有

$$\rho A(a + l - x)a_{C_2x} = -\overline{N} + \boldsymbol{F}_2 \cdot \boldsymbol{i} \tag{8.5.27}$$

式中 a_{C_2x} 为点 C_2 的绝对加速度 $\boldsymbol{a}_{C_2}$ 在 x 轴上的投影，$\boldsymbol{i}$ 为沿 x 轴正向的单位矢。

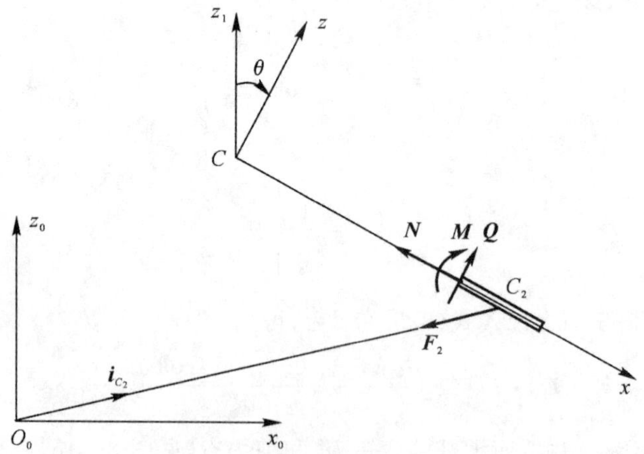

图8-16　刚体梁段的受力

通过运动学分析，容易写出

$$a_{C_2x} = \ddot{x}_C \cos\theta - \ddot{z}_C \sin\theta - \frac{x + l + a}{2}\dot{\theta}^2 \tag{8.5.28}$$

仿照式(8.5.20)的推导，可以推出

$$\boldsymbol{F}_2 \cdot \boldsymbol{i} = -\frac{\mu\rho A l(x_C\cos\theta - z_C\sin\theta)}{R_C^3} \tag{8.5.29}$$

将式(8.5.28)和式(8.5.29)代入式(8.5.27)后,从中解出

$$\overline{N} = -\rho A(a+l-x)\left(\ddot{x}_C\cos\theta - \ddot{z}_C\sin\theta - \frac{x+l+a}{2}\dot{\theta}^2\right) - \frac{\mu\rho A l(x_C\cos\theta - z_C\sin\theta)}{R_C^3} \tag{8.5.30}$$

将此式代入式(8.5.26)后,再将所得到的式子和式(8.5.24)一同代入方程式(8.5.25)中,化简后,得到

$$\begin{aligned}&\ddot{w}_1(x,t) - \ddot{\theta}x - \dot{\theta}^2 w_1(x,t) + \frac{EI}{\rho A}w_1^{(4)}(x,t) + \Big[(a+l-x)\Big(\ddot{x}_C\cos\theta - \ddot{z}_C\sin\theta - \\ &\quad \frac{x+l+a}{2}\dot{\theta}^2\Big) + \frac{\mu l}{R_C^3}(x_C\cos\theta - z_C\sin\theta)\Big]w''_1(x,t) - (\ddot{x}_C\cos\theta - \ddot{z}_C\sin\theta - \\ &\quad x\dot{\theta}^2)w'_1(x,t) = -\left(\frac{\mu}{R_C^3}x_C + \ddot{x}_C\right)\sin\theta - \left(\frac{\mu}{R_C^3}z_C + \ddot{z}_C\right)\cos\theta\end{aligned} \tag{8.5.31}$$

这就是天线 1 的弯曲运动偏微分方程,与之配套的边界条件为

$$w_1(a,t)=0,\quad w'_1(a,t)=0,\quad w''_1(a+l,t)=0,\quad w'''_1(a+l,t)=0 \tag{8.5.32}$$

同理,可以推导出天线 2 的弯曲运动偏微分方程和与之配套的边界条件分别为

$$\begin{aligned}&\ddot{w}_2(x,t) + \ddot{\theta}x - \dot{\theta}^2 w_2(x,t) + \frac{EI}{\rho A}w_2^{(4)}(x,t) - \Big[(a+l+x)\Big(\ddot{x}_C\cos\theta - \ddot{z}_C\sin\theta + \\ &\quad \frac{-x+l+a}{2}\dot{\theta}^2\Big) + \frac{\mu l}{R_C^3}(x_C\cos\theta - z_C\sin\theta)\Big]w''_2(x,t) - (\ddot{x}_C\cos\theta - \ddot{z}_C\sin\theta - \\ &\quad x\dot{\theta}^2)w'_2(x,t) = \left(\frac{\mu}{R_C^3}x_C + \ddot{x}_C\right)\sin\theta + \left(\frac{\mu}{R_C^3}z_C + \ddot{z}_C\right)\cos\theta\end{aligned} \tag{8.5.33}$$

和

$$w_2(-a,t)=0,\quad w'_2(-a,t)=0,\quad w''_2(-a-l,t)=0,\quad w'''_2(-a-l,t)=0 \tag{8.5.34}$$

将方程式(8.5.6)、式(8.5.31)～式(8.5.34)相联立,即构成描述航天器姿态运动和天线弯曲变形运动相耦合的动力学模型。该模型属于非线性连续系统,为了便于求解,下面采用假设模态法进行离散化处理。

根据假设模态法,可以将天线 $j(j=1,2)$ 的挠度 $w_j(x,t)$ 表达为

$$w_j(x,t) = \sum_{i=1}^{n} Y_{ji}(x)q_{ji}(t) \quad (j=1,2) \tag{8.5.35}$$

式中 $Y_{ji}(x)$ 是天线 j 的假设模态函数,$q_{ji}(t)$ 为相应的模态坐标,n 为所选的假设模态函数的个数。这里选取等截面悬臂梁的模态函数作为天线 j 的假设模态函数 $Y_{ji}(x)$,这样 $Y_{ji}(x)$ 可表达为

$$\begin{aligned}Y_{1i}(x) = {}&\cos[\beta_i(x-a)] - \cosh[\beta_i(x-a)] + \\ &\gamma_i\{\sin[\beta_i(x-a)] - \sinh[\beta_i(x-a)]\} \quad (i=1,2,\cdots,n)\end{aligned} \tag{8.5.36a}$$

$$Y_{2i}(x)=\cos[\beta_i(x+a)]-\cosh[\beta_i(x+a)]+$$
$$\gamma_i\{-\sin[\beta_i(x+a)]+\sinh[\beta_i(x+a)]\}\quad(i=1,2,\cdots,n)\tag{8.5.36b}$$

式中

$$\beta_1 l=1.875,\quad \beta_2 l=4.694,\quad \beta_i l\approx(i-0.5)\pi\quad(i=3,\cdots,n)\tag{8.5.37a}$$

$$\gamma_i=-\frac{\cos\beta_i l+\cosh\beta_i l}{\sin\beta_i l+\sinh\beta_i l}\qquad(i=1,2,\cdots,n)\tag{8.5.37b}$$

将式(8.5.35)代入方程式(8.5.6),得到

$$J_y\ddot{\theta}=\tau+2EI\sum_{i=1}^{n}\beta_i^2(1-a\beta_i\gamma_i)(q_{1i}+q_{2i})\tag{8.5.38}$$

将式(8.5.35)代入方程式(8.5.31)后,在方程的两边同乘以 $Y_{1k}(x)(k=1,2,\cdots,n)$,然后再沿天线 1 长取定积分(积分时考虑模态函数的正交性),得到

$$b_k\ddot{q}_{1k}-c_k\ddot{\theta}-\dot{\theta}^2 b_k q_{1k}+\frac{EI}{\rho A}f_k q_{1k}+\sum_{i=1}^{n}\left\{\left[(a+l)\left(\ddot{x}_C\cos\theta-\ddot{z}_C\sin\theta-\frac{a+l}{2}\dot{\theta}^2\right)+\right.\right.$$
$$\left.\left.\frac{\mu l}{R_C^3}(x_C\cos\theta-z_C\sin\theta)\right]h_{ki}-(\ddot{x}_C\cos\theta-\ddot{z}_C\sin\theta)(r_{ki}+u_{ki})+\frac{1}{2}\dot{\theta}^2(v_{ki}+2s_{ki})\right\}q_{1i}+$$
$$g_k\left[\left(\frac{\mu}{R_C^3}x_C+\ddot{x}_C\right)\sin\theta+\left(\frac{\mu}{R_C^3}z_C+\ddot{z}_C\right)\cos\theta\right]=0\quad(k=1,2,\cdots,n)\tag{8.5.39}$$

式中 $b_k=\int_a^{a+l}[Y_{1k}(x)]^2\mathrm{d}x$, $c_k=\int_a^{a+l}xY_{1k}(x)\mathrm{d}x$, $f_k=\int_a^{a+l}Y_{1k}(x)Y_{1k}^{(4)}(x)\mathrm{d}x$, $g_k=\int_a^{a+l}Y_{1k}(x)\mathrm{d}x$, $h_{ki}=\int_a^{a+l}Y_{1k}(x)Y''_{1i}(x)\mathrm{d}x$, $r_{ki}=\int_a^{a+l}Y_{1k}(x)Y'_{1i}(x)\mathrm{d}x$, $s_{ki}=\int_a^{a+l}xY_{1k}(x)Y'_{1i}(x)\mathrm{d}x$, $u_{ki}=\int_a^{a+l}xY_{1k}(x)Y''_{1i}(x)\mathrm{d}x$, $v_{ki}=\int_a^{a+l}x^2Y_{1k}(x)Y''_{1i}(x)\mathrm{d}x$。

由以上的推导过程可以看出:采用假设模态法可以将偏微分方程式(8.5.31)离散化为常微分方程式(8.5.39)。同理,也可以类似地将偏微分方程式(8.5.33)离散化为如下的常微分方程:

$$b_k\ddot{q}_{2k}-c_k\ddot{\theta}-\dot{\theta}^2 b_k q_{2k}+\frac{EI}{\rho A}f_k q_{2k}+\sum_{i=1}^{n}\left\{\left[(a+l)\left(-\ddot{x}_C\cos\theta+\ddot{z}_C\sin\theta-\frac{a+l}{2}\dot{\theta}^2\right)-\right.\right.$$
$$\left.\left.\frac{\mu l}{R_C^3}(x_C\cos\theta-z_C\sin\theta)\right]h_{ki}+(\ddot{x}_C\cos\theta-\ddot{z}_C\sin\theta)(r_{ki}+u_{ki})+\frac{1}{2}\dot{\theta}^2(v_{ki}+2s_{ki})\right\}q_{2i}-$$
$$g_k\left[\left(\frac{\mu}{R_C^3}x_C+\ddot{x}_C\right)\sin\theta+\left(\frac{\mu}{R_C^3}z_C+\ddot{z}_C\right)\cos\theta\right]=0\quad(k=1,2,\cdots,n)\tag{8.5.40}$$

将方程式(8.5.38)～式(8.5.40)相联立,即构成描述航天器姿态运动和天线弯曲变形运动相耦合的动力学模型,该模型是以时间为自变量、以航天器的姿态角和天线的模态坐标为因变量的二阶非线性常微分方程组。在给定初始条件下,应用合适的数值方法(如四阶龙格-库塔法)可以求出该微分方程组的数值解,进而确定出航天器的姿态运动规律和天线的弯曲变形运动规律。

习　　题

8-1　航天器绕半径为 R 的行星沿椭圆轨道运动，其远拱点的高度为 h_1，近拱点的高度为 h_2。试求航天器轨道的偏心率和轨道的长半轴和短半轴。

8-2　某人造地球卫星沿偏心率为 e 的椭圆轨道运动，当它通过远拱点时其速度大小为 v_p，试求它通过轨道短半轴时的速度大小。

8-3　沿椭圆轨道运动的卫星在近拱点和远拱点时的速度大小分别为 v_a 和 v_p，试求卫星轨道的偏心率。

8-4　试证明行星绕太阳公转周期的平方与它们的椭圆轨道的长半轴的立方成正比。

8-5　某卫星在地球的赤道平面内沿圆轨道运行，运行周期为 T，试求：

(1) 该卫星的轨道高度；

(2) 赤道海平面上某处能够连续观察到此卫星的最长时间。

8-6　某卫星沿半径为 r 的圆轨道以速率 v 运动，由于获得沿切线并指向卫星运动方向的速度增量 Δv，使得卫星过渡到椭圆轨道运动，试求该轨道的长半轴和短半轴。

8-7　某航天器沿圆轨道运动的周期为 T_1，获得沿径向的速度冲量后，航天器过渡到椭圆轨道运动，运行周期为 T_2，试求新轨道的偏心率。

8-8　如图 8-17 所示，一质量为 m、半径为 R、高度为 h 的均质圆柱体卫星绕地球的轨道运动为匀速圆周运动，其轨道半径为 r，假定圆柱体的中轴线终始在卫星的轨道平面内，试以圆柱体的中轴线相对地垂线的夹角 θ 和圆柱体绕中轴线的转角 φ 作为姿态角，求该圆柱体卫星的重力和重力梯度力矩；建立该圆柱体卫星的姿态运动微分方程，并分析其相对平衡位置的稳定性。

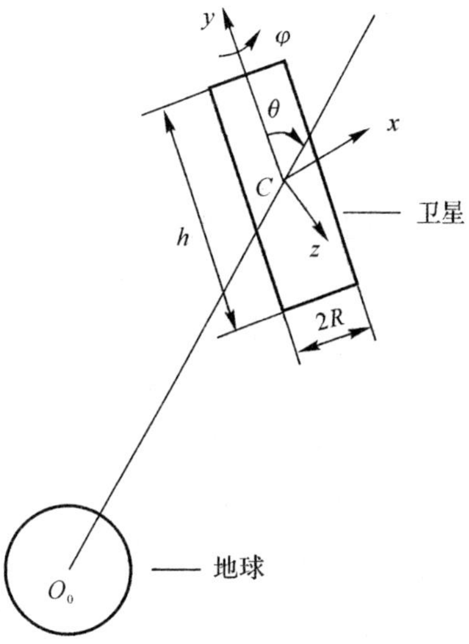

图 8-17　题 8-8 图

参考文献

[1] 张劲夫.一种不含待定乘子的理想约束系统的动力学建模[J].应用力学学报,2017,34(5):816-820.

[2] KANE T R, LEVINSON D A. Formulation of equation of motion for complex spacecraft[J]. Journal of Guidance, Control, and Dynamics, 1980, 3(2): 99-112.

[3] 黄昭度,纪辉玉.分析力学[M].北京:清华大学出版社,1985.

[4] KANE T R, LINKS P W, LEVINSON D A. Spacecraft Dynamics[M]. New York: McGraw-Hill Book Company, 1983.

[5] ROBERSON R E, WITTENBURG J. A Dynamical Formalism for an Arbitrary Number of Interconnected Rigid Bodies, with Reference to the Problem of Satellite Attitude Control[C]//WEST J C. Proceedings of the 3rd IFAC Congress. London, UK, 1966: 1248-1262.

[6] WITTENBURG J. Dynamics of Systems of Rigid Bodies[M]. Stuttgart: B. G. Teubner,1977.

[7] SCHIEHLEN W O , KREUZER E J. Symbolic computerized derivation of equations of motion[M]//SHABANA A A. Dynamics of Multibody Systems. Berlin: Springer, 1978:290-305.

[8] KREUZER E J, SCHIEHLEN W O. Generation of symbolic equations of motion for complex spacecraft using formalism NEWEUL[J]. Advances in the Astronautical Sciences, 1984, 54: 21-36.

[9] 王高雄. 常微分方程[M]. 北京:高等教育出版社,1983.

[10] 吴雄华. 矩阵论[M]. 上海:同济大学出版社,1994.

[11] 高为炳.运动稳定性基础[M]. 北京:高等教育出版社,1987.

[12] 丘维声. 高等代数[M]. 北京:高等教育出版社,1996.

[13] 舒仲周.运动稳定性[M].成都:西南交通大学出版社,1989.

[14] 屠善澄.卫星姿态动力学与控制[M]. 北京:中国宇航出版社,2001.

[15] MARGHITU D B, DUPAC M. Advanced Dynamics[M]. New York: Springer, 2012.

[16] CHELI F, DIANA G. Advanced Dynamics of Mechanical Systems[M]. Switzerland: Springer, 2015.

[17] KARNOPP D C, MARGOLIS D L. Engineering Applications of Dynamics[M]. Hoboken: John Wiley & Sons, 2008.

[18] 刘延柱. 陀螺力学[M]. 北京:科学出版社,2009.

[19] 耿长福. 航天器动力学[M]. 北京:中国科学技术出版社,2006.